应用技术型本科院校机电类专业“十三五”系列规划教材

材料成形工艺基础

CAILIAO CHENGXING GONGYI JICHU

主　编　韩蕾蕾　黄克灿
副主编　孟超莹　刘晖晖

前　　言

为了适应我国制造业快速发展及“中国制造 2025”的战略规划实施，遵循高等工科院校培养应用型人才的要求，根据教育部高等学校机械学科教学指导委员会关于工科教材编写的有关精神，结合多年来的教学和科研方面的实践经验，编写了本书。本书以实际应用为出发点，强调实用，突出工程实践设计。

材料成形工艺基础是一门研究材料各种成形工艺，并如何进行零件结构设计和成形方法选择的学科。该课程是机械、机电类专业必修的专业基础课程，同时又是机械、机电类专业学习后续相关专业课程的基础。

全书在内容上按照材料成形技术的基本原理、基本工艺和工程应用三个层次进行编排，保留了目前同类教材的基本内容，避免教学内容结构不完整。同时对教学内容进行优化，删除了传统成形工艺中的陈旧内容，更好地适应教学改革和调整学时的要求。除了着重讲述广泛应用的传统成形方法外，还介绍了目前发展前景好、应用广泛的材料成形新工艺、新技术。

全书共分 8 章。第 1 章介绍金属铸造成形的理论基础、铸造成形方法分类、铸件的结构及工艺设计，并简要介绍先进的铸造成形工艺；第 2 章介绍金属的压力成形工艺，其中主要介绍锻压成形工艺和板料的冲压成形工艺，并简要介绍塑性成形的新工艺；第 3 章介绍金属的连接成形工艺，包括连接成形的理论基础、常用的焊接方法及设备、金属材料的焊接性及焊接结构的工艺设计及粘接成形工艺；第 4 章介绍高分子及陶瓷材料的成形基本原理和工艺过程；第 5 章、第 6 章分别介绍粉末冶金、复合材料的成形工艺和应用；第 7 章介绍新型快速成形工艺，主要介绍 SLA、LOM、SLS、3DP、FDM 等先进成形方法；第 8 章介绍材料成形工艺的选择。每章都附有难度不等的复习思考题，以满足不同学时教学的要求，供不同层次学生复习使用。

本书由文华学院韩蕾蕾和长江水利水电设计研究院黄克灿担任主编。文华学院刘晖晖、孟超莹担任副主编。韩蕾蕾编写第 1 章至第 4 章，孟超莹编写第 5 章、第 6 章，刘晖晖编写第 7 章，黄克灿编写绪论、第 8 章，全书由韩蕾蕾、黄克灿统稿。

在本书编写过程中，得到了文华学院机械系各位同事的热情帮助与大力支持，并对书稿内容和教材体系提出了宝贵意见。本书参阅了大量相关文献与资料，在此向相关作者表示谢意。

本书虽然经反复推敲和校对，但由于编者水平有限，时间仓促，难免存在错误或不足之处，恳请读者批评指正，以便我们及时改进。

编　者

2018.8

目　　录

绪　论

1　材料及材料成形技术的历史

从人类社会的发展和历史进程的宏观来看，材料是人类赖以生存和发展的物质基础，也是社会现代化的物质基础和先导。而材料和材料技术的进步和发展，首先应归功于金属材料制备和成型加工技术的发展。人类从漫长的石器时代进化到青铜时代，首先得益于铜的熔炼以及铸造技术进步和发展，而由铜器时代进入到铁器时代，得益于铁的规模冶炼技术、锻造技术的发展和进步。随着生产技术的进一步发展，又出现了退火、淬火、正火和渗碳等热处理技术。

直到 16 世纪中叶，人类才开始注重从科学的角度来研究金属的组成、制备与加工工艺、性能之间的关系。人类也由此从较为单一的青铜、铸铁时代进入到合金化时代，推动了近代工业的快速发展，催生了第一次工业革命。

18 世纪欧洲工业革命后，随着人们对材料的要求越来越高，材料及成形技术也进一步发展。随着光学显微镜和电子显微镜的相继诞生和应用，人们对材料的认识从宏观转向了微观。

进入 20 世纪以后，材料合成技术、复合材料的出现和发展，推动了现代工业的快速发展，而电子信息、航天航空等尖端技术的发展，反过来对高性能先进材料的研究开发提出了更好的要求，起到了强大的促进作用，促成了一系列新材料和新材料技术的出现和发展。

2　工程材料的分类及应用

工程材料有各种不同的分类方法。通常我们根据组成和结构特点将工程材料分为金属材料、无机非金属材料、高分子材料和复合材料。

金属材料具有优良的导电性、导热性、延展性和金属光泽，是目前用量最大、用途最广的工程材料。其中，铁基合金的工程性能较为优越，价格比较便宜，占整个结构材料和工具材料的 90%以上。有色金属是重要的具有特殊用途的材料。

无机非金属材料种类繁多，特点各不相同，可分为耐火材料、耐火隔热材料、耐蚀非金属材料和陶瓷材料。

高分子材料为有机合成材料，也称聚合物。它具有较高的强度、良好的塑性、较强的耐腐蚀性能、很好的绝缘性和重量轻等优良性能，是发展最快的一类新型结构材料。高分子材料种类很多，根据机械性能和使用状态分为塑料、橡胶、合成纤维三大类。

复合材料是由两种或两种以上不同材料组合的材料，其性能是其他单质材料所不具备的。复合材料可以由各种不同的材料复合而成，其强度、刚度和耐蚀性方面比单纯的金属、陶瓷和聚合物都优越，是特殊的工程材料，具有广阔的发展前景。

以人造地球卫星与空间探测器（图 1 所示）为例，其结构材料大多采用质量低的铝合金和镁合金，要求高强度的零部件则采用钛合金和不锈钢。为了提高刚度和减轻重量，已开始采用高模量石墨纤维增强的新型复合材料。卫星体和仪器设备表面常覆有温控涂层，利用热辐射或热吸收的特性来调节温度。航天器上的大面积太阳翼初期为铝合金加筋板或夹层板结构，后来改用石墨纤维复合材料做面板的铝蜂窝夹芯结构，更先进的轻型太阳翼则以石墨纤维复合材料做框架，蒙上聚酰胺薄膜。面积更大的柔性太阳翼全部由薄膜材料制成。大型抛物面天线是现代卫星的重要组成部分，原来多采用铝合金或玻璃钢制造，但随着天线指向精度的提高，已改用热膨胀系数极小的轻质材料。石墨和芳纶在一定的温度范围内具有负膨胀系数，可通过材料的铺层设计制造出膨胀系数接近于零的复合材料，从而成为制造天线的基本材料。超大型天线需制成可展开的伞状，其骨架由铝合金或复合材料制成，反射面为涂有特殊涂层的聚酯纤维网或镍-铬金属丝网。卫星体内还使用多层材料、工程塑料、玻璃钢等作为隔热材料，用二硫化钼固体润滑剂等作为运动部件的润滑材料，用硅橡胶等作为舱室的密封材料。

图 1　人造地球卫星与空间探测器

3　课程的目的、内容和学习要求

本课程将材料成形的基本原理与工艺融为一体，主要内容包括：材料成形方法及其特点、材料成形工艺的发展趋势；凝固成形、压力成形、连接成形、塑料成形、粉末成形的基本理论基础、工艺原理，以及相关的工装模具；材料成形工艺的选择。另外，本书还介绍了如复合材料的成形以及快速成形工艺等领域的最新研究内容。

通过本书的学习，使学生能够具有基本的选择材料、结构、成形方法的能力，为后续机械类专业课程的学习以及课程设计、毕业设计打下良好的基础，以满足业界对该材料成形领域具有较深厚基础的高级工程技术人才的需求。

材料成形技术是一门综合技术学科，体系庞杂，知识点多且分散，因此在学习过程中，要求学生注意抓好主线，即“成形原理—成形方法及应用—成形工艺设计—成形件的结构工艺性”，有助于在学习过程中保持思路清晰。另外，本书与实际联系密切，在学习过程中还应注意与生产实际相结合，注意分析和理解。

第1章　金属的铸造成形工艺

铸造是将液态金属浇注到具有与零件形状及尺寸相适应的铸型空腔中，待冷却凝固后，获得一定形状和性能的零件或毛坯的方法。用铸造方法所获得的零件或毛坯，称为铸件。铸造是现代机械制造工业的基础工艺，是人类掌握比较早的一种金属热加工工艺。与其他成形方法相比，铸造生产具有下列优点：

铸造使用的材料范围广、成本低，包括铸铁、铸钢、铸铝、铸铜等，其中铸铁材料应用最广泛；铸造生产不需要大型、精密的设备，生产周期较短，对于不宜塑性成形和焊接成形的材料，铸造成形具有特殊的优势，适用于单件小批量生产或成批及大批量生产。

但是，铸造方法也存在着许多缺点：工人的劳动强度大，生产条件差，铸造过程中产生的废气、粉尘等对周围环境造成污染；铸造生产工序较多，工艺过程较难控制，铸件中常有一些缺陷（如气孔、缩孔等），内部组织粗大、不均匀，使得铸件质量不够稳定，废品率较高，而且力学性能也不如同类材料的锻件高。

随着科学技术的不断发展，以及新工艺、新技术、新材料的开发，使铸造劳动条件大大改善，环境污染得到控制，铸件质量和经济效益也在不断提高。现代铸造生产正朝着专业化、集约化和智能化的方向发展。

1.1　铸造成形工艺的理论基础

合金的铸造性能，是指合金在铸造生产中表现出来的工艺性能，即获得优质铸件的能力，它对是否易于获得合格铸件有很大影响。合金的铸造性能是选择铸造合金、确定铸造工艺方案及进行铸件结构设计的重要依据。

1.1.1　合金的充型能力

合金的充型能力是指液态合金充满铸型型腔，获得尺寸正确、形状完整、轮廓清晰的铸件的能力。充型能力取决于液态金属本身的流动性，同时又受铸型、浇注条件、铸件结构等因素的影响。因此，充型能力差的合金易产生浇不到、冷隔、形状不完整等缺陷，使力学性能降低，严重时报废。影响合金充型能力的主要因素包括以下几个方面：

1. 合金的流动性

合金的流动性是液态合金本身的流动能力，它是影响充型能力的主要因素之一。流动性越好，液态合金充填铸型的能力越强，越易于浇注出形状完整、轮廓清晰、薄而复杂的铸件；有利于液态合金中气体和熔渣的上浮、排除；易于对液态合金在凝固过程中所产生的收缩进行补缩。如果合金的流动性不良，则铸件易产生浇不足、冷隔等铸造缺陷。

合金的流动性大小，通常以浇注的螺旋试样长度来衡量。如图 1－1 所示，螺旋上每隔 50 mm 有一个小凸点作测量计算用。在相同的浇注条件下浇注出的试样越长，表示合金的流动性越好。表 1－1 列出了常用铸造合金的流动性。由表 1－1 可见，不同合金的流动性不同，铸铁、硅黄铜的流动性最好，铸钢的流动性最差。

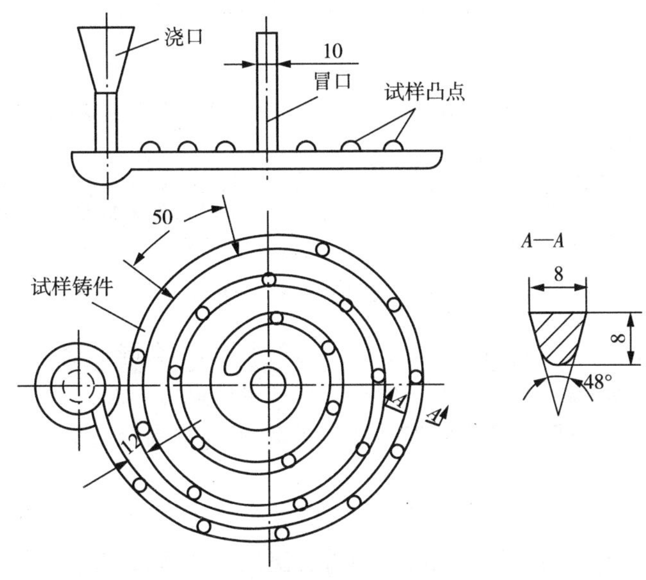

图 1－1　流动性测试螺旋试样

影响合金流动性的因素很多，凡是影响液态合金在铸型中保持流动的时间和流动速度的因素，如金属本身的化学成分、温度、杂质含量等，都将影响流动性。

表 1－1　常用合金的流动性

合　金		铸　型	浇注温度/℃	螺旋线长度/mm
铸　铁	(C＋Si)6.2％	砂型	1300	1800
	(C＋Si)5.2％	砂型	1300	1000
	(C＋Si)4.2％	砂型	1300	600
铸钢		砂型	1600	100
		砂型	1640	200
锡青铜		砂型	1040	420
硅黄铜		砂型	1100	1000
铝合金		金属型	680～720	700～800

不同成分的铸造合金具有不同的结晶特点，对流动性的影响也不相同。纯金属和共晶成分的合金是在恒温下进行结晶的，结晶过程中，由于不存在液、固并存的凝固区，因此断面上外层的固相和内层的液相由一条界限分开，随着温度的下降，固相层不断加厚，液相层不

断减少，直达铸件的中心，即从表面开始向中心逐层凝固，如图 1－2a 所示。凝固层内表面比较光滑，因而对尚未凝固的液态合金的流动阻力小，故流动性好。特别是共晶成分的合金，熔点最低，因而流动性最好。非共晶成分的合金是在一定温度范围内结晶，其结晶过程是在铸件截面上一定的宽度区域内同时进行的，经过液、固并存的两相区，如图 1－2b 所示。在结晶区域内，既有形状复杂的枝晶，又有未结晶的液体。复杂的枝晶不仅阻碍未凝固的液态合金的流动，而且使液态合金的冷却速度加快，从而流动性差。因此，合金结晶区间越大，流动性越差。

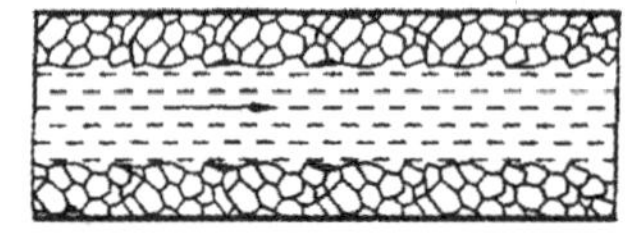

（a）在恒温下凝固

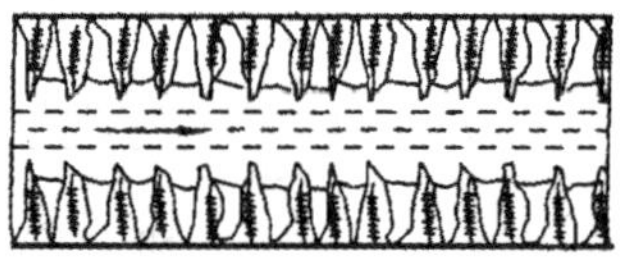

（b）在一定的温度范围内凝固

图 1－2　不同成分合金的结晶

另外，在液态合金中，凡能形成高熔点夹杂物的元素，均会降低合金的流动性，如灰铸铁中的锰和硫，多以 MnS（熔点为 1650℃）的形式在铁水中成为固态夹杂物，妨碍铁水的流动。凡能形成低熔点化合物且降低合金溶液黏度的元素，都能提高合金的流动性，如铸铁中的磷元素。

2. 浇注温度

合金的浇注温度对流动性的影响极为显著。浇注温度越高，合金的温度越低，液态金属所含的热量越多，在同样冷却条件下，保持液态的时间延长，传给铸型的热量增多，使铸型的温度升高，降低了液态合金的冷却速度，改善了合金的流动性，充型能力加强。但是，浇注温度过高，会使液态合金的吸气量和总收缩量增大，增加了铸件产生气孔、缩孔等缺陷的可能性。因此在保证流动性的前提下，浇注温度不宜过高。在铸铁件的生产中，常采用“高温出炉，低温浇注”的方法。高温出炉能使一些难熔的固体质点熔化；低温浇注能使一些尚未熔化的质点及气体在浇包镇静阶段有机会上浮而使铁水净化，从而提高合金的流动性。对于形状复杂的薄壁铸件，为了避免产生冷隔和浇不足等缺陷，浇注温度以略高为宜。

3. 充型压力

金属液态合金在流动方向上所受到的压力称为充型压力。充型压力越大，合金的流速越快，流动性越好。但充型压力不宜过大，以免产生金属飞溅或因气体排出不及时而产生气孔等缺陷。砂型铸造的充型压力由直浇道所产生的静压力形成，提高直浇道的高度可以增大充型能力。通过压力铸造和离心铸造来增加充型压力，即可提高金属液的流动性，增强充型能力。

4. 铸型条件

铸型条件包括铸型的蓄热系数、铸型温度以及铸型中的气体含量等。铸型的蓄热系数是指铸型从金属液吸收并储存热量的能力。铸型材料的导热率越高、密度越大，蓄热能力越强，蓄热系数越大，对液态合金的激冷作用越强，金属液保持流动的时间就越短，充型能力越差，铸型温度越高，金属液冷却越慢，越有利于提高充型能力。另外，在浇注时，铸型如产生气体过多，且排气能力不好，则会阻碍充型，并易产生气孔缺陷。铸型浇注系统如图 1－3 所示，若直浇道过低，则液态合金静压力减小；内浇道截面过小，铸型型腔过窄或表面不光滑，则增加液态合金的流动阻力。因此，在铸型中增加液态合金流动阻力和降低液态合金冷却速度等因素，均会使流动性变坏。

1.1.2　合金的凝固与收缩

1. 铸件的凝固

铸件的凝固指合金从液态转变到固态的过程。不同种类的合金，或者相同种类而成分不同的合金，它们凝固温度区间不同，如图 1-4a 中点 a、b、c 所示，这使得合金在凝固过程中呈现出不同的状态。依据凝固区域宽度（如图 1-4c 中 S 所示）的大小，可将铸件的凝固方式划分为三种类型。

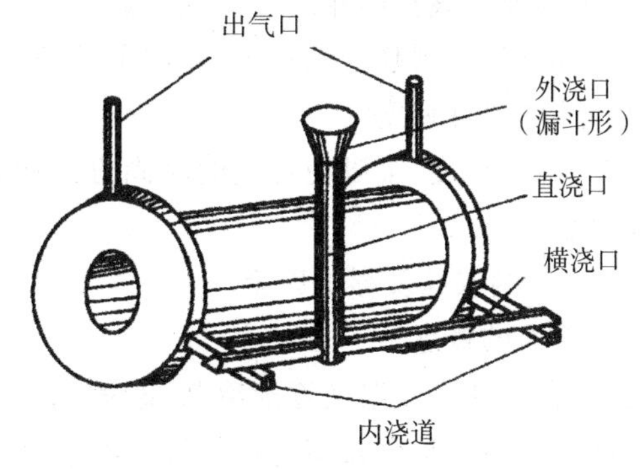

图 1-3　铸件浇注系统

(1)逐层凝固

合金在凝固过程中其截面上固相和液相由一条界线清楚地分开，这种凝固方式称为逐层凝固（见图 1-4b）。灰铸铁、低碳钢、工业纯铜、工业纯铝、共晶铝硅合金及某些黄铜都属于逐层凝固的合金。逐层凝固时充型阻力小，补缩比较容易，便于得到致密、合格的铸件。

(2)糊状凝固

合金在凝固过程中先呈糊状而后凝固，这种凝固方式称为糊状凝固（见图 1-4d）。球墨铸铁、高碳钢、锡青铜和铝铜合金等均倾向于糊状凝固。糊状凝固时凝固区宽，发达的枝晶结构阻碍液态合金的流动，补缩也困难，充型能力较差。同时，容易形成缩孔和缩松，铸件致密性差，较易产生热裂纹，因此铸造过程中需采取便于补缩或减小其凝固区的工艺措施，以便得到组织致密的铸件。

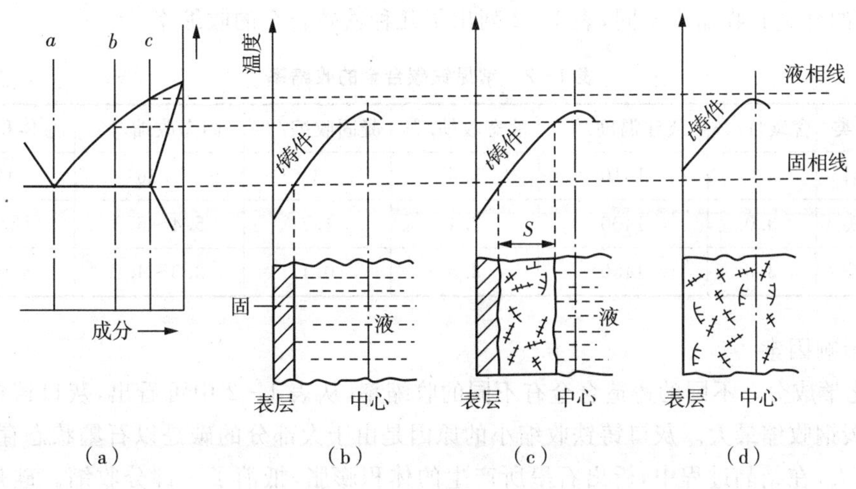

图 1-4　铸件的凝固方式

(3)中间凝固

大多数合金的凝固介于逐层凝固和糊状凝固之间，称为中间凝固（见图 1-4c）。中碳钢、高锰钢、白口铸铁等具有中间凝固方式。

影响合金凝固的因素如下：

(1)合金凝固温度范围

合金的液相线和固相线交叉在一起，或间距很小，则金属趋于逐层凝固；如果两条相线之间的距离很大，则趋于糊状凝固；如果两条相线间距离较小，则趋于中间凝固方式。

(2)铸件温度梯度

增大温度梯度，可以使合金的凝固方式向逐层凝固转化；反之，铸件的凝固方式向糊状凝固转化。

2. 合金的收缩及影响因素

(1)收缩的概念

液态合金从浇注温度逐渐冷却、凝固，直至冷却到室温的过程中，其尺寸和体积缩小的现象，称为收缩。整个收缩过程经历了液态收缩、凝固收缩和固态收缩三个阶段。收缩是铸造合金本身的物理性质，也是合金重要的铸造性能之一。

① 液态收缩阶段。从浇注温度至凝固开始温度(即液相线温度)，合金发生液态收缩，具体表现为型腔内液面的降低，一般用体收缩率表示。

② 凝固收缩阶段。从凝固开始温度至凝固结束温度(即固相线温度)，合金发生凝固收缩，此时合金处于糊状的液固相并存状态，收缩表现为型腔内液面的下降，一般用体收缩率表示。

③ 固态收缩阶段。从凝固结束温度至常温，合金发生固态收缩。此时合金处于固态，收缩通常表现为铸件外形尺寸的减少，一般用线收缩率表示。

金属的总体收缩为上述三个阶段收缩之和。其中液态收缩和凝固收缩是铸件产生缩孔和缩松的基本原因，而固态收缩对铸件的形状和尺寸精度影响较大，也是铸件产生应力、变形和裂纹等缺陷的基本原因。

不同的合金其收缩率不同，表 1-2 列出了几种铁碳合金的收缩率。

表 1-2 常见铁碳合金的收缩率

合金的种类	含碳量/%	浇注温度/℃	液态收缩/%	凝固收缩/%	固态收缩/%	总体积收缩/%
铸造碳钢	0.35	1610	1.6	3	7.86	12.46
白口铸铁	3.0	1400	2.4	4.2	5.4～6.3	12～12.9
灰口铸铁	3.5	1400	3.5	0.1	3.3～4.2	6.9～7.8

(2)影响因素

① 化学成分。不同的铸造合金有不同的收缩率，从表 1-2 中可看出，灰口铸铁收缩最小，铸造碳钢收缩最大。灰口铸铁收缩小的原因是由于大部分的碳是以石墨状态存在的，因石墨比容大，在结晶过程中，析出石墨所产生的体积膨胀，抵消了一部分收缩。硅是促进石墨化的元素，因而碳、硅含量越多，收缩就越小。硫能阻碍石墨的析出，使铸件的收缩率增大。适当提高含锰量，锰与铸铁中的硫形成 MnS，抵消了硫对石墨化的阻碍作用，使收缩率减小。

② 浇注温度。浇注温度越高，过热量越大，合金的液态收缩增加，合金的总收缩率加大。对于钢液，通常浇注温度每提高 100℃，体收缩率就会增加约 1.6%，因此浇注温度越高，形成缩孔倾向越大。

③ 铸型结构与铸型条件。合金在铸型中并不是自由收缩，而是受阻收缩。其阻力来自两个方面：其一，铸件在铸型中冷却时，由于形状和壁厚上的差异，造成各部分冷速不同，相互制约而对收缩产生阻力；其二，铸型和型芯对收缩的机械阻力。通常，带有内腔或侧凹的铸件收缩较小，型砂和型芯砂的紧实度越大，铸件的收缩越小。显然，铸件的实际线收缩率比合金的自由线收缩率小。因此，在设计模型时，应根据合金的材质及铸件的形状、尺寸等，选用适当的收缩率。

3. 铸件中的缩孔与缩松

浇入铸型中的液态合金，因液态收缩和凝固收缩所产生的体积收缩而不能得到外来液体的补充时，在铸件最后凝固的部位形成的孔洞称为缩孔。缩孔分为集中缩孔与分散缩孔两类，一般把前者称为缩孔，后者称为缩松。广义的缩孔也包括缩松，它是铸件上危害最大的缺陷之一。

(1)缩孔

缩孔是容积较大的孔洞，常出现在铸件的上部或最后凝固的部位，其形状不规则，多呈倒锥形，且内表面粗糙。其形成过程如图 1－5 所示。

液态合金填满铸型后，合金液逐渐冷却，并伴随有液态收缩，此时因浇注系统尚未凝固，型腔还是充满的，如图 1－5a 所示。随着冷却的继续进行，当外缘温度降至固相线温度以下时，铸件表面凝固成一层硬壳。如内浇道已凝固，所形成的硬壳就像一个封闭的容器，里面充满了液态合金，如图 1－5b 所示。铸件进一步冷却时，除了里面的液态合金产生液态收缩及凝固收缩外，已凝固的外壳还将产生固态收缩。但硬壳内合金的液态收缩和凝固收缩远大于硬壳的固态收缩，故液面下降，与硬壳顶面脱离，如图 1－5c 所示。此时在大气压力作用下，硬壳可能向内凹陷，如图 1－5d 所示。随着凝固的继续进行，凝固层不断加厚，液面继续下降，在最后凝固的部位形成一个倒锥形的缩孔，如图 1－5e 所示。

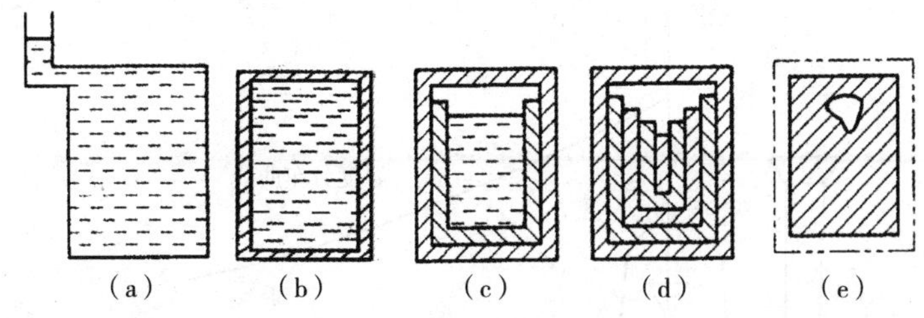

图 1－5　缩孔的形成

(2)缩松

铸件中分散在某区域内的细小孔洞称为缩松，其分布面积较广。产生缩松的原因也是由于铸件最后凝固区域的收缩未能得到补充，或者是由于合金结晶间隔宽，被树枝状晶分隔开的小液体区难以得到补充所致。缩松可分为宏观缩松与显微缩松两种。宏观缩松用肉眼或放大镜可以观察到，它多分布在铸件中心、轴线处或缩孔下方，如图 1－6 所示。显微缩松是分布在晶粒之间的微小孔洞,要用显微镜才能观察到,其分布面积更广,如图 1-7 所示。显微缩松难以完全避免,对于一般铸件不作为缺陷对待,但对气密性、力学性能、物理化学性能要求很高的铸件,则必须设法减少。

图 1-6 宏观缩松图　　图 1-7 显微缩松

由以上的缩孔和缩松的形成过程,可得到以下规律:

① 合金的液态收缩和凝固收缩越大(如铸钢、铝青铜等),铸件越易形成缩孔。

② 结晶温度范围宽的合金易于形成缩松,如锡青铜等;而结晶温度范围窄的合金、纯金属和共晶成分合金易于形成缩孔。普通灰口铸铁尽管接近共晶成分,但因石墨的析出,凝固收缩小,故形成缩孔和缩松的倾向都很小。

(3)缩孔的防止方法

收缩是铸造合金的物理本质,因此,产生缩孔是必然的。缩孔和缩松的存在减小有效的截面积,降低铸件的承载能力和力学性能,缩松还可使铸件因渗漏而报废,成为铸件的重要缺陷。因此,必须采取适当的工艺措施予以防止。防止缩孔常用的工艺措施如下:

控制铸件的凝固次序,使铸件实现顺序凝固。所谓顺序凝固,就是使铸件按递增的温度梯度方向从一个部分到另一个部分依次凝固。在铸件可能出现缩孔的热节处,首先通过增设冒口或冷铁等一系列工艺措施,使铸件远离冒口的部位先凝固;然后是靠近冒口部位凝固,最后是冒口本身凝固,如图 1-8 所示。按此原则进行凝固,能使缩孔集中到冒口中,最后将冒口切除,就可以获得致密的铸件。

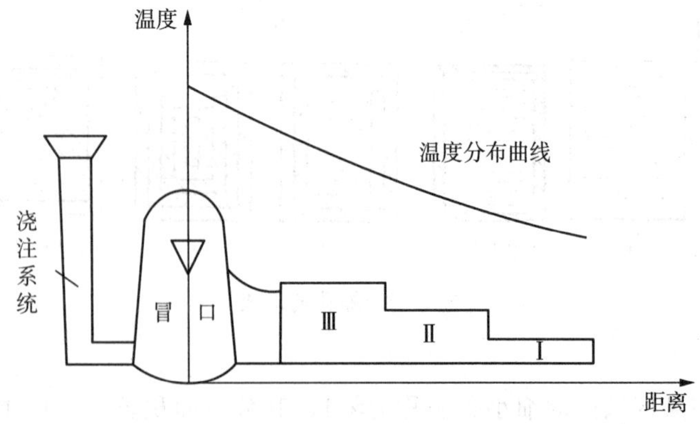

图 1-8 顺序凝固示意图

冒口是铸型内储存用于补缩的金属液的空腔。冷铁通常用钢或铸铁制成,仅是加快某些部位的冷却速度,以控制铸件的凝固顺序,但本身并不起补缩作用。冷铁和冒口设置的例子可见图 1-9。图 1-9 为阀体铸件，其中，左侧为无冒口和冷铁的状况，在热节处可能热节产生缩孔；右侧为增设冒口和冷铁后，铸件实现了顺序凝固，有效防止缩孔的产生。

主要注意的：顺序凝固虽然可以有效地防止缩孔和宏观缩松，但铸造工艺复杂，增加了铸件成本，同时扩大了铸件各部分的温差，增大了铸件的变形和裂纹倾向。结晶温度范围宽的合金，结晶开始后，形成发达的树枝状骨架布满整个截面，难以进行补缩，因而很难避免显微缩松的形成。因此，顺序凝固原则主要适用于纯金属和结晶温度范围窄、靠近共晶成分的合金，也适用于凝固收缩大的合金补缩。一般用于铸钢、铝硅合金等必须补缩的材料。

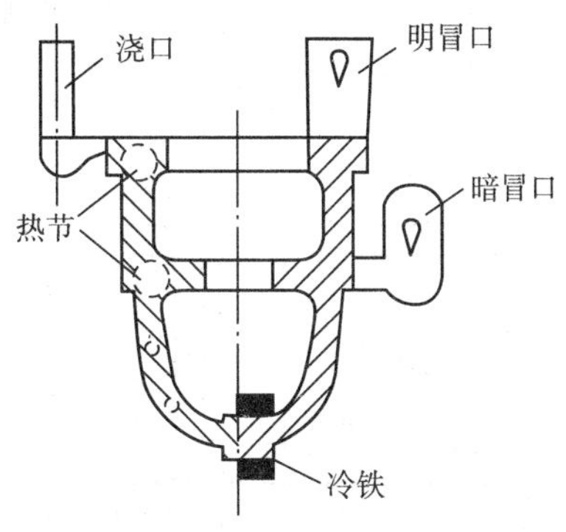

图 1-9　铸件冒口冷铁设置示例

另外，通过加压补缩的方法也可以防止缩孔和缩松。将铸型放于压力室中，浇注后使铸件在压力下凝固，可显著减少显微缩松。采用压力铸造、离心铸造等特种铸造方法使铸件在压力下凝固，也可有效地防止缩孔和缩松。

4. 铸造内应力

铸件在凝固后继续冷却的过程中产生的固态收缩受到阻碍及热作用，会产生铸造内应力，是铸件产生变形和裂纹等缺陷的主要原因。铸造内应力按产生的不同原因可分为热应力和机械应力两种。

(1)热应力

热应力是由于铸件壁厚不均匀、各部分冷却速度不同，以致铸件在同一时间内各部分的收缩不一致而引起的。应力状态随温度的变化而发生变化，金属在再结晶温度以上的较高温度下，在较小的应力作用下即发生塑性变形，变形后应力消除，金属处于塑性状态。在再结晶温度以下的较低温度下，此时在应力作用下，将产生弹性变形，金属处于弹性状态。

图 1-10 为应力框铸件及其热应力形成过程示意图。应力框(如图 1-10a 所示)铸件由较粗的Ⅰ杆和较细的Ⅱ杆两部分组成。温度为 $t_{固}$ 时，两杆均为固态，温度继续下降，当处于高温阶段($T_0 \sim T_1$)时，两杆均处于塑性状态，尽管它们的冷却速度不同、收缩不一致，但所形成的应力均可通过塑性变形而消失。当继续冷却时间为 T_2 时，细杆Ⅱ温度达到 $t_{临}$，则进入弹性状态、而粗杆Ⅰ并未达到 $t_{临}$ 温度，仍处于塑性状态($T_1 \sim T_2$)，细杆冷却快，收缩大于粗杆，因此Ⅱ杆受拉、Ⅰ杆受压，如图 1-10b 所示，形成暂时应力。但这个应力随着粗杆的微量塑性变形而消失，如图 1-10c 所示。当进一步冷却到较低温度时，Ⅰ、Ⅱ杆均处于弹性状态($T_2 \sim T_3$)，这时粗杆温度较高，还会进行大量的收缩，Ⅱ杆温度低，收缩趋于停止。因此杆Ⅰ的收缩受到Ⅱ杆的强烈阻碍，形成了内应力。粗杆受拉应力，而细杆受压应力，如图 1-10d所示。

由此可见，热应力使得铸件的厚壁部分或心部受拉伸应力，薄壁部分或表面受压缩应力。合金的线收缩率越大，铸件各部分的壁厚差别越大，形状越复杂，所形成的热应力也越大。

热应力产生的基本原因是由于冷却速度不一致、相互约束而引起的，因此尽量减小铸件

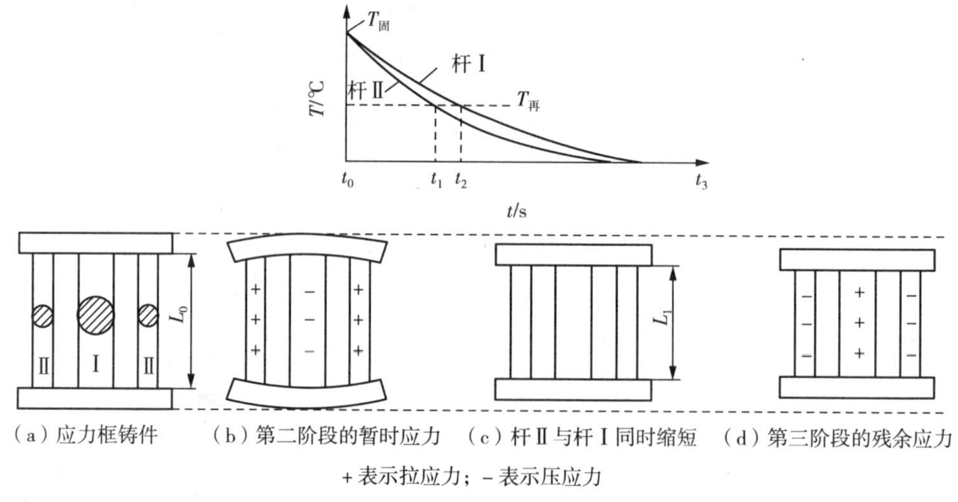

（a）应力框铸件　（b）第二阶段的暂时应力　（c）杆Ⅱ与杆Ⅰ同时缩短　（d）第三阶段的残余应力

+表示拉应力；-表示压应力

图 1-10　热应力的形成

各部分的温差，使其均匀冷却。在设计铸件结构时，尽量使铸件的壁厚均匀，并在铸造工艺上采用同时凝固原则。

同时凝固原则，就是从工艺上采取必要的措施，使铸件各部分冷却速度尽量一致。具体措施如下：将浇口或内浇道开在铸件的薄壁处，以减小该处的冷却速度，而在远离浇道的厚壁处放置冷铁以加快冷却速度，从而达到同时凝固的效果（如图 1-11 所示）。在实际生产中，使铸件同时凝固是减小内应力、防止铸件变形和裂纹的有效工艺措施。这一措施尤其适用于形状复杂的薄壁铸件。

但是这种凝固方式易使铸件中心出现宏观缩松或缩孔，影响铸件的致密性。因此，这种凝固原则主要适用于缩孔、缩松倾向较小的灰口铸铁等合金。但是同时凝固原则的工艺措施与防止缩孔、缩松缺陷的顺序凝固措施相矛盾，此时，应根据铸件的具体结构特点，设计实际的工艺措施以防止缺陷的产生。

（2）机械应力

铸件收缩时受到铸型、型芯等的机械阻碍而引起的应力称为机械应力，如图 1-12 中机械应力使铸件产生拉应力或剪切应力，机械应力是暂时的，铸件落砂后机械阻碍消除可自行消失。形成机械阻碍的原因是铸件型腔结构、型砂的高温强度高及退让性等。当铸件的内应力大于铸件的抗拉强度时，铸件会产生裂纹如图 1-12 所示。

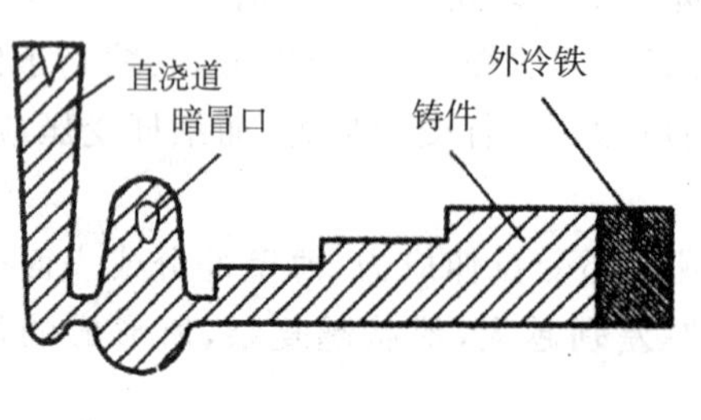

图 1-11　阶梯形铸件同时凝固原则

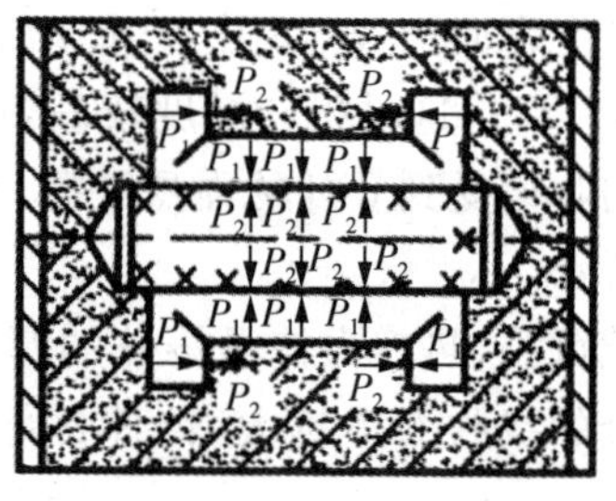

图 1-12　机械应力

对于一般铸铁件，通常以预防缩孔和缩松缺陷为主，这是因为铸件在冷却过程中产生的铸造内应力一般不会引起裂纹，铸造内应力问题不是主要的工艺问题，但必须消除残留下来的应力，可通过时效处理来加以消除。时效处理可分为自然时效和人工时效两种。自然时效是将铸件在露天放置半年到一年的时间，从而使铸件内部的应力自行消失；人工时效是将铸件加热到 550～650℃，保温 2～4h，随炉冷却至 150～200℃，然后出炉，进行低温退火可消除铸件的残留应力。与自然时效相比，人工时效可缩短处理时间。

(3)铸件的变形与防止

内应力的存在会导致铸件产生变形，这是铸件产生变形的主要原因。铸件中厚壁部位受拉应力，薄壁部位受压应力，处于应力状态的铸件是不稳定的，将自发地通过变形减小应力，以达到稳定状态。在变形时，受拉的部分有缩短的趋势或向内凹；受压的部分有伸长的趋势或向外凸，这样才能使铸件中的残余应力减小或消除。如图 1 - 13 所示为车床床身铸件，其导轨部分较厚，残留有拉应力；床壁部分较薄，残留有压应力，于是，床身朝着导轨方向弯曲，使导轨下凹。

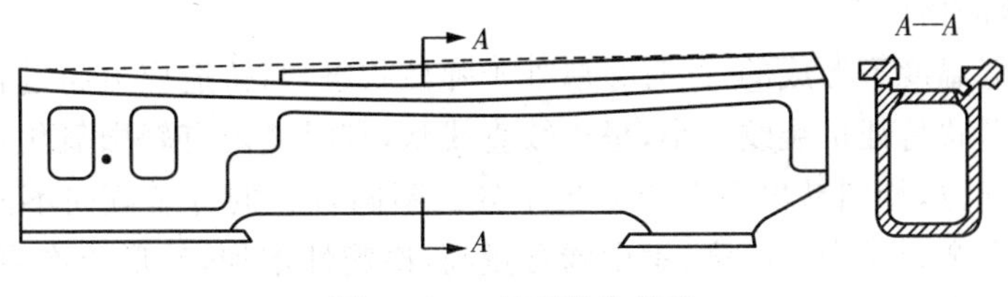

图 1 - 13　车床床身变形

铸件的变形使铸件精度降低，严重时会使铸件报废。为防止铸件变形，首先在铸件设计时，应尽量使铸件壁厚均匀、形状简单和结构对称。图 1 - 14 为铸件结构对变形的影响。可见，对称结构不易产生变形。另外，在生产中常用反变形法防止铸件变形。对图 1 - 13 中的床身铸件，预先将模样做成与铸件变形方向相反的形状，模样的预变形量(反挠度)与铸件的变形量相等，待铸件冷却后变形正好抵消。也可采用同时凝固原则，减少热应力及铸件变形。但是铸件冷却时产生一定的变形，只能减小应力，而不能彻底消除应力。铸件经机械加工后，会引起铸件的再次变形，零件精度降低。为此，对重要的铸件，还必须采用去应力退火。

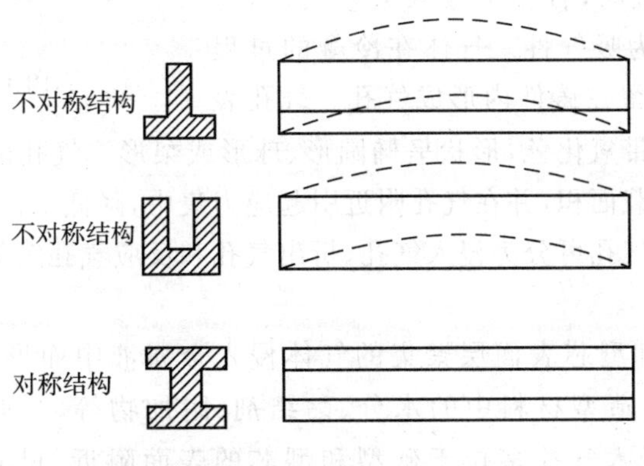

图 1 - 14　铸件结构对变形的影响

(4)铸件裂纹及其防止措施

当铸造内应力超过金属的强度极限时，铸件便产生裂纹。裂纹是严重的铸造缺陷，必须有效的工艺措施才能防止出现。裂纹按形成的温度范围分为热裂和冷裂两种。

热裂是在凝固末期，金属处于固相线附近高温下形成的。在金属凝固末期，固体的骨架已经形成，但树枝状晶体间仍残留少量液体，此时合金如果收缩，就可能将液膜拉裂，形成裂纹。另外，合金在固相线温度附近的强度、塑性都非常低，例如，含碳 0.3%(质量分数)的碳钢，在室温条件下的抗拉强度大于 480MPa，而在 1380～1410℃的抗拉强度仅为 0.75MPa。若铸件的收缩受到铸型等因素阻碍时，产生应力将很容易超过此温度时的强度极限，导致铸件开裂。

热裂纹的形状特征是裂纹短、缝隙宽、形状曲折、缝内呈氧化色，会使铸钢件呈黑色，铝合金呈暗灰色。铸件结构不合理、合金收缩大、型(芯)砂退让性差以及铸造工艺不合理都会引发热裂。钢铁中的硫降低了钢铁的韧性，使热裂纹倾向提高。因此合理地调整合金成分、设计铸件结构，采用同时凝固原则和改善型砂的退让性(如在型砂中加入木屑，采用有机黏结剂等)都是有效的措施。

冷裂是在较低温度下形成的，此时金属处于弹性状态，当铸造应力超过合金的强度极限时产生冷裂。其形状特征是裂纹细小，呈连续直线状，有时缝内有轻微氧化色。冷裂常出现在复杂件受拉伸部位，特别易出现在应力集中处。不同合金的冷裂倾向不同，灰口铸铁、高锰钢等塑性差的合金容易产生冷裂；钢中磷含量高，冷脆性增加，易形成冷裂纹。因此，应严格控制钢铁材料中含磷量，并在浇注后不要过早落砂。冷裂的倾向与铸造内应力有密切关系，凡能减小铸造内应力的因素，均能防止冷裂。

此外，设置防裂纹可有效防止铸件裂纹。一般，用造型工具在砂型上切割薄片缝隙，铸造时金属液在该处即形成了防裂纹(也称割肋)。图 1－15 所示的是在 T 形铸件接头处设置的防裂肋。防裂肋的厚度一般为铸件厚度的 1/3～1/5。

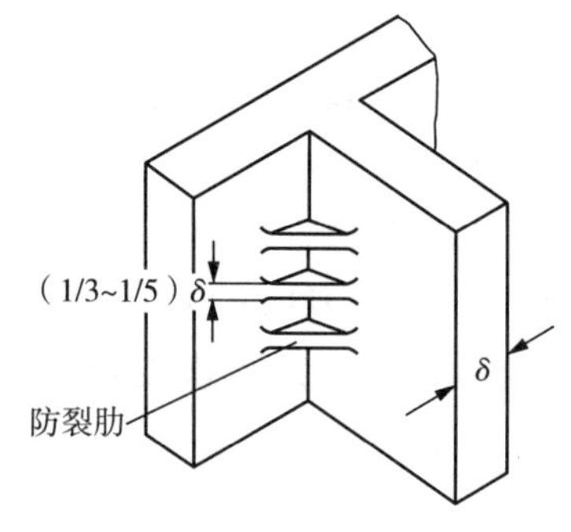

图 1－15　防裂肋

1.1.3　合金的吸气性

在熔炼和浇注合金时，合金会吸入大量气体，这种吸收气体的能力称为吸气性。气体在冷凝的过程中不能溢出，冷凝后则留在铸件内形成气孔。气孔表面比较光滑、明亮或略带氧化色，形状呈椭圆形、球形或梨形。气孔的存在破坏了金属的连续性，减少了有效的承载面积，并在气孔附近引起应力集中，降低了铸件的力学性能。

按照气体的来源，气孔可分为侵入气孔、析出气孔和反应气孔三类。

1. 侵入气孔

侵入气孔是砂型和型芯表面层聚集的气体侵入金属液中而形成的气孔(如图 1－16 所示)。气体主要来自造型材料中的水分、黏结剂、附加物等，一般是水蒸气、CO、CO_2、O_2、碳氢化合物等。侵入气孔多位于砂型和型芯的表面附近，尺寸较大，呈椭圆形或梨形，孔的内表面被氧化。预防侵入气孔产生的主要措施是减少型(芯)砂的发气量、发气速度，增加铸型、型芯的透气性；或是在铸型表面刷上涂料，使型砂与金属液隔开，防止气体的侵入。

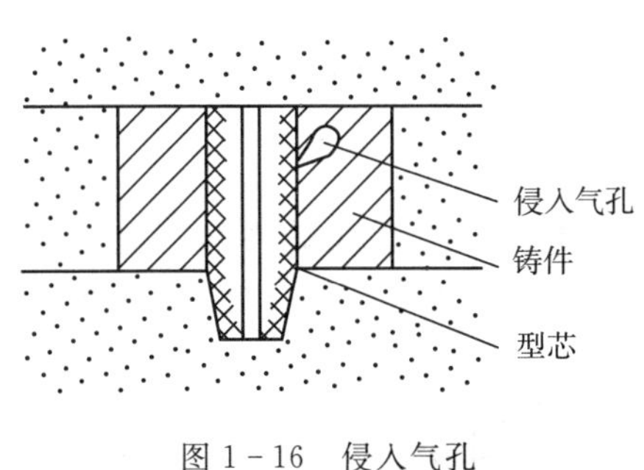

图 1－16　侵入气孔

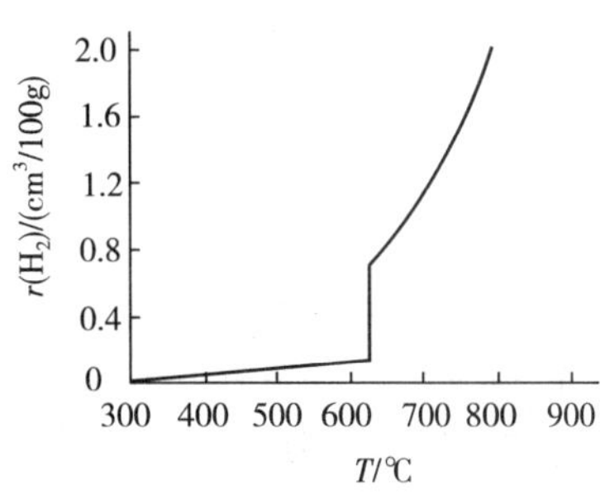

图 1－17　氢在纯铝中的溶解度

2. 析出气孔

金属在熔化和浇注过程中很难与气体隔离，一些双原子分子（如 H_2、N_2、O_2 等）可以从炉料、炉气等金属液中，其中氢不与金属形成化合物，且原子直径小，较易溶解于金属液中。气体在液态合金中的溶解度较在固态金属中的大得多，且随温度升高而加大，如图 1－17 所示。

溶解于金属液中的气体在冷却和凝固过程中，由于气体的溶解度下降而从合金中析出，在铸件中形成的气孔称为析出气孔。析出气孔的分布面积较广，有时遍及整个铸件截面，但气孔的尺寸很小，常被称为“针孔”。析出气孔在铝合金中最为多见，它不仅影响合金的力学性能，还将严重影响铸件的气密性，甚至引起铸件渗漏。

预防析出性气孔的主要措施如下：减少合金的吸气量，即将炉料及浇注工具进行烘干，缩短熔炼时间，在覆盖层下或真空炉中熔炼合金等；可以利用不溶于金属的气泡，带走溶入液态金属中的气体，即对金属进行除气处理，如向铝液底部吹入氮气，当氮气泡上浮时可带走铝液中的氢气；也可在生产中采用提高铸件的冷却速度和使其在压力下凝固的办法，使气体来不及析出而过饱和地溶解在金属中，从而能避免气孔的产生。此外，用金属型铸造铝铸件，比用砂型铸造铝铸件气孔要少。

3. 反应气孔

浇入铸型中的金属液与铸型材料、型芯撑、冷铁或熔渣之间，发生化学反应产生气体而形成的气孔，称反应气孔。例如，冷铁、芯撑若有锈蚀，它与灼热的钢液、铁液接触时，将发生如下的化学反应：

$$Fe_3O_4+4C=3Fe+4CO\uparrow$$

产生的气体常在冷铁、芯撑附近形成气孔（如图 1－18 所示）。反应气孔形成的原因和方式较为复杂，不同合金的防止方法也有所差别，通常可以通过清除冷铁、型芯撑的表面油污、锈蚀并保持干燥来预防反应气孔的出现。

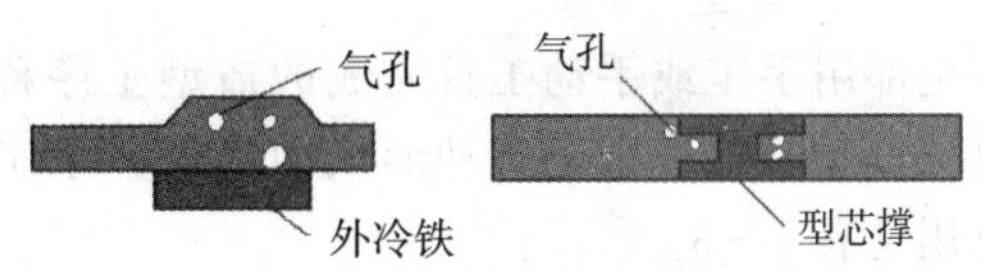

图 1－18　反应气孔

1.2 金属铸造的成形方法

1.2.1 砂型铸造

砂型铸造是将熔融金属浇入砂质铸型中，待冷却凝固后，取出铸件的铸造方法，是应用最广泛的铸造方法。砂型铸造适用于各种形状、大小及常用合金铸件的生产。砂型铸造的基本工艺过程如图 1－19 所示。

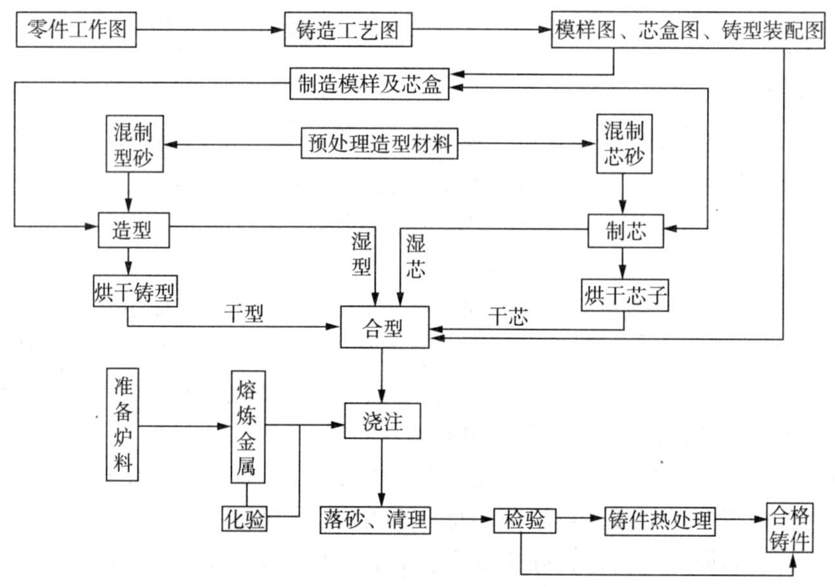

图 1－19　砂型铸造工艺过程示意图

模样用来成形铸件外形，芯盒用来造出型芯以获得铸件内腔。制造模样与芯盒的材料常用的有木材、铝合金、塑料等。为了便于造型，模样在设计制造时必须要注意：要有合适的分模面；为便于起模，垂直于分模面的模壁上应制造出斜度；模样的尺寸应在零件图要求上留出切削加工余量，同时应考虑到金属凝固时产生收缩，模样的尺寸比成形零件尺寸大，要留有收缩余量；模样上过渡处应以圆角过渡，以免造成应力集中；有内腔的铸件，应在模样上做出安放型芯的芯头模样，如图 1－20 所示。

制造砂型（芯）的工艺过程称为造型（芯）。造型（芯）是砂型铸造最基本的工序，根据完成造型工序方法的不同，砂型铸造分为手工造型和机器造型两大类。

1. 手工造型

全部用手工或手动工具完成的造型工序称为手工造型。手工造型操作灵活，工艺装备简单，适应性强，适用于各种形状的铸件。手工造型的方法很多，各种手工造型方法的特点和应用见表 1－3。

手工造型时，填砂、紧实和起模都用手工和手动工具完成。优点：操作灵活，适应性强，工艺装备简单，生产准备时间短。但生产率低，劳动强度大，铸件质量不易保证。手工造型

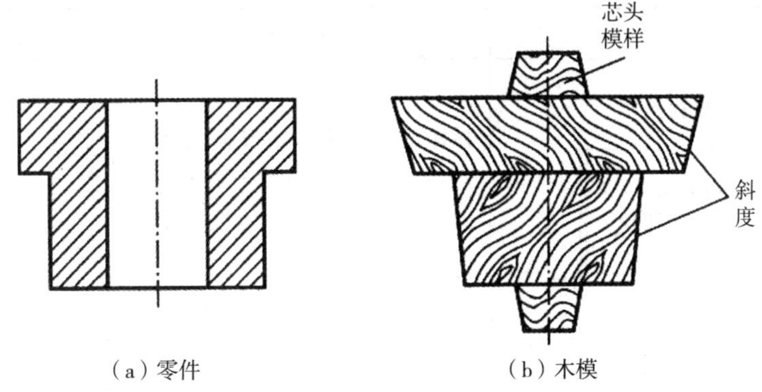

（a）零件　　（b）木模

图 1-20　模样示意图

一般只适用于单件、小批量生产。

手工造型适用于各种形状结构的铸件，根据铸件形状结构不同，可以采用不同的造型方法。常用手工造型方法的特点及其适用范围见表 1-3。

表 1-3　常用手工造型方法的特点和适用范围

造型方法		主要特点	适用范围
按砂箱数量分类	两箱造型 上模 下模	铸型由上型和下型组成，造型、起模、修型等操作方便	适用于各种生产批量，各种大、中、小铸件
	三箱造型 上型 中型 下型	铸件的最大截面位于两端，必须用分开模、三个砂箱造型，模样从中箱两端的两个分型面取出。造型生产率低，且需合适中箱（中箱高度与中箱模样的高度相同）	主要用于单件、小批量生具有两个分型面的中、小型铸件
按砂箱特征分类	地坑造型 上型 地坑	在地面砂床中造型，不用砂箱或只用上箱。减少了制造砂箱的投资和时间。制作麻烦，劳动量大，要求操作者的技术较高	用于生产要求不高的中、大型铸件，或者用于砂箱不足时批量不大的中、小铸件生产
	脱箱造型（无箱造型） 套箱 底板	采用活动砂箱造型，在铸型合箱后，将砂箱脱出，重新用于造型。浇注时为了防止错箱，需用型砂将铸型周围填紧，也可在铸型上加套箱	用于小铸件的生产，砂箱尺寸多小 400mm * 400mm * 400mm

（续表）

造型方法		主要特点	适用范围
按模样特征分类	整模造型 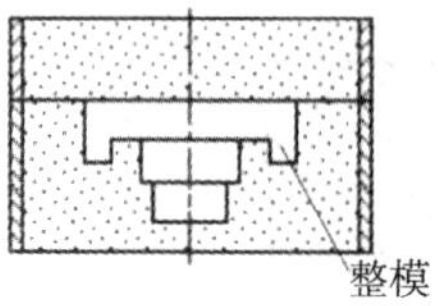	模样为整体模，分型面是平面，铸型型腔全部在半个铸型内，造型简单，铸件精度和表面质量较好	最大截面位于一端并且为平面的简单铸件的单件、小批量生产
	分模造型 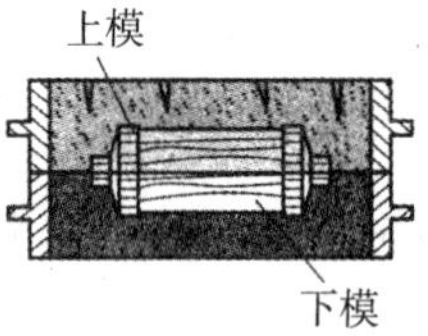	模样沿最大截面处分为两半，型腔分别位于上、下两个半型内。造型简单，节省工时	适用于套类、管类及阀体等形状较复杂的铸件的单件、小批量生产常用于最大截面在中部的铸件
	挖砂造型 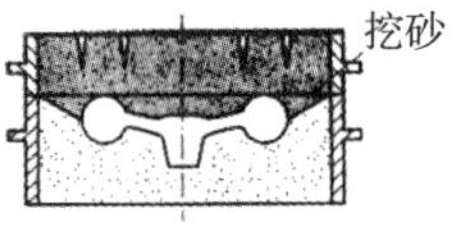	模样虽为整体，但分型不为平面。为了取出模样，造型时用手工挖去阻碍起模的型砂。其造型费工时，生产率低，要求工人技术水平高	用于分型面不是平面的铸件的单件、小批量生产
	假箱造型 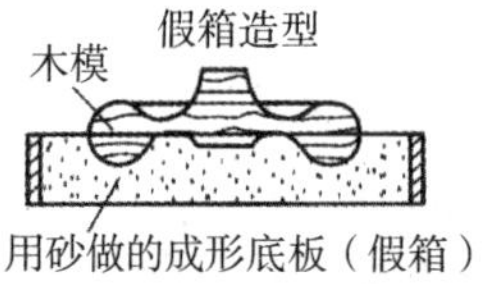	为了克服上述挖砂造型的缺点，在造型前特制一个底胎（假箱），然后在底胎上造下箱。由于底胎不参加浇注，故称作假箱。此法比挖砂造型简便，且分型面整齐	用于成批生产且分型面不是平面的铸件
	活块造型 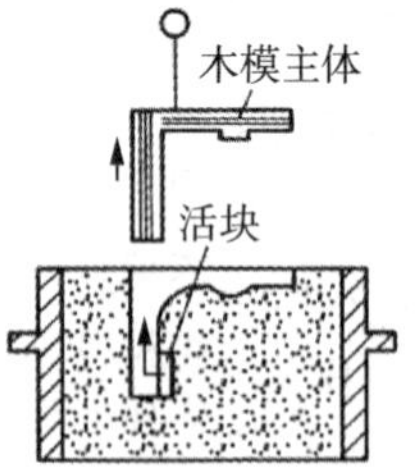	当铸件上有妨碍起模的小凸台、肋板时，制模时将它们做成活动部分。造型起模时先起出主体模样，然后再从侧面取出活块。造型生产率低，要求工人技术水平高	主要用于带有突出部分难以起模的铸件的单件、小批量生产
	刮板造型 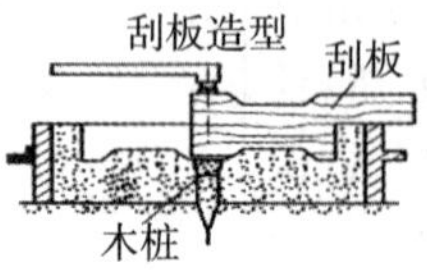	用刮板代替模样造型。大大节约木材，缩短生产周期。但造型生产率低、要求工人技术水平高，铸件尺寸精度差	主要用于等截面或回转体大、中型铸件的单件、小批量生产，如大皮带轮、铸管、弯头等

2. 机器造型

用机器全部完成或至少完成紧砂操作的造型工序称机器造型。机器造型的加砂、紧砂和起模等工序由机器完成，生产效率很高，是手工造型的数十倍，制出的铸件尺寸精度高、表面粗糙度小、加工余量小，工人劳动条件大为改善。但机器造型需要造型机、模板以及特制砂箱等专用机器设备，一次性投资大，生产准备时间长，故适用于成批大量生产，且以中、小型铸件为主。

(1)紧砂方法

目前机器造型绝大部分都是以压缩空气为动力来紧实型砂的。机器造型的紧砂方法为压实、震实、震压和抛砂四种基本方式，其中震压式应用最广，如图 1-21 所示为震压紧砂机构原理图。工作时首先将压缩空气从震实进气口引入震实气缸，使震实活塞带动工作台及砂箱上升，震实活塞的上升使震实气缸的排气孔露出并排出压气，之后工作台下落，便完成一次振动。如此反复多次，即可将型砂紧实。当压缩空气被引入压实气缸时，工作台再次上升，压头压入砂箱，最后排除压实气缸的压缩空气，砂箱下降，完成全部紧实过程。抛砂紧实如图 1-22 所示，抛砂机头的电动机驱动高速叶片(900～1500r/min)，连续地将传送带运来的型砂在机内初步紧实，并在离心力的作用下，型砂呈团状以高速(30～60m/s)被抛到砂箱中，使型砂逐层紧实。抛砂紧实可同时完成填砂与紧实两个工序，生产效率高、型砂紧实密度均匀。抛砂机适应性强，可用于任何批量的大、中型铸型或大型芯的生产。

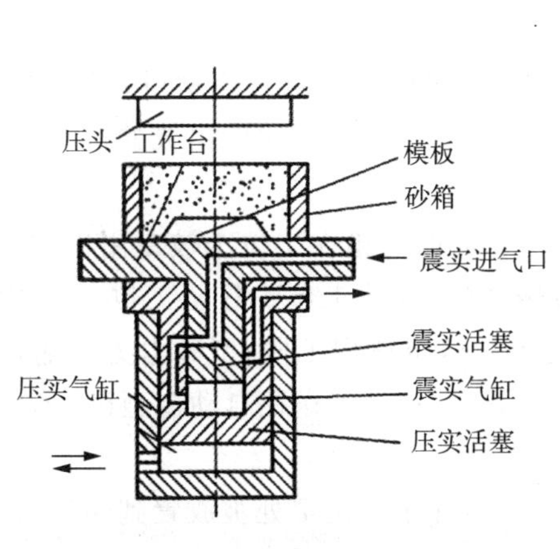

图 1-21　震压紧砂机构原理图

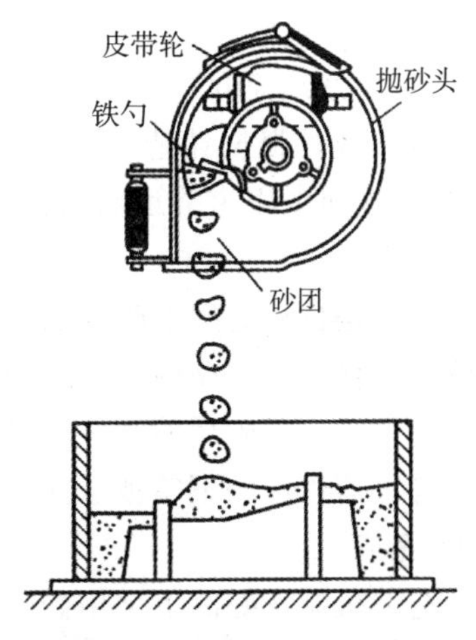

图 1-22 抛砂紧实示意图

(2)起模方法

型砂紧实以后，就要从型砂中正确地把模样起出，使砂箱内留下完整的型腔。造型机大都装有起模机构，其动力也多半是压缩空气，目前应用广泛的起模机构有顶箱、漏模和翻转三种。

① 顶箱起模，其示意图如图 1-23a 所示。型砂紧实后，开动顶箱机构，使四根顶杆从模板四角的孔(或缺口)中上升，从而顶起砂箱，此时固定模型的模板仍留在工作台上，这样就完成了起模工序。

顶箱起模的造型机构比较简单，但起模时易漏砂，因此只适用于型腔简单且高度较小的铸型，多用于制造上箱，以省去翻箱工序。

② 漏模起模，采用其方法如图 1－23b 所示。为避免起模时掉砂，将模型上难以起模的部分做成可以从漏板的孔中漏下的形式，即将模型分成两部分，模型本身的平面部分固定在模板上，模型上的各凸起部分可向下抽出，在起模过程中由于模板托住图 1－23b 中 A 处的型砂，因而可以避免掉砂。漏模起模机构一般用于形状复杂或高度较大的铸型。

③ 翻转起模，图 1－23c 为翻转起模的示意图。型砂紧实后，砂箱夹持器将砂箱夹持在造型机转板上，在翻转气缸推动下，砂箱随同模板、模型一起翻转 180°，然后承受台上升，接住砂箱后，夹持器打开，砂箱随承受台下降，与模板脱离而起模。

这种起模方法不易掉砂，适用于型腔较深、形状复杂的铸型。下箱通常比较复杂，为了合箱的需要，需要翻转 180°，翻转起模多用于制造下箱。

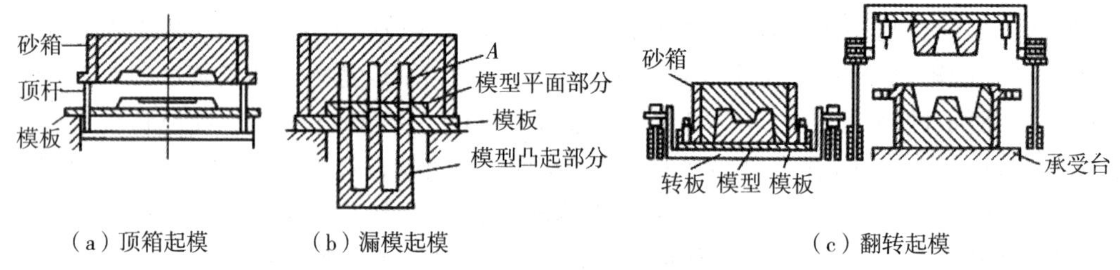

图 1－23　起模方法示意图

(3)造型生产线简介

造型生产线是根据铸造工艺流程，将造型机、翻转机、下芯机、合型机、压铁机、落砂机等，用铸型输送机或辊道等运输设备联系起来并采用一定控制方法所组成的机械化、自动化造型生产体系。

图 1－24 是自动造型生产线示意图。浇注冷却后的上箱在工位 1 被专用机械卸下并被送到工位 13 落砂，带有型砂和铸件的下箱通过输送带 16 从工位 1 移至工位 2，并因此进入落砂机 3 中落砂。落砂后的铸件落到专用输送带并送至清理工段，型砂由另一输送带送往砂处理工段。落砂后的下箱被送往自动造型机 4 处，上箱则被送往自动造型机 12，模板更换由小车 11 完成。

自动造型机制作好的下型用翻转机 8 翻转 180°，并于工位 7 处被放置到输送带 16 的平车 6 上，被运至合型机 9，平车 6 预先用特制刷 5 清理干净。自动造型机 12 上制作好的上型沿辊道 10 运至合型机 9，与下型装配在一起。合型后的铸型 14 沿输送带移至浇注工段 15 进行浇注。浇注后的铸型沿交叉的双水平形线冷却后再输送到工位下芯的操作是在铸型从工位 7 移至工位 9 的过程中完成的。造型生产线由于劳动组织合理，极大地提高了生产率。

(4)机器造型的工艺特点

① 采用模板造型。模板是将模样、浇注系统沿分型面与底板连接成一个整体的专用模具。造型后，底板形成分型面，模样形成铸型空腔。模板分为单面模板和双面模板两种，上面均装有定位销与专用砂箱上的销孔精确定位。单面模底板用于制造半个铸型，是机器造型最为常用的模板。造型时，上、下型以各自的单面模板分别在两台配对的造型机上造型，造好的上、下型用箱锥定位合型。

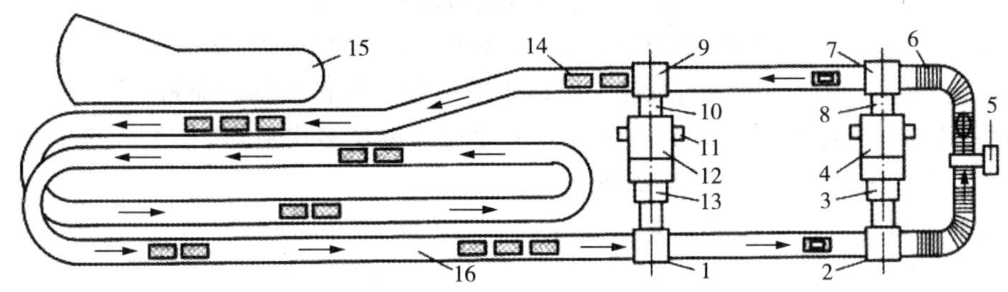

图1-24　自动造型生产线示意图

1,2,7,13—工位;3—落砂机;4,12—自动造型机;5—特制刷;6—平车;8—翻转机;9—合型机;10—辊道;11—小车;14—铸型;15—浇注工段;16—输送带

② 采用两箱造型。机器造型不能紧实型腔穿通的中箱(模样与砂箱等高),故不能进行三箱造型。同时,机器造型还应尽量避免挖砂和活块,因其操作费时,会使造型机的生产效率大大降低。若与其他工序(如配砂、下芯、翻转合型、加压铁、运输、浇注、落砂和铸件清理等)协调联系起来,机器造型可实现全面机械化、自动化的铸造生产体系,大大提高了生产率。

3. 造芯

型芯的作用主要是形成铸件的内腔,也可以形成铸件的外形(如具有内凹或外凸的侧壁)。为便于型芯中的气体排出,需在型芯内部制作通气道。为提高型芯的刚度和强度,需在型芯中放置芯骨,型芯一般应烘干使用。

1.2.2　特种铸造

特种铸造是指砂型铸造以外的其他铸造方法。

从铸造工艺角度来看,铸件的尺寸精度及表面粗糙度主要取决于铸型的质量。因此,为了提高铸件的表面质量,应从改善铸型材料或造型工艺入手;为了提高铸件的内部质量,则主要依靠改善液态金属充填及随后的冷却条件。当然,改善液态金属的充填条件,提高液态金属的充型能力,也有利于改善铸件的表面粗糙度及精度。为了克服砂型铸造的缺点,人们在生产实践中,不断探求新的铸造方法。如熔模铸造、金属型铸造、压力铸造、离心铸造等,这些方法统称为特种铸造。

1. 熔模铸造

(1)熔模铸造工艺过程

熔模铸造是液态金属在重力作用下浇入由蜡模熔化消失后形成的中空型腔,经浇注后获得精密铸件的铸造方法。由于其模样大多采用蜡质材料制成,故又称“失蜡铸造”。

工艺过程如图1-25所示,首先根据母模制作压型,然后将熔融的蜡料挤入压型中,冷却后从压型中取出,经修整便获得和铸件形状相同的蜡模,把蜡模熔解到浇注系统上组成蜡树,在蜡树上涂挂几层涂料和石英砂,直至蜡模表面结成5~10mm的硬壳,再将型壳放入85~95℃的热水中,使蜡模熔化出来后,得到中空的硬壳型,壳型还要烘干焙烧去掉杂质,最后将液态金属浇注到铸型的空腔中,待其冷却后,将硬壳破坏,即可获得所需的铸件。

① 制造蜡模。蜡模材料常由质量分数为50%的石蜡和50%的硬脂酸配制而成。将

45～48℃的糊状蜡料压入用钢或铝合金等材料制造的模具(压型)中,冷凝后取出即为蜡模,如图1-25所示。一般会将数个蜡模熔焊在蜡棒上,成为蜡模组,如图1-25所示。

② 制造型壳。在蜡模组表面浸挂一层以水玻璃和石英粉配制的涂料,然后在上面撒一层较细的石英砂,并放入饱和氯化铵水溶液中硬化。重复多次后,蜡模组外表面形成5～10mm厚的耐火坚硬型壳,如图1-25所示。

③ 脱蜡。将带有蜡模组的型壳浸在80～90℃的热水中,使蜡料熔化后从浇注系统中流出。

④ 焙烧型壳。将脱蜡后的型壳放入800～950℃加热炉中,保温0.5～2h,烧去型壳内的残蜡和水分,并提高型壳的强度。

⑤ 浇注。将型壳从焙烧炉中取出放入干砂中,在600～700℃时浇入合金液。

⑥ 脱壳和清理。用人工或机械的方法去掉型壳、切除浇冒口,清理后即可得到铸件。

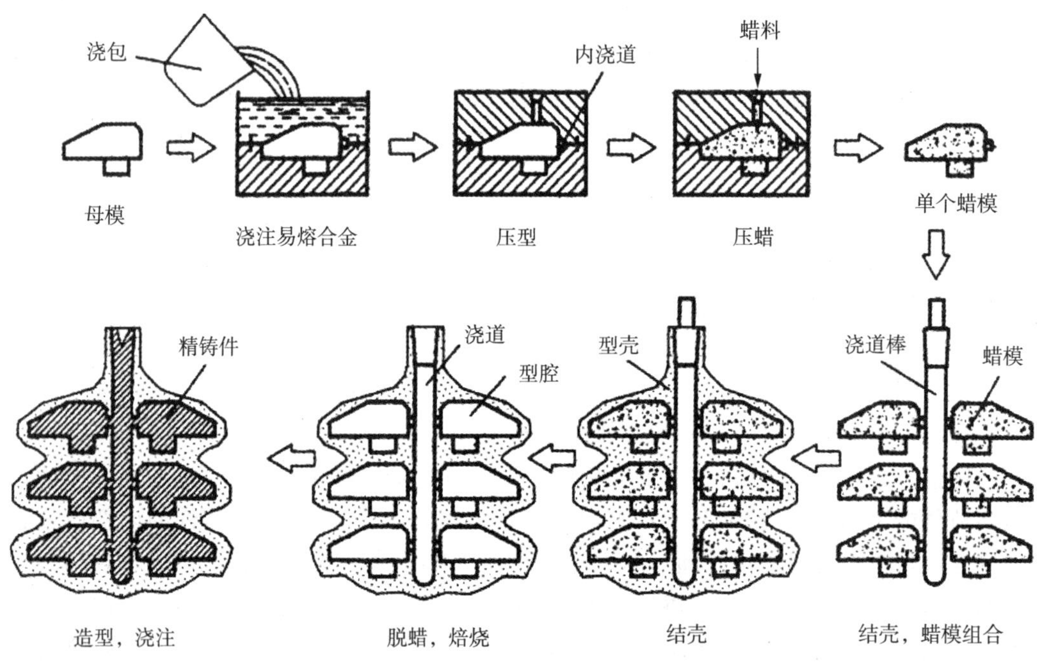

图1-25 熔模铸造工艺过程

(2)熔模铸造具有以下特点

① 因铸型精密又无分型面,铸件尺寸精度高、表面粗糙度值小,可以减少或省去机械加工余量。例如,熔模铸造的涡轮发动机叶片,铸件精度可达到无加工余量的要求。

② 可制造形状复杂的铸件,其最小壁厚可达0.3mm,最小铸出孔径为0.5mm。对由多个零件组合成的复杂部件,可用熔模铸造一次铸出。

③ 铸造合金种类不受限制,用于那些高熔点合金、难切削加工的合金及形状复杂的小型零件,如汽轮机叶片、成形刀具和汽车、拖拉机、机床上的小型零件。

④ 生产批量基本不受限制,既可成批、大批量生产,又可单件、小批量生产。

但熔模铸造也有一定的局限性,其工序繁杂、生产周期长、生产成本较高。另外,受蜡模与型壳刚度、强度的限制，铸件的质量一般限于 25kg 以下。

2. 金属型铸造

将液态金属浇注到用金属制成的铸型而获得铸件的方法称为金属型铸造。金属型通常使用铸铁或铸钢制成，可以反复使用，故铸造又称“永久型铸造”。

(1)金属型的结构

金属型的结构有整体式、水平分型式、垂直分型式和复合分型式。其中，垂直分型式由于便于开设内浇道、取出铸件和易于实现机械化而应用最广。金属型一般用铸铁或铸钢制造，型腔采用机械加工的方法制成，铸件的内腔可用金属芯或砂芯获得。图 1-26 所示为铸造铝活塞的金属型。

金属型铸造实现了“一型多铸”，节省了造型材料和工时，提高了劳动生产率。由于金属导热性好，散热快，因而铸件组织结构致密，力学性能高。同时铸件的尺寸精度和表面质量比砂型铸造高，切削加工余量小，加工费用低。但金属型生产成本高，周期长，铸造工艺严格，而且铸件要从金属型中取出，对铸件的大小及复杂程度有所限制。因此，金属型铸造主要适用于形状简单的有色合金铸件的大批量生产，如内燃机的铝活塞、汽缸体、汽缸盖以及铜合金的轴瓦、轴套等；有时也可用于生产某些铸铁件或铸钢件。

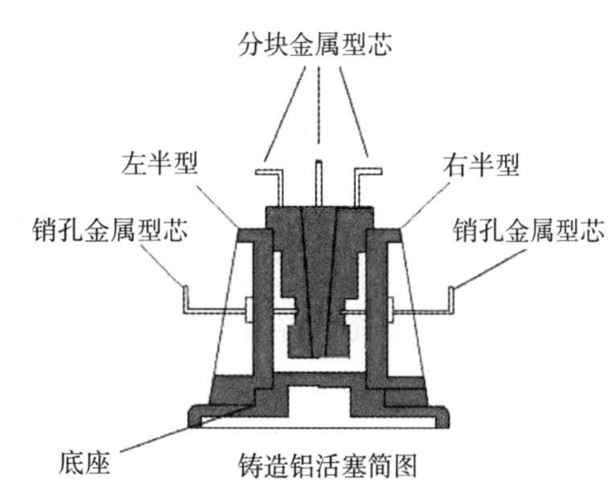

图 1-26　铸造铝活塞的金属型

制造金属型材料的熔点一般要高于浇注合金的熔点。如浇注锡、锌、镁等低熔点合金，可用灰铸铁制造金属型；浇注铝、铜等合金，则要用合金铸铁或钢制金属型。金属型用的型芯有砂芯和金属芯两种。

(2)金属型铸造的工艺特点

金属型导热速度快，没有退让性和透气性，为了确保获得优质铸件并延长金属型的使用寿命，金属型铸造有其特殊的工艺特点。

① 铸型排气。如在金属型腔上部设排气孔、通气塞(气体能通过，金属液不能通过)，在分型面上开通气槽等。

② 铸型涂料。金属型与高温金属液直接接触的工作表面上应喷刷耐火涂料，以保护金属型，并可调节铸件各部分的冷却速度，提高铸件质量。涂料一般由耐火材料(石墨粉、氧化锌、石英粉等)、水玻璃黏结剂和水组成，涂料层厚度为 0.1～0.5mm。

③ 铸型预热。为防止金属液冷却过快而造成浇不足、冷隔和气孔等缺陷，浇注前需把金属型预热到 200～350℃。

④ 开型时间。因金属型无退让性，浇注后的铸件在铸型中停留时间过长，易引起过大的铸造应力而导致铸件开裂。因此，铸件冷凝后，应及时从铸型中取出。开型时间随铸造金属种类、铸件壁厚和结构而定，一般为 10～60s。

(3)金属型铸造的特点

① 铸件尺寸精度较高(IT12～IT14)和表面粗糙度较小(Ra12.5～6.3μm),加工余量小。

② 金属型的导热性好,冷却速度快,因而铸件的晶粒细小,力学性能好。

③ 实现一型多铸,提高了劳动生产率,节约造型材料,减轻环境污染,改善劳动条件。

金属型铸造也有其局限性,因金属型不透气且无退让性,铸件易产生浇不足、冷隔、裂纹、白口(铸铁件)等缺陷,不宜铸造形状复杂尤其是内腔复杂的薄壁、大型铸件;金属型制造成本高,周期长,不宜单件、小批量生产;受金属型材料熔点的限制,不适宜生产高熔点合金铸件。

目前,金属型铸造主要用于形状较简单的铜合金、铝合金等非铁金属铸件的大批量生产,如发动机活塞、气缸盖、液压泵壳体、轴瓦、轴套等。铸铁件的金属型铸造目前虽然也有所发展,但铸件的尺寸和质量都受到较大限制。

3. 压力铸造

压力铸造是指在高压作用下,液态或半液态金属高速充填金属铸型,并在压力作用下凝固而得到铸件的方法。压铸时所用的压力高达数十兆帕(有时高达200MPa),充填速度约为5～50m/s,液态合金充满铸型的时间为0.01～0.2s,高压和高速充填铸型是金属型铸造的重要特征。压力铸造对金属的流动性要求不高,浇注温度可以降低,甚至可用半液态金属来进行浇注。

(1)压力铸造的结构

压力铸造是在专用的压铸机上进行的。压铸机的类型很多,压铸机可分为热室压铸机和冷室压铸机两大类,冷室压铸机又可分为立式和卧式等类型,但它们的工作原理基本相似。其中卧式冷室压铸机用高压油驱动,充型速度快,合型力大,生产率高,应用比较广泛。

压铸型是压力铸造生产铸件的模具,主要由活动半型和固定半型两大部分组成。固定半型固定在压铸机的定型座板上,由浇道将压铸机压室与型腔连通。活动半型随压铸机的动座板移动,完成开合型动作。完整的压铸型组成中包括型体部分、导向装置、抽芯机构、顶出铸件机构、浇注系统、排气和冷却系统等部分。压铸工艺过程如图1-27所示。

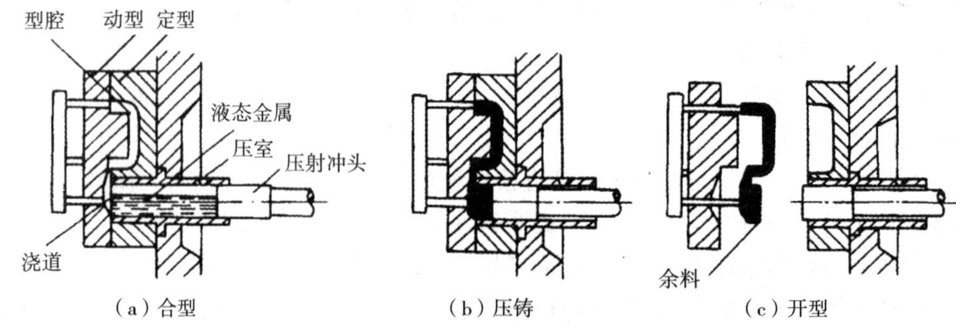

图1-27 压铸工艺过程示意图

(2)压力铸造的特点

① 压铸件尺寸精度高,表面质量好,尺寸公差等级为IT11～IT13,表面粗糙度为

Ra6.3～1.6μm，可不经机械加工直接使用，而且互换性好。

② 高温下的高压高速充型，极大地提高了合金液的充型能力，因此可以压铸壁薄、形状复杂以及具有细小螺纹、孔、齿和文字的铸件，如锌合金压铸件，其最小壁厚可达 0.8mm、最小铸出孔径可达 0.8mm、最小可铸螺距达 0.75mm。

③ 压铸件的强度和表面硬度较高。由于在压力下凝固和高的冷却速度，铸件表层晶粒细小，其抗拉强度比砂型铸件高 25%～40%。

④ 生产率高，可实现半自动化及自动化生产。

⑤ 可采用嵌铸工艺制出形状复杂、局部有特殊性能要求（如耐磨、导电、导磁和绝缘等）的铸件。

但压铸也有如下一些缺点：充型速度快，型腔中的气体难以排出，易产生气孔，故压铸件不能进行热处理，也不宜在高温下工作，否则气孔内空气膨胀产生压力，可使铸件开裂；金属液凝固快，厚壁处来不及补缩，易产生缩孔和缩松；设备投资大，铸型制造周期长、造价高，不宜小批量生产；压铸件的尺寸受设备能力的限制。

目前，压力铸造广泛用于有色金属精密铸件的大量生产。铝合金压铸件最多，其产量占总的压铸件产量的 30%～50%，其次为锌合金压铸件，铜合金和镁合金的压铸件产量很小。压铸件广泛应用于汽车、摩托车、仪表和电子仪器工业等领域，制造均匀薄壁、形状复杂的壳体类零件，如发动机气缸体、缸盖、电动机壳体、变速箱箱体、支架、仪表及照相机壳体等。

4. 低压铸造

低压铸造是采用较压力铸造低的压力（一般为 0.02～0.06MPa），使液体金属充填型腔，以形成铸件的一种方法。

(1)低压铸造工艺过程

其工艺过程如图 1－28 所示，在密封的坩埚（或密封罐）中通入干燥的压缩空气，金属液在气体压力的作用下，沿升液管上升，通过浇口平稳地进入型腔，并保持坩埚内液面上的气体压力，一直到铸件完全凝固为止。然后解除液面上的气体压力，使升液管中未凝固的金属液流入坩埚，再打开铸型，取出铸件。铸型多采用金属型，也可采用砂型。

(2)低压铸造的特点

① 充型压力和速度便于调节，故可适用于各种不同铸型（如金属型、砂型），铸造各种尺寸的各类合金铸件。

② 采用底注式充型，金属液充型平稳，无冲击、飞溅现象，避免了气体卷入及金属液对型壁和型芯的冲刷，不易产生夹渣、砂眼、气孔等缺陷，铸件合格率高。

③ 铸件在压力作用下充型和凝固，铸件组织致密、轮廓清晰、表面粗糙度小，力学性能较高，对于大型薄壁或要求耐压、防渗漏、气密性好的铸件更为有利。

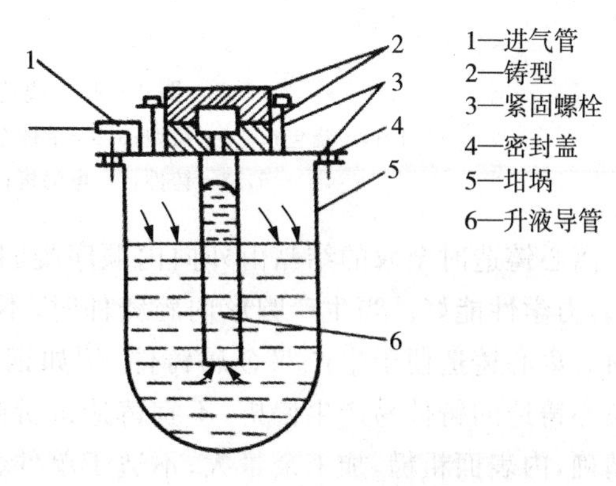

图 1－28　低压铸造的工艺示意图

④ 浇注系统简单，浇口兼冒口，金属利用率高，通常可达 90%～98%。

⑤ 劳动强度低、条件好，设备简单，易实现机械化和自动化。

在低压铸造生产过程中，升液管寿命短，且在保温过程中金属液易氧化和产生夹渣。目前，低压铸造主要用来铸造一些质量要求高的铝合金和镁合金铸件，如汽车发动机缸体、缸盖、活塞、叶轮和轮毂等。还可用于铸造各种铜合金铸件(如螺旋桨等)以及小型球墨铸铁曲轴等。

5. 离心铸造

离心铸造是将液态金属浇入高速旋转的铸型中，使金属溶液在离心力的作用下充填铸型并结晶凝固形成铸件的方法。离心铸造必须在离心铸造机上进行，主要用于生产圆筒形铸件。

离心铸造机根据铸件旋转轴空间位置的不同分为立式和卧式两大类。图 1－29a 为立式离心铸造机的铸型绕垂直轴旋转示意图，当其浇注圆形铸件时，金属液并不填满型腔，在离心力的作用下紧贴型腔外侧而自动形成中空的内腔，其厚度取决于加入的金属量。铸件内表面由于重力的作用呈上薄下厚的抛物线形，铸件高度愈大，其壁厚差愈大。因此，立式离心铸造主要用于高度小于直径的环、套类零件。图 1－29b 为卧式离心铸造机的铸型绕水平轴旋转示意图，由于铸件各部分冷却条件相近，铸出的铸件壁厚沿长度和圆周方向都很均匀，因此，卧式离心铸造主要用于长度较大的筒类、管类铸件。

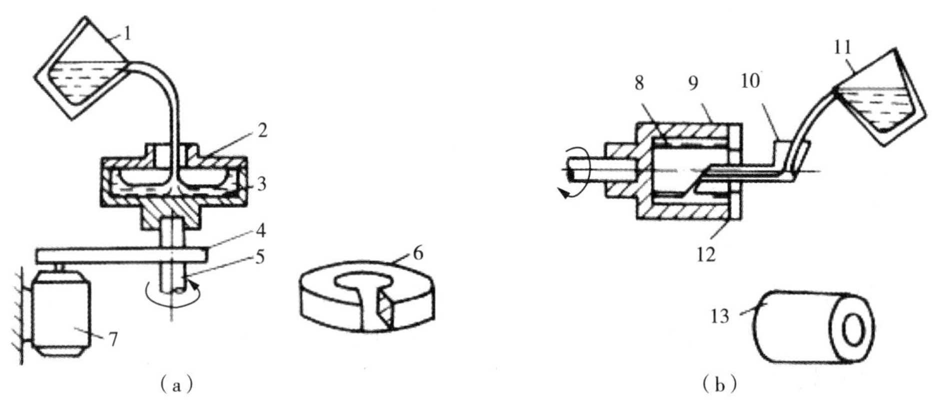

图 1－29　离心铸造示意图

1,11—浇包；2。9—铸型；3,8—液体金属；4—皮带轮和皮带；5—旋转轴；
6,13—铸件；7—电动机；10—浇注槽；12—端盖

离心铸造时金属的结晶由外向内顺序凝固，铸件组织致密，无缩孔、缩松、气孔、夹渣等缺陷，力学性能好。当生产圆形内腔铸件时，不需要型芯，此外，还省去了浇注系统，节省了材料。离心铸造便于生产双金属铸件，例如钢套镶铜衬套，其结合面牢固，节省贵重金属。但离心铸造的铸件易产生偏析，不宜铸造偏析倾向大的合金，如铝青铜铸件；而且内孔尺寸不精确，内表面粗糙，加工余量大；不适于单件、小批量生产等。目前，离心铸造已广泛用于制造铸铁管、气缸套、铜套、双金属轴承、特殊钢的无缝管坯、造纸机滚筒等。

6. 陶瓷铸造

采用陶瓷型铸造铸件的方法称陶瓷型铸造。它是在砂型铸造和熔模铸造的基础上发展

起来的一种精密铸造方法。与砂型铸造不同的是，仅在型腔表面有一层陶瓷层。陶瓷型制造是指用水解硅酸乙酯、耐火材料、催化剂等混合制成的陶瓷浆料，灌注到模板上或芯盒中的造型（芯）方法。

（1）陶瓷型铸造的基本工艺过程

陶瓷型制造有不同的工艺方法，图 1－30 为广泛采用的薄壳陶瓷型的制作过程。

① 砂套造型在制造陶瓷型之前，先用水玻璃砂制出砂套。制造砂套模样 B 比铸件模样 A 应增加一层陶瓷浆料的厚度，如图 1－30a，其大小视铸件大小选用 8～20mm。砂套的制造方法与砂型制造方法相同。在制作砂套时，上部应留有浇注陶瓷浆料的灌浆孔和排气孔，如图 1－30b 所示。

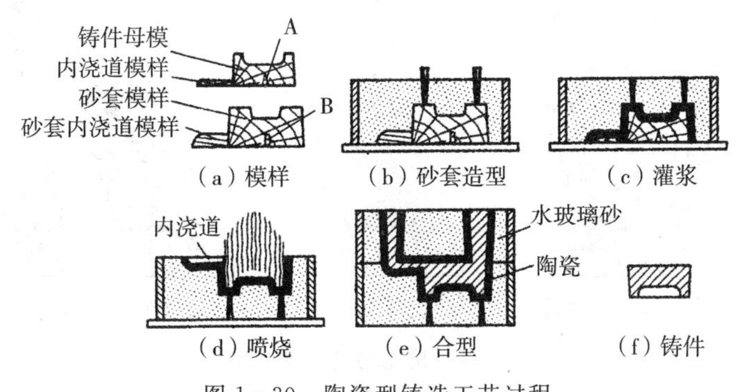

图 1－30　陶瓷型铸造工艺过程

② 灌浆与胶结。将铸件模样 A 固定在平板上，刷上分型剂，扣上砂套，将配制好的陶瓷浆由浇口浇入。灌满后经数分钟，陶瓷浆便开始胶结。

③ 起模与喷烧。灌浆后经 3～5min 的“固化过程”，陶瓷浆料的硅胶骨架已初步形成，趁浆料尚有一定弹性时立即起模。起模后的陶瓷型需用明火均匀地喷烧整个型腔，加速铸型固化，以提高陶瓷型的强度与刚度。

④ 焙烧与合型。陶瓷型在浇注前需加热到 350～550℃焙烧 2～5h，以烧去残存的水分、酒精及其他有机物质，进一步提高铸型强度，然后合型。合型操作与砂型铸造相同。

⑤ 浇注。浇注温度可略高，以便获得轮廓清晰的铸件。

（3）陶瓷型铸造的特点及应用

① 陶瓷型铸件的尺寸精度与表面质量都较高，与熔模铸造相似。这是由于陶瓷型在弹性状态下起模，型腔尺寸不易变化，同时陶瓷型高温变形小。

② 陶瓷型铸件的大小几乎不受限制，小到几千克，大到数吨。由于陶瓷材料耐高温，用陶瓷型可以浇注合金钢、模具钢、不锈钢等高熔点合金。

③ 投资少、生产周期短，在一般铸造车间就可以实现单件、小批量生产。

但陶瓷铸造不适于批量大、质量轻或形状比较复杂的铸件，且生产过程难以实现机械化和自动化。陶瓷型铸造目前主要用于生产各种大、中型精密铸件，如铸造冲模、热锻模、压铸模、金属型、热芯盒、模板、玻璃器皿模等。也可以浇注碳素钢、合金钢、模具钢、不锈钢、铸铁及有色金属铸件。

7. 挤压铸造

挤压铸造是对浇入铸型型腔内的液态金属施加较高的机械压力，使其成形凝固，从而获得铸件的一种工艺方法。

(1)挤压铸造工艺过程

挤压铸造的典型工艺程序可分为铸型准备、浇注、合型加压和开型取件四个步骤。铸型准备是指使上下型处于待浇注位置,清理型腔并喷刷涂料,对铸型进行冷却(或加热),将其温度控制在所需的范围内。然后以定量的液态金属浇入凹型中,将上下型闭合,依靠冲头的压力使液态金属充满型腔,升压并在预定的压力下保持一定的时间,使液态金属在较高的机械压力下凝固。最后卸压、开型,同时取出铸件。

挤压铸造通常称为液态模锻,图 1-31 所示为大型薄壁件挤压铸造原理图,由压头直接挤压铸型内的定量金属液,在压力作用下金属液在由压头与铸型构成的型腔内成形、凝固,并伴有一定的塑性变形。

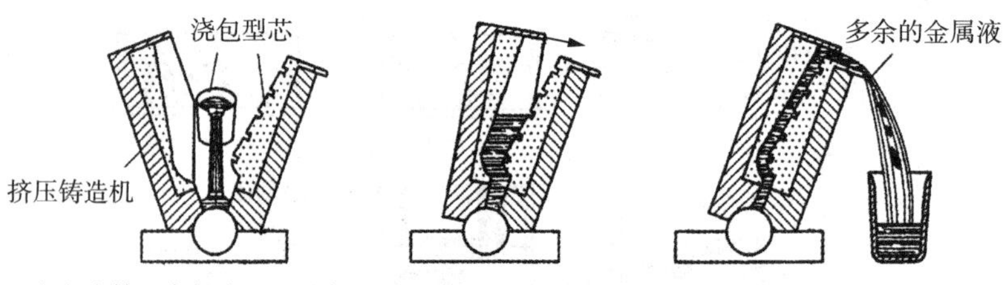

(a) 向铸型底部浇入金属液　(b) 进行挤压铸造　(c) 形成铸件并排除多余的金属液

图 1-31　挤压铸造大型薄壁件

(2)挤压铸造工艺特点

挤压铸造是使液态金属在高的机械压力下进行结晶,因此,挤压铸造工艺具有以下特点:

① 挤压铸造可以消除铸件内部的气孔、缩孔等缺陷,产生局部的塑性变形,使铸件组织致密。

② 液态金属在压力下成形和凝固,使铸件与型腔壁贴合紧密,具有较高的表面光精度和尺寸精度。

③ 挤压铸件在凝固过程中,各部位处于压应力状态,有利于铸件的补缩和防止铸造裂纹的产生,适用性较强、使用的合金不受铸造性能好坏的限制。

④ 挤压铸造是在压力机或挤压铸造机上进行的,便于实现机械化、自动化,可大大减轻工人的劳动强度。

总之,挤压铸件尺寸精度与表面质量高,组织致密,晶粒细小,力学性能好,无须设浇冒口,金属利用率高,工艺简单,易实现机械化、自动化。可用于生产要求强度较高、气密性好的铸件及薄板类铸件,如各种阀体、活塞、机架、轮毂、耙片和铸铁锅等。

8. 实型铸造和磁型铸造

(1)实型铸造

实型铸造又称消失模铸造,是用泡沫塑料模制造铸型后不取出模样,浇注金属时模样气化消失获得铸件的铸造方法。图 1-32 所示为实型铸造工艺过程。

制模材料常用聚苯乙烯泡沫塑料,制模方法有发泡成形和加工成形等两种。发泡成形是用蒸气或热空气加热,使置于模具内的预发泡聚苯乙烯颗粒膨胀,充满模腔成形,用于成批、大量生产。加工成形是采用手工或机械加工预制出各个部件,再经黏结和组装成形,用

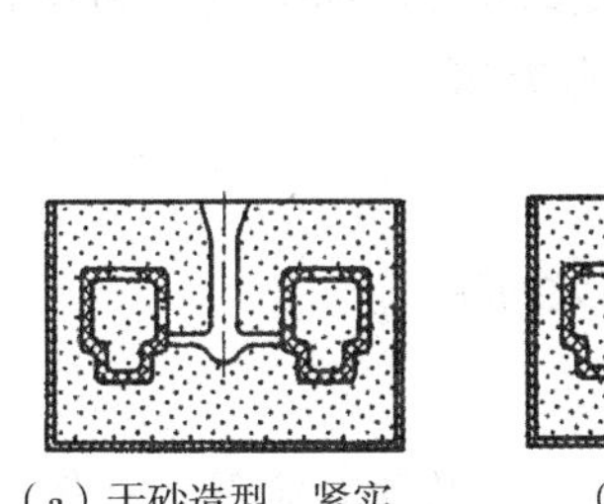
(a) 干砂造型、紧实

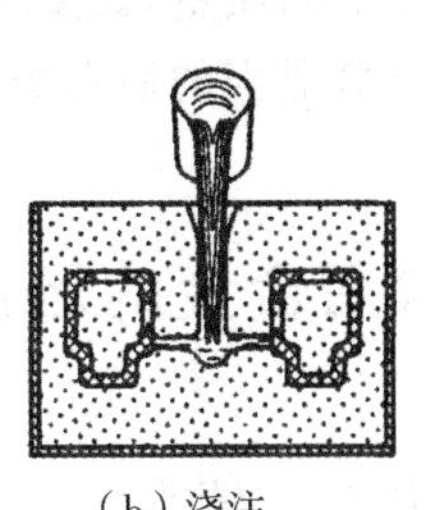
(b) 浇注

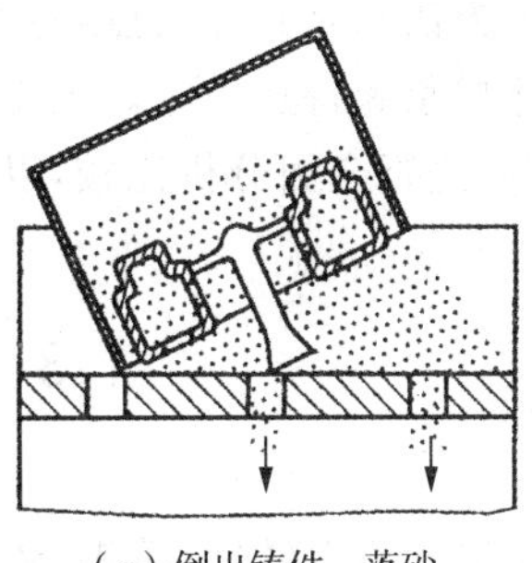
(c) 倒出铸件，落砂

图 1-32　实型铸造工艺过程

于单件、小批生产。模样表面应涂刷涂料，以使铸件表面光洁或提高型腔表面的耐火性。型砂有以水泥、水玻璃或树脂为黏结剂的自硬砂和无黏结剂的干硅砂等，分别应用于单件、小批生产和成批、大量生产。

实型铸造不必起模和修型，工序少，生产效率高；铸件精度高、形状较复杂；可采用无黏结剂的干砂造型，劳动强度低。但实型铸造存在模样气化时污染环境、铸钢件表层含碳量增加等问题。实型铸造应用范围较广，几乎不受铸件结构、尺寸、重量、批量和合金种类的限制，特别适用于形状较复杂铸件的生产。

(2)磁型铸造

磁型铸造也是一种实型铸造，用泡沫塑料制造模样。用铁丸代替型砂在磁型机上造型，通电后产生一定方向的电磁场，吸固铁丸即可浇注。铸件凝固后断电，磁场消失。磁型铸造是用铁丸或钢丸代替石英砂，用磁场代替黏结剂。充填在泡沫塑料模周围的铁磁材料(铁丸和钢丸)在外磁场作用下靠拢在模样周围并相互吸引，形成一定强度的铸型。如图 1-33 所示。铁丸或钢丸直径一般为 0.3～1.5mm，因此铸型线圈具有良好透气性。铁丸一般用于浇注铝合金，钢丸用于浇注铸铁与铸钢。由于铁丸或钢丸的耐热性低于石英砂，在泡沫塑料模的表面应涂抹一层耐火涂料，涂层厚度一般为 0.5～2mm。

磁型铸造具有以下优点：

① 造型材料可以反复使用，不用型砂，设备简单，占地面积小。

② 铁丸流动性和透气性好，不用黏结剂，造型、清理方便。

③ 模样无分型面，不用起模，铸件精度高(CT8 级左右)，表面质量好(Ra 值为 3.2～12.5μm)，铸件加工余量小，而且通常不用另外制作型芯。

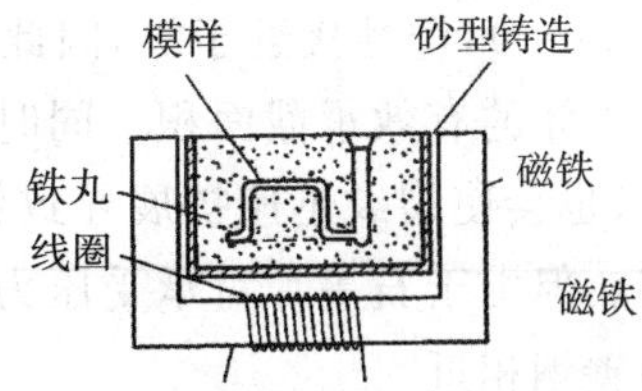

图 1-33　磁性铸造示意图

④ 铁丸冷却速度快，故铸件晶粒细小，力学性能高于砂型铸件。

⑤ 成本低，每吨铸件的成本比砂型铸造成本约低 30%～50%。劳动条件好，便于实现机械化和自动化。

磁型铸造不宜铸造厚度大、形状复杂的铸件；汽化模燃烧时产生大量烟气污染环境，铸钢件表层含碳量增加等，使磁型铸造的应用受到一定限制。

各种铸造方法都有其优缺点，各适应于一定条件和范围。选择铸造方法应从技术、经济和生产的具体要求和特点来定。既要保证产品质量，又要考虑产品的成本和现有设备、原材料供应情况等，进行全面分析比较，以选定最适当的铸造方法。

1.3 常用合金的熔铸

常用的铸造合金有铸铁、铸钢、铸造铝合金、铸造铜合金及镁合金等。在铸造生产中，除了要正确选择合适的造型材料和造型工艺，掌握铸造合金的熔铸特点与方法，提高合金溶液熔炼的质量，也是获得高品质铸件的重要环节。

1.3.1 铸铁的熔铸

铸铁是指含碳量大于 2.14%或组织中具有共晶组织的铁碳合金。铸铁件产量约占铸件总产量的 70%以上，是应用最广的铸造合金。工业用的铸铁通常根据铸铁中石墨形态的不同，可分为灰铸铁、球墨铸铁、可锻铸铁和蠕墨铸铁等，微观组织特征如图 1－34 所示。

(a) 灰铸铁

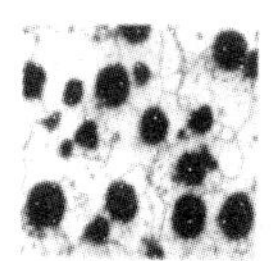
(b) 球墨铸铁

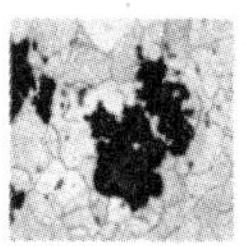
(c) 可锻铸铁

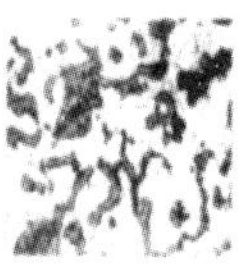
(d) 蠕墨铸铁

图 1－34 铸铁微观组织特征

1. 灰铸铁

(1)组织与性能特点

灰铸铁是金属基体上分布着片状石墨，金属基体体积占 90%～93%，片状石墨占 7%～10%，此外还含有少量的硫化物、磷化物、氧化物的铸铁。由于石墨的强度、硬度极低($R_m \leqslant 20N/mm^2$)，塑性接近于零，因此，灰铸铁的组织好似在钢的基体中分布着大量裂纹，大大减小了基体的有效承截面积。同时，石墨片尖角处容易造成应力集中，即使在较小的拉应力作用下，也会使裂纹迅速扩展导致铸件断裂。所以，灰铸铁的抗拉强度、塑性和韧性比碳钢低得多。但由于石墨片对承受压力的有害影响较小，因此灰铸铁的抗压强度和硬度与相同基体的碳钢相近。

按基体组织的不同，灰铸铁可分为铁素体灰铸铁、铁素体-珠光体灰铸铁和珠光体灰铸铁三类。铁素体灰铸铁因强度和硬度较低，应用较少；珠光体灰铸铁有较高的强度和硬度，主要用来制造较重要的铸铁件；铁素体-珠光体灰铸铁性能比珠光体灰铸铁要低。

石墨的存在虽然降低了灰铸铁的力学性能，但却为其带来了一系列其他的优良性能，如良好的铸造性能、切削加工性能、减振性和减摩性以及低的缺口敏感性。

由于灰铸铁具有以上性能特点，而且生产成本比钢低得多，因此被广泛地用来制作各种受力不大或以承受压应力为主的零件、减振性或耐磨性好的零件以及结构复杂的零件等，如带轮、机床床身、箱体、机架、泵体、阀体、缸体、重锤、缸套、导轨等。

(2)灰铸铁的生产特点

普通灰铸铁一般是共晶型合金，具有良好的流动性。同时，由于灰铸铁结晶时伴有石墨化，石墨析出时体积发生膨胀而抵消了部分收缩，因此灰铸铁的线收缩较小，一般为0.9%～1.3%左右，碳含量愈接近共晶点，灰铸铁的铸造性能愈好。灰铸铁通常在冲天炉中熔炼。一般不需要炉前处理即可直接浇注，无须冒口和冷铁，铸造工艺较为简单。

为了提高灰铸铁的力学性能，生产中常进行孕育处理。铁液经孕育处理后，获得的亚共晶灰铸铁，称为孕育铸铁。其组织特点是珠光体基体上均匀分布着细小石墨片，强度和硬度明显高于普通灰铸铁，但塑性和韧性仍比较差。孕育处理的目的在于促进石墨化，降低白口倾向，改善石墨片的尺寸及分布状况。但经孕育处理的灰铸铁，由于处理过程引起碳、硅含量降低，铸造性能比普通灰铸铁差，铸造工艺较复杂，浇注温度高，线收缩率较大，有时需设置冒口补缩。

2. 球墨铸铁

(1)组织与性能特点

球墨铸铁的石墨呈球状，它对基体的割裂作用可减至最低限度，基体强度的利用率可达70%～90%，因此球墨铸铁具有比灰铸铁高得多的力学性能，抗拉强度跟钢差不多，塑性和韧度大大提高。通常抗拉强度 R_m 为400～900MPa，伸长率 A 为2%～18%。同时，具有良好的耐磨性和减震性，缺口敏感性小，切削加工性能好等。球墨铸铁的焊接性能和热处理性能都优于灰铸铁。随着化学成分、冷却速度和热处理方法的不同，球墨铸铁可得到不同的基体组织。最常用的是珠光体基体和铁素体基体结构的球墨铸铁。

铁素体球墨铸铁强度较低但塑性较好，因而可制造承受振动和冲击的零件，如汽车、拖拉机底盘、后桥壳等，国外还大量用于生产铸管，如下水管道、输气管道等。铁素体-珠光体球墨铸铁强度与韧性配合较好，多用于生产汽车、农机、冶金设备的零部件。通过热处理可调节珠光体和铁素体的相对比例与形态，从而调整了强度和韧性的配合，以满足各种使用要求。

珠光体球墨铸铁的强度、硬度较高，且有一定的塑性，因此可以替代碳钢制造某些受较大交变载荷和受摩擦的重要零件，如曲轴、连杆、凸轮、蜗轮、蜗杆等。珠光体球墨铸铁与45号锻钢的力学性能比较见表1-4。

表 1-4　珠光体球墨铸铁和45号锻钢的力学性能比较

性　能	45号锻钢(正火)	珠光体球墨铸铁(正火)
抗拉强度 R_m/MPa	690	815
屈服强度 R_e/MPa	410	640
屈强比 R_e/R_m	0.59	0.785
伸长率 A/%	26	3
疲劳强度(有缺口试样)σ_{-1}/MPa	150	155
硬度/HBS	<229	229～321

通过适当等温淬火可以获得强度、塑性及韧性都很高的具有综合力学性能的贝氏体球

墨球铁，抗拉强度可达到1200～1500MPa，明显优于珠光体球铁，并具有一定的塑韧性。如果适当降低抗拉强度，伸长率可达到10%以上，尤其还具有高的疲劳性能和良好的耐磨性，可制造承受重载荷的齿轮、大功率内燃机曲轴、连杆、凸轮等。

(2)球墨铸铁的生产特点

球墨铸铁一般为过共晶型合金。球墨铸铁经过了球化和孕育处理过程，铁水温度大大下降，流动性比灰铸铁差；凝固时，铸件形成硬外壳时间较晚，当砂型刚度较小时，石墨的膨胀引起铸件外形胀大，导致原有的浇、冒口失去补缩作用，易产生缩孔、缩松，球墨铸铁一般需用冒口和冷铁，采用顺序凝固原则；球墨铸铁收缩较灰铸铁大，共晶凝固范围比灰铸铁宽，具糊状凝固特征；球墨铸铁容易出现夹渣(MgS、MgO)和皮下气孔缺陷，浇注系统一般采用半封闭，以保证铁液迅速平稳地流入型腔，并多采用滤渣网、集渣包等结构加强挡渣措施。

球墨铸铁在一般铸造车间均可生产，但在熔炼技术、处理工艺上比灰铸铁要求更高。需要注意以下几点：

① 严格控制成分。对球墨铸铁化学成分的要求比灰铸铁严格，碳、硅含量比灰铸铁高，锰、磷、硫含量比灰铸铁低。其大致成分为：C(3.6%～3.9%)、Si(2.0%～2.8%)、Mn(0.6%～0.8%)、S(<0.7%)、P(<0.1%)。硫是相当有害的元素，而球化元素是强有力的脱硫剂，硫含量高会消耗较多的球化剂，严重影响球化进程，引起球化衰退。

② 较高的出铁温度。铁液的温度在处理过程中要下降50～100℃，为保证浇注温度，出铁温度至少在1420～1440℃以上。

③ 球化处理和孕育处理。球化处理的目的是使石墨在结晶时呈球状析出。常用球化剂主要是稀土镁合金，其加入量为铁液量的1.3%～1.8%。球化处理一般采用冲入法，如图1-35a，将球化剂放入堤坝式浇包内，上面覆盖硅铁粉和稻草粉，铁液分两次冲入，第一次冲入2/3～1/2，待球化作用后，再冲入其余铁水，经孕育处理、搅拌、扒渣后即可浇注。此外，还有型内球化法，如图1-35b，把球化剂放置浇注系统内的反应室中，流经此室的铁液和球化剂作用后进入型腔。此法得到的石墨球细小，球化率很高，球化剂消耗较少，球墨铸铁的力学性能高。采用型内球化时，要合理设计反应室的结构及浇注系统的挡渣措施。

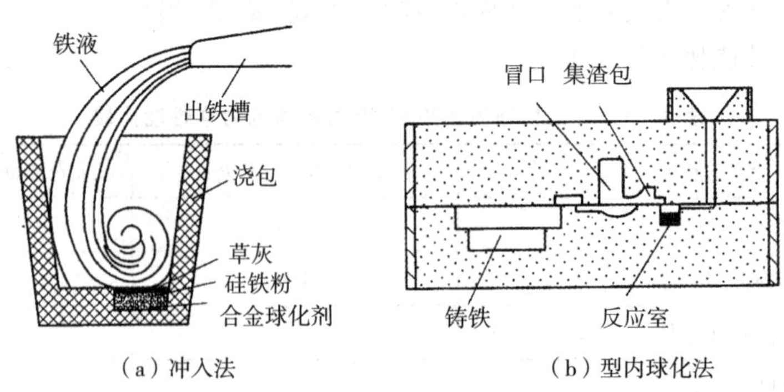

图1-35 球化处理方法

由于镁、铈等都是强烈阻碍石墨化的元素，球化处理的同时必须加入一定量的孕育剂促进石墨化，防止白口倾向。孕育剂还可使石墨球圆整、细小，并增加共晶团数量，改善球铁力学性能。

3. 可锻铸铁和蠕墨铸铁

可锻铸铁是将白口铸铁在退火炉中经长时间高温石墨化退火，使白口组织中的渗碳体分解而获得铁素体或珠光体基体加团絮状石墨的铸铁。

为获得可锻铸铁，首先必须获得100%的白口铸铁坯件，加热到900～980℃后组织为奥氏体和渗碳体，保温适当的时间，使渗碳体分解成团絮状石墨；然后保温缓冷，奥氏体沿团絮状石墨析出二次石墨。到共析转变温度时，以极其缓慢的速度冷却，奥氏体将转变为铁素体和石墨，即可得到铁素体可锻铸铁；如在共析转变温度快速冷却，共析石墨完全被抑制，则得到珠光体可锻铸铁。

可锻铸铁的碳硅量很低，其成分为：C(2.4%～2.8%)、Si(0.8%～1.4%)、Mn(0.3%～0.7%)、S(<0.2%)、P(<0.1%)。铁水流动性差，收缩大，容易产生缩孔、缩松和裂纹等缺陷。铸造时铁液的温度应较高(>1360℃)，铸型及型芯应有较好的退让性，并设置冒口。

蠕墨铸铁的组织为金属基体上均匀分布着蠕虫状石墨，其形态介于灰铁与球铁之间，强度、塑性及韧性优于灰铸铁，接近球铁。蠕墨铸铁的化学成分与球墨铸铁的要求基本相似，大致成分为：C(3.5%～3.9%)、Si(2.2%～2.8%)、Mn(0.4%～0.8%)、P和S(2.4%～2.8%)。蠕墨铸铁的制造过程及炉前处理与球墨铸铁相同，不同的是以蠕化剂代替球化剂。蠕化剂一般采用稀土镁钛、稀土镁钙和稀土硅钙等合金，加入量为铁水质量的1%～2%，加入方法也是采用冲入法，并且和球墨铸铁一样，也要进行孕育处理。

蠕墨铸铁碳当量接近共晶成分点，蠕化剂又使铁液得以净化，因此具有良好的流动性。蠕墨铸铁的收缩与蠕化率有关，蠕化率越低越接近球墨铸铁，反之则越接近于灰铸铁。因此，要比球墨铸铁容易获得无缩孔、缩松的致密铸件，但比灰铸铁稍微困难些。

4. 铸铁的熔炼

铸铁熔炼设备有冲天炉、电弧炉、工频感应炉等，其中冲天炉最为常用，它具有结构简单、熔化率高、节省燃料、生产成本低、操作方便、可连续生产等优点。冲天炉的大小以每小时能熔炼的铁水吨位表示，常用的冲天炉为0.5～10t/h。我国90%以上的铸铁是用冲天炉熔炼的，在一些发达国家，冲天炉也是铸铁最重要的熔炼设备。

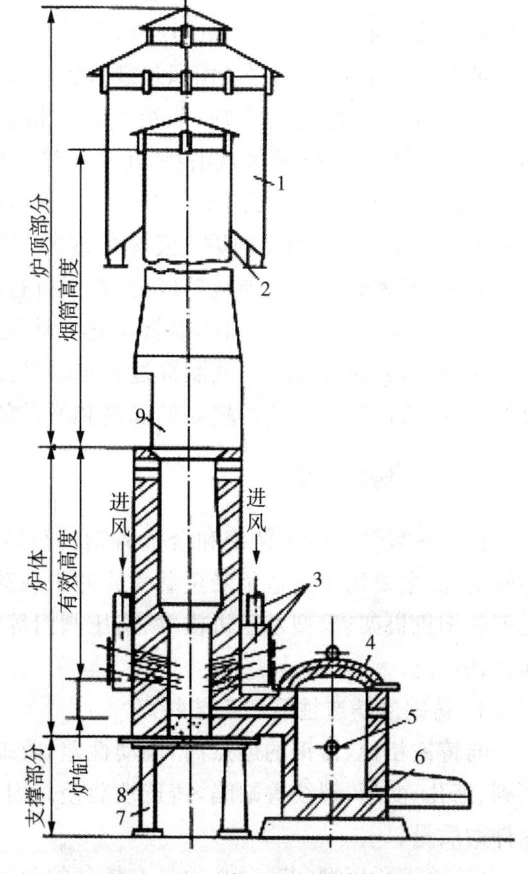

图1-36　冲天炉主要结构简图

1—除尘器；2—烟囱；3—送风系统；4—前炉；5—出渣口；6—出铁口；7—支柱；8—炉底板；9—加料口

图1-36为冲天炉主要结构简图，炉子主要由以下几部分组成。

① 炉底与炉基。冲天炉的支撑部分，对整座炉子和炉料起支撑作用。

② 炉体与前炉。炉体是冲天炉的基本组成部分，包括炉身和炉缸两部分。炉体内壁砌耐火材料，加料口处炉壁由钢板或铁砖构成，以承受加料时炉料的冲击。前炉是由前炉体和可分离的炉盖构成。前炉的作用是存放铁液，使铁液成分和温度均匀，减少铁液在炉缸中的停留时间，从而降低铁液在炉缸中的增碳与增硫作用，以分离炉渣，净化铁液。

③ 烟筒与除尘装置。烟筒的主要作用是引导炉气向上流动并排出炉外。除尘装置的作用是消除或减少炉气中的烟灰及有害气体成分。

此外，还有送风系统和热风装置，主要是强化冲天炉中焦炭的燃烧。

冲天炉炉料由金属炉料、燃料和熔剂等组成。金属炉料主要包括高炉生铁、回炉料、废钢和铁合金（硅铁、锰铁等）。熔炼前，在炉身的下部装满了焦炭，称为"底焦"，其高度由炉子的大小决定，通常在 1000～2000mm 之间。底焦上面则由"层铁"和"层焦"以及熔剂（石灰石）一直装至加料口。冲天炉在熔炼过程中，由于焦炭中的灰分，炉料中的杂质以及元素的烧损和炉衬的熔蚀会形成高熔点的熔渣，通过加入熔剂，可生成低熔点、可流动、比重较铁水轻的炉渣，随铁水流入前炉，浮于铁水表面，使之易于与铁水分离而顺利从出渣口排出。冲天炉常用的熔剂是石灰石和萤石（CaF_2）等。

冲天炉工作时，风（空气）由风口鼓入底焦，而上行过程（上行中有附壁效应）使得经预热达到着火点的焦炭发生燃烧反应，焦炭中的 C 和空气中的 O_2 发生剧烈的化学反应，放出大量的热量。在此过程中，O_2 不断被消耗，几乎耗尽。而由燃烧产物 CO_2、CO 以及不参加反应的 N_2 组成了高温的炉气（T_{max} 可达 1700℃），并向上运动，预热炉料、焦炭并熔化金属料，然后经烟囱排入大气。在加料口测得的炉气温度在 200℃左右，成分主要为 CO_2、CO 和 N_2。

同时，固体炉料进入加料口以后，在下行过程中，不断受到上行炉气的预热，处于底焦顶面的金属料受高温炉气的加热而被熔化。熔化成的液滴迅速（只有十秒左右）通过底焦层，汇集于炉缸，并流入前炉。液滴穿过底焦时被强烈过热，并且与焦炭、炉气、炉渣发生反应而改变成分，从而使铁水获得较高的温度和所需的成分。

1.3.2 铸钢的熔铸

铸钢一般分为碳素铸钢和合金铸钢。与铸铁相比，铸钢件的强度、塑性、韧性等力学性能较高，故主要用于制造承受重载荷或冲击载荷的重要机件，如万吨水压机底座、火车车轮、大型轧钢机机架、重型水压机横梁、高压阀门等。但因其铸造性能较差，成本较高，其应用不如铸铁广泛。

1. 铸钢的铸造性能和工艺特点

与铸铁相比，铸钢的熔点高，流动性差，收缩大，钢液易氧化、吸气，易产生粘砂、冷隔、浇不到、缩孔、变形、裂纹等缺陷，铸造性能差。因此，在铸造工艺上应采取相应措施，以确保铸钢件的质量。

（1）铸钢所用型（芯）砂必须具有较高的耐火性、高强度、良好的透气性和退让性、低的发气量。砂型和型芯与钢液接触的表面要涂以耐火度较高的石英粉或锆石粉涂料，防止粘砂。型（芯）砂中常加糖浆、木屑或糊精等，以改善型砂退让性和出砂性。为降低型砂的发气量，提高其强度，改善其流动性，大件多采用粘土干砂型或水玻璃砂型。

(2)铸钢件晶粒粗大,组织不均,常常出现魏氏组织,有较大的铸造应力,使铸钢件的塑性下降,冲击韧性降低。可通过细化晶粒热处理来消除魏氏组织和铸造应力。

(3)采用定向凝固原则,冒口、冷铁应用较多,防止铸件产生缩孔、缩松。对容易产生裂纹的薄壁铸钢件,应采用同时凝固原则,通常开设多道内浇道,让钢液均匀、迅速地充满铸型。

(4)严格掌握浇注温度,防止温度过高或过低,以免产生缺陷。

2. 铸钢的熔炼

铸钢熔炼的任务是把固体炉料(废钢、生铁、回炉料)熔化成钢液,并通过一系列冶金过程,使钢液化学成分、纯净度和温度达到要求。熔炼铸钢的设备主要有电弧炉、感应电炉等,其中,电弧炉用得最多,感应电炉主要用于生产中小型合金钢铸件。

三相电弧炉构造如图 1－37 所示。通电后三根石墨电极与金属炉料间产生强烈的放电电弧,电弧产生的热量将金属炉料熔炼成钢液。电弧炉炼钢具有温度高,熔炼速度较快,可利用冶金反应脱氧、脱硫、脱磷及调整成分,对炉料要求不高等特点,电弧炉熔炼的钢液质量较好,能熔炼优质碳素钢、合金钢和特殊钢等钢种,但耗电量大、成本较高。

感应电炉的结构如图 1－37b 所示。在一个耐火材料筑成的坩埚外面,有螺旋形感应器(感应线圈)。在炼钢的过程中,盛装在坩埚中的金属炉料(或熔化的钢液),就是插入在线圈中的铁芯。当线圈中通过交变电流时,由于感应作用,在炉料(或钢液)内部产生感应电动势,并因此产生感应电流(涡流)。由于金属炉料(或钢液)本身有电阻,故在涡流通过时会发出热量,使金属料熔化。采用感应电炉炼钢,加热速度快,合金元素烧损少;与电弧炉相比,由于炉渣的化学性质较弱,不能充分发挥它在冶炼过程中的作用。

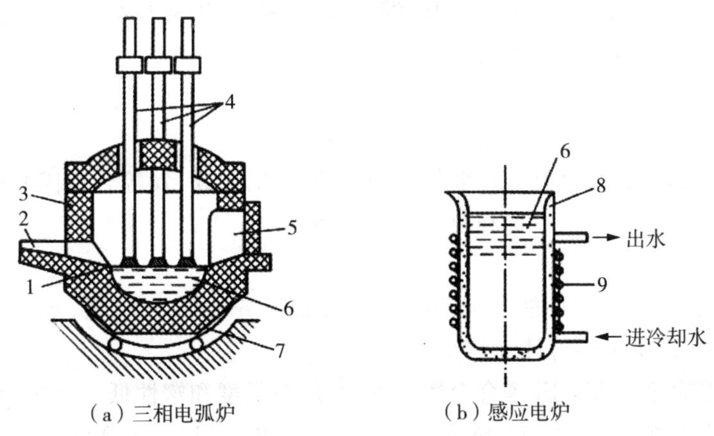

(a) 三相电弧炉　　(b) 感应电炉

图 1－37　炼钢熔炼设备

1—电弧;2—出钢口;3—炉墙;4—电极;5—加料口;
6—钢液 7—倾斜机构;8—坩埚;9—感应线圈

在我国,由于废钢量有限,加之原材料的质量不稳定(S、P 含量较高),因此,铸钢的熔炼一般采用碱性电弧炉氧化法炼钢。其工艺过程:补炉→配料和装料→熔化期→氧化期→还原期→出钢。

(1)补炉

炼钢中,炉衬特别容易受到侵蚀,不修补会酿成“漏钢”事故。补炉材料主要有卤水

($MgCl_2$水溶液)、镁砂或焦油砂;操作要求遵循“高温、快速、薄补”的原则。

(2)配料和装料

炉料主要由废钢和废铸钢件组成,也可搭配一些炼钢生铁和废铁铸件。在炉底先铺石灰,其目的是为了先期脱磷。配料时,平均含碳量应比所炼钢种规格含碳量高 0.3%~0.4%,为氧化脱碳步骤提供条件。

(3)熔化期

当炉料处于红热状态后,吹入氧气,利用炉料中元素氧化反应发出的大量热量,加快熔化,此过程称“吹氧助熔”,其目的是缩短熔化时间和节省电力。炉料熔化后,通过加入 CaO、铁矿石和 CaF_2,改变炉渣的性质,进行脱磷处理。

(4)氧化期

熔化后金属的成分、温度均不符合要求,P、S 含量超限;C 含量高于钢种规格的 0.3%左右;同时,钢液中存在着气体和 MnO、Al_2O_3等夹杂物,必须清除。通过向钢液中吹氧,使钢液中的碳氧化,产生大量的 CO 气泡,来消除钢液中的气体和夹杂物。

(5)还原期

在氧化期,吹氧脱碳过程势必会将钢液中的铁氧化,且存在硫。还原期主要是还原钢液中被氧化的铁,并去除有害元素硫。加入脱氧剂时,通常选用 Mn、C、Si、Al 等元素,还原被氧化的铁。另外,向炉中加入石灰、萤石和碳粉可用来脱硫。

(6)出钢

当钢水化学成分、温度均符合要求时,最后经脱氧后出钢。由于还原期时间有限,实际上脱硫和脱氧是不充分的,一般采用“钢渣混出”的方式,使钢液与炉渣的接触面积增大几千倍,可以进一步去除钢液中的杂质元素与气体。

1.3.3 非铁合金熔铸

与铁合金相比,非铁合金具有许多优异的性能。如铝、镁、钛等合金因其密度较小,比强度高,广泛应用于飞机、汽车、电子和航天等工业领域。

1. 铸造铝合金

(1)铸造铝合金的种类、性能及应用铸造铝合金可分为 Al-Si 系、Al-Cu 系、Al-Mg 系等,其中 Al-Si 占整个铝铸件的 80%~90%。

① Al-Si 系合金。Al-Si 系合金铸造性能好,但强度和塑性低。经过变质处理可提高合金的强度,尤其是塑性。在 Al-Si 系合金中,常常加入 Mg、Cu 等合金元素,通过热处理可大幅度提高合金的力学性能。Al-Si 系合金可用于制造内燃机缸体、缸盖、仪表外壳等。

② Al-Cu 系合金。室温及高温力学性能都高,切削性能好,加工表面光洁,富铜相耐热,熔铸工艺简单;但铸造性能较差(属于固溶体型合金),富铜相与基体(Al 相)之间的电子电位差值大,抗蚀性能差,密度较大。Al-Cu 系合金可用作承受重大静载荷、动载荷的零件,可在 300℃以下工作,如发动机的叶片。在 Al-Cu 系合金中,可加入过渡族元素,构成耐热铝合金。

③ Al-Mg 系合金。密度小、强度高,耐蚀性能好,但铸造性能差,多用于制作承受冲击载荷及在腐蚀环境下工作的零件,如飞机起落架、船用舷窗、氨用泵体等零件。

表 1-5　几种常用铸造铝合金的牌号、主要化学成分、力学性能及用途举例

合金类别	合金牌号	合金代码	主要化学成分/%(质量分数)					铸造方法	热处理状态	力学性能			用途举例
			Si	Cu	Mg	Ni	Al			σ_b	δ_5	硬度HBS	
铝硅合金	ZAlSi7Mg	ZL101	6.5～7.5	—	0.25～0.45	—	余量	J	T_4 T_5	182 202	4 2	50 60	形状复杂的、中等载荷的零件，如飞机仪表件。抽水机壳体等
	ZAlSi5Cu1Mg	ZL105	4.5～5.5	1.0～1.5	0.4～0.6	—	余量	J	T_5	231	0.5	70	汽缸头、油泵壳体等
	ZAlSi12Cu1Mg1Ni1	ZL109	11.0～13.0	0.5～1.5	0.8～1.3	0.8～1.5	余量	J	T_1 T_6	192 241	0.5 —	90 100	高温下工作的零件，如活塞等
铝铜合金	ZAlCu5Mn	ZL201	—	4.5～5.3	Mn 0.6～1.0	Ti 0.15～0.35	余量	S J	T_5	330	4	90	汽缸头、活塞、挂梁架、支臂等
铝镁合金	ZAlMg10	ZL301	—	—	9.5～11.0	—	余量	S J	T_4	280	9	60	在大气或海水中工作、能承受较大振动载荷的零件
铝锌合金	ZAlZn11Si7	ZL401	6.0～8.0	—	0.1～0.3	Zn 9.0～13.0	余量	S J	T_1	192 241	2 1.5	80 90	工作温度不超过200℃，结构复杂的汽车、飞机零件

注：S—砂型铸造，J—金属性铸造，T_1—人工时效，T_4—淬火加自然失效，T_5—淬火加不完全人工时效，T_6—淬火加完全人工时效。

(2)铝合金的熔铸

1)铝是活泼金属元素，熔融状态下的铝易于氧化和吸气。铝氧化生成的 Al_2O_3 熔点高(2050℃)，密度比铝液稍大，呈固态夹杂物，在悬浮的铝液中很难被清除，容易在铸件中形成夹渣。在冷却过程中，熔融铝液中的气体常被表面致密的 Al_2O_3 薄膜阻碍，在铸件中形成许多针孔，影响铸件的致密性和力学性能。为避免氧化和吸气，常用熔点低的熔剂(如 NaCl、KCl、Na_3AlF_6 等)将铝液与空气隔绝，尽量减少搅拌，并在熔炼后期对铝液进行除气精炼。精炼就是向铝液中通入氯气或加入六氯乙烷、氯化锌等，以形成 Cl_2、HCl 等气泡，使溶解在铝液中的氢气进入到气泡内析出。在气泡上浮的过程中，将铝液中的气体、Al_2O_3 夹杂物带出液面，使铝液得到净化。

2)铝合金的变质处理通常分为三类。第一类主要用来细化固溶体合金的 α(Al)晶粒(亦称细化处理)，如 Al－Cu 系、Al－Mg 系合金应用较为普遍，加入如 Ti、Zr、B 等中间合金或其盐；第二类是共晶体变质，用来改变共晶体组织，广泛应用于 Al－Si 共晶合金，如加入钠盐或 Al－Sr 等中间合金；第三类是改善杂质的组织或消除易熔杂质相，如加入 Be、Mn 等改善粗大的富铁相等。变质处理一般在精炼后进行。

3)铸造铝合金熔点低，一般用坩埚熔炼，砂型铸造时可用细砂造型，以降低铸件的表面粗糙度。为防止铝液在浇注过程中氧化和吸气，通常采用开放式浇注系统，并多开内浇道。直浇道常用蛇形或鹅颈形，使合金迅速平稳充满型腔，不产生飞溅、涡流和冲击。各种铸造方法都可用于铝合金铸件，当生产数量较少时可以采用砂型铸造；大量生产或重要铸造时，常采用特种铸造。金属型铸造效率高、质量好，低压铸造适用于致密性要求高的耐压铸件；压力铸造可用于薄壁复杂小件生产。

2. 铸造铜合金

(1)铸造铜合金的种类、性能及应用

铸造铜合金可分为青铜与黄铜。不以锌为主加元素的铜合金统称为青铜，按主加元素不同又分为锡青铜、铝青铜等；以锌为主加元素的铜合金称为黄铜，按第二种元素的不同又分为硅黄铜、铅黄铜、铝黄铜等。常用铸造铜合金的牌号、性能及应用见表 1－6。

表 1－6 常用铸造铜合金的牌号、性能及应用

合金名称	合金牌号	主要化学成分/%(质量分数)	铸造方法	力学性能			应用举例
				σ_b/MPa	σ_s/MPa	δ_5/%	
10－1 锡青铜	ZCuSn10P1	Sn 9.0～11.5 P 0.5～1.0 其余为 Cu	S J	220 310	130 170	3 2	耐磨零件，如连杆衬套、齿轮、涡轮等
0－10 铅青铜	ZCuPb10Sn10	Pb 8.0～11.0 Sn 9.0～11.0 其余为 Cu	S J	180 220	80 140	7 5	轧辊、车辆用轴承、内燃机双金属轴瓦、活塞销套、摩擦片等

（续表）

合金名称	合金牌号	主要化学成分/%（质量分数）	铸造方法	力学性能			应用举例
				σ_b/MPa	σ_s/MPa	δ_5/%	
38 黄铜	ZCuZn38	Cu 60.0～63.0 其余为 Zn	S J	295 295	— —	30 30	一般结构件和耐蚀零件，如法兰、阀座、支架、手柄、螺母等
0－3－1 锰黄铜	ZCuZn40Mn3 Fe1	Fe 0.5～1.5 Mn 3.0～4.0 Cu 60.0～63.0 其余为 Zn	S J	440 490	— —	18 15	耐海水腐蚀的零件，如船用螺旋桨等

注：S—砂型铸造，J—金属性铸造。

(2)铜合金的熔铸

不同成分的铜合金，其结晶特征、铸造性能、铸造工艺特点也彼此不同。

锡青铜的结晶温度范围宽，以糊状凝固的方式凝固，所以合金流动性差，易产生缩松，故其铸造时首先考虑疏松问题。对壁厚较大的重要铸件，如涡轮、阀体，必须采取定向凝固；对形状复杂的薄壁件和一般壁厚件，若气密性要求不高，可采用同时凝围原则。

铝青铜、铝黄铜等含铝较高的铜合金，结晶温度范围很小，呈逐层凝围特征，故流动性较好，易形成集中缩孔，且极易氧化。

黄铜是以锌为主加元素，结晶温度范围小，充型能力强，锌的沸点低，有自发除气的作用，因而铸造性能好。

熔炼铜合金常用坩埚炉或感应电炉，关键是防止氧化和吸气，常采用如下措施：

① 覆盖熔剂（木炭、碎玻璃、苏打和硼砂等）覆盖铜合金液表面。

② 脱氧氧化后易生成氧化亚铜（Cu_2O），使塑性变差。一般铜合金熔炼时加入 0.3%～0.6%的磷铜（含磷 8%～14%）脱氧，使 Cu_2O 还原。普通黄铜和铝青铜由于锌和铝本身就是优良的脱氧剂，所以一般不需加磷脱氧。

③ 除气主要是除氢。锡青铜常用吹氮除气法，吹入铜液中的大量氮气泡上浮时，带走了原来溶于液体中的氢。对于黄铜，可用沸腾法除气，黄铜的熔炼温度在 1150～1200℃，大量的锌蒸气逸出，随之带走氢，从而净化合金液。

④ 精炼除渣加入碱性熔剂，如苏打、萤石、冰晶石精炼，造出熔点低、密度相对小的熔渣而被去除，以达到净化合金的目的。

1.4　铸造工艺设计

铸造工艺设计是根据铸件结构特点、技术要求、生产批量、生产条件等，确定铸造方案和工艺参数，绘制图样和标注符号，编制工艺卡和工艺规范等。其主要内容包括制订铸件的浇注位置、分型面、浇注系统，确定加工余量、收缩率和起模斜度，设计型芯等。

1.4.1 铸件浇注位置和分型面的选择

1. 浇注位置的选择

浇注位置是指浇注时铸件在铸型中所处的空间位置。浇注位置选择得正确与否，对铸件质量影响很大。选择时应考虑以下原则：

(1)铸件的重要加工面应朝下或位于侧面

铸件上部凝固速度慢，晶粒较粗大，易在铸件上部形成砂眼、气孔、渣孔等缺陷。铸件下部的晶粒细小，组织致密，缺陷少，质量优于上部。当铸件上有几个重要加工面或重要面时，应将主要的和较大的加工面朝下或侧立。无法避免在铸件上部出现的加工面，应适量加大加工余量，以保证加工后的铸件质量。图 1-38 中机床床身导轨和铸造锥齿轮的锥面都是主要的工作面，浇注应朝下。图 1-39 为吊车卷筒，主要加工面为外侧柱面，采用立位浇注，卷筒的全部圆周表面位于侧位，保证质量均匀一致。

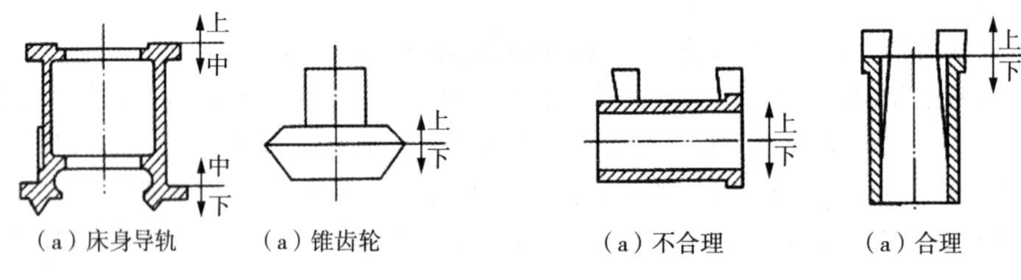

(a) 床身导轨 (a) 锥齿轮 (a) 不合理 (a) 合理

图 1-38 主要工作面朝下原则 图 1-39 吊车卷筒的浇注位置

(2)铸件宽大平面应朝下

在浇注过程中，熔融金属对型腔上表面的强烈辐射，容易使上表面型砂急剧地膨胀而拱起或开裂，在铸件表面造成夹砂结疤缺陷，如图 1-40 所示。

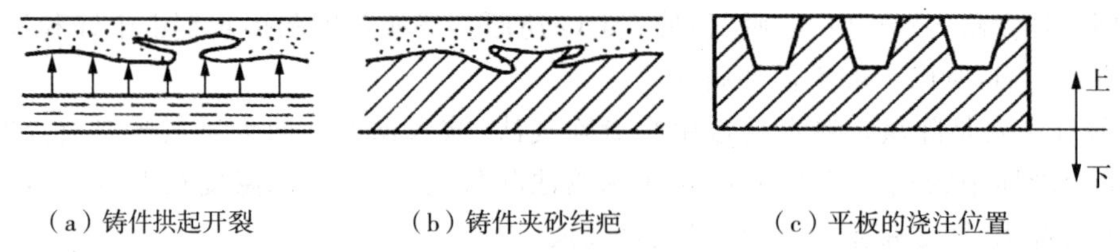

(a) 铸件拱起开裂 (b) 铸件夹砂结疤 (c) 平板的浇注位置

图 1-40 大平面在浇注时的位置

(3)面积较大的薄壁部分应置于铸型下部或垂直、倾斜位置

图 1-41 为箱盖铸件，将薄壁部分置于铸型上部，见图 1-41a，易产生浇不足、冷隔等缺陷；改置于铸型下部后，见图 1-41b，可避免出现缺陷。

(4)易形成缩孔的铸件

应将截面较厚的部分置于上部或侧面，便于安放冒口，使铸件自下而上(朝冒口方向)定向凝固，如图 1 - 42 所示。

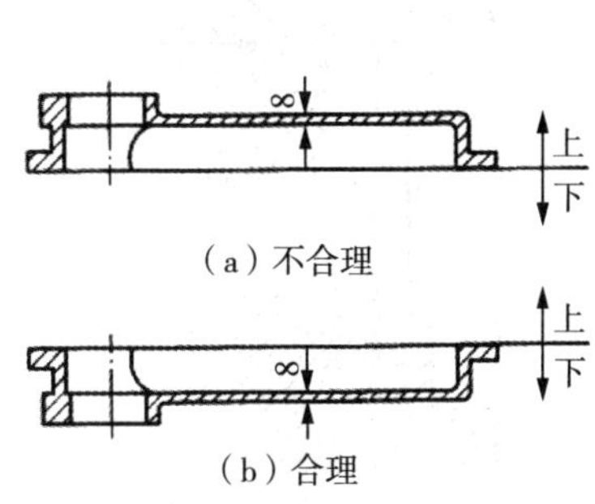

图 1 - 41　箱盖的浇注位置

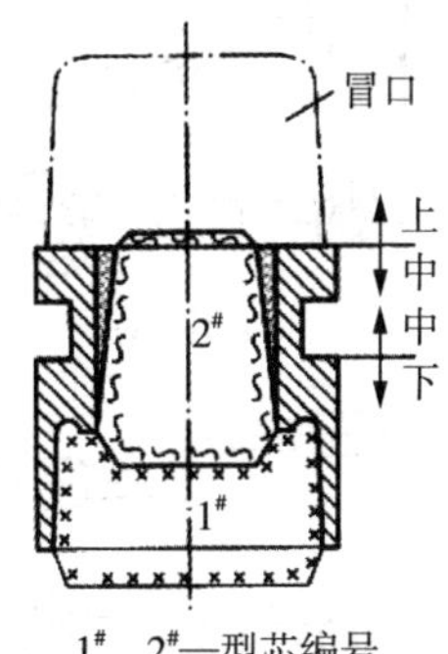

图 1 - 42　铸钢双排链轮的浇注位置

(4)应尽量减小型芯的数量，且便于安放、固定和排气

图 1 - 43 为床腿铸件，采用图 1 - 43(a)方案，中间空腔需一个很大型芯，增加了制芯的工作量；采用图 1 - 43(b)方案，中间空腔由自带型芯形成，简化了造型工艺。其中图 1 - 44b 方案使于合型和排气，且安放型芯牢靠，合理。

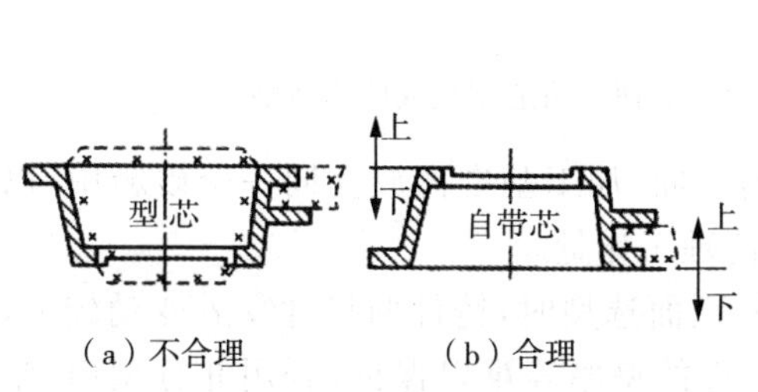

图 1 - 43　床腿铸件的浇注位置

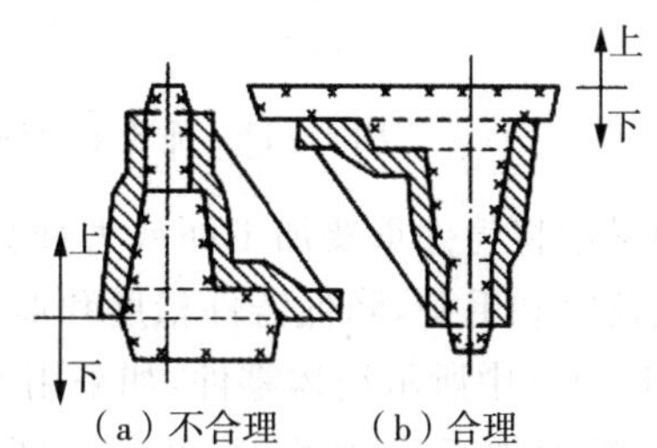

图 1 - 44　支架的浇注位置

2. 铸型分型面的选择

分型面为铸型之间的结合面，分型面的选择是否合理，对铸件的质量影响很大。选择不当会使制模、造型、合型甚至切削加工等工序复杂化，因此分型面的选择应在保证铸件质量的前提下，尽量简化造型工艺，节省成本。分型面的选择主要应考虑以下原则：

(1)便于起模，使造型工艺简化

① 为了便于起模，分型面应选在铸件的最大截面处。

② 分型面应尽量平直。图 1 - 45 为起重臂分型面的选择，按图 1 - 45a 方案分型，必须采用挖砂或假箱造型；采用图 1 - 45b 方案分型，可采用分模造型，使造型工艺简化。

③ 分型面的选择应尽量减小型芯和活块的数量，以简化制模、造型、合型工序，如图 1 - 46 所示。

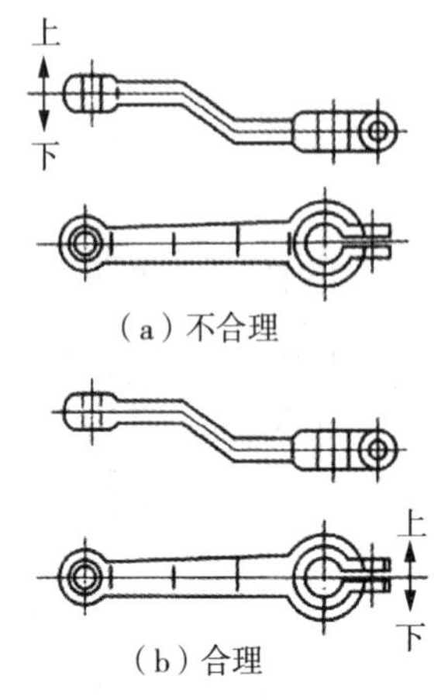

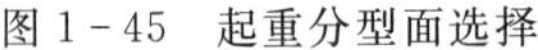

图 1-45 起重分型面选择

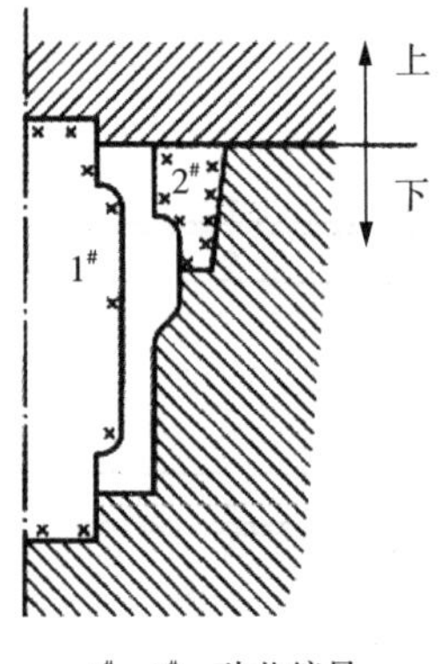

图 1-46 以砂芯代替活块

④ 尽量减少分型面，特别是机器造型时，只能有一个分型面，如果铸件不得不采用两个或两个以上的分型面时，可利用外(型)芯等措施减少分型面，如图 1-47b 所示。

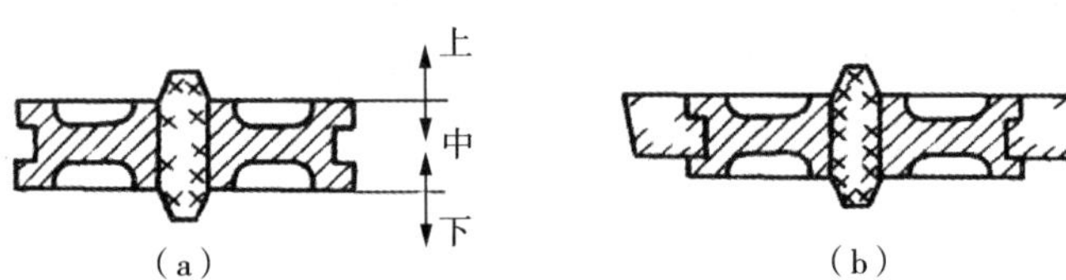

图 1-47 绳轮采用环状(型)芯使三箱造型变成两箱造型

(2)尽量将铸件重要加工面或大部分加工面、加工基准面放在同一个砂箱中，以避免产生错箱、披缝和毛刺，降低铸件精度和增加清理工作量。

图 1-48(中所示箱体零件，如采用Ⅰ分型面选型时，铸件两尺寸 a、b 变动较大，以箱体底面为基准面加工 A、B 面时，凸台高度、铸件的壁厚等难以保证；若用Ⅱ分型面，整个铸件位于同一砂箱中，则不会出现上述问题。

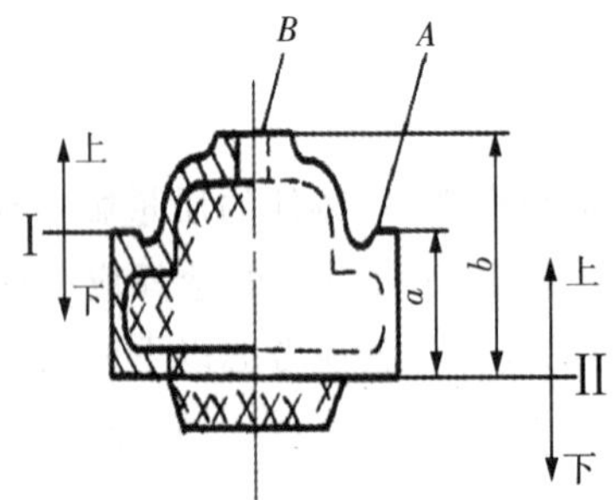

图 1-48 箱体分型面的选择

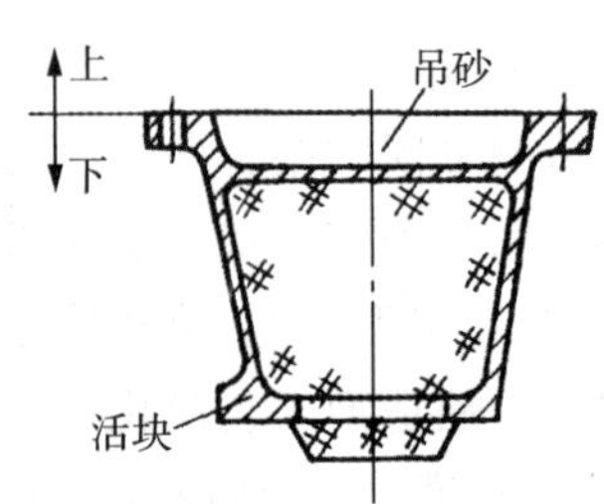

图 1-49 床腿类铸件的铸造工艺

(3)使型腔和主要芯位于下箱，便于下芯、合型和检查型腔尺寸，如图 1-49 所示。

这样便于造型、下芯、合箱和检验铸件壁厚。但下型型腔也不宜过深，并尽量避免使用吊芯和大的吊砂。

图 1－50 所示为一机床支架的两种分型方案。可以看出，方案Ⅰ和方案Ⅱ同样便于下芯时检查铸件壁厚、防止产生偏芯缺陷，但方案Ⅱ的型腔及型芯大部分位于下型，这样可减小上型的高度，有利于起模及翻箱操作，故较为合理。

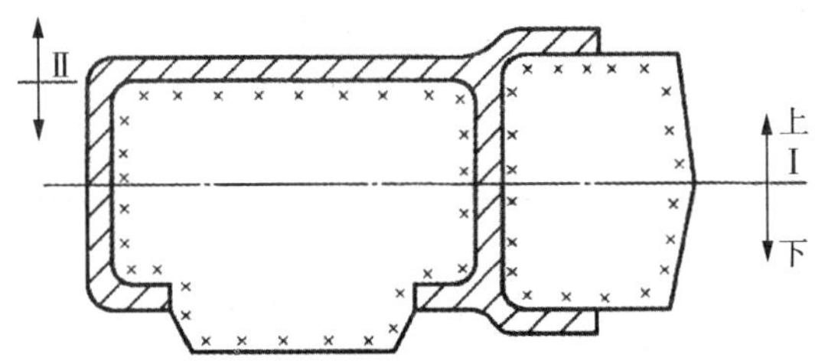

图 1－50　机床支架型腔与型芯位于下型的分型方案

选择分型面的上述原则，对于某个具体的铸件来说往往难以同时满足，有时甚至互相矛盾。因此，必须抓住主要矛盾全面考虑，次要矛盾则应从工艺措施上设法解决。例如，质量要求很高的铸件（如机床床身、立柱、刀架，铅工划线平板等），应在满足浇注位置要求的前提下，再考虑造型工艺的简化。对于没有特殊质量要求的一般铸件，则以简化铸造工艺、提高经济效益为主要依据，不必过多考虑铸件的浇注位置，仅对朝上的加工表面增大加工余量即可。

1.4.2　铸造工艺参数确定

在浇注位置和分型面确定之后，还需确定铸件的机械加工余量、起模斜度、收缩率、塑芯头尺寸等具体参数。

1. 收缩余量

为了补偿收缩，模样比铸件图纸尺寸增大的数值称收缩余量。收缩余量的大小与铸件尺寸大小、结构的复杂程度和铸造合金的线收缩率有关，常常以铸件线收缩率表示，即

$$K=\frac{L_{模}-L_{件}}{L_{件}}\times 100\% \tag{1-1}$$

其中，$L_{模}$——模样（或芯盒）工作面的尺寸；

$L_{件}$——铸件尺寸。

铸件的线收缩率不完全等同于合金本身的线收缩率。铸件线收缩率不仅与铸造合金的种类和成分有关，而且还与铸件结构和壁厚、铸型的退让性及铸型材料的导热性能等有关。铸件结构复杂，各部分相互制约，收缩阻力增大，铸件收缩率减小。铸型的退让性好（刚性小），铸件的收缩率增大。随着铸件尺寸增大，铸型退让性变差，铸件收缩率减小。此外，浇冒口、芯骨等都会影响铸件的收缩。表 1－7 列出了常用合金砂型铸造的线收缩率。

表 1－7　常用合金砂型铸造的线收缩率

铸造合金		线收缩率/%	
		自由收缩	受阻收缩
灰铸铁	中小型件	1.0	0.9
	中大型件	0.9	0.8

（续表）

铸造合金	线收缩率/%	
	自由收缩	受阻收缩
球墨铸铁	0.8～1.1	0.4～0.8
碳钢、低合金钢	1.6～2.0	1.3～1.7
铝硅合金	1.0～1.2	0.8～1.0

2. 加工余量

铸件为进行机械加工而增加的尺寸称为机械加工余量。在零件图上标有加工符号的地方，制模时必须留有加工余量。加工余量的大小，要根据铸件的大小、生产批量、合金种类、铸件复杂程度以及加工面在铸型中的位置来确定。灰铸铁铸件表面光滑平整，精度较高，加工余量小；铸钢件的表面粗糙，变形较大，其加工余量比铸铁件要大些；有色金属件表面光洁、平整，其加工余量可以小些；机器造型比手工造型精度高，故加工余量可小一些。

铸件的机械加工余量一般用铸件的尺寸公差和要求的机械加工余量代号统一标注在图样上。尺寸公差是指允许铸件尺寸的变动量，共分为 16 个等级，由精到粗以 CTl～CT16 表示。铸铁和铸钢件的尺寸公差等级为：用黏土砂手工造型时，单件、小批量生产为 CTl3～CT15 级，大批量生产为 CTl1～CT14 级；砂型铸造机器造型时为 CT8～CT12 级。

要求的机械加工余量（RMA）等级有 A，B，C，D，E，F，G，H，J 和 K 共 10 级。表 1－8 所示的为用于成批、大量生产时与灰铸铁件尺寸公差配套使用的铸件机械加工余量等级。

确定铸件的机械加工余量之前，需要先确定机械加工余量等级，加工余量的具体数值应按加工要求的表面上最大基本尺寸和该表面距它的加工基准尺寸两者中较大的尺寸，从表 1－9 选取。

表 1－8 成批、大量生产灰铸铁件加工余量等级

	手工造型	机器造型及壳型	金属型	低压铸造	熔模铸造
尺寸公差等级 CT	11～13	8～10	7～9	7～9	5～7
加工余量等级 RMA	H	G	F	F	D

表 1－9 与尺寸公差配套使用的灰铸铁件机械加工余量

尺寸公差等级 CT		8	9	10	11	12	13
加工余量等级 RMA		G	G	G	H	H	H
基本尺寸/mm	浇注时的位置	加工余量数值/mm					
0～100	顶面	2.5	3.0	3.5	4.5	5.0	6.5
	底、侧面	2.0	2.5	2.5	3.5	3.5	4.5
100～160	顶面	3.0	3.5	4.0	5.5	6.5	8.0
	底、侧面	2.5	3.0	3.0	4.5	5.0	5.5

（续表）

尺寸公差等级 CT		8	9	10	11	12	13
160～250	顶面	4.0	4.5	5.0	7.0	8.0	9.5
	底、侧面	3.5	4.0	4.0	5.5	6.0	7.0
250～400	顶面	5.0	5.5	6.0	8.5	9.5	11
	底、侧面	4.5	4.5	5.0	7.0	7.5	8.0
400～630	顶面	5.5	6.0	6.5	9.5	11	13
	底、侧面	5.0	5.0	5.5	8.0	8.5	9.5
630～1000	顶面	6.5	7.0	8.0	11	13	15
	底、侧面	6.0	6.0	6.5	9.0	10	11

注：最大尺寸指最终机械加工后铸件的最大轮廓尺寸。

需要注意的：

1）表中每栏有两个加工余量数值，上面的是单侧加工时的加工余量，下面的是双侧加工时每侧的加工余量；

2）在单件和小批量生产时，铸件的不同加工表面允许采用相同的加工余量数值；

3）砂型铸造的铸件，其顶面（相对于浇注位置）的加工余量等级应比底、侧面加工余量等级降一级选用。比如，某铸件的底、侧面的加工余量为 CT10 级、MA－G 级，其顶面加工余量则应为 CT11 级、MA－H 级。

4）砂型铸件的孔的加工余量等级可选用与顶面相同的等级。

零件上的孔与槽是否铸出，应考虑工艺上的可行性和使用上的必要性。一般来说，较大的孔和槽应铸出，以节约金属，减少切削加工工时，同时可以减小铸件的热节；较小的孔，尤其是位置精度要求高的孔和槽则不必铸出，用机加工反而更经济。通常情况下，最小铸出孔尺寸可参考表 1－10。不加工的特形孔，如弯曲件的小孔、液压阀流道等，原则上应铸出。非铁金属铸件上的孔，也应尽量铸出。

表 1－10　铸件的最小铸出孔

生产批量	最小铸出孔直径/mm	
	灰铸铁	铸钢件
大批量	12～15	—
成批生产	15～30	30～50
单件、小批量生产	30～50	50

3. 起模斜度

为使模样易于从铸型中取出或型芯自芯盒中脱出，平行于起模方向在模样或芯盒壁上的斜度，称为起模斜度。起模斜度的大小根据立壁的高度、造型方法和模样材料来确定。立壁愈高，斜度愈小；外壁斜度比内壁小；机器造型的斜度一般比手工造型的小；金属模斜度比木模小，通常为 $15'$～$3°$，见表 1－11。

图 1-11 砂型铸造时模样外表面及内表面的起模斜度

测量面高度 H/mm	外表面起模斜度≤				测量面高度 H/mm	内表面起模斜度≤			
	金属模样、塑料模样		木模样			金属模样、塑料模样		木模样	
	α	a/mm	α	a/mm		α	a/mm	α	a/mm
≤10	2°20′	0.4	2°55′	0.5	≤10	4°35′	0.8	5°45′	1.0
>10～40	1°30′	0.8	1°25′	1.0	>10～40	2°20′	1.6	2°50′	2.0
>40～100	1°10′	1.0	0°40′	1.2	>40～100	1°05′	2.0	1°45′	2.2
>100～160	0°25′	1.2	0°30′	1.4	>100～160	0°45′	2.2	0°55′	2.6
>160～250	0°20′	1.6	0°25′	1.8	>160～250	0°40′	3.0	0°45′	3.4
>250～400	0°20′	2.4	0°25′	3.0	>250～400	0°40′	4.6	0°45′	5.2
>400～630	0°20′	3.8	0°20′	3.8	>400～630	0°35′	6.4	0°40′	7.4
>630～1000	0°15′	4.4	0°20′	5.8	>630～1000	0°30′	8.8	0°35′	10.2

起模斜度的设计有三种方法：增加壁厚法、加减壁厚法、减少壁厚法，如图 1-51 所示。

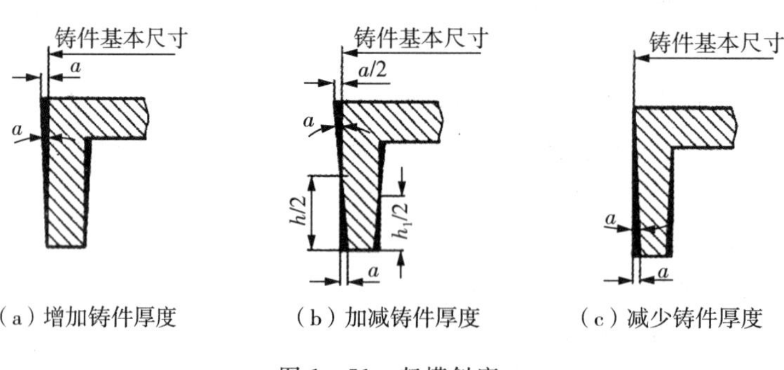

（a）增加铸件厚度　（b）加减铸件厚度　（c）减少铸件厚度

图 1-51　起模斜度

一般情况下，铸件不加工面的壁厚小于 8mm 时，可采用增加铸件壁厚法；壁厚为 8～22mm 时，可采用加减壁厚法；壁厚大于 22mm 时，可采用减少壁厚法。铸件加工表面的起模斜度，按增加壁厚法确定。如铸件在起模方向已有足够的结构斜度时，不必加起模斜度。

4. 型芯设计

型芯是铸型的重要组成部分，主要是用来形成铸件的内腔、孔和铸件外表面妨碍起模的部位等。型芯设计的内容主要包括确定型芯的数量和形状以及设计芯头的结构等。

芯头指型芯的外伸部分，不形成铸件轮廓，只落入芯座内，用以定位和支撑型芯。因此芯头的作用是保证型芯能准确地固定在型腔中，并承受型芯本身所受的重力、熔融金属对型芯的浮力和冲击力等。此外，型芯还利用芯头向外排气。

芯头接其在砂型中的安装形式不同可分为，垂直芯头（见图 1-52）和水平芯头（见图 1-53）两种基本类型。垂直安放的型芯，一般由上、下芯头，对于矮而粗的型芯，也可不用上芯头。垂直芯头的高度 h 一般取 15～150mm，型芯的截面积越大，型芯高度 H 越高，h 亦越高。下芯头的斜度较小些，一般为 5°左右，用以增加型芯安放的稳定性；上芯头的斜度越大，一般为 10°左右，以便合箱。对于中小型水平安放的型芯，其芯头的长度 l 一般为 20～80mm，型芯长度 L 越长，横截面越大，l 也越长。

有时为了方便下芯装配，芯头与芯座之间应留有间隙 δ。机器造型、造芯时，δ 较小；手工造型、造芯时，δ 一般为 0.4～0.5mm。型芯尺寸较大，间隙较大。水平芯头间隙 δ_1 与 δ 相当，而 δ_2 及 δ_3 分别增加 0.5mm 和 1mm。

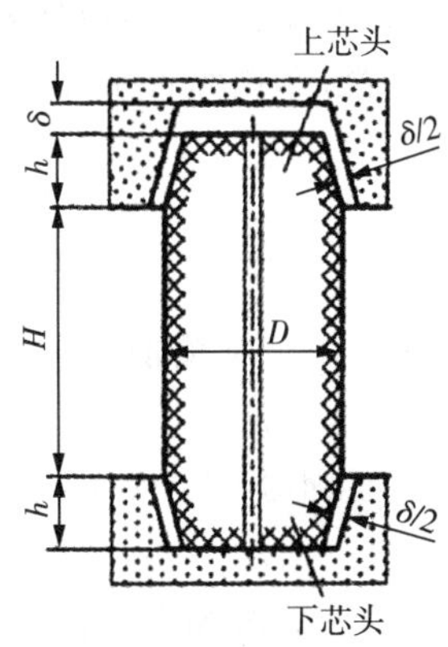

图 1-52　垂直型芯及芯头

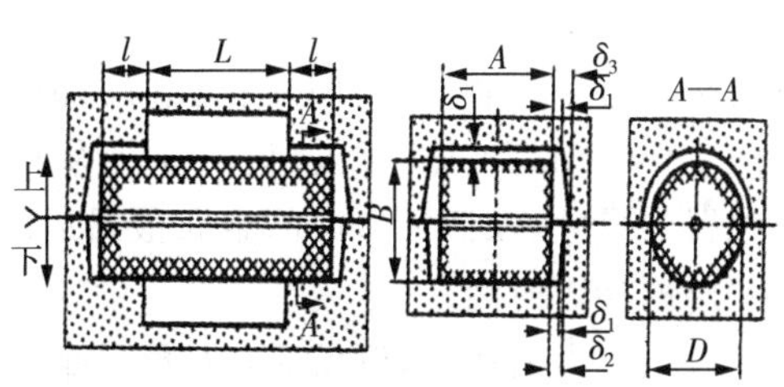

图 1-53　水平型芯及芯头

5. 浇注系统设计

浇注系统是为金属液流入型腔而开设于铸型中的一系列通道，也称为浇口。如图 1-54 所示。

(1)浇注系统的作用

浇注系统的作用主要由三个方面：

1)提供足够的充型压力，保证金属液的充型速度，将液态金属平稳地导入型腔；

2)排除金属液中的渣和气，排出型腔中的气体，防止金属液过度氧化；

3)调节铸件各部分的温度分布，控制铸件的凝固顺序并起到一定的补缩作用。

(2)浇注系统的组成

浇注系统主要由浇口杯(外浇口)、直浇道、横浇道、内浇道四部分组成，如图 1-54 所示。在保证铸件质量的前提下，力求浇注系统结构简单紧凑，造型方便和容易清除。

1)浇口杯，又称外浇口，形状多为漏斗形或盆形。浇口杯的主要作用是缓和金属液的冲击力，容纳金属液，并使熔渣浮于其上面。

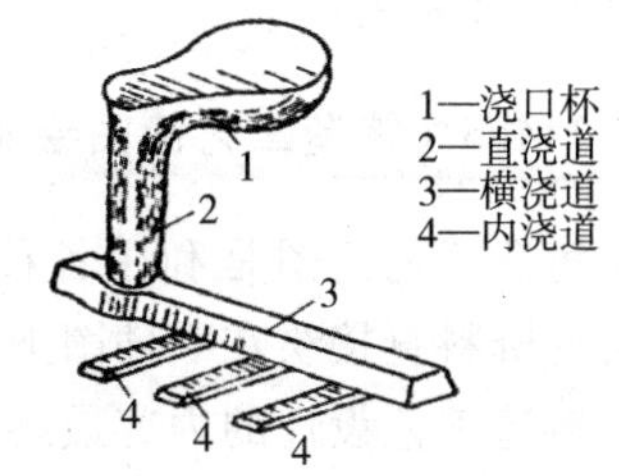

图 1-54　浇注系统的组成

2)直浇道，是一个上大下小的圆锥形垂直通道，一般开在上砂型内。改变直浇道的高度可以改变金属液的静压力大小，并改变金属液的流动速度，从而改变金属液的充型能力。

3)横浇道，位于直浇道下段，是上小下大的梯形截面通道，一般开在上砂型的分型面处，它的主要作用是挡渣，减缓金属液流速并将金属液引入内浇道。

4)内浇道，位于横浇道的下端，是上小下大的扁梯形(或三角形、月牙形等)截面的水平通道，直接与型腔相连，一般开在下砂型的分型面上。它的主要作用是控制金属液进入型腔的速度和方向，调整铸件各部位的凝固顺序。内浇道的截面大小和数目要适当，靠型腔的段截面要小、要薄。对于壁厚相差不大的铸件，内浇道要开在较薄的部位；而对于壁厚差别大、收缩大的铸件，则应开在铸件较厚的地方，使铸件实现由薄到厚的顺序凝固，并使内浇道的金属液能够起到一定的补缩作用。对于大平面的薄壁件，应多开几个内浇道，以便在浇注时使金属液迅速流入型腔。内浇道的方向不容许直接对着型壁和型芯，防止冲坏型壁和型芯，造成铸件夹砂。

6. 冒口与冷铁的应用

(1)冒口

冒口是指在铸型内靠近铸件最后凝固的部位所开设的具有一定补缩能力的金属液空腔。冒口的主要作用是补缩、排气、集渣等。为了使冒口起到补缩作用，冒口的尺寸应大于需要补缩位置的尺寸，保证冒口内的金属液最后凝固。冒口的凝固时间应大于或等于铸件(被补缩部分)的凝固时间。

冒口应有足够大的体积，以保证有足够的金属液补充铸件的液态收缩和凝固收缩，补缩浇注后型腔扩大的体积。在铸件整个凝固的过程中，冒口与被补缩部位之间的补缩通道应该保持通畅，即使扩张角始终向着冒口。对于结晶温度间隔较宽、易于产生分散性缩松的合金铸件，还需要注意将冒口与浇注系统、冷铁、工艺补正等配合使用，使铸件在较大的温度梯度下，自远离冒口的末端区逐渐向着冒口方向实现明显的顺序凝固。冒口的形状有球形、圆柱形、长方体形、腰圆柱形等。图 1－55 为一轮毂铸件的冒口示意图。

(2)冷铁

冷铁通常与冒口配合使用，以加强铸件的顺序凝固、扩大冒口的有效补缩距离，防止铸件产生缩孔或缩松缺陷。冷铁分为外冷铁和内冷铁两种。外冷铁作为铸型的一个组成部分，和铸件不熔接，可重复使用。外冷铁主要用于壁厚 100mm 以下的铸件。内冷铁则直接插入需要激冷部分的型腔中，使金属液激冷并同金属熔接在一起，成为铸件壁的一部分。内冷铁多用于厚大而不重要的铸件，对于承受高温、高压的铸件，则不宜采用。

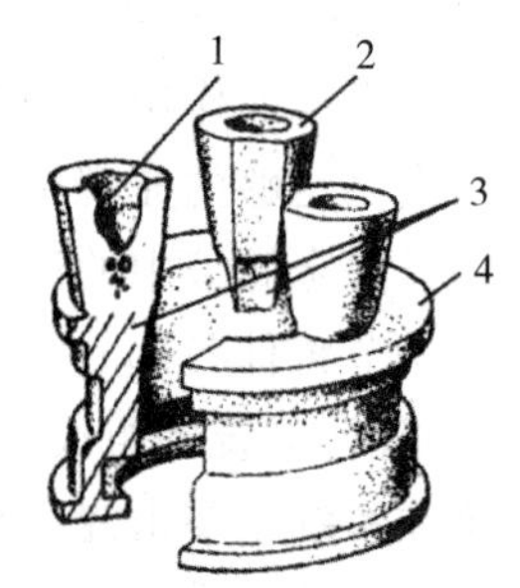

图 1－55　轮毂铸件上的冒口

1—缩孔；2—冒口；3—工艺补正量；4—铸件

1.4.3　铸造工艺简图绘制

铸造工艺简图是利用各种工艺符号，把制造模样和铸造所需的资料直接绘在零件图上的图样。它决定了铸件的形状、尺寸、生产方法和工艺过程。

铸造工艺设计的内容最终会归结到绘制出铸造工艺图中，它是直接在零件图上用各种工艺符号绘出铸造所需资料的图样，包括铸件的浇注位置、铸型分型面、加工余量、型芯起模斜度、收缩率、反变形量、浇冒系统、芯头冷铁尺寸和布置、型芯和芯头的大小等。它决定了铸件的形状、尺寸、生产方法和工艺过程，是制造模样、模板、芯盒等工装，进行生产准备，铸型制造和铸件验收的依据。图 1－56 所示为支座的铸造工艺图及依此画出的模样图及合箱图。

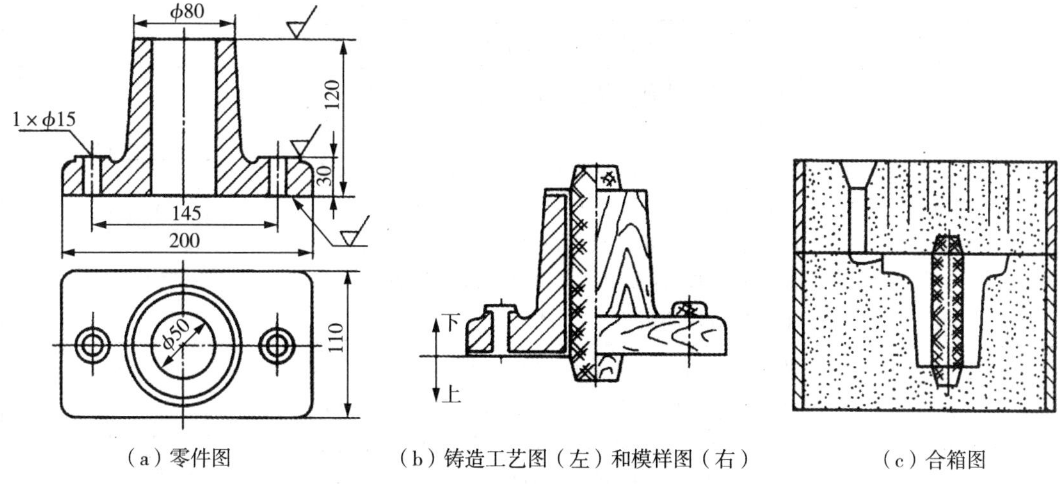

（a）零件图　（b）铸造工艺图（左）和模样图（右）　（c）合箱图

图 1－56　支座的铸造工艺图、模样图及合箱图

1. 铸造工艺符号及表示方法

铸造工艺简图通常是在零件蓝图上加注各种红、蓝色的工艺符号，把分型面、加工余量、起模斜度、芯头、浇冒口系统等表示出来，铸件线收缩率可用文字说明。对于大批量生产的定型产品或重要的试验产品，应画出铸件图、模样（或模板）图、芯盒图、砂箱图和铸型装配图等。表 1－12 为常用铸造工艺符号及表示方法，适用于砂型铸钢件、铸铁件及有色金属铸件。

表 1－12　常用铸造工艺符号及表示方法

序号	名称	工艺符号及表示方法	图例
1	分型线	用细实线表示，并写出“上、中、下”字样，在蓝图上用红色线绘制 上 下 两开箱；上 中 下 三开箱	上 下
2	分模线	用细实线表示，在任一端划“<”号，在蓝图上用红色线表示	
3	分型分模线	用细实线表示，在蓝图上用红色线表示 上 下	上 下
4	不铸出的孔和槽	不铸出的孔或槽在铸件图不画出，在蓝图上用红线打叉	

（续表）

序号	名称	工艺符号及表示方法	图例
5	机械加工余量	加工余量分两种办法，可任选其一： a)粗实线表示毛坯轮廓，双点划线表示零件形状，并注明加工余量数值在蓝图上用红色线表示，在加工符号附近注明加工余量数值 b)粗实线表示零件轮廓，在工艺说明中写出“上、侧、下”字样，注明加工余量数值，凡带斜度在加工余量应注明斜度	用墨线绘制的工艺图
6	砂芯编号、边界符号及芯头边界	芯头边界用细实线表示（蓝图上用蓝色线表示），砂芯编号用阿拉伯数字标注，边界符号一般只在芯头及砂芯交界处用砂芯编号相同的小号数字表示，铁芯须写出“铁芯”字样	
7	芯头斜度与芯头间隙	用细实线表示（蓝图上用蓝色线表示），并注明斜度及间隙数值	

2. 铸造工艺设计实例分析

(1)铸件及其工艺分析

C6140 车床进给箱体，材料为铸造性能优良的 HT150，质量约 35kg，如图 1－57a 所示。该铸件的表面没有特殊质量要求，仅要求尽量保证基准面 D 的质量。故浇注位置和分型面的选择主要着眼于造型工艺的简化。

(2)铸造工艺设计方案

进给箱体的铸造工艺设计主要考虑分型面的选择，三种方案如图 1－57b 所示。

方案Ⅰ——分型面通过轴孔中心线。此时，凸台 A 因距分型面较近，又处于上型，若采用活块，型砂易脱落，故只能用型芯来形成，槽 C 可用型芯或活块制出。本方案的主要优点是适用于铸出轴孔，铸后轴孔的飞边少，便于清理。同时，下芯头尺寸较大，型芯稳定性好，不容易产生偏芯。主要缺点：基准面 D 朝上，该面较易产生气孔和夹渣等缺陷，且型芯的数量较多。

方案Ⅱ——从基准面 D 分型，铸件绝大部分位于下型。此时，凸台 A 不妨碍起模，但凸台 E 和槽 C 妨碍起模，也需采用活块或型芯来克服。主要缺点：除基准面朝上外，轴孔难以直接铸出（无法制出型芯头）。

方案Ⅲ——从 B 面分型，铸件全部置于下型。优点：铸件不会产生错型缺陷；基准面朝下，其质量容易保证；同时，铸件最薄处在铸型下部，金属液易于充满铸型。缺点：凸台 E、A

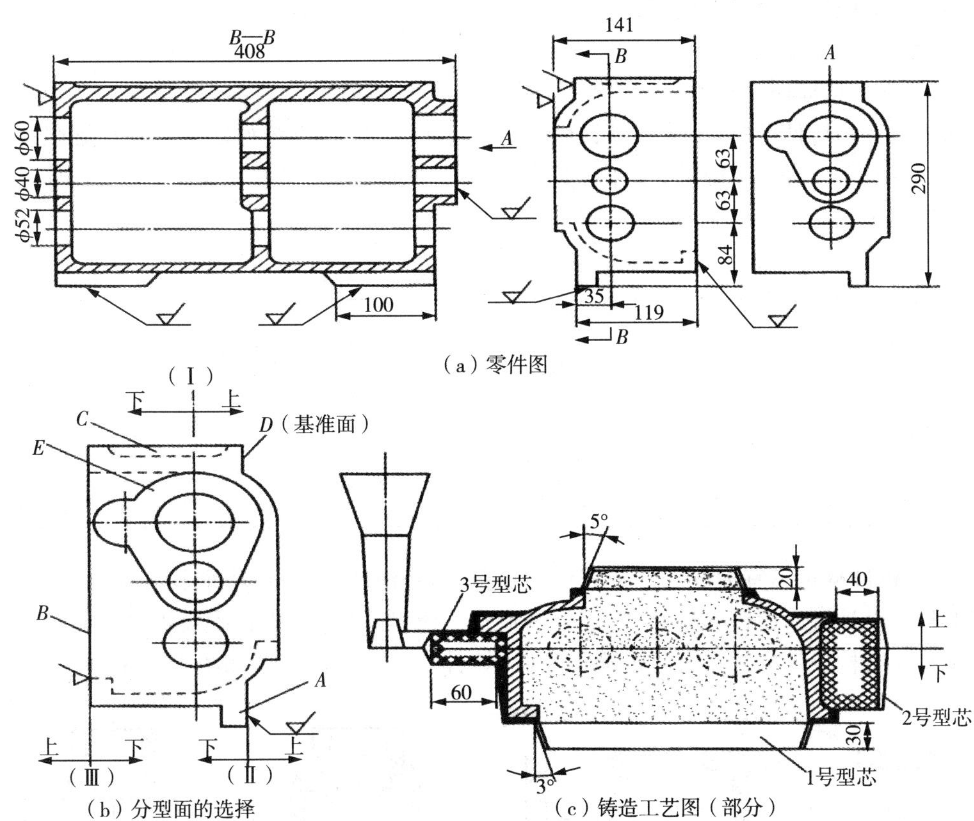

（a）零件图
（b）分型面的选择
（c）铸造工艺图（部分）

图 1－57　车床进给箱体铸造工艺设计

和槽 C 都需采用活块或型芯，而内腔型芯上大下小，稳定性差。

上述三种方案各有其优缺点，需结合具体生产条件，找出最佳方案。

① 大批量生产　为减少切削加工工作量，九个轴孔需要铸出。此时，为了使下芯、合箱及铸件的清理简便，只能按照方案Ⅰ从轴孔中心线处分型。为了便于采用机器造型，尽量避免活块，故凸台和凹槽均应用型芯来形成。因基准面朝上，必须加大基准面 D 的加工余量。

② 单件、小批量生产　因采用手工造型，使用活块造型比型芯更为方便。同时，因铸件的尺寸允许偏差较大，九个轴孔不必铸出，需直接切削加工而成。此外，应尽量降低上型高度，以便利用现有砂箱。显然，在单件生产条件下，宜采用方案Ⅱ或方案Ⅲ；小批量生产时，三个方案均可考虑，视具体条件而定。

(3)绘制铸造工艺图

在大批量生产条件下采用分型方案Ⅰ时的铸造工艺图如图 1－57c 所示(部分)。

1.5　铸件的结构设计

1.5.1　合金铸造性能对铸件结构的要求

铸件的结构如果不能满足合金铸造性能的要求，将可能产生浇不足、冷隔、缩松、气孔、裂纹和变形等缺陷。通过对铸件结构的合理设计可以减少或消除这些缺陷。

1. 铸件壁厚的设计

(1)铸件的壁厚应合理

选择适宜的铸件壁厚,既可保证铸件的力学性能,又能防止铸件缺陷。在保证强度的前提下,铸件最小壁厚的选择还必须考虑其合金的流动性。最小壁厚由合金种类、铸件大小和铸造方法而定。表 1-13 为砂型铸造时铸件的最小壁厚允许值。

表 1-13 砂型铸造条件下铸件的最小壁厚铸件轮廓尺寸 单位:mm

铸铁尺寸	合金种类					
	铸钢	灰铸铁	球墨铸铁	可锻铸铁	铜合金	铝合金
<200×200	8	5~6	6	5	3~5	3
200×200~500×500	10~12	6~10	12	8	6~8	4
>500×500	15~20	15~20	15~20	10~12	10~12	6

但是,铸件壁也不宜太厚。厚壁铸件晶粒粗大,组织疏松,易产生缩孔和缩松,导致力学性能下降。设计过厚的铸件壁,会造成金属浪费。所以,提高铸件的承载能力不能仅靠增加壁厚。铸件结构设计应选用合理的截面形状,铸件常用的截面形状如图 1-58 所示。

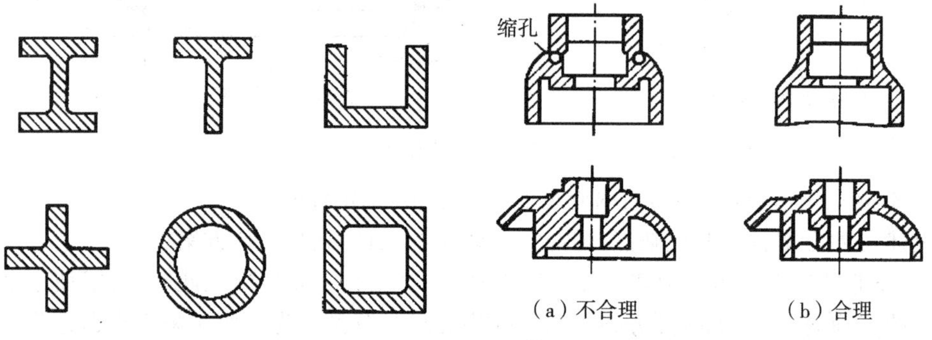

图 1-58 铸件常用截面形状

图 1-59 铸件壁厚应均匀

(2)铸件的壁厚应均匀

铸件各部分壁厚相差过大,厚壁处会产生金属局部积聚形成热节,凝固收缩时在热节处易形成缩孔、缩松等缺陷,如图 1-59a 所示。此外,各部分冷却速度不同,易形成热应力,致使铸件薄壁与厚壁连接处产生裂纹。因此在设计中,应尽可能使壁厚均匀,以防上述缺陷产生。

(3)铸件壁的连接

① 结构圆角 铸件壁间的转角处一般设计出结构圆角。当铸件两壁直角连接时,因两壁的散热方向垂直,导致交角处可能产生两个不同结晶方向晶粒的交界面,使该处的力学性能降低;此外,直角处易产生应力集中现象而开裂。为了防止转角处的开裂或缩孔和缩松,应采用圆角结构。铸件结构圆角的大小必须与其壁厚相适应,圆角半径 R 的数值可参考表 1-14。

表 1-14　结构圆角半径 R 的权值　　　单位：mm

	$(a+b)/2$	$\leqslant 8$	8～12	8～12	8～12	8～12	8～12	8～12	8～12
	铁	4	6	6	8	10	12	16	20
	铸钢	6	6	8	10	12	16	20	25

② 厚壁与薄壁间的连续要逐步过渡。为了减少铸件中的应力集中现象，防止产生裂纹，铸件的厚壁与薄壁连接时，应采取逐步过渡的方法，防止壁厚的突变。其过渡的形式和尺寸见表 1-15。

表 1-15　几种不同壁厚的过渡形式及尺寸

图例	尺寸		
	$b\leqslant 2a$	铸铁	$R\geqslant(\frac{1}{6}\sim\frac{1}{3})\frac{a+b}{2}$
		铸钢	$R\approx\frac{a+b}{4}$
	$b>2a$	铸铁	$L\geqslant 4(b-a)$
		铸钢	$L\geqslant 5(b-a)$
	$b\leqslant 2a$	$R\geqslant(\frac{1}{6}\sim\frac{1}{3})\frac{a+b}{2}$；$R_1\geqslant R+\frac{a+b}{2}$	
	$b>2a$	$R\geqslant(\frac{1}{6}\sim\frac{1}{3})\frac{a+b}{2}$；$R_1\geqslant R+\frac{a+b}{2}$；$c\approx 3\sqrt{b-a}$ 对于铸铁：$h\geqslant 4c$；对于铸钢：$h\geqslant 5c$	

③ 避免十字交叉和锐角连接，为了减小热节和防止铸件产生缩孔和缩松，铸件的壁应避免交叉连接和锐角连接。中、小铸件可采用交错接头，见图 1-60a；大件宜采用环状接头，见图 1-60b；锐角连接宜采用图 1-60c 中的过渡形式。

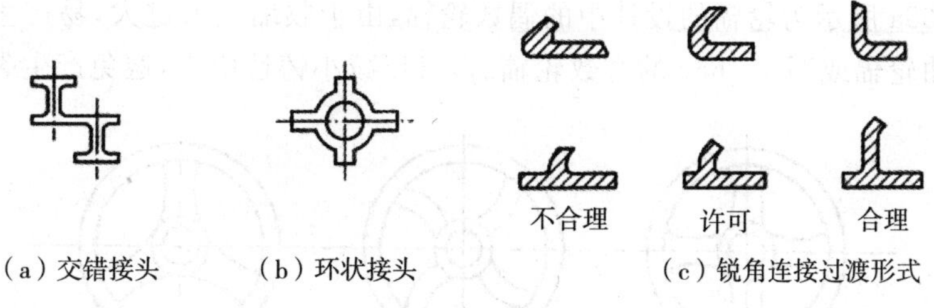

（a）交错接头　　（b）环状接头　　（c）锐角连接过渡形式

图 1-60　铸件接头结构

2. 铸件加强筋的设计

(1)筋的作用

① 增加铸件的刚度和强度，防止铸件变形。图 1-61a 所示薄而大的平板，收缩易发生

翘曲变形，加上几条筋之后便可避免，如图 1－61b 所示。

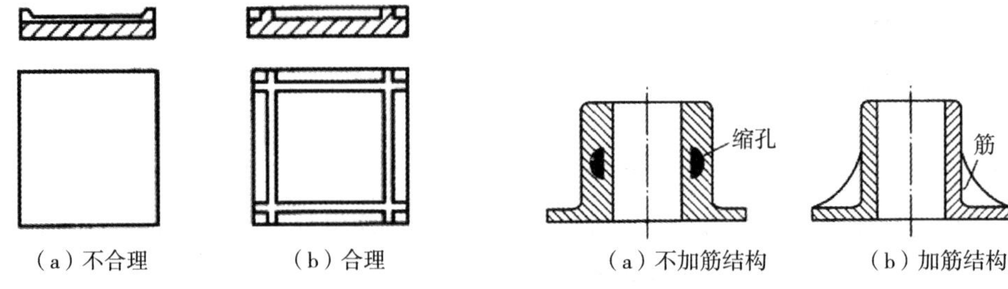

（a）不合理　（b）合理

图 1－61　平板设计

（a）不加筋结构　（b）加筋结构

图 1－62　利用加强筋减少铸件壁厚

② 减小铸件壁厚，防止铸件产生缩孔、裂纹等缺陷。图 1－62a 中铸件壁较厚，容易产生缩孔，图 1－62b 采用加强筋后，可防止上述缺陷。

（2）筋的设计

① 加强筋的厚度适当　加强筋的厚度不宜过大，一般为被加强壁厚度的 3/5～4/5。

② 加强筋的布置合理　具有较大平面的铸件，加强筋的布置形式有直方格形，如图 1－63a；交错方格形，如图 1－63b。前者金属积聚程度较大，但模型及芯盒制造方便，适用于不易产生缩孔、缩松的铸件；后者则适用于收缩较大的铸件。为了解决多条筋交汇而引起的金属积聚，如图 1－64a，可在交汇处挖一个不通孔或凹槽，如图 1－64b。

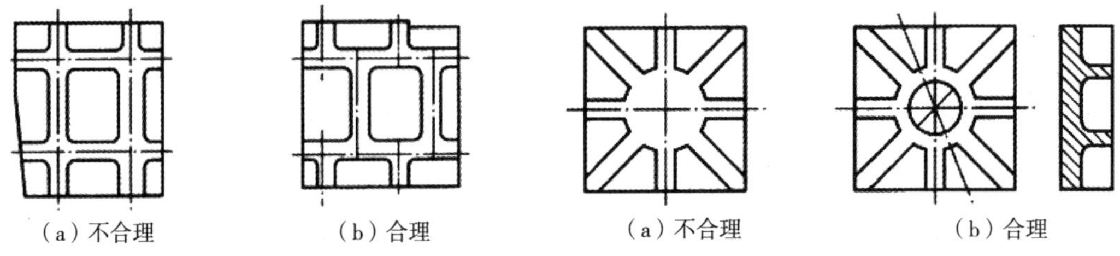

（a）不合理　（b）合理

图 1－63　铸钢件筋的分布

（a）不合理　（b）合理

图 1－64　多条筋交汇处设置不通圆孔

3. 铸件结构应尽量减小铸件收缩受阻

（1）尽量使铸件能自由收缩，铸件的结构应在凝固过程中尽量减少其铸造应力

如图 1－65a 所示为轮辐的设计中的偶数轮辐，由于收缩应力过大，易产生裂纹，改成图 1－65b 的弯曲轮辐或图 1－65c 的奇数轮辐后，可以减小铸造应力，避免产生裂纹。

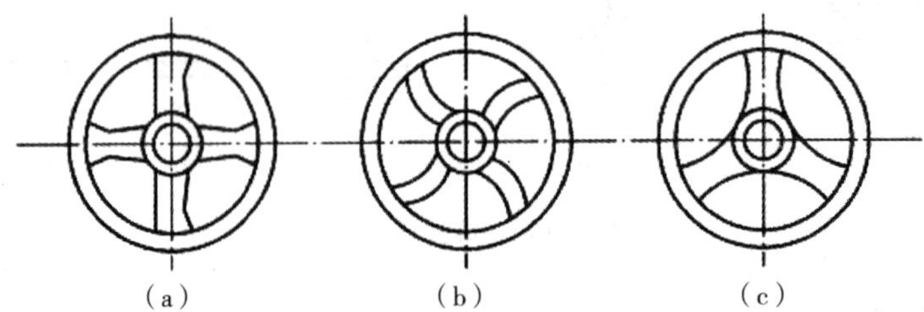

（a）　（b）　（c）

图 1－65　轮辐的设计

(2)采用对称结构,防止变形

图 1-66a 中的 T 形梁由于受较大热应力,易产生变形,改成图 1-66b 的工字截面后,虽然壁厚仍不均匀,但热应力相互抵消,变形大大减小。

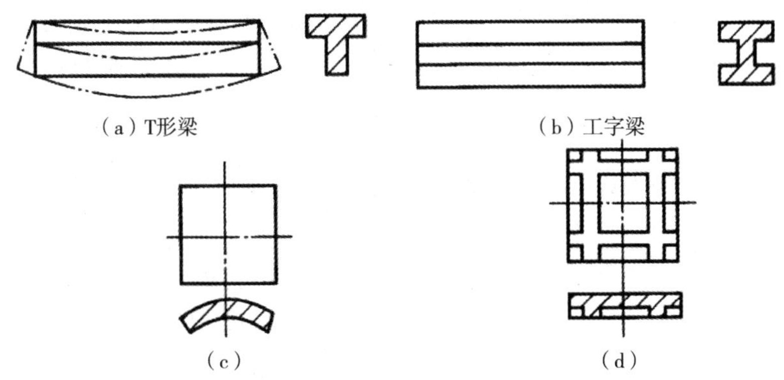

图 1-66　铸钢梁

4. 铸件结构应尽量避免过大的水平壁

浇注时,铸件朝上的水平面易产生气孔、砂眼、夹渣等缺陷。因此,设计铸件时应尽量避免如图 1-67a 所示过大的水平壁,或者采用斜壁结构,如图 1-67b。

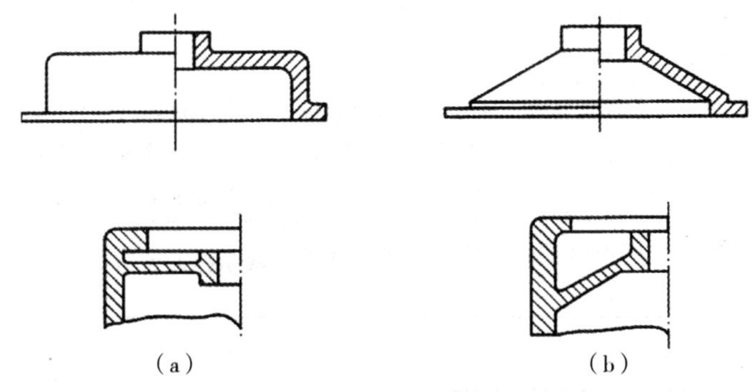

图 1-67　避免过大水平壁的铸件结构

5. 不同铸造合金对铸件结构的要求

不同的铸造合金具有不同的铸造性能,对其铸件的结构也有不同的要求。表 1-16 列出了常用铸造合金的性能和结构特点。

表 1-16　常用铸造和金的性能与结构特点

合金种类	性能特点	结构特点
灰铸铁件	流动性好,体收缩和线收缩小,缺口敏感小。综合力学性能低,并随截面增加显著下降。抗压强度高,吸震性好	可设计薄壁(但不能过薄以防产生白口)、形状复杂的铸件,不宜设计很厚大的铸件,常采用中空、槽形、T 字形、箱形等截面,筋条可用交叉结构

（续表）

合金种类	性能特点	结构特点
球墨铸铁件	流动性和线收缩与灰铸铁相近，体收缩及形成铸造应力倾向较灰铸铁大，易产生缩孔、缩松和裂纹。强度、塑性比灰铸铁高，但吸震性较差，抗磨性好	一般都设计成均匀壁厚，尽量避免厚大截面。对某些厚大截面的球墨铸铁件可设计成中空结构或带筋结构
可锻铸铁件	流动性比灰铸铁差，体收缩很大。退火前为白口组织、性脆。退火后，线收缩小，综合力学性能稍次于球墨铸铁	由于铸态要求白口铸铁，因此一般只适宜设计成薄壁的小铸件，最适宜的壁厚为5～16mm，壁厚应尽量均匀。为增加刚性，常设计成T字形或工字形截面，避免十字形截面。局部突出部分应用筋加强，设计时应尽量使加强筋承受压力
铸钢件	流动性差，体收缩和线收缩较大，裂纹敏感性较大	铸件壁厚不能太薄，不允许有薄而长的水平壁，壁厚应尽量均匀或设计成定向凝固，以利加冒口补缩。壁的连接和转角应合理，并均匀过渡。铸件薄弱处多用筋加固，一些水平壁宜改成斜壁，壁上方孔边缘应做出凸台
铝合金铸件	铸造性能类似铸钢，力学强度随壁厚增加而下降得更为显著	壁不能太厚，其余结构特点类似铸钢件
锡青铜件和磷青铜件	铸造性能类似灰铸铁，但结晶间隔大，易产生缩松，高温性能差，易脆。强度随截面增加而显著下降	壁不能过厚，铸件上局部突出部分应用较薄的加强筋加固，以免热裂。铸件形状不宜太复杂
无锡青铜件和黄铜件	流动性好，收缩较大，结晶温度区间小，易产生集中缩孔	结构特点类似铸钢件

1.5.2 铸造工艺对铸件结构的要求

合理的铸件结构设计，除了需要满足零件的使用性能要求外，还应使其铸造工艺过程尽量简化，以提高生产效率，降低废品率，为生产过程的机械化创造条件。

1. 铸件外形设计

(1)避免外部的侧凹，减少分型面或外部型芯

如图1－68a所示中的机床底座铸件侧壁设计了两个曲凹坑，造型时必须采用两个较大的外砂芯。若改成如图1－68b所示结构，将凹坑改为扩展到底部的凹槽，则可省去外部型芯。如图1－68所示为铸件的两种结构比较。

如图1－69所示为支腿铸件，由于上部设计了外凸缘，使铸件具有两个分型面，必须采用三箱造型，使造型工艺复杂，铸件精度差。改为内凸缘后，减少了一个分型面，采用整模两箱造型，造型工艺简单，铸件精度高。

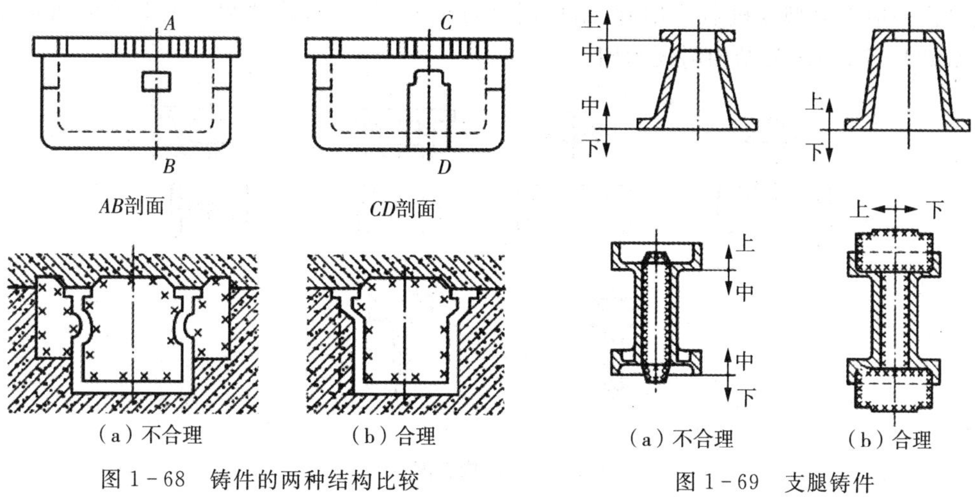

（a）不合理　（b）合理

图1-68　铸件的两种结构比较

（a）不合理　（b）合理

图1-69　支腿铸件

(2)分型面应平直

如图1-70a所示为摇臂铸件，原设计两臂不在同一平面内，分型面不平直，使制模、造型都很困难。改进后，如图1-70b，分型面成为简单平面，使造型工艺大大简化。

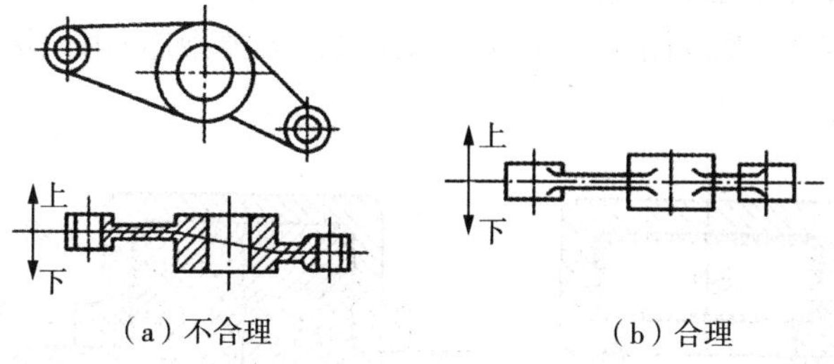

（a）不合理　（b）合理

图1-70　摇臂铸件

(3)凸台和筋的设计应便于造型和起模

图1-71a、c中的凸台，必须采用活块或外砂芯才能取出模样。改成图1-71b、d结构后，克服了上述缺点，布置合理。此外，凸台的厚度应适当，一般应小于或等于铸件的壁厚。处于同一平面上的凸台高度应尽量一致，便于机械加工。

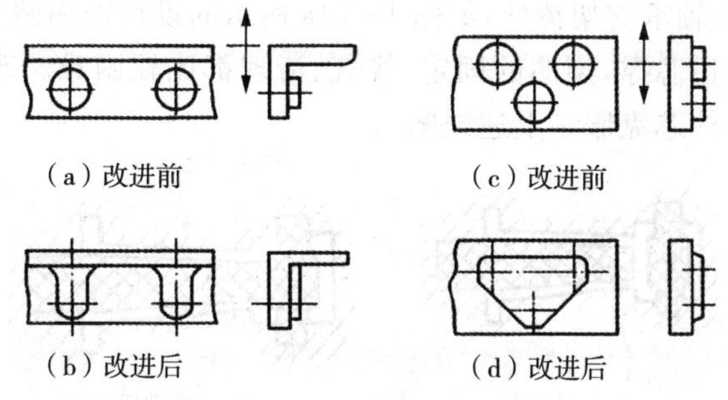

（a）改进前　（c）改进前

（b）改进后　（d）改进后

图1-71　凸台的设计

(4)铸件的垂直壁上应给出结构斜度

为了起模方便，铸件上垂直于分型面的侧壁（尤其非加工表面或大件）应尽可能给出结构斜度。一般金属型或机器造型时，结构斜度可取 0.5°～1°，砂型和手工造型时可取 1°～3°。如图 1－72 所示为结构斜度示例。

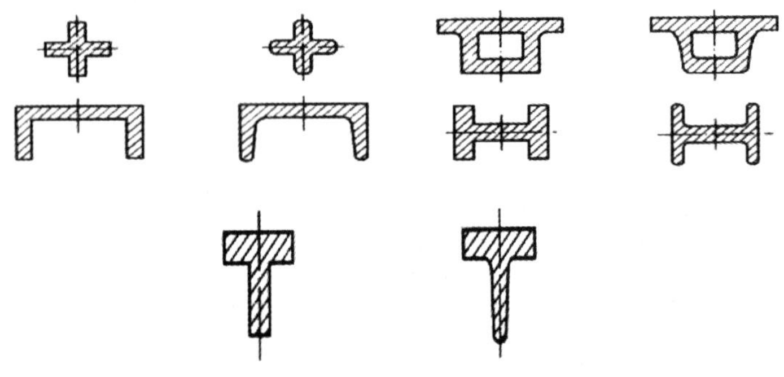

图 1－72　结构斜度示例

2. 铸件内腔设计

(1)应使铸件尽量不用或少用型芯

不用或少用型芯可以节省制造芯盒、造芯和烘干等工序的工时和材料，可避免型芯在制造过程中的变形以及合箱中的偏差，从而提高铸件精度。如图 1－73a 所示铸件有一内凸缘，造型时必须使用型芯，改成图 1－73b 设计后，可以去掉型芯，用砂垛在下型形成“自带型芯”，简化了造型工艺。

图 1－73　改变内腔形状避免型芯示意图

(2)应使型芯安放稳定、排气通畅、清理方便

如图 1－74 所示为轴承支架铸件，如图 1－74a 所示的设计需用两个型芯，其中一个为悬臂型芯，下芯时必须使用芯撑，型芯的固定、排气、清理都比较困难。改成如图 1－74b 所示的结构后，采用一个整体芯克服了上述缺陷。

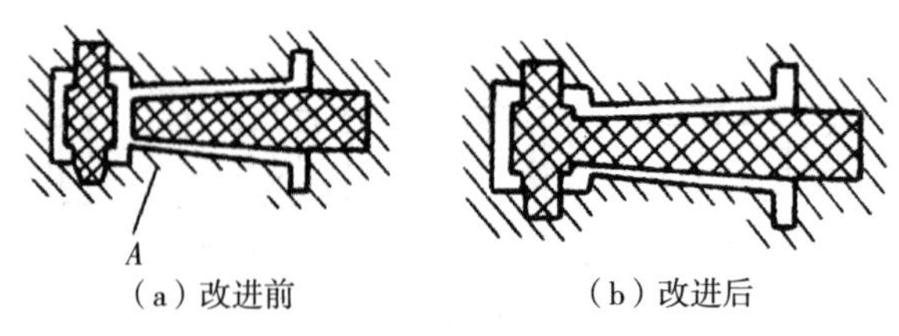

图 1－74　轴承支架铸件

1.5.3 铸造方法对铸件结构的要求

当设计铸件结构时，除应考虑上述工艺和合金所要求的一般原则外，对于采用特种铸造方法的铸件，还应根据其工艺特点考虑一些特殊要求。

1. 熔模铸件的结构特点

(1)便于从压型中取出蜡模和型芯

如图 1－75a 所示结构由于带孔凸台朝内，因此注蜡后无法从压型中抽出型芯；而如图 1－75b 所示结构则克服了该缺点。

(2)为了便于浸渍涂料和撒砂，孔、槽不宜过小或过深，孔径应大于 2mm

通孔时，孔深/孔径≤4～6mm；盲孔时，孔深/孔径≤2mm。槽深为槽宽的 2～6 倍，槽深度应大于 2mm。

(3)壁厚应可能满足顺序凝固要求，不要有分散的热节，以便利用浇口进行补缩

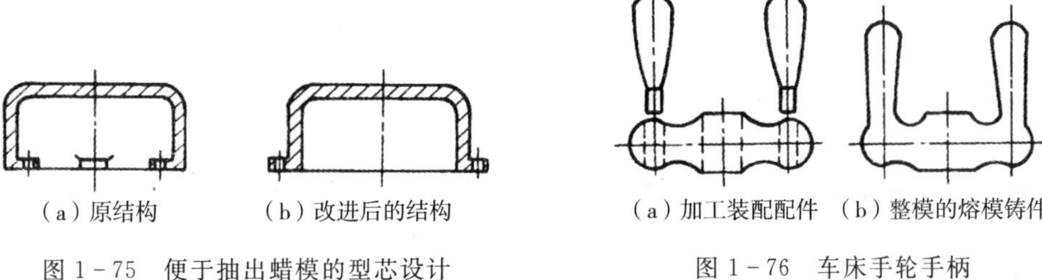

(a) 原结构　(b) 改进后的结构

图 1－75　便于抽出蜡模的型芯设计

(a) 加工装配配件　(b) 整模的熔模铸件

图 1－76　车床手轮手柄

(4)由于蜡模具有可熔性，所以可铸出各种复杂形状的铸件

可将几个零件合并为一个熔模铸件，以减小加工和装配工序，如图 1－76 所示为车床的手轮手柄。

2. 金属型铸件的结构特点

① 铸件的外形和内腔应力求简单，尽可能加大铸件的结构斜度，避免采用直径过小或过深的孔，以保证铸件能从金属型中顺利取出，并尽可能地采用金属型芯。如图 1－77 所示的铸件，其内腔内大外小，而两个 ϕ18mm 孔过深，金属型芯难以抽出。在不影响使用的条件下，改成图 1－77b 结构后，内腔结构斜度增大，则金属芯可顺利抽出。

② 铸件的壁厚差别不能太大，以防出现缩松或裂纹。同时为防止浇不足、冷隔等缺陷，铸件的壁厚不能太薄。如铝合金铸件的最小壁厚为 2～4mm。

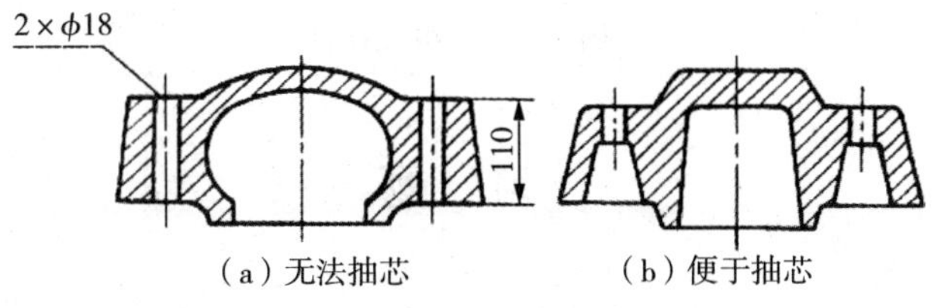

(a) 无法抽芯　(b) 便于抽芯

图 1－77　铸件结构与抽芯机构

3. 压铸件的结构特点

① 压铸件的外形应使铸件能从压型中取出，内腔也不应使金属型芯的抽出困难。因此要尽量消除侧凹，在无法避免而必须采用型芯的情况下，也应便于抽芯。如图 1－78a 所示，B 处妨碍抽芯，改成图 1－78b 结构后，利于拍芯。

② 压铸件壁厚应尽量均匀一致，不宜太厚。对厚壁压铸件，应采用加强筋减小壁厚，以防壁厚处产生缩孔和气孔。

③ 充分发挥镶嵌件的优越性，以便制出复杂件，改善压铸件局部性能并简化装配工艺。为使嵌件在铸件中连接可靠，应将嵌件镶入铸件的部分制出凹槽、凸台或滚花等。

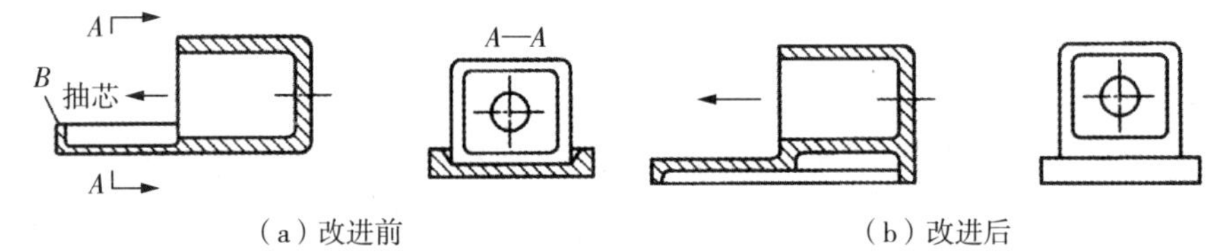

（a）改进前　　（b）改进后

图 1－78　便于抽芯实例

4. 离心铸件的结构特点

离心铸造件的内外直径不宜相差太大，否则造成内外壁所受的离心力相差太大。此外，若是绕垂直轴旋转，铸件的直径应大于高度的 3 倍，否则内壁下部的加工余量过大。

5. 组合铸件

设计铸件时，还必须从零件的整个生产过程出发，全面考虑铸造、机械加工、装配、运输等环节。例如，对于大型或形状复杂的铸件，可采用组合件，即先分两个或几个铸件制造，之后用螺钉或焊接方法焊成整体，以简化铸造工艺，解决铸造、机械加工和运输设备能力不足等问题，如图 1－79 所示为组合铸件实例。

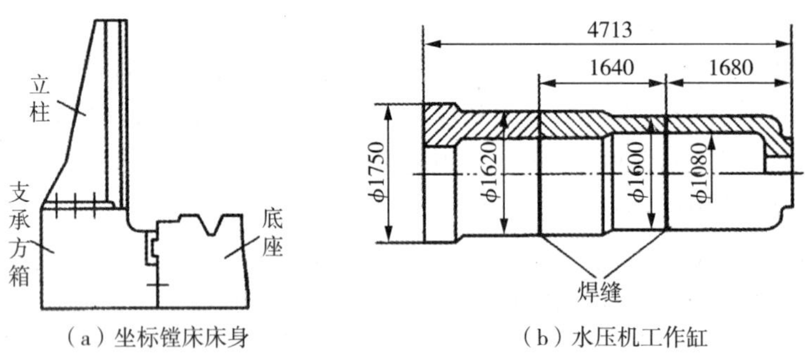

（a）坐标镗床床身　　（b）水压机工作缸

图 1－79　组合铸件

习　题

1. 合金的铸造性能是指哪些性能？铸造性能不良，可能会引起哪些铸造缺陷？

2. 什么是铸件的冷裂纹和热裂纹？防止裂纹的主要措施有哪些？

3. 什么是液态合金的充型能力？它与合金的流动性有何关系？不同化学成分的合金

为何流动性不同？为什么铸钢的充型能力比铸铁差？

4. 缩孔与缩松对铸件的质量有何影响？为何缩孔比缩松容易防止？

5. 什么是定向凝固原则？什么是同时凝固原则？请对如图 1－80 所示的阶梯形试块铸件设计浇注系统和冒口及冷铁，使其实现定向凝固。

6. 分析如图 1－81 所示轨道铸件热应力的分布，并用虚线表示铸件的变形方向。

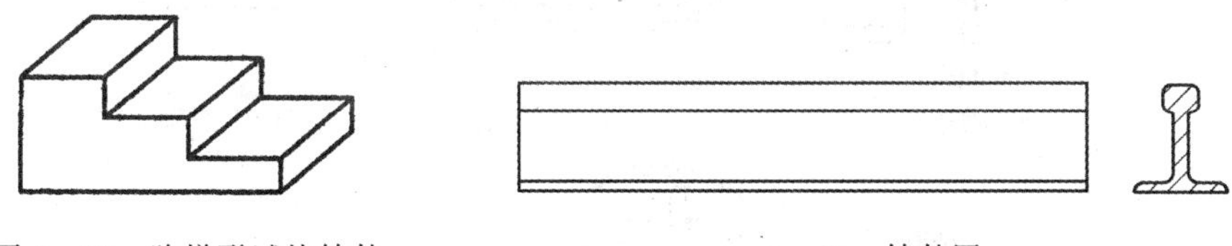

图 1－80　阶梯形试块铸件　　　　1－81　铸件图

7. 铸件的气孔有哪些种？下列情况下分别容易产生哪种气孔？

(1)芯撑有锈蚀

(2)造型时舂砂过紧；

(3)熔化铝料时铝料油污过多；

(4)造型起模刷水过多

8. 为什么铸件要有结构圆角？如图 1－82 所示铸件上哪些圆角不够合理，应如何修改？

9. 铸件的浇注位置指的是什么？浇注位置对铸件的质量有什么影响？应按什么原则来选择？

10. 试述分型面与分模面的概念。分模两箱造型时，其分型面是否就是分模面？

11. 浇注系统一般由哪几个基本组元组成？各组元的作用是什么？

12. 冒口的作用是什么？冒口的尺寸是怎么样确定的？

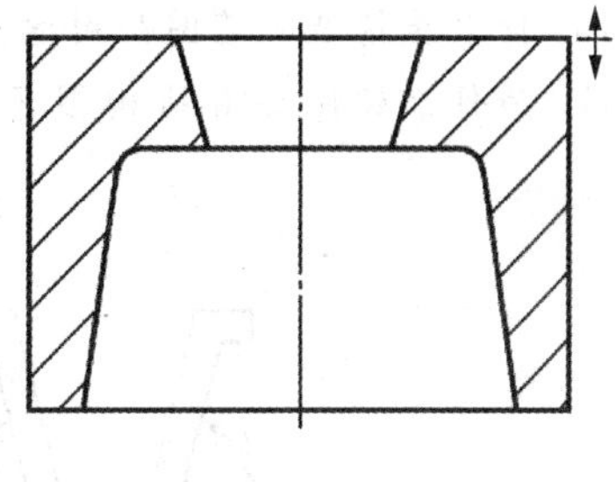

图 1－82　铸件图

13. 试确定如图 1－83 所示的铸件浇注位置和分型面。

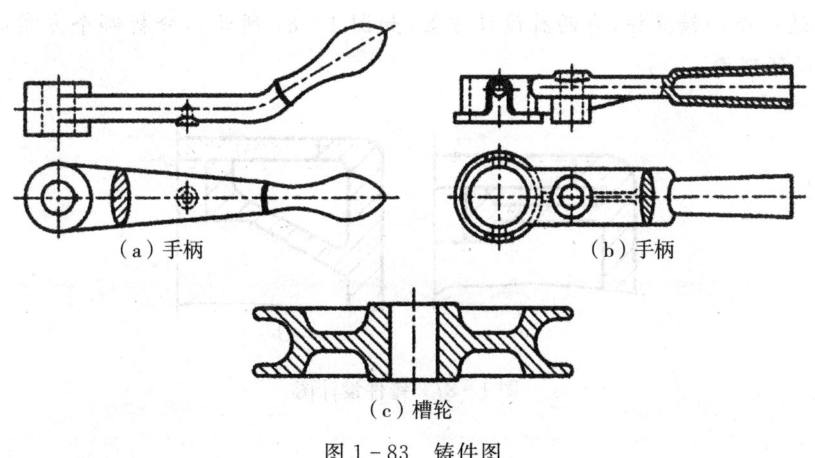

图 1－83　铸件图

14. 铸件的设计要满足便于铸造和保证质量的要求，试分析如图 1－84 所示铸件结构有何值得改进的地方？怎么改进？

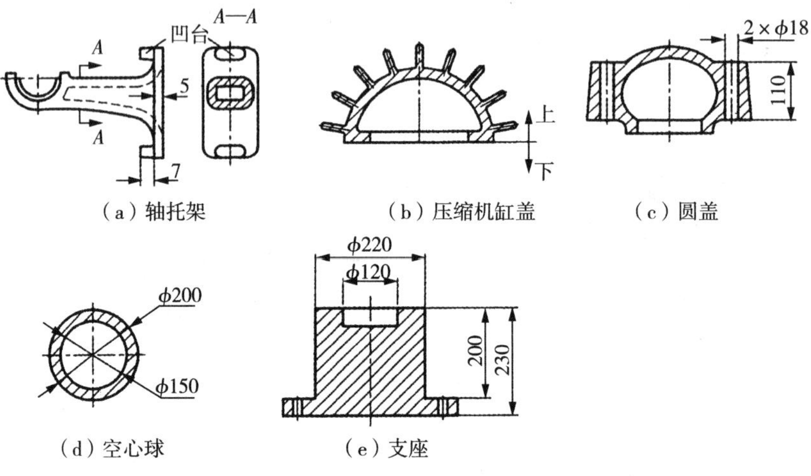

图 1－84　设计不良的铸件结构

15. 为防止如图 1－85 所示的铸件产生角变形，可以采取哪几种措施保证 a 角的准确性？

16. 什么是铸造工艺图？用途是什么？

17. 为什么铸件要有结构圆角？如图 1－86 所示铸件上哪些圆角不够合理，应如何修改？

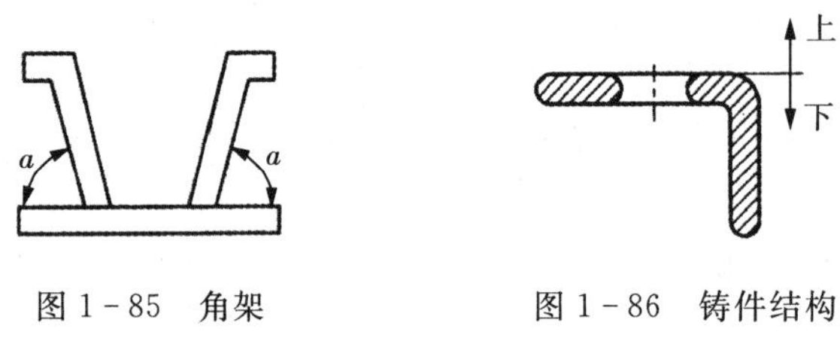

图 1－85　角架　　　　图 1－86　铸件结构

18. 铸造一个的铸铁件，有两种设计方案(如图 1－87 所示)，分析哪个方案的结构工艺性好些，并简述理由。

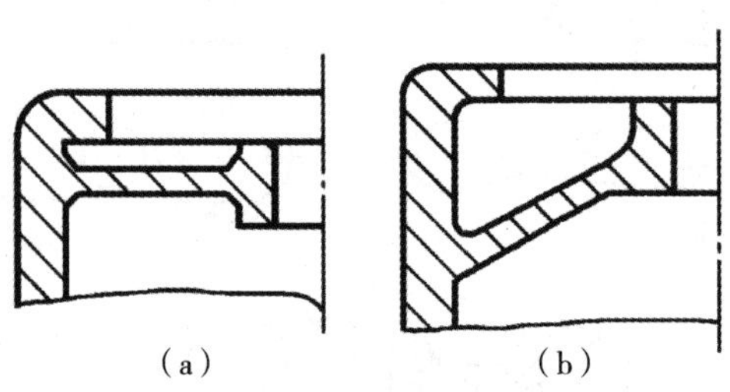

图 1－87　铸件设计图

19. 如图 1-88 所示的支腿铸铁件，受力方向如图中箭头所示。用户反映该铸件不仅机械加工困难，而且在使用过程中曾多次发生断腿事故。试分析原因，并改进设计方案。

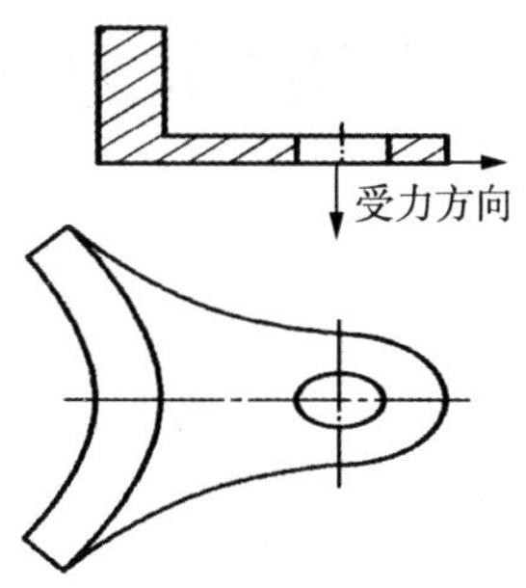

图 1-88　支腿铸件

20. 什么是熔模铸造？简述其工艺过程。

21. 什么是离心铸造？在圆筒件铸造中有哪些优越性？

22. 下列铸件在大批量生产时采用什么铸造方法为宜？

气缸套　汽车喇叭　摩托车发缸体　缝纫机头

车床床身　铝活塞　汽轮机叶片　大口径铸铁污水管

第2章　金属的压力成形工艺

压力加工是在外力作用下，使金属坯料产生塑性变形，从而获得具有一定形状、尺寸和力学性能的原材料、毛坯或零件的一种加工方法。压力加工主要依靠金属的塑性变形而成型，要求金属材料必须具有良好的塑性，因此只适应于加工塑性材料，而不适应于加工脆性材料，如铸铁、青铜等，也不适应于加工形状太复杂的零件。工业用钢和大多数有色金属及其合金均具有一定的塑性，能在热态或冷态下进行压力加工。

与其他加工方法相比，压力加工具有以下特点：

① 改善金属的内部组织，提高金属的力学性能。通过塑性变形能使金属的内部缺陷（如微裂纹、缩松、气孔等）得到了压合，致密组织，细化晶粒，并形成纤维组织，大大提高金属的强度和韧性，强化金属材料。

② 较高的劳动生产率。以制造内六角螺钉为例，用压力加工成型后再加工螺纹，生产效率可比全部用切削加工提高约50倍；如果采用多工位次序墩粗，则生产效率可提高到400倍以上。

③ 提高材料利用率。一些精密模锻件的尺寸精度和表面粗糙度能接近成品零件的要求，只需少量甚至不需切削加工即可得到成品零件，从而减少了金属的损耗。

④ 适用范围广。压力加工件质量小的可不到1千克，大的可重达数百吨，并可进行单件小批量生产，又可进行大批量生产。

压力加工可生产出各种不同截面的型材（如板材、线材、管材等）和各种机器零件的毛坯或成品（如轴、齿轮、汽车大梁、连杆等）。压力加工在机械、电力、交通、航空、国防等工业部门以至生活用品的生产中占有重要的地位，如钢桥、压力容器、石油钻井平台等广泛采用型材；飞机、机车、汽车和工程机械上各种受力复杂的零件都采用锻件；电器、仪表、机器表面覆盖物及生活用品中的金属制品，绝大多数都是冲压件。

2.1　常用的压力加工成形方法

2.1.1　型材生产方法

1. 轧制生产

借助于坯料与轧辊之间的摩擦力，使金属坯料连续地通过两个旋转方向相反的轧辊的孔隙而受压变形的加工方法称为轧制，见图2-1a。合理设计轧辊上的孔型，通过轧制可将金属钢锭加工成不同截面形状的原材料，轧制出的型材如图2-1b所示。

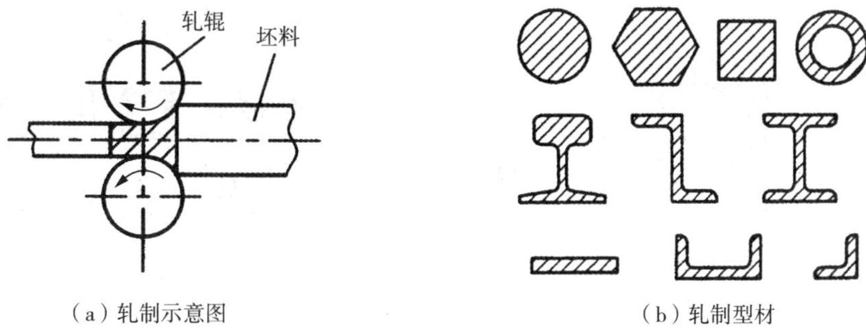

图 2－1　轧制示意图

2. 挤压生产

将金属坯料放入挤压模内，使其受压被挤出模孔而变形的加工方法称为挤压。生产中常用的挤压方法主要有两种，正挤压和反挤压。金属流动方向与凸模运动方向相一致的称为正挤压，如图 2－2a 所示。金属流动方向与凸模运动方向相反的称为反挤压，如图 2－2b 所示。

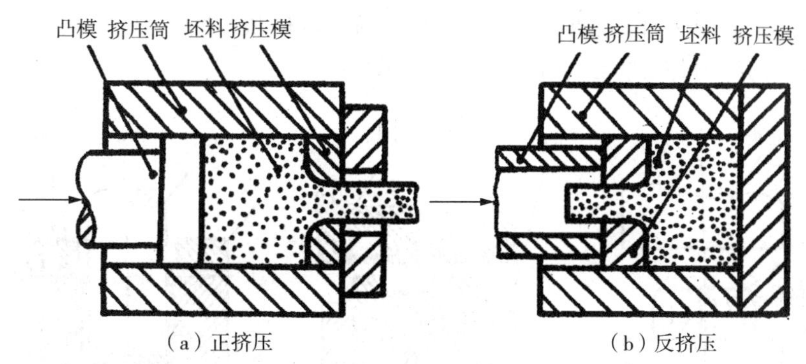

图 2－2　轧制示意图

在挤压过程中，坯料的横截面依照模孔的形状缩小，长度增加，获得各种复杂截面的型材或零件，如图 2－3 所示。挤压不仅适用于有色金属及其合金，而且也适用于碳钢、合金钢及高合金钢，对于难熔合金，如钨、铀及其合金等脆性材料也能适用。根据挤压时金属材料是否被加热，挤压又分为热挤压和冷挤压。

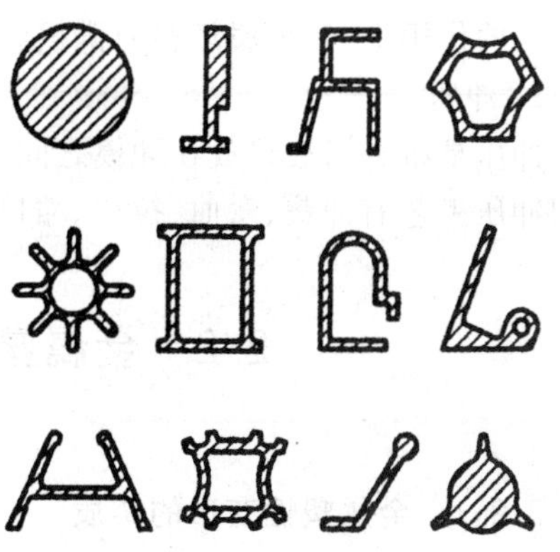

图 2－3　挤压产品截面形状图

3. 拉拔生产

将金属条料或棒料拉过拉拔的模孔而变形的压力加工方法称为拉拔，如图 2－4a 所示。拉拔生产主要用来制造各种细线材、薄壁管和各种特殊几何形状的型材，如图 2－4b 所示。多数拉拔是在冷态下进行加工的，拉拔的产品尺寸精度较高，表面粗糙度 Ra 较小。塑性高的低碳钢和有色金属及其合金都可拉拔成型。

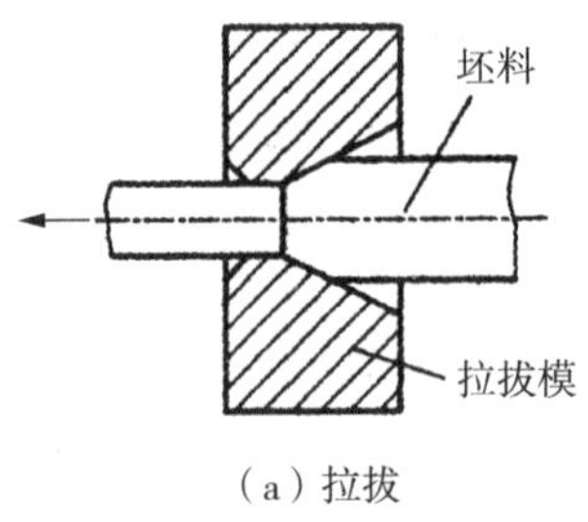

(a) 拉拔

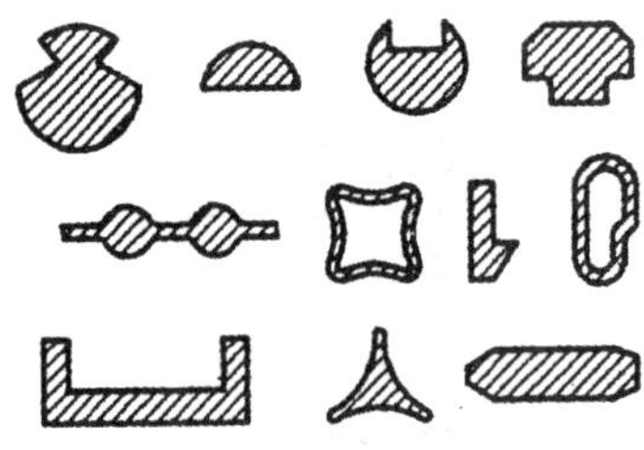

(b) 拉拔产品截面形状

图 2-4 拉拔

2.1.2 机械零件的毛坯及产品生产方法

1. 锻造

锻造是在加压设备及工模具的作用下，使坯料、铸锭产生局部或全部的塑性变形，以获得具有一定几何尺寸、形状和质量的锻件的加工方法，按所用的设备和工模具不同，可分为自由锻造和模型锻造两类。

自由锻造是将加热后的金属坯料，放在上、下砥铁(砧块)之间，在冲击力或静压力的作用下，使之变形的压力加工方法，如图 2-5a 所示。

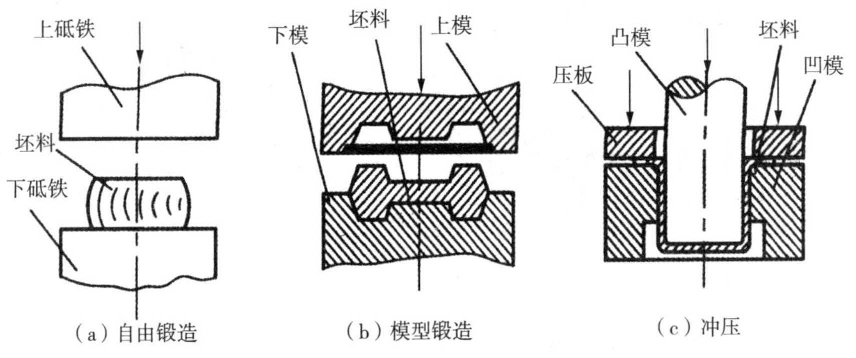

(a) 自由锻造　(b) 模型锻造　(c) 冲压

图 2-5 锻、冲压生产方式

模型锻造(简称模锻)是将加热的金属坯料，放在具有一定形状的锻模模膛内，在冲击力或压力的作用下，使金属坯料充满模膛而成型的压力加工方法，如图 2-5b 所示。

2. 冲压

冲压是将金属板料放在冲模之间，在冲压力的作用下产生分离或变形的压力加工方法，常用冲压工艺有冲裁、弯曲、拉深、缩口、起伏和翻边等，如图 2-5c 所示为拉深加工。

2.2 金属塑性成形的工艺理论基础

2.2.1 金属塑性变形的实质

1. 单晶体的塑性变形

单晶体是指原子排列方式完全一致的晶体。当单晶体金属受拉力 P 作用时，在一定晶面上可分解为垂直于晶面的正应力 σ 和平行于晶面的切应力 τ，如图 2－6 所示。在正应力 σ 作用下，晶格被拉长，当外力去除后，原子自发回到平衡位置，变形消失，产生弹性变形。若正应力 σ 增大到超过原子间的结合力时，晶体便发生断裂，如图 2－7 所示。由此可见，正应力 σ 只能使晶体产生弹性变形或断裂，而不能使晶体产生塑性变形。在逐渐增大的切应力 τ 作用下，晶体从开始产生弹性变形发展到晶体中的一部分与另一部分沿着某个特定的晶面相对移动，称为滑移。产生滑移的晶面称为滑移面，当应力消除后，原子到达一个新的平衡位置，变形被保留下来，形成塑性变形，如图 2－8 所示。由此可知，只有在切应力作用下，才能产生滑移，而滑移是金属塑性变形的主要形式。

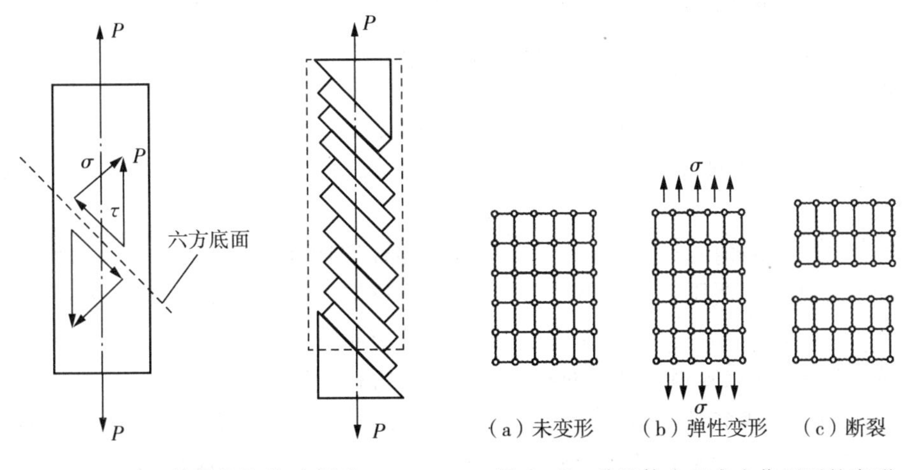

图 2－6　单晶体拉伸示意图

图 2－7　单晶体在正应力作用下的变形

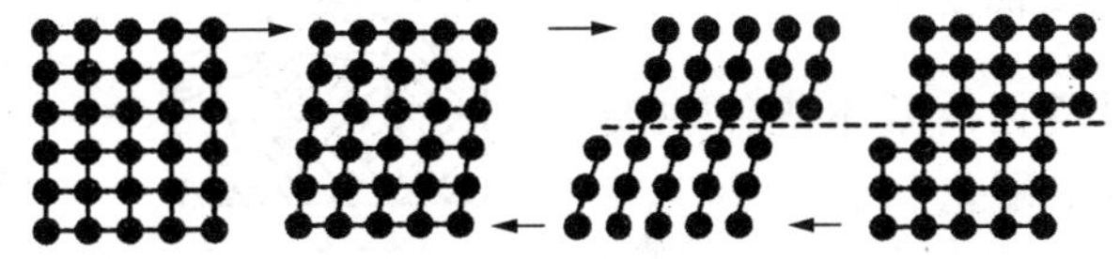

图 2－8　晶体在切应力作用下的变形

晶体在晶面上发生滑移，实际上并不需要整个滑移面上的所有原子同时一起移动，即刚性滑移。近代物理学理论认为晶体内部存在有许多缺陷，其类型有点缺陷、线缺陷和面缺陷三种。由于存在缺陷，使晶体内部各原子处于不稳定状态，高位能的原子很容易从一个相对平衡的位置移动到另一个位置上。

滑移变形就是通过晶体中位错的移动来完成的，如图 2－9 所示。在切应力的作用下，位锗从滑移面的一侧移动到另一侧，形成一个原子间距的滑移量，因为位错移动时，只需位错中心附近的少数原子发生移动，不需要整个晶体上半部的原子相对下半部一起移动，所以它需要的临界切应力很小，这就是位错的易动性。因此，单晶体总的滑移变形量是许多位错滑移的结果。

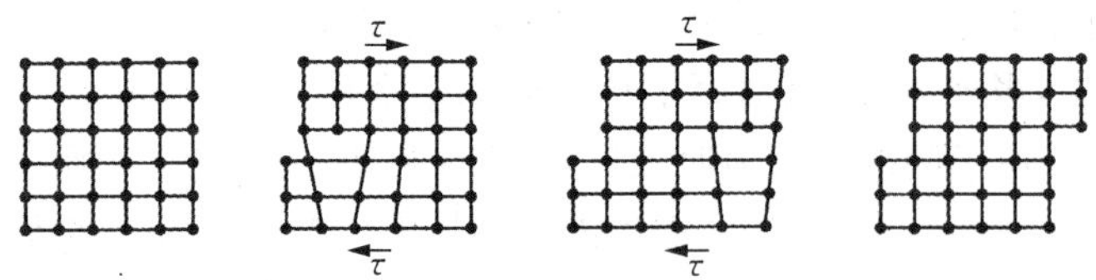

图 2－9　位错移动产生滑移的示意图

2. 多晶体的塑性变形

实际金属是由许多大小、形状、晶格位向各不同的晶粒组成的多晶体。各晶粒之间是一层很薄的晶粒边界，晶界是相邻两个位向不同晶粒的过渡层，且原子排列极不规则。因此，多晶体的塑性变形要比单晶体的塑性变形复杂得多。

多晶体的变形首先从晶格位向有利于变形的晶粒内开始，滑移结果使晶粒位向发生转动，而难于继续滑移，从而促使另一批晶粒开始滑移变形。因而，多晶体的变形总是一批一批晶粒逐步发展的，从少量晶体开始逐步扩大到大量晶粒发生滑移，从不均匀变形逐步发展到较均匀变形。

与单晶体比较，多晶体具有较大的变形抗力，多晶体的塑性变形如图 2－10 所示。这是因为一方面多晶体内晶界附近的晶格畸变程度大，对位错的移动起阻碍作用，表现为较大的变形抗力；另一方面，多晶体内各晶粒位向不同，若某一晶粒要发生滑移，会受到周围位向不同晶粒的阻碍，必须在克服相邻晶粒的阻力之后才能滑移。这就说明，多晶体金属的晶界面积及不同位向的晶粒越多，即晶粒越细，其塑性变形抗力就越大，强度和硬度越高。同时，由于塑性变形时总的变形量是各晶粒滑移效果的总和，晶粒越细，单位体积内有利于滑移的晶粒数目越多，变形可分散在越多的晶粒内进行，金属的塑性和韧性便越高。

2.2.2　金属塑性变形基本规律

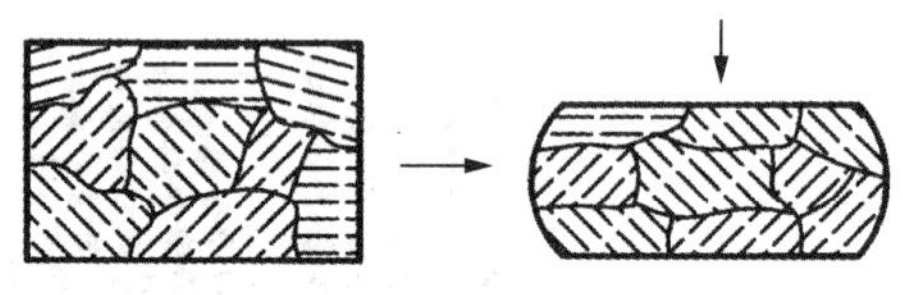

图 2－10　多晶体塑性变形图

金属塑性变形时遵循的基本规律主要有最小阻力定律、加工硬化和体积不变规律等。

1. 最小阻力定律

最小阻力定律是指金属在塑性变形过程中，如果金属质点有向几个方向移动的可能时，则金属各质点将优先向阻力最小的方向移动。这是塑性成形加工中最基本的规律之一。

最小阻力定律可以用于分析各种压力加工工序的金属流动，并通过调整某个方向的流动阻力来改变某些方向上金属的流动量，以便合理成形，消除缺陷。例如，在模锻中增大金属流向分模面的阻力，或减小流向型腔某一部分的阻力，可以保证锻件充满模膛。

利用最小阻力定律可以推断，任何形状的坯料只要有足够的塑性，都可以在平锤头下墩粗，使断面逐渐接近于圆形。这是因为在墩粗时，金属流动距离越短，摩擦阻力便越小。如图 2－11 所示的方形坯料墩粗时，沿四边垂直方向的摩擦阻力最小，而沿对角线方向阻力最大，金属在流动时主要沿垂直于四边方向流动，很少向对角线方向流动，随着变形程度的增加，断面将趋于圆形。由于相同面积的任何形状总是圆形周边最短，因而最小阻力定律在墩粗中也称为最小周边法则。

2. 加工硬化

在常温下随着变形量的增加，金属的强度、硬度提高，塑性和韧性下降。材料的加工硬化不仅使变形抗力增加，而且使继续变形受到影响。不同材料在相同变形量下的加工硬化程度不同，表现出的变形抗力也不同，加工硬化大，表明变形时硬化显著，对后续变形不利。例如，10 钢和奥氏体不锈钢的塑性都很好，但是奥氏体不锈钢的加工硬化率较大，变形后再变形的抗力比 10 钢大得多，所以其塑性成形性也比 10 钢差。

3. 体积不变规律

实践证明，金属材料在塑性变形时，变形前与变形后的体积保持不变。体积不变规律对塑性成形有很重要的指导意义，例如，根据体积不变规律可以确定毛坯的尺寸和变形工序。

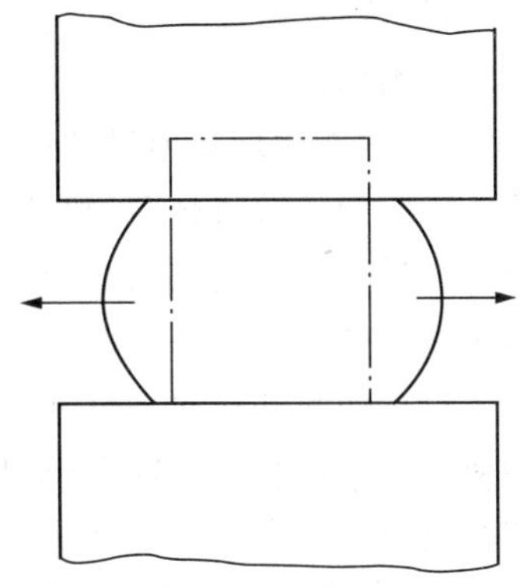

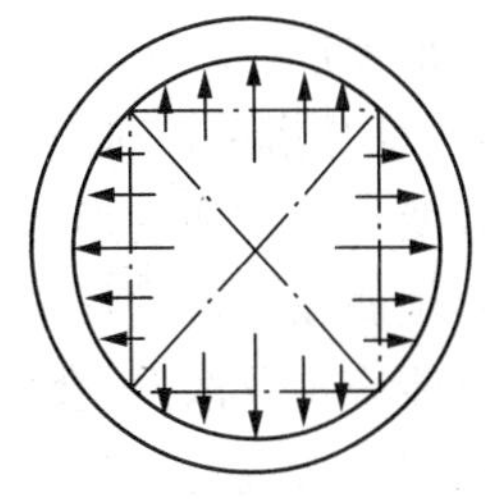

图 2-11　墩粗时的变形趋向

2.2.3　影响金属塑性成形性能的内在因素与加工条件

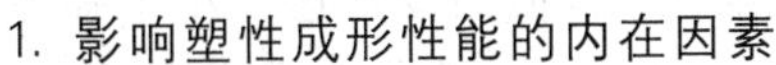

1. 影响塑性成形性能的内在因素

(1)金属组织

金属内部的组织结构不同，其塑性成形性能也不同，纯金属及单相固熔体合金的塑性成形性能较好，钢中有碳化物和多相组织时，塑性成形性能变差。通常，在常温下具有均匀细小等轴晶粒的金属，其塑性成形性能比晶粒粗大的柱状晶粒要好。在工具钢中，如果存在网状二次渗碳体，钢的塑性将大大下降，从而导致其塑性成形性能显著恶化。

(2)化学成分

不同化学成分金属的塑性不同，塑性成形性能也不同。通常情况下，纯金属的塑性成形性能比合金要好。以钢为例，随着碳质量分数的增加，其塑性下降，变形抗力增大，塑性成形性能也越来越差。钢中加入合金元素，特别是加入铂、钒、钨、钛等强碳化物形成元素时，会使钢的塑性变形抗力增大，塑性下降，合金元素质量分数越高，钢的塑性成形性能越差。杂质元素也会降低钢的塑性成形性能，如磷使钢出现冷脆性，硫使钢出现热脆性。

2. 影响塑性成形性能的加工条件

(1)变形温度

通常，随着变形温度的升高，金属原子动能增加，热运动加剧，削弱了原子间的结合力，减小了滑移阻力，减小金属的变形抗力，提高塑性提高，改善塑性成形性能。变形温度升高到再结晶温度以上时，加工硬化不断被再结晶软化消除，金属的塑性成形性能进一步提高。因此，加热往往是金属塑性变形中很重要的加工条件。

但是，加热温度要控制在一定范围内，如果加热温度过高，会使金属晶粒急剧长大，反而导致金属塑性减小，塑性成形性能下降，这种现象称为过热。如果加热温度过高接近熔点时，晶界会发生氧化甚至局部熔化，导致金属的塑性变形能力完全消失，这种现象称为过烧。坯料如果过烧，将报废。

(2)应力状态

金属材料在塑性变形时的应力状态不同，对塑性的影响也下同。实践证明，在三向应力状态下，压应力的数目越多，塑性越好；拉应力的数目越多，塑性越差。因为拉应力易使滑移面分离，在材料内部的缺陷处产生应力集中而破坏，压应力状态则与之相反。压应力的数目越多，越利于塑性的发挥。例如，铅在通常情况下具有极好的塑性，但是在三向等拉应力的状态下，铅会像脆性材料一样不产生塑性变形，而直接破裂。但是在压应力状态塑性变形时，会使金属内部摩擦加剧，变形抗力增大，需要相应增加锻压设备的吨位。选择塑性成形加工时，应考虑应力状态对金属塑性变形的影响。当金属材料的塑性较低时，钢的塑性应尽量选择在压应力状态下进行塑性成形加工。

(3)变形速度

变形速度是指单位时间内变形程度的大小。变形速度对金属塑性成形性能的影响比较复杂，随着变形速度和变形程度的增大，加工硬化逐渐积累，使金属的塑性变形能力下降。另一方面，金属在变形过程中，会将消耗于塑性变形的一部分能量转化为热能，当变形速度很大时，热能来不及散发，会使变形金属的温度升高，这种现象称为热效应，它有利于改善金属的塑性，使变形抗力下降，塑性变形能力提高。

如图 2－12 所示为变形速度与塑性的关系，从中可以看出，但当变形速度小于临界值 B 时，随着变形速度增大，塑性下降；但当变形速度大于临界值 B 时，随着变形速度增大，金属的塑性却随之增加。用一般的锻压加工方法时，变形速度较低，在变形过程中产生的热效应不显著。目前只有采用高速锻锤锻压，才能利用热效应现象改善金属的塑性成形性能。加工塑性较差的合金钢或大截面锻件时，都应采用较小的变形速度，若变形速度过快会出现变形不均匀，造成局部变形过大而产生裂纹。

综上所述，金属的塑性成形性能既取决于金属的本质，又取决于变形条件。在塑性成形加工过程中，要根据具体情况，尽量创造有利的变形条件，充分发挥金属的塑性，降低其变形抗力，以达到塑性成形加工的目的。

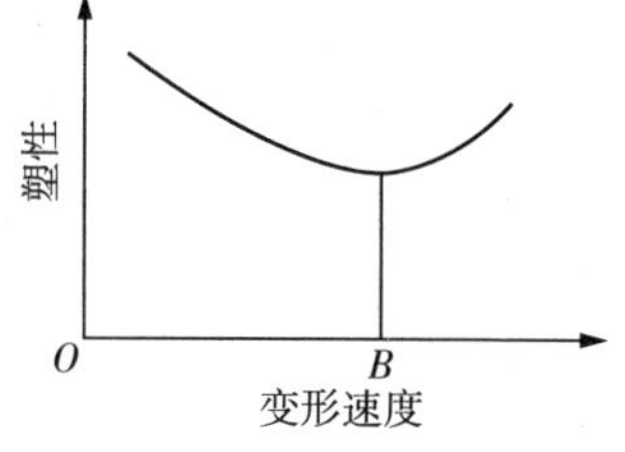

图 2－12 变形速度与塑性的关系

2.2.4 金属塑性变形对组织和性能的影响

1. 变形程度的影响

压力加工时，塑性变形程度的大小对金属组织和性能有较大的影响。变形程度过小，不能起到细化晶粒提高金属力学性能的目的；变形程度过大，不仅不会使力学性能再增高，还会出现纤维组织，使金属的各向异性增加，当超过金属允许的变形极限时，将会出现开裂等缺陷。对于不同的塑性成形加工工艺，可用不同的参数来表示其变形程度。

在锻造加工工艺中，常用锻造比 $Y_{锻}$ 来表示变形程度的大小，锻造比的计算方法与变形工序有关，拔长时的锻造比 $Y_{锻}=S_o/S$（S_o、S 分别表示拔长前、后金属坯料的横截面积）；镦粗时的锻造比 $Y_{锻}=H_o/H$（H_o、H 分别表示墩粗前、后金属坯料的高度）。显然，锻造比越大，毛坯的变形程度也越大生产中以铸锭为坯料进行锻造时，碳素结构钢的锻造比在 2～3 范围内选取，合金结构钢的锻造比在 3～4 范围内选取，高合金工具钢（例如高速钢）组织中有大块碳化物，为了使钢中的碳化物分散细化，需要较大锻造比（$Y_{锻}=5\sim12$），常采用交叉锻。以型钢为坯料锻造时，因钢材轧制时组织和力学性能已经得到改善，锻造比一般取 1.1～1.3 即可。在冷冲压成形工艺中，表示变形程度的技术参数有：相对弯曲半径（r/t）、拉深系数（m）、翻边系数（k）等。

2. 纤维组织的影响

金属铸锭组织中存在偏析夹杂物、第二相等，在热塑性变形时，随金属晶粒的变形方向延伸呈条状、线状或破碎呈链状分布，金属再结晶后也不会改变，仍然保留下来，呈宏观流线状，从而使金属组织具有一定方向性，称为热变形纤维组织，即流线。纤维组织形成后，不能用热处理方法消除，只能通过塑性变形来改变纤维的方向和分布。

纤维组织的存在对金属的力学性能，特别是韧性有一定的影响，在设计和制造零件时，应注意以下两点：

① 必须注意纤维组织的方向，要使零件工作时的正应力方向与纤维方向一致，切应力方向与纤维方向垂直。

② 要使纤维的分布与零件的外形轮廓符合，尽量不被切断。

例如，锻造齿轮毛坯时，应对棒料进行墩粗加工，使其纤维在端面上呈放射状，有利于齿轮的受力；曲轴毛坯锻造时，应采用拔长后弯曲工序，使纤维组织沿曲轴轮廓分布，这样曲轴工作时不易断裂，如图 2-13 所示。

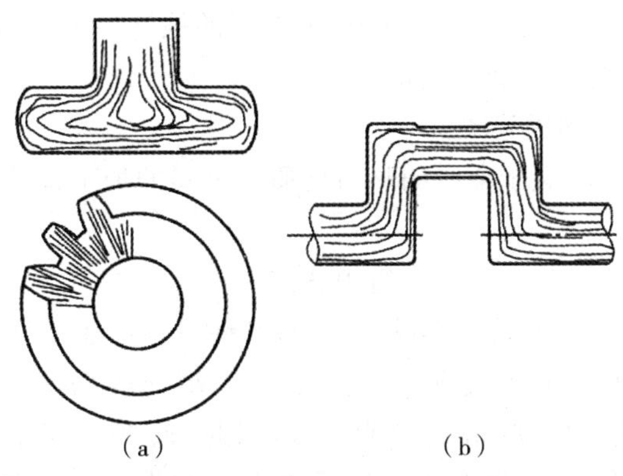

（a）　（b）

图 2-13　纤维组织的分布比较

3. 变形温度的影响

由于金属在不同温度下变形后的组织和性能不同，通常将塑性变形分为热变形和冷变形。

热变形是在再结晶温度以上的塑性变形，热变形时加工硬化与再结晶过程同时存在，而加工硬化又几乎同时被再结晶消除。所以与冷变形相比，热变形可使金属保持较低的变形抗力和良好的塑性，可以用较小的力和能量产生较大的塑性变形而不会产生裂纹，同时还可获得具有较高力学性能的再结晶组织。但是，热变形是在高温下进行的，在加热过程中金属表面易产生氧化皮，精度和表面质量较低。自由锻、热模锻、热轧、热挤压等都属于热变形加工。锻造加工是热加工，各种钢材和大部分非铁合金都可以进行锻造加工。其中，中低碳钢

(如 Q195、Q235、10、15、20、35、45、50 等)、低合金钢(如 Q345、20Cr、40Cr 等)、铜及铜合金、铝及铝合金等锻造性能较好。

在再结晶温度以下的塑性变形称为冷变形,因冷变形有加工硬化现象产生,故每次的冷变形程度不宜过大,否则会使金属产生裂纹。为防止裂纹产生,应在加工过程中增加中间再结晶退火工序,消除加工硬化后,再继续冷变形,直至所要求的变形程度。冷变形加工的产品具有表面质量好、尺寸精度高、力学性能好等优点。常温下的冷墩、冷挤压、冷拔及冷冲压都属于冷变形加工。

冷冲压为常温加工,对于分离工序,只要材料有一定的塑性就可以进行;对于变形工序,例如弯曲、拉深、胀形、翻边等,则要求材料具有良好的冲压成形性能(如 Q195、Q215、08、08F、10、15、20 等低碳钢)。奥氏体不锈钢、铜和铝等都具有良好的冷冲压成形性能。

2.3 锻压成形工艺

2.3.1 金属材料的锻造性能

1. 锻造性能及评定指标

金属的锻造性能是用来衡量金属材料利用锻压加工方法成型的难易程度。金属的锻造性能好,说明该金属适合采用锻压加工方法成型。金属的锻造性能常用金属的塑性和变形抗力来综合衡量。塑性越好,变形抗力越小,则金属的锻造性能越好。在实际生产中,选用金属材料时,优先考虑的还是金属材料的塑性。

2. 影响金属锻造性能的因素

金属的锻造性能主要取决于金属的材料性质和金属的加工条件。

(1)金属的材料性质

金属的性质是指金属的化学成分和组织状态。

① 金属的化学成分。金属的化学成分不同,其锻造性能也不同。一般纯金属的锻造性能比合金的锻造性能好些。金属组成合金后,强度提高,塑性下降,锻造性能变差。碳素钢的锻造性能,随着含碳量的增加,锻造性能变差,因此,低、中碳钢的锻造性能优于高碳钢。钢中合金元素的含量增多,锻造性能会变差,尤其是金属中含有提高高温强度的元素,如钨、钼、钒、钛等,这些元素能与钢中的碳形成硬而脆的碳化物,而使金属的锻造性能显著降低。

② 金属的组织状态。金属的组织结构不同,其锻造性能有很大差别。纯金属或单一固溶体组成的合金具有良好的塑性,其锻造性能较好;若金属中有化合物组织,尤其是在晶界上形成连续或不连续的网状碳化物组织时,塑性很差,锻造性能显著下降。钢的铸态组织和粗晶组织,不如锻轧组织和细晶组织的锻造性能好。

(2)加工条件

加工条件是指变形温度、变形速度和变形时的应力状态。

① 变形温度。在一定的温度范围内,提高金属的变形温度可使原子动能增加,削弱原子间结合力,减少滑移阻力,从而提高金属的塑性、减小其变形抗力,改善金属的锻造性能。

但是，加热温度要控制在一定范围内，加热温度过高时会产生氧化、脱碳、过热和过烧现象，造成锻件的质量变差或锻件报废。因此，必须严格控制加热温度范围，确定金属合理的始锻温度和终锻温度。锻造温度是指始锻温度与终锻温度之间的温度。碳钢的锻造温度范围如图 2－14 所示，45 钢的始锻温度为 1200℃，终锻温度为 800℃。

始锻温度为开始锻造的温度，一般选固相线以下 100～200℃。在不出现过热和过烧的前提下，提高始锻温度可使金属的塑性提高，变形抗力下降，有利于锻压成型。终锻温度为停止锻造的温度，一般选高于再结晶温度 50～100℃，保证再结晶完全。终锻温度对高温合金锻件的组织、晶粒度和机械性能均有很大的影响。当终锻温度低于其再结晶开始温度时，除了使合金塑性下降、变形抗力增大之外，还会引起不均匀变形得到不均匀的晶粒组织，并导致加工硬化现象严重，变形抗力过大，易产生锻造裂纹，损坏设备与工具。但如果终锻温度过高，则在随后的冷却过程中晶粒将继续长大，得到粗大晶粒组织，这是十分不利的。通常，在允许的范围内，适当降低终锻温度并加大变形量，则可得到较为细小的晶粒。

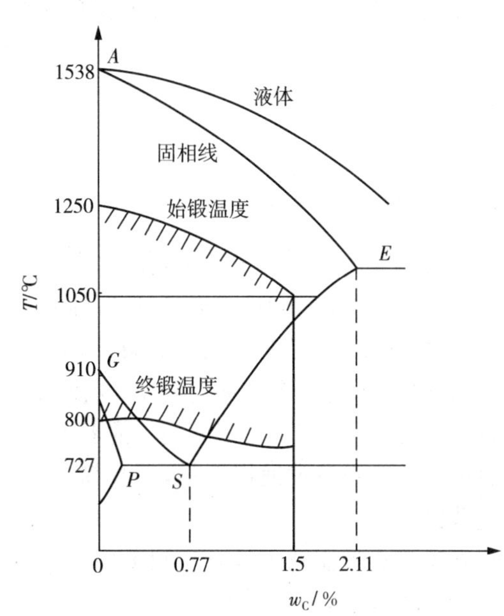

图 2－14　碳钢的锻造温度范围

② 变形速度。变形速度是指金属在锻压加工过程中单位时间内的变形量，表示单位时间内变形程度的大小。变形速度对金属锻造性能的影响是多方面的，如图 2－15 所示。一方面由于变形速度增快，回复和再结晶不能及时消除加工硬化现象，加工硬化逐渐积累，使金属的塑性下降，变形抗力增加，锻造性能变差；另一方面，当变形速度超过某一临界值时，热能来不及散发，而使塑性变形中的部分功转化为热能，致使金属温度升高，金属塑性升高，变形抗力下降，这种现象称为“热效应”。一般来讲，变形速度越快，热效应越显著，锻造性能越好。

但是，热效应现象只有在高速锤锻造上才能实现，一般设备的变形速度都不可能超过临界变形速度。因此，在一般锻造生产中，对于锻造性能较差的合金钢和高碳钢，应采用较小的变形速度，以防坯料被锻裂。

③ 变形时的应力状态。变形方式不同，金属在变形区内的应力状态也不同。即使在同一种变形方式下，金属内部不同部位的应力状态也可能不同。挤压时，三个方向均受压；拉拔时，两个方向受压，一个方向受拉。自由锻墩粗时，坯料内部金属三向受压，而侧面表层金属两向受压，一向受拉。

实践证明，在金属塑性变形时，三个方向中压应力的数目越多，则金属的塑性越好，拉应力的数目越多，则金属的塑性越差。在选择具体加工方法时，应考虑应力状态对金属锻造性能的影响。对于塑性较差的金属，应尽量在三向压应力下变形，以免产生裂纹。对于塑性较好的金属，变形时出现拉应力是有利的，可以减少变形能量的消耗。

综上所述，影响金属塑性变形的因素很多，比较复杂。在压力加工中，要综合考虑所有的因素，根据具体情况采取相应的有效措施，创造有利的变形条件，充分发挥材料的塑性，降低金属的变形抗力，降低设备吨位，减少能耗，使变形进行得充分，获得优质的锻件。

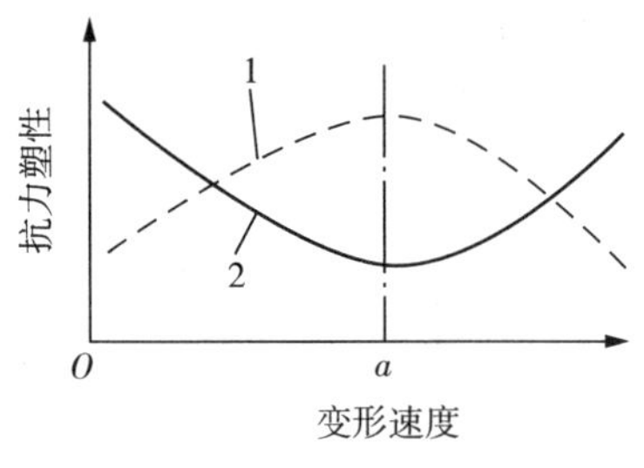

图 2-15　变形速度对金属锻造性能的影响

2.3.2　自由锻

自由锻是利用冲击力或压力，使金属在上、下砧铁之间产生塑性变形得到所需形状、尺锻件的一种加工方法。自由锻造过程中，金属坯料除与上、下砧铁接触方向的变形流动受约束外，其他方向均能自由流动，故无法精确控制变形的发展，锻件的形状、尺寸由锻工通过翻动坯料改变其受力部位和控制压力大小来保证。自由锻分为锻锤自由锻和水压机自由锻两类。前者主要锻造中、小型锻件，后者主要锻造大型锻件。

自由锻所用设备的通用性强，工具简单、工艺灵活，生产准备时间短，应用范围广，锻件的质量范围可由不及 1 千克到二、三百吨。对于大型锻件，自由锻是唯一的加工方法。因此自由锻在重型机械制造中具有特别重要的作用。例如，水轮机主轴、多拐曲轴、大型连杆、大型重要齿轮等零件，由于在工作时都承受很大的载荷，要求具有较高的力学性能，故该类零件的毛坯常采用自由锻方法生产。

但是，由于自由锻件的形状与尺寸主要靠人工操作进行控制，所以锻件的形状较简单，尺寸、形状精度低，加工余量大，金属损耗大。自由锻时工人的劳动强度大，生产效率低。因此自由锻主要应用于单件、小批量生产、修配以及大型锻件的生产和新产品的试制等场合。

1. 自由锻工序

根据变形性质和变形程度的不同，自由锻工序可分为基本工序、辅助工序和修整工序。

(1)基本工序

基本工序是使金属坯料产生一定程度的塑性变形，以得到所需形状、尺寸或改善材料性能的工艺过程。它是锻件成形过程中必需的变形工序，如墩粗、拔长、弯曲、冲孔、切割、扭转和错移等。实际生产中最常用的是镦粗、拔长和冲孔三个工序。

① 镦粗是沿工件轴向进行锻打，使工件横截面积增加、高度减小的工序。主要用于锻造齿轮、凸缘、圆盘等零件，也可用于作为锻造环、套筒等空心锻件冲孔前的预备工序。锻造轴类零件时，镦粗可以提高后续拔长工序的锻造比，提高横向力学性能和减小各向异性。

镦粗可分为整体镦粗和局部镦粗两种形式，如图 2-16 所示。整体镦粗是把整个坯料放在锤头和砧铁之间，利用体积不变定律使坯料的高度下降而截面积增大，以达到所需要求。整体墩粗所用圆形截面坯料的高度和直径比为 2.5～3；方形截面坯料的高度与较小基边长度之比为 3.5～4，以免出现镦弯等缺陷。

局部镦粗是将坯料放在锤头和砧铁上的漏盘之间，使漏盘上的坯料变形以达到所需要求。局部镦粗用圆形截面坯料变形部分的高度和宜径比为 2.5～3；漏盘内孔要有斜度和圆角，以便坯料出模。

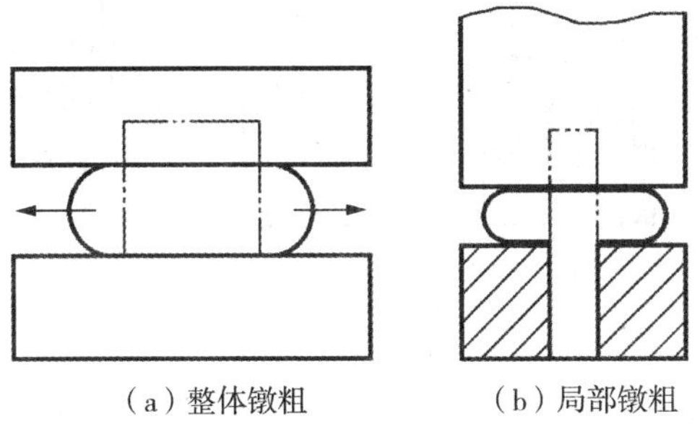

图 2-16　镦粗

② 拔长是垂直于工件的轴向进行锻打，使其长度增加、截面积减小的工序。主要用于锻造轴、杆类等零件。拔长可在平砧间进行，也可在 V 型砧或弧形砧中进行，通过反复压缩、翻转和逐步送进，使坯料变细变长，如图 2-17 所示。

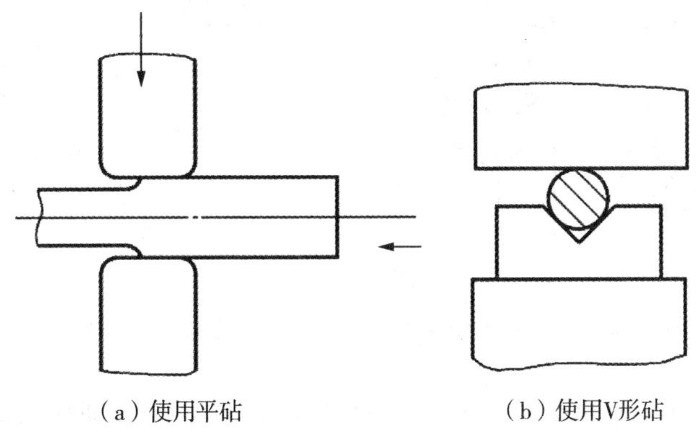

图 2-17　拔长

拔长用坯料的长度应大于直径或边长。锻台阶时，被拔长部分的长度应不小于坯料直径或边长的 1/3。

③ 冲孔是利用冲头在坯料上冲出通孔或不通孔的工序。常用于锻造齿轮、套筒和圆环等空心锻件。对于直径小于 25mm 的孔一般不锻出。

在薄坯料（$H/D<0.125$）上冲通孔时，可用冲头一次冲出。坯料较厚时，可先在坯料的一边冲到孔深的 2/3 后，拔出冲头，翻转工件，从反面冲通，以避免在孔的周围冲出飞边，如图 2-18 所示。

实心冲头双面冲孔时，冲孔坯料的直径 D_0 与孔径 d_1 之比（D_0/d_1）应大于 2.5，以免冲孔时坯料产生严重畸变，且坯料高度应小于坯料直径，以防将孔冲偏。对于较大的孔，可以先冲出一较小的孔，然后再用冲头或芯轴进行扩孔。

④ 弯曲是使用工具将坯料弯成一定角度和形状的工序。通常用来生产吊钩、弯板、链板等。弯曲时外侧受拉、内侧受压，且弯曲角度不可太小，否则内侧由于受压会产生起皱，外侧由于受拉会产生拉裂。图 2-19 所示为弯曲方法示意图。

⑤ 扭转是使坯料一部分相对于另一部分旋转一定角度的工序。可用来制造多拐曲轴

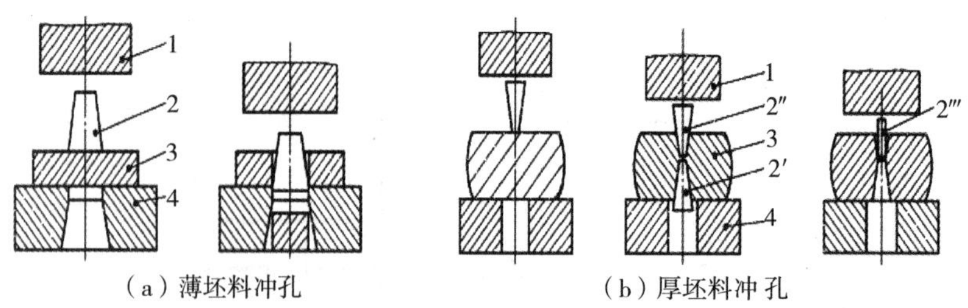

(a) 薄坯料冲孔　　(b) 厚坯料冲孔

图 2-18　冲孔

1—上砧;2—冲头;2′—第一个冲头;2″—第二个冲头;2‴—第三个冲头;3—坯料;4—漏盘

和连杆等。如图 2-20 所示为扭转方法示意图。

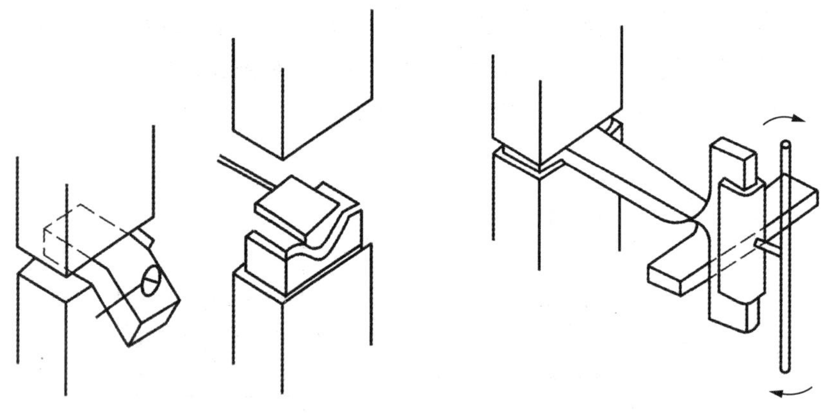
图 2-19　弯曲方法示意图　　图 2-20　扭转方法示意图

⑥ 错移是使坯料一部分相对于另一部分错开,但两部分的轴线仍然保持平行的工序。可用于曲轴的制造等。如图 2-21 所示为错移过程示意图。

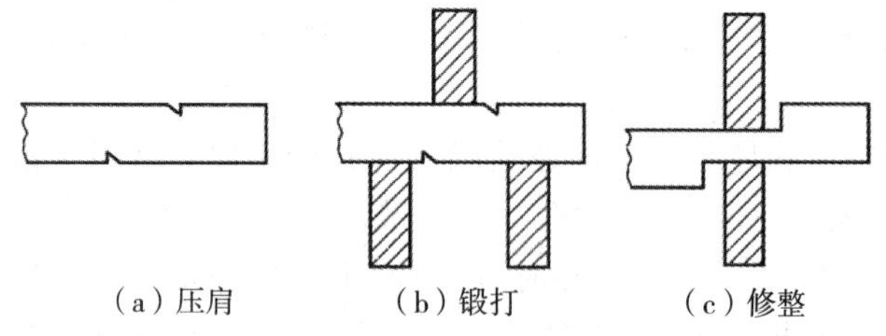
(a) 压肩　　(b) 锻打　　(c) 修整

图 2-21　错移过程示意图

⑦ 切割是将坯料分割开的工序。常用于下料和切除锻件的余料。

(2)辅助工序

辅助工序是为使基本工序操作方便而进行的预变形工序。如压钳口(压出钳夹部位)、压肩或压痕(阶梯轴拔长前预先压出台阶过渡部分的凹槽)、钢锭倒棱(压钢锭棱边,使其逐步趋于圆截面)等。

(3)修整工序

修整是用于减少锻件表面缺陷而进行的工序。如校正(变形)、滚圆(圆周面)、平整(端面）等。

2. 锻件工艺规程的制定

生产中根据零件图绘制锻件图，确定锻造工艺过程并制定工艺卡。工艺卡中包括锻造温度、尺寸要求、变形工序和程序及所用设备等。自由锻工艺规程是锻造生产的依据。

（1）锻件图的绘制

锻件图是以零件图为基础，结合自由锻工艺特点绘制而成的图形，它是工艺规程的核心内容，是制定锻造工艺过程和锻件检验的依据。绘制锻件图应考虑以下内容：

① 加工余量。自由锻件的精度及表面质量较差，表面应留有供机械加工的一部分金属，即机械加工余量，又称锻件余量。余量的大小主要取决于零件形状、尺寸、加工精度及表面粗糙度的要求，其数值的确定可查阅锻工手册。

② 敷料。为简化锻件形状而增加的那部分金属称为敷料。零件上不能锻出的部分，或虽能锻出，但从经济上考虑不合理的部分均应简化，如某些台阶、凹槽、小孔、斜面、锥面等。因此，锻件的形状和尺寸均与零件不同，需在锻件图上用双点划线画出零件形状，并在锻件尺寸的下面用括号注上零件尺寸。

③ 锻造公差。由于锻件的实际尺寸不可能达到公称尺寸，因此允许有一定的误差。为了限制其误差，经常给出其公差，称为锻造公差，其数值约为加工余量的$\frac{1}{3}$～$\frac{1}{4}$。

（2）坯料计算

锻造时应按锻件形状、大小选择合适的坯料，同时还应注意坯料的质量和尺寸，使坯料经锻造后能达到锻件的要求。

坯料质量可按下式计算：

$$G_{坯}=G_{锻}+G_{烧}+G_{料头}$$

其中，$G_{坯}$表示坯料质量（kg）；$G_{锻}$表示锻件质量（kg）；$G_{烧}$表示加热过程中坯料表面氧化烧损的那部分金属的质量（kg），与加热火次有关，第一次加热取被加热金属的 2%～3%，以后各次加热取 1.5%～2.0%；$G_{料头}$表示锻造时被切掉的金属质量及修切端部时切掉的料头的质量（kg）。

坯料质量确定后，还须正确确定坯料的尺寸，以保证锻造时金属得到必需的变形程度及锻造的顺利进行。坯料尺寸与锻造工序有关，若采用镦粗工序，为防止镦弯和便于下料，坯料的高度与直径之比应为 1.5～2.5。若采用拔长工序，则应满足锻造比要求。典型锻件的锻造比见表 2-1。

表 2-1　典型锻件的锻造比

锻件名称锻件名称	计算部位	锻造比	锻件名称	计算部位	锻造比
碳素钢轴类锻件	最大截面	2.0～2.5	锤头	最大截面	≥2.5
合金钢轴类锻件	最大截面	2.5～3.0	水轮机主轴	轴身	≥2.5
热轧辊	辊身	2.5～3.0	水轮机立柱	最大截面	≥3.0
冷轧辊	辊身	3.5～5.0	模块	最大截面	≥3.0
齿轮轴	最大截面	2.5～3.0	航空用大型锻件	最大截面	6.0～8.0

(3)正确设计变形工序

设计变形工序的依据是锻件的形状、尺寸、技术要求、生产批量及生产条件等。设计变形工序包括锻件成型所必需的基本工序、辅助工序和精整工序，以及完成这些工序所使用的工具，确定各工序的顺序和工序尺寸等。盘类零件多采用墩粗(或拔长－镦粗)和冲孔等工序；轴类零件多采用拔长、切肩和锻台阶等工序。一般锻件的分类及采用的工序见表 2-2。

表 2-2　一般锻件的分类及采用的工序

图　例	锻造工序
	镦粗(或拔长 镦粗),冲孔等
	拔长(或镦粗-拔长),切肩,锻台阶等
	镦粗(或拔长-镦粗),冲孔,在芯轴上拔长等
	镦粗(或拔长-镦粗),冲孔,在芯轴上扩孔等
	拔长,弯曲等

(4)选择设备

根据作用在坯料上力的性质，自由锻设备分为锻锤和水压机两大类。

锻锤产生冲击力使金属坯料变形。锻锤的吨位是以落下部分的质量来表示的。生产中常使用的锻锤是空气锤和蒸汽-空气锤。空气锤是利用电动机带动活塞产生压缩空气，使锤头上下往复运动以进行锤击。特点：结构简单，操作方便，维护容易，但吨位较小(小于 750kg)，只能用来锻造 100kg 以下的小型锻件。蒸汽-空气锤如图 2-22 所示，它是采用蒸汽和压缩空气作为动力，其吨位稍大(1～5t)，可用来生产质量小于 1500kg 的锻件。

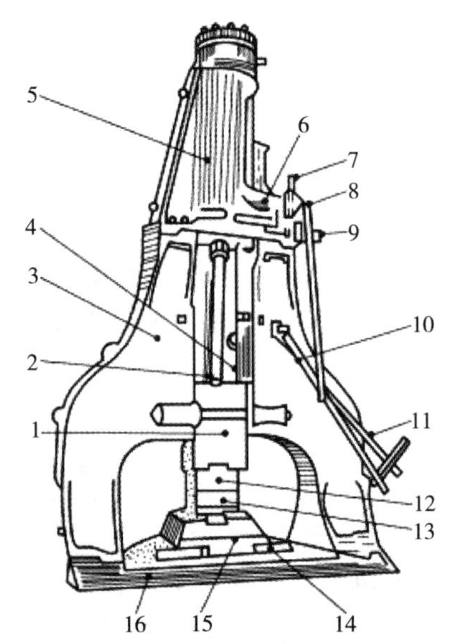

图 2-22　蒸汽一空气锤示意图

1一锤头；2一锤杆；3一机架；4一导航；5一气缸；6一滑阀；7一进气管；8一节气阀；9一排气阀；10一节气阀操纵手柄；11一滑阀操纵手柄；12一上砧铁；13一下砧铁；14一砧座；15一砧垫；16一底座

水压机产生静压力使金属坯料变形。目前大型水压机可达万吨以上，能锻造 300t 的锻件。由于静压力作用时间长，容易达到较大的锻透深度，故水压机锻造可获得整个断面为细晶粒组织的锻件。水压机是大型锻件的唯一成形设备，水压机工作平稳，金属变形过程中无振动、噪声小、劳动条件较好。但水压机设备庞大、造价高。

自由锻设备的选择应根据锻件大小、质量、形状以及锻造基本工序等因素，并结合生产实际条件来确定。例如，用铸锭或大截面毛坯作为大型锻件的坯料，可能需要多次镦、拔，在锻锤上操作比较困难，并且心部不易锻透，而在水压机上因其行程较大，下砧可前后移动，镦粗时可换用镦粗平台，所以大多数大型锻件都在水压机上生产。

除上述内容外，锻造工艺规程还应包括加热规范、加热火次、冷却规范和锻件的后续处理等。

3. 自由锻件的结构工艺性

设计自由锻件结构和形状时，除满足使用性能要求外，还必须考虑自由锻设备、工具和工艺特点，符合自由锻的工艺性要求，便于锻造操作，减少材料和工时的消耗，提高生产效率并保证锻件质量。

(1)尽量避免锥体或斜面结构

锻造具有锥体或斜面结构的锻件时，工艺过程复杂，不便于操作，需专用工具，锻件成形比较困难，应尽量避免，如图 2－23 所示。

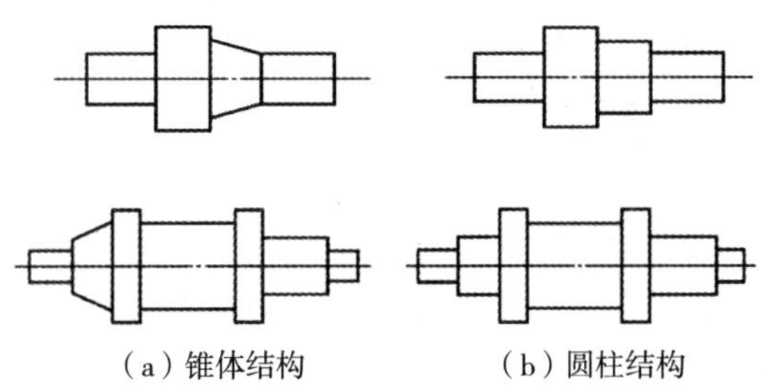

(a) 锥体结构　　(b) 圆柱结构

图 2－23　避免锥体的轴类锻件结构

(2)避免几何体的交接处形成空间曲线

如图 2－24a 所示的圆柱面与圆柱面或圆柱面与平面相交，锻件成形十分困难。改成如图 2－24b 所示的平面与平面相交，可消除空间曲线，使锻造成形容易。

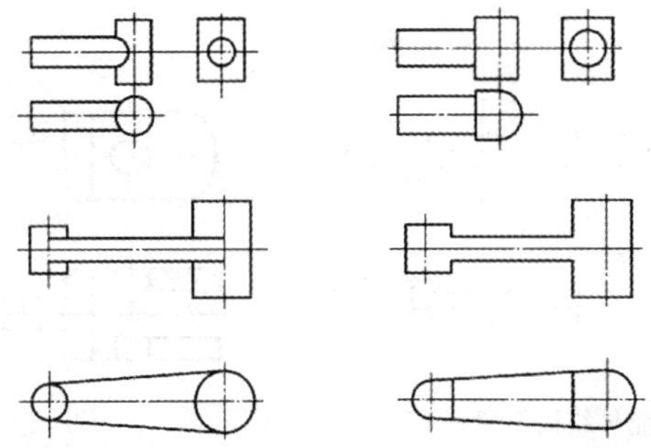

(a) 圆柱面与圆柱面或平面交接结构 (b) 平面与平面交接结构

图 2－24　避免空间交接曲线的杆类锻件结构

(3)避免加强肋、凸台,工字形、椭圆形或其他非规则截面及外形

如图 2-25a 所示的锻件结构,难以用自由锻方法获得,若采用特殊工具或特殊工艺来生产,会降低生产率,增加产品成本。改进后的结构如图 2-25b 所示。

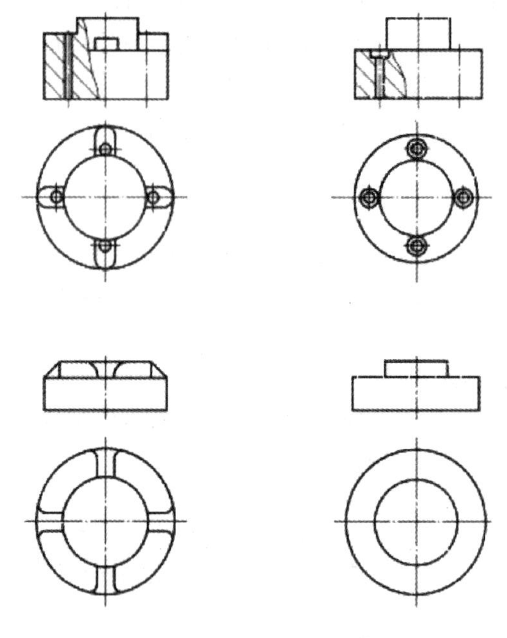

(a)有肋与凸台的结构　　(b)无肋与凸台的结构

图 2-25　避免加强肋与凸台的盘类锻件结构

(4)合理采用组合结构

锻件的横截面积有急剧变化或形状较复杂时,可设计成由几个简单件构成的组合体,如图 2-26 所示。每个简单件锻造成形后,再用焊接或机械连接的方法构成整体零件。

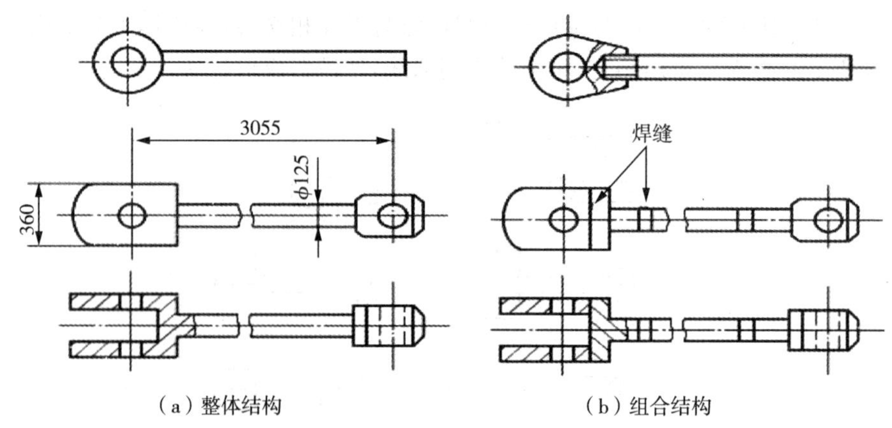

(a)整体结构　　(b)组合结构

图 2-26　复杂件组合结构

4. 自由锻设计举例

表 2-3 为半轴的自由锻造工序。

表 2-3　半轴自由锻工艺卡

锻件名称	半　轴	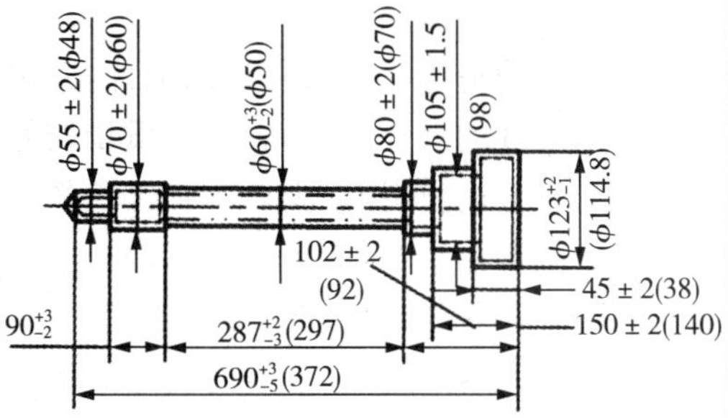
坯料重量	25kg	
坯料尺寸	ϕ130mm×240mm	
材　料	18CrMnTi	
工序	锻出头部	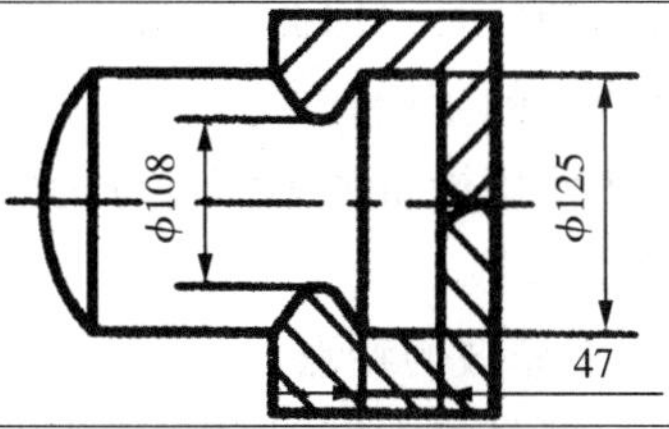
	拔长	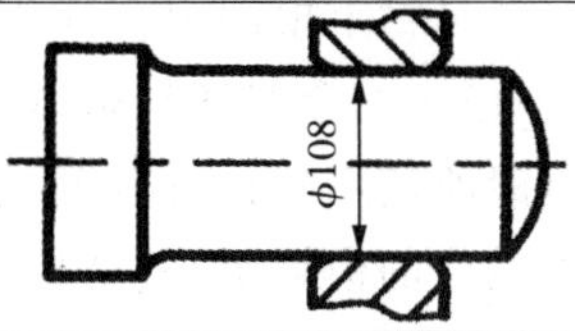
	拔长及修整台阶	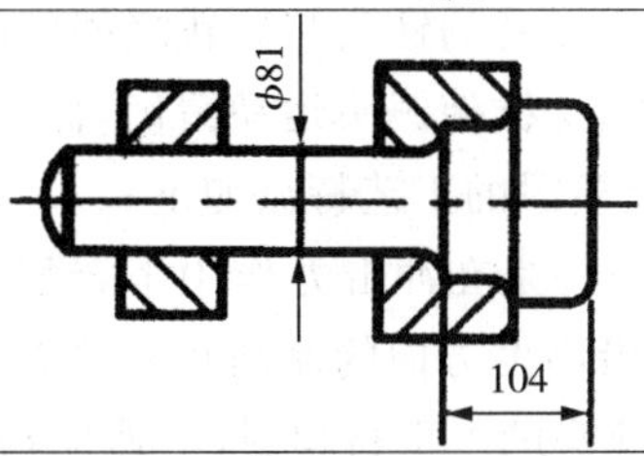
	拔长并留出台阶	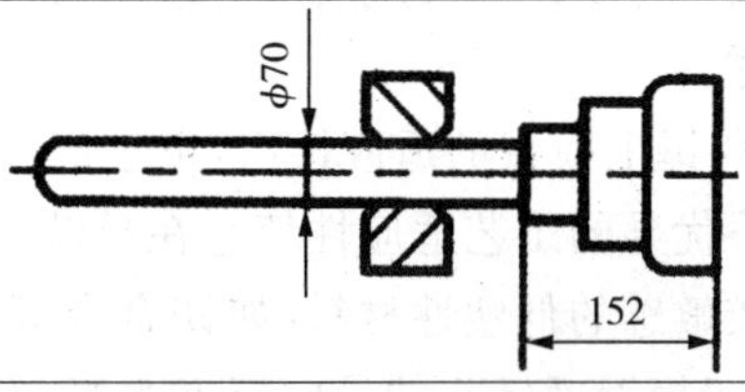
	锻出凹档及拔长端部并修整	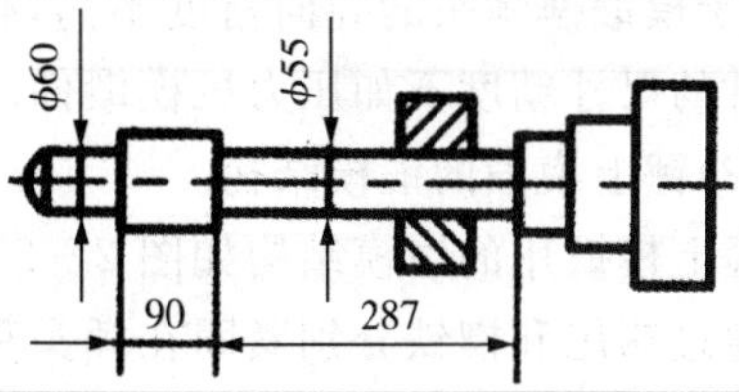

2.3.3　模锻

模锻是在高强度锻模上预先制出与零件形状一致的模膛，锻造时使金属坯料在模膛内受变形而获得所需形状、尺寸以及内部质量锻件的加工方法。在金属坯料受压变形过程中，由于模膛对其流动的限制，在锻造终了时能得到和模膛形状相符的锻件。

与自由锻相比，模锻具有如下优点。

① 生产效率高；

② 可以锻造形状比较复杂的锻件，并可使金属流线分布更合理，力学性能较高；

③ 模锻件的尺寸较精确，表面质量较好，加工余量较小；

④ 节省金属材料，减少切削加工工作量，在批量足够大的条件下能降低零件成本；

⑤ 模锻操作简单，劳动强度低，易于实现机械化、自动化。

模锻时锻件是整体变形，变形抗力较大，因而模锻生产受模锻设备吨位限制，模锻件的质量一般在150kg以下。又由于制造锻模成本很高，锻压设备投资较大，工艺灵活性较差，生产准备周期较长。因此，模锻适合于中、小型锻件的大批量生产，不适合单件小批量生产以及大型锻件的生产。

模锻按使用设备的不同可分为锤上模锻、压力机上模锻和胎模锻。

1. 锤上模锻

(1)锤上模锻的特点

锤上模锻是将上模固定在锤头上，下模紧固在模垫上，通过随锤头做上下往复运动的上模，对置于下模中的金属坯料施以直接锻击，以获取锻件的锻造方法。

锤上模锻所使用的设备有蒸汽-空气模锻锤、无砧座锤、高速锤等。蒸汽-空气模锻锤是生产中应用最广的模锻锤，其结构与自由锻造的蒸汽-空气锤相似，但由于模锻生产精度要求较高，模锻锤的锤头与导轨之间的间隙比自由锻锤要小，砧座加大以提高稳定性且与机架直接连接，这样使锤头运动精确，保证上、下模准确合模。

锤上模锻的工艺特点如下。

① 锻件是在冲击力作用下，经过多次连续锤击在模膛中逐步成形的。因惯性力的作用，金属沿高度方向的流动和充填能力较强。

② 锤头的上下行程、打击速度均可调节，能实现轻重缓急不同力度的打击，也可进行制坯工作。

③ 锤上模锻的适应性广，可生产多种类型的锻件，可以单膛模锻，也可以多膛模锻。锤上模锻优异的工艺适应性使它在模锻生产中占据着重要地位，同时打击速度较快，对于变形速度较敏感的低塑性材料(如镁合金等)，进行锤上模锻不如在压力机上模锻的效果好。而且，由于模锻锤锤头的导向精度不高，行程不固定，锻件出模无顶出装置，模锻斜度大，锤上模锻件的尺寸精度不如压力机模锻件。

(2)锤上模锻的锻模结构

锤上模锻用的锻模结构如图2-27所示，由带燕尾的上模2和下模4两部分组成，上、下模通过燕尾和楔铁分别紧固在锤头和模垫上，上、下模合在一起形成完整的模膛。

根据模膛功能不同，模膛可分为制坯模膛和模锻模膛两大类。

① 制坯模膛。

对于形状复杂的模锻件，为了使坯料基本接近模锻件的形状，模锻时金属能合理分布，并很好地充满模膛，必须预先在制坯模膛内制坯。制坯模膛主要有以下三种：

a. 拔长模膛　其作用是减小坯料某部分的横截面积，以增加其长度。拔长模膛分为开式和闭式两种，如图2-28所示。

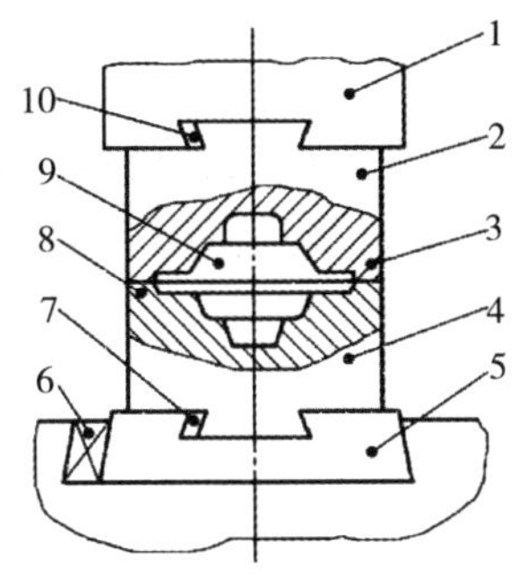

图 2 - 27　锤上模锻锻模结构

1—锤头；2—上模；3—飞边槽；4—下模；5—模垫；
6、7、10—紧固楔铁；8—分模面；9—模膛

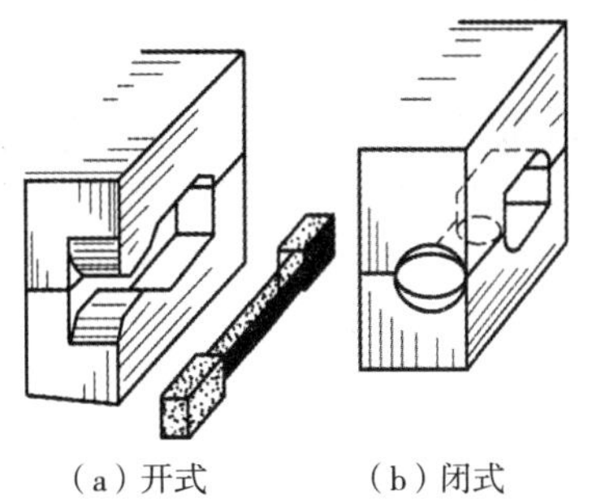

(a) 开式　(b) 闭式

图 2 - 28　拔长模膛

b. 滚压模膛　其作用是减小坯料某部分的横截面积，以增大另一部分的横截面积，从而使金属坯料能够按模锻件的形状来分布。滚压模膛也分为开式和闭式两种，如图 2 - 29 所示。

c. 弯曲模膛　其作用是使杆类模锻件的坯料弯曲，如图 2 - 30 所示。

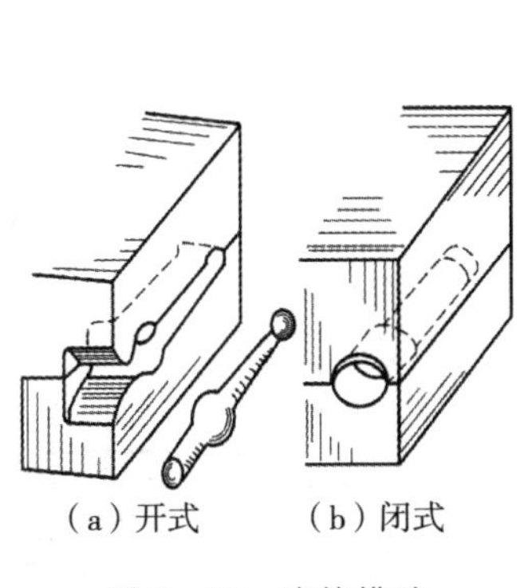

(a) 开式　(b) 闭式

图 2 - 29　滚挤模膛

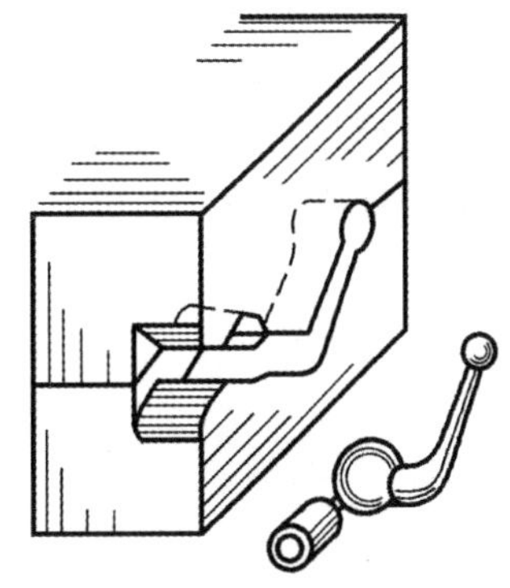

图 2 - 30　弯曲模膛

此外，还有墩粗和击扁面等类型制坯模膛。

② 模锻模膛。

模锻模膛包括预锻模膛和终锻模膛。所有模锻件都要使用终锻模膛，预锻模膛则要根据实际情况来决定是否采用。

a. 预锻模膛　其作用是在制坯的基础上，进一步分配金属，使之更接近终锻形状和尺寸，以便终锻时金属容易充满终锻模膛，避免形成折皱、充不满等缺陷，同时减小终锻模膛的磨损，延长锻模的使用寿命。

预锻模膛的形状和尺寸与终锻模膛相近，只是模锻斜度和圆角半径稍大，高度较大，一般不设飞边槽。但采用预锻模膛后易引起终锻时偏心打击与错模，且增加了锻模材料与制作量，因此只有当锻件形状复杂、成形困难，且批量较大的情况时，设置预锻模膛才是合理的。

b. 终锻模膛　其作用是使金属坯料最终变形到所要求的形状与尺寸。由于模锻需要

加热后进行，锻件冷却后尺寸会有所缩减，所以终锻模膛的尺寸应比实际锻件尺寸放大一个收缩量，对于钢锻件收缩量可取 1.5%。

终锻模膛的四周需要设置飞边槽，图 2-31 所示为最常用的飞边槽形式。锻造时部分金属先压入飞边槽内形成飞边，飞边很簿最先冷却，可以阻碍金属从模膛中流出，促使金属充满整个模膛，同时容纳多余的金属，还可以起到缓冲作用，减弱对上、下模的打击，防止锻模开裂。飞边槽在锻后利用压力机上的切边模去除。

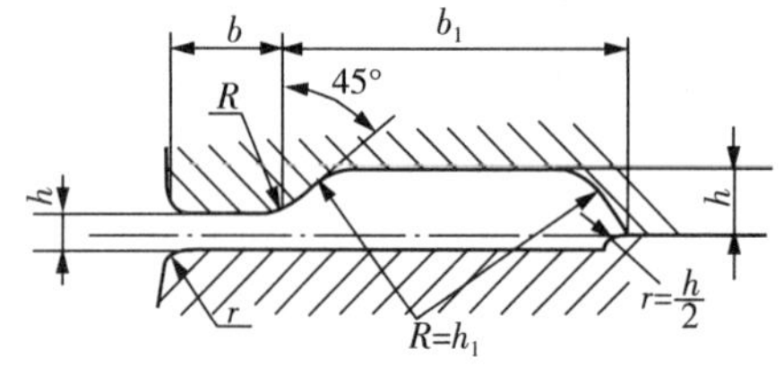

图 2-31　飞边槽

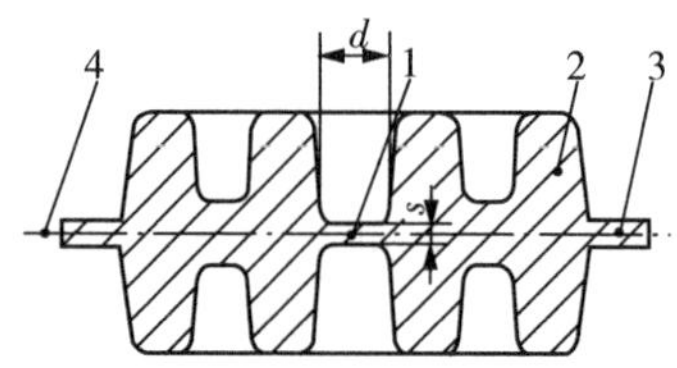

图 2-32　带有飞边槽与冲孔连皮的模锻件

对于具有通孔的锻件，由于不能靠上、下模的凸起部分把金属完全挤掉，故终锻后在孔内留下一薄层金属，称为冲孔连皮。在冲模上把冲孔连皮和飞边冲掉后，才能得到有通孔的模锻件。图 2-32 所示为带有飞边槽与冲孔连皮的模锻件。

③ 切断模膛。

切断模膛是在上模与下模的角部组成一对刃口，用来切断金属，如图 2-33 所示，主要用于从坯料上切下锻件或从锻件上切下钳口，也可用于多件锻造后分离成单个锻件。

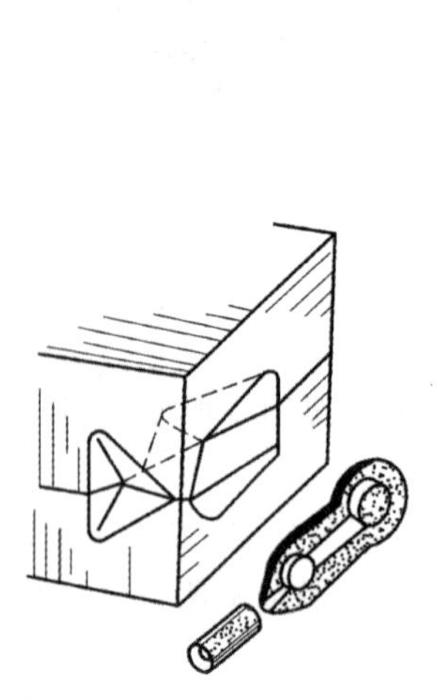

图 2-33　切断模膛

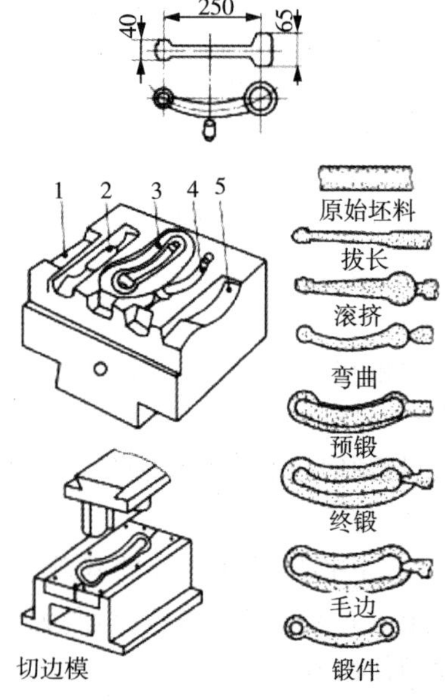

图 2-34　弯曲连杆锻模(下模)与模锻工序

1—拔长模膛；2—滚挤模膛；3—终锻模膛；

4—预锻模膛；5—弯曲模膛

根据模锻件的复杂程度不同，所需的模膛数量不等，可将锻模设计成单膛锻模或多膛锻模。弯曲连杆模锻件所用多膛锻模与模锻工序如图 2-34 所示。

2. 锤上模锻工艺规程的制定

锤上模锻工艺规程的制定主要包括绘制模锻件图、确定模锻基本变形工序、计算坯料尺寸、选择模锻设备、确定锻造温度、确定锻后工序等。

(1)绘制模锻件图

模锻件图是以零件图为基础，结合模锻的工艺特点绘制而成，它是设计和制造锻模、计算坯料以及检验模锻件的依据。绘制模锻件图时，应考虑以下几个因素。

① 分模面。即上、下锻模在模锻件上的分界面。锻件分模面选择的合适与否关系到锻件成形、出模、材料利用率等一系列问题。绘制模锻锻件图时，必须按照以下原则确定分模面位置：

a. 要保证模锻件能从模膛中顺利取出，这是确定分模面的最基本原则。通常情况下，分模面应选在模锻件最大水平投影尺寸的截面上。如图 2-35 所示，若选 $a-a$ 面为分模面，则无法从模膛中取出锻件。

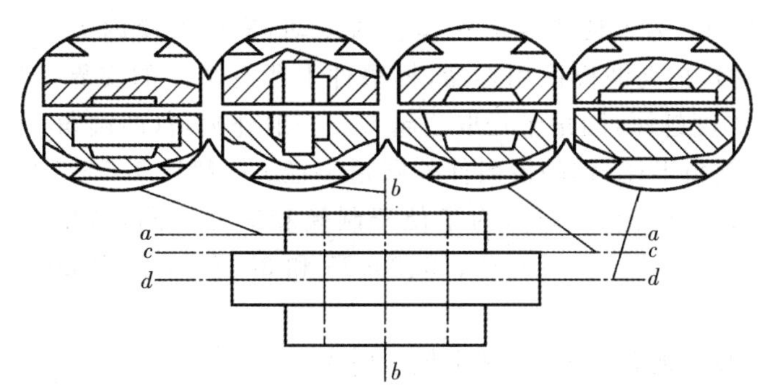

图 2-35　分模面的选择示意图

b. 分模面应尽量选在能使模膛深度最浅的位置上，以便金属容易充满模膛，并有利于锻模制造。如图 2-35 所示的 $b-b$ 面就不适合作为分模面。

c. 分模面尽量采用平面，简化模具加工。

d. 应尽量使上、下两模沿分模面的模膛轮廓一致，以便在锻模安装及锻造中容易发现错模现象，以保证锻件质量。如图 2-35 所示，若选 $c-c$ 面为分模面，出现错模就不容易发现。

e. 应尽量减少敷料，降低材料消耗和减少切削加工工作量，若选 $b-b$ 面选作分模面，零件中的孔不能锻出，只能采用敷料，既耗料又增加切削工时。

按上述原则综合分析，图 2-35 的 $d-d$ 面为最合理分模面。

② 加工余量和锻造公差模锻件是在锻模模膛内成形的，因此其尺寸较精确，加工余量、公差和敷料均比自由锻件要小得多。模锻件的加余量和锻造公差与工件形状尺寸、精度要求等因素有关。机械加工余量一般为 1～4mm，公差为±(0.3～3)mm，具体值可查阅《钢质模锻件　公差及机械加工余量》GB/T 12362—2003。成品零件中的各种细槽、轮齿、横向孔以及其他妨碍出模的凹部应加敷料，直径小于 30mm 的孔一般不锻出。

③ 模锻斜度。为便于锻件从模膛中取出，在垂直于分模面的锻件表面（侧壁）必须有一定的斜度，称为模锻斜度，如图 2-36 所示。模锻斜度和模锻深度有关，通常模膛深度与宽度的比值（h/b）较大时，模锻斜度取较小值。对于锤上模锻，锻件外壁（冷却收缩时离开模壁，出模容易）的斜度 α 常取 7°，特殊情况下可取 5°或 10°。内壁（冷却收缩时夹紧模壁，出模困难）的斜度一般比外壁斜度大 2°～5°，常取 10°，特殊情况下可取 7°、12°或 15°。生产中常用金属材料的模锻斜度范围见表 2-4。

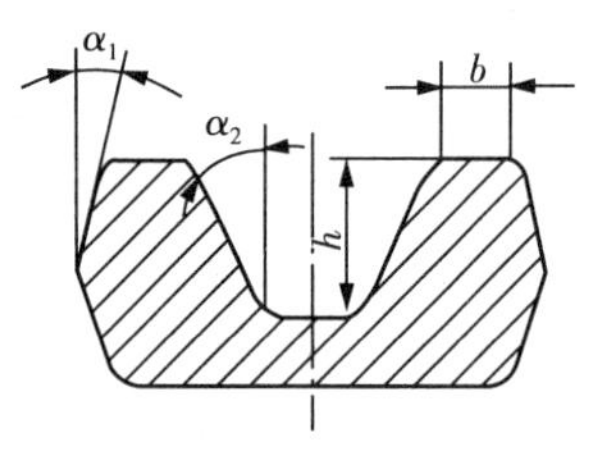

图 2-36 模锻斜度

表 2-4 各种金属锻件常用的模锻斜度

锻件材料	外壁斜度	内壁斜度
铝、镁合金	3°～5°	5°～7°
钢、钛、耐热合金	5°～7°	7°、10°、12°

④ 模锻圆角半径。为了便于金属在模膛内流动，避免锻模内尖角处产生裂纹，减缓锻模外尖角处的磨损，提高锻模使用寿命，模锻件上所有平面的交界处均需为圆角，如图 2-37 所示。模膛深度越深，圆角半径取值越大。一般外圆角（凸圆角）半径 r 等于单面加工余量加成品零件圆角半径，钢的模锻件外圆角半径 r 一般取 1.5～12mm，内圆角（凹圆角）半径根据 $R=(2\sim3)r$ 计算所得，为了便于制模和锻件检测，圆角半径需圆整为标准值，如 1、1.5、2、2.5、3、4、5、6、8、10、12、15、20、25 和 30 等，单位为 mm，以便使用标准刀具加工。

⑤ 冲孔连皮。具有通孔的零件，锤上模锻时不能直接锻出通孔，孔内还留有一定厚度的金属层，称为冲孔连皮（图 2-32）。它可以减轻锻模的刚性接触，起缓冲作用，避免锻模损坏。冲孔连皮需在切边时冲掉或在机械加工时切除。常用冲孔连皮的形式是平底连皮，冲孔连皮的厚度 t 与孔径 d 有关，当 $d=30\sim80$mm 时，$t=4\sim8$mm。对于孔径小于 30mm 或孔深大于孔径 2 倍时，只在冲孔处压出凹穴。

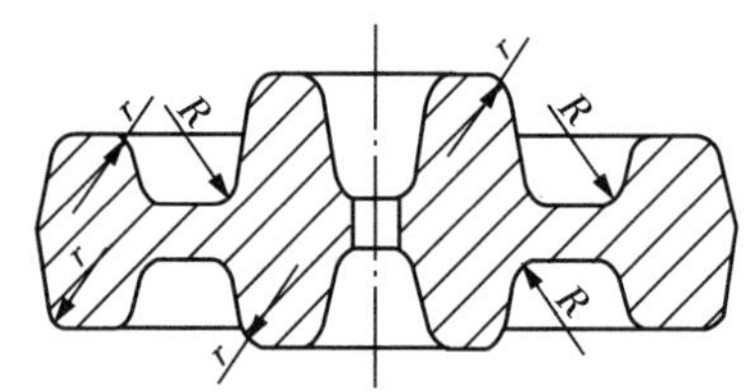

图 2-37 模锻圆角半径

上述各参数确定后，便可绘制模锻件图。图 2-38 所示为齿轮坯模锻件图，图中双点画线为零件轮廓外形，分模面选在锻件高度方向的中部。由于轮毂外径与轮辐部分不加工，故无加工余量。图中内孔中部的两条直线为冲孔连皮切掉后的痕迹。

(2)确定模锻基本变形工序

模锻变形工序主要根据锻件的形状与尺寸来确定。根据已确定的工序即可设计出制坯模膛、预锻模膛及终锻模膛。模锻件按形状可分为两类：长轴类零件与盘类零件，如图 2-39 所示。长轴类零件的长度与宽度之比较大，例如台阶轴、曲轴、连杆、弯曲摇臂等；盘类零件在分模面上的投影多为圆形或近于矩形，例如齿轮、法兰盘等。

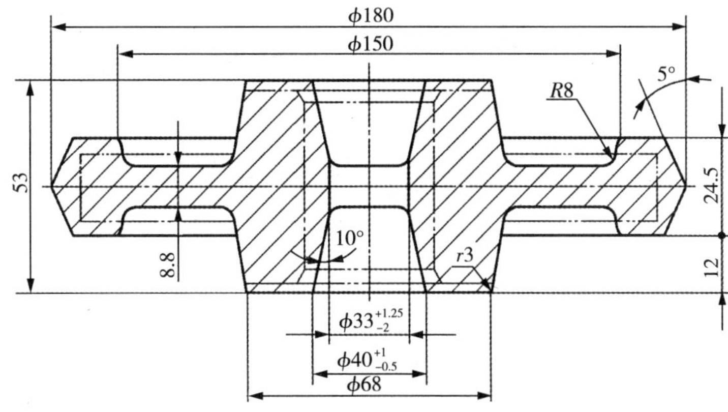

图 2-38　齿轮坯模锻件图

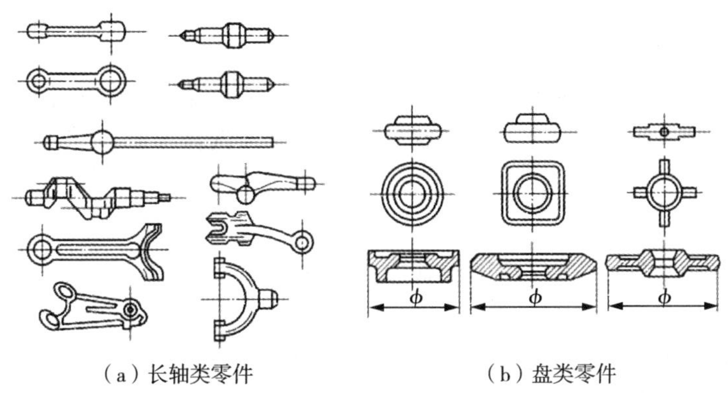

（a）长轴类零件　　（b）盘类零件

图 2-39　模锻零件

① 长轴类模锻件基本工序，常用的工序有拔长、滚压、弯曲、预锻和终锻等。

拔长和滚压时，坯料沿轴线方向流动，金属体积重新分配，使坯料的各横截面积与锻件相应的横截面积近似相等。坯料的横截面积大于锻件最大横截面积时，可只选用拔长工序；当坯料的横截面积小于锻件最大横截面积时，应采用拔长和滚挤工序。锻件的轴线为曲线时，还应选用弯曲工序。

对于小型长轴类锻件，为了减少钳口料和提高生产率，常采用一根棒料上同时锻造数个锻件的锻造方法，因此应增设切断工序，将锻好的工件分离。当大批量生产形状复杂、终锻成形困难的锻件时，还需选用预锻工序，最后在终锻模膛中模锻成形。

某些锻件选用周期轧制材料作为坯料时，可省去拔长、滚挤等工序，以简化锻模，提高生产率，如图 2-40 所示。

② 盘类模锻件基本工序，常选用镦粗、终锻等工序。

对于形状简单的盘类零件，可只选用终锻工序完成成形。对于形状复杂，有深孔或有高肋的锻件，则应增加镦粗、预锻等工序。

(3)坯料质量与尺寸的确定

坯料质量包括锻件、飞边、连皮、钳口料头以及氧化皮等的质量。通常，氧化皮约占锻件

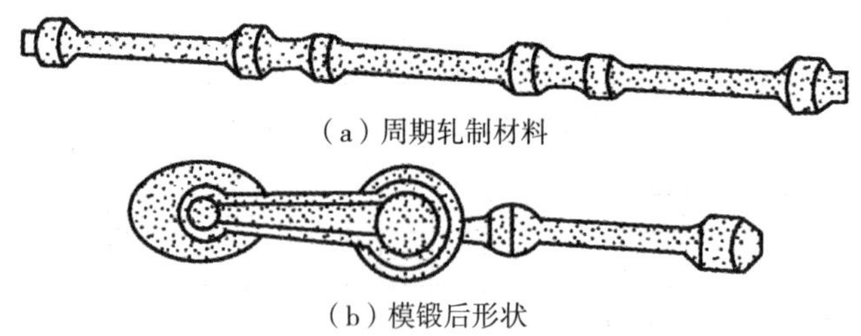

（a）周期轧制材料

（b）模锻后形状

图 2-40　轧制坯料模锻

和飞边总质量分数的 2.5%～4%。

坯料尺寸要根据锻件形状和采用的基本变形工序计算，如盘类锻件采用镦粗制坯，坯料截面积应符合镦粗规则，其高度与直径比一般取 1.8～2.2；轴类锻件可用锻件的平均截面积乘以 1.05～1.2 得出坯料截面积。有了截面尺寸，再根据体积不变原则得出坯料长度。

(4)选择模锻设备

蒸汽一空气模锻锤的规格用落下部分的质量表示，为 1～16t，可锻造 0.5～150kg 的模锻件。选择模锻锤的类型和吨位时，主要考虑设备的打击能量和装模空间（主要是导轨间距），应结合模锻件的质量、尺寸大小、形状复杂程度及所选择的基本工序等因素确定，并充分考虑工厂的实际情况。

(5)确定锻造温度

模锻件的生产也在一定温度范围内进行，与自由锻生产相似。

(6)确定锻后工序

坯料在锻模内制成模锻件后，还需经过一系列修整工序，以保证和提高锻件质量。锻后修整工序包括以下内容：

① 切边与冲孔。模锻件一般都带有飞边，带孔的锻件有冲孔连皮，必须在切边压力机上切除，图 2-41 所示为切边模及冲孔模。

② 校正。对于细长、扁薄、落差较大和形状复杂的模锻件，在切边、冲孔及其他工序中都可能引起变形，需要进行压力校正。

③ 清理。为了提高模锻件的表面质量，改善其切削加工性能，模锻件需要进行表面清理，去除在生产中产生的氧化皮、所沾油污及其他表面缺陷等。

④ 精压。对于尺寸精度高和表面粗糙度小的模锻件，还应在精压机上进行精压。精压分为平面精压和体积精压两种，如图 2-42 所示。

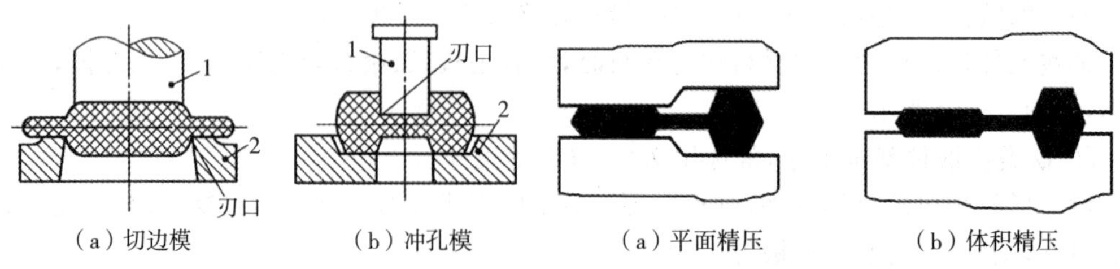

（a）切边模　（b）冲孔模

图 2-41　切边模及冲孔模

（a）平面精压　（b）体积精压

图 2-42　精压

3. 锤上模锻件的结构工艺性

设计模锻零件时，应根据模锻特点和工艺要求，使其结构符合以下原则，以便于模锻生产和降低成本。

① 模锻件具有合理的分模面，以使金属易于充满模膛，模锻件易于从锻模中取出，且敷料最少，锻模容易制造。

② 模锻零件上，除与其他零件配合的表面外，均应设计为非加工表面。模锻件非加工表面之间形成的角应设计为模锻圆角，与分模面垂直的非加工表面，应设计出模锻斜度。

③ 零件外形简单，尽量平直、对称，避免零件截面积差别过大，不应具有薄壁、高肋等不良结构。零件的凸缘太薄、太高或中间凹挡太深，金属不易充型，一般来说零件的最小截面与最大截面的高度比应小于 0.5，否则难以用模锻方法成形(如图 2－43a)。若零件上存在过于扁薄的部分，模锻时该部分金属容易冷却，不利于变形流动和受力，对保护设备和锻模也不利(如图 2－43b)。如图 2－43c 所示零件有一个高而薄的凸缘，使锻模的制造和锻件的取出都很困难，改成如图 2－43d 所示形状则较易锻造成形。

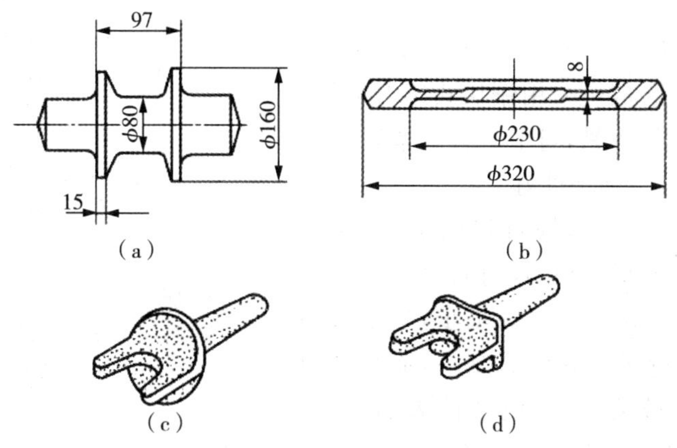

图 2－43　模锻件结构工艺性

④ 尽量避免深孔或多孔结构。若孔径小于 30mm 或孔深大于直径两倍时，直接锻出比较困难。如图 2－44 所示齿轮零件，为保证纤维组织的连贯性以及更好的力学性能，常采用模锻方法生产，但齿轮上的四个小 20mm 的孔不方便锻造，只能采用机械加工成形。

⑤ 采用组合结构。对复杂锻件，为减少敷料，简化模锻工艺，在可能的条件下，应采用锻造-焊接或锻造-机械连接组合工艺，如图 2－45 所示。

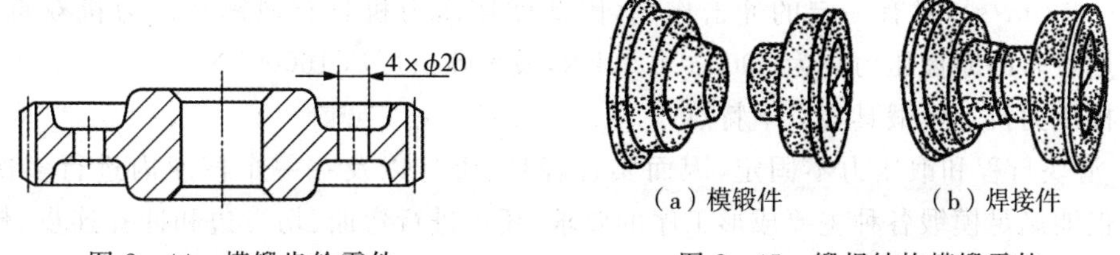

图 2－44　模锻齿轮零件

图 2－45　锻焊结构模锻零件

4. 压力机上模锻

锤上模锻目前虽然应用非常广泛，但模锻锤在工作中存在振动和噪声大、劳动条件差、能耗多、热效率低等缺点，因此，近年来大吨位模锻锤有被模锻压力机逐步取代的趋势。压力机上模锻主要有热模锻曲柄压力机（又称热模锻压力机）上模锻、摩擦压力机上模锻和平锻压力机上模锻。

（1）热模锻曲柄压力机上模锻

热模锻曲柄压力机简称热模锻压力机，如图 2－46 所示。上、下锻模分别安装在滑块 9 和工作台 10 上，曲柄连杆机构将曲柄 7 的旋转运动转换成滑块 9 的上下往复直线运动，使坯料在上、下锻模形成的模膛中锻压成形，顶杆 11 在顶料连杆 12 与凸轮 13 的带动下从模膛中顶出锻件，实现自动取件。曲柄压力机的吨位一般为 2000～120000kN。

热模锻压力机上模锻具有如下特点。

① 滑块行程固定，每个锻件在滑块的一次行程中完成成形，生产效率高。

② 滑块行程固定，又具有良好的导向装置和自动顶件机构，锻件余量、公差和模锻斜度都比锤上模锻小，锻件精度高。

③ 工作时，滑块速度较慢（0.25～0.5m/s），具有静压作用力性质，故可采用镶块式组合锻模，使模具制造简单，更换容易，可节省贵重金属。

④ 振动噪声小，劳动条件好。

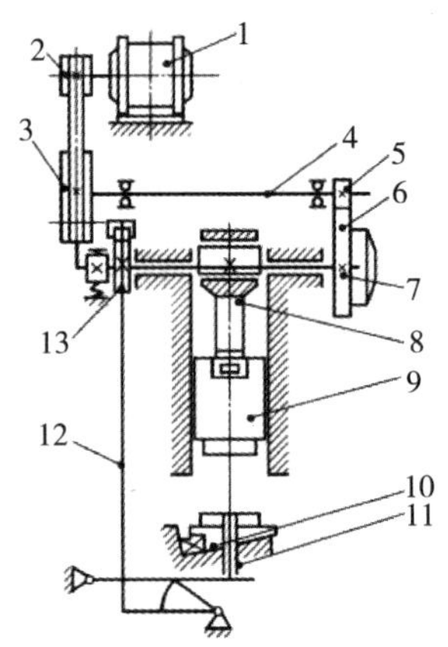

图 2－46　曲柄压力机传动简图

1—电动机；2、3—带轮；4—传动轴；5、6—齿轮；7—曲柄；8—连杆；9—滑块；10—楔形工作台；11—顶杆；12—顶料连杆；13—凸轮

由于静压力惯性小，滑块行程固定，一次成形，因此不易使金属充满模膛，应进行多膛单压模锻，使变形分步进行，并采用预锻工步，也不宜在热模锻压力机上进行拔长和滚挤制坯，而且坯料表面的氧化皮不易被清除，影响锻件表面质量。热模锻压力机结构复杂、造价高，一般只适于大批量生产。

（2）摩擦压力机上模锻

摩擦压力机如图 2－47 所示。上、下锻模分别安装在滑块 7 和机座 10 上。两个旋转的摩擦盘 4 可沿轴向移动，分别与飞轮 3 靠紧，借摩擦力带动飞轮 3 以不同方向转动，与飞轮连接的螺杆 1 随飞轮作不同方向的转动，由于与螺杆 1 配合的螺母 2 固定在机架上，螺杆 1 在转动的同时便会带动与之相连的滑块沿导轨 9 上下滑动。模锻时，坯料在上、下锻模形成的模膛内靠飞轮、螺杆和滑块向下运动时所积蓄的能量锻压成形。由于滑块运行有一定速度（0.5～1.0m/s），具有一定的冲击作用，因此摩擦压力机具有锻锤和压力机双重工作特性。使用较多的摩擦压力机为 3000～4000kN，最大吨位可达 16000kN。

摩擦压力机上模锻具有以下特点：

① 滑块行程和锻压力不固定，因而实现轻打、重打以及在一个模膛内进行多次锻打。这样不仅能满足模锻各种主要成形工序的要求，还可进行弯曲、切飞边和冲孔连皮、校正、精压和精密锻造等工序，适应性强。

② 滑块运行速度低，锻击频率也低，金属变形过程中的再结晶可以充分进行，因而特别适用于锻造再结晶速对变形速度敏感的金属材料，如低塑性合金钢和非铁合金。

③ 由于工作速度低，设备又带有下顶料装置，可采用组合式模具。这样不仅使模具制造简化、节约材料、降低成本，还可以锻制出形状更复杂，余量、敷料和模锻斜度都很小的模锻件，并可将杆类锻件直立起来进行局部镦粗。

摩擦压力机具有结构简单、造价低、投资少、使用维修方便、工艺用途广泛等优点，许多中小型企业的锻造车间都拥有此类设备，但摩擦压力机传动效率低(仅为 10%～15%)，锻造能力有限，故多用于中小型锻件的中、小批量模锻件的生产，如螺栓、齿轮、三通阀体、配气阀、铆钉、螺钉、螺母等。同时摩擦压力机承受偏心载荷的能力差，对于形状复杂的锻件，需要在自由锻设备或其他设备上制坯。

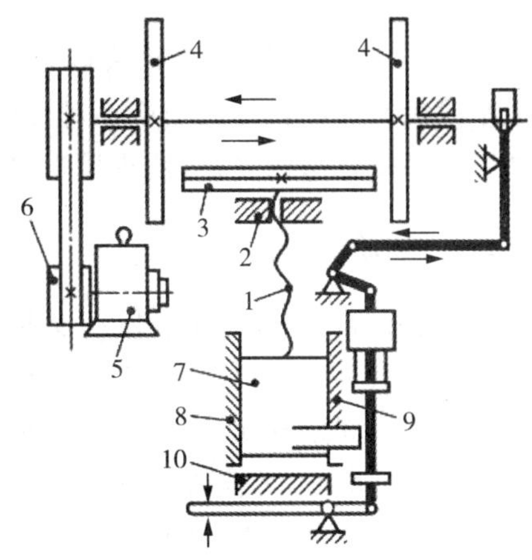

图 2-47　摩擦压力机传动简图

1—螺杆；2—螺母；3—飞轮；4—摩擦盘；5—电动机；6—带；7—滑块；8、9—导轨；10—机座

(3)平锻机上模锻

平锻机也是以曲柄连杆机构为主传动机构，除主滑块外还有副滑块，滑块做水平运动，故称为平锻机，如图 2-48 所示。曲柄连杆机构通过主滑块 3 带动凸模 4 做纵向运动，同时曲柄 2 又通过凸轮 8、连杆 7 带动副滑块和活动凹模 6 做横向运动。坯料在由凸模 4、固定凹模 5、活动凹模 6 构成的模膛内锻压成形。平锻机的规格为 $5\times10^3\sim3.15\times10^4$ kN，可加工直径 25～230mm 的棒料。

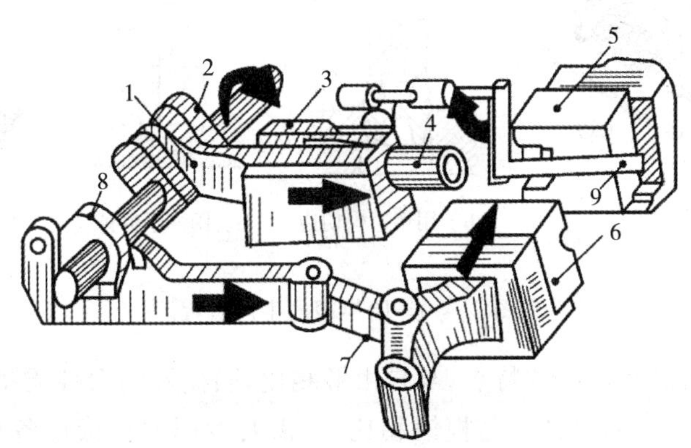

图 2-48　平锻机传动图

1—连杆；2—曲轴；3—滑块；4—凸模；5—固定凹模；6—副滑块和活动凹模；7—杠杆；8—凸轮；9—坯料

平锻机上模锻具有以下特点：

① 平锻模适合有两个分模面的锻件，可以锻出锤上模锻和热模锻压力机上模锻无法锻出的锻件，如侧面有凹挡的双联齿轮。长杆大头件和带孔环形件，如汽车半轴、倒车齿轮等，这些锻件最适合在平锻机上锻造。模锻工步以局部墩粗与冲孔为主，也可以进行切飞边、切断、锯料、弯曲等。

② 材料利用率高，可锻出无飞边、无冲孔连皮、外壁无斜度的锻件，材料利用率可达

85%～95%。

③ 平锻件尺寸精度高,生产率高,易于实现机械化操作。

但平锻机对非回转体及中心不对称的锻件较难锻造,坯料表面氧化皮不能自动脱落,需预先清除。平锻机结构复杂,造价昂贵,投资较大,适用于大批量生产。

2.3.4 胎膜锻

胎模锻是在自由锻设备上使用胎模生产锻件的一种锻造方法。胎模锻一般用自由锻方法制坯,然后在胎模中最后成型。胎模是不固定在锻造设备上的模具。胎膜结构如图2-49所示,它是由上、下模块组成。模块上的空腔称为模腔,锻造时金属就在此模腔内变形。模块上的销孔和导销用于使上、下模腔对准;手柄供搬动和掌握模块时使用。胎膜制造方法简单,在自由锻锤上即可进行锻造,不需要模锻锤。

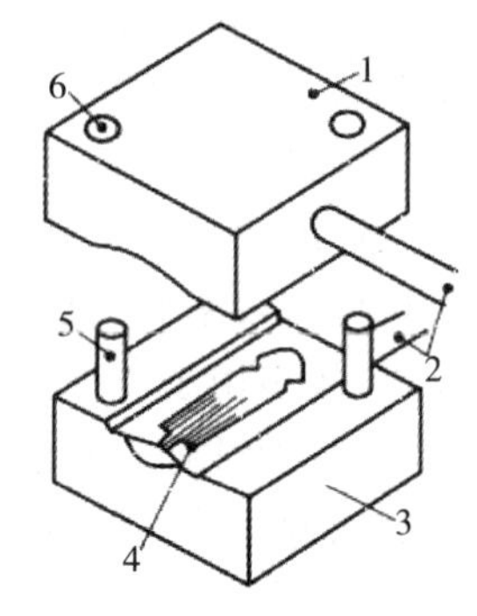

图 2-49 胎膜的结构示意图
1—上模块;2—手柄;3—下模块;4—模膛;5—导销;6—销孔

进行胎模锻时,先把下模块放在锤砧的砥铁上,再把加热好的坯料放入模腔内,把上下模块合上后用锤锻打至上下模紧密接触时,坯料便在模腔内被压成与模腔相同的形状。用图2-49所示的胎模进行锻造时,锻件上的孔不冲透,还留有一薄层金属,叫做连皮;锻件的周围亦有一薄层金属,叫做毛边。因此,锻件还要进行冲孔和切边,以冲去连皮和切掉毛边。用胎模锻造手锤的生产过程见图2-50。

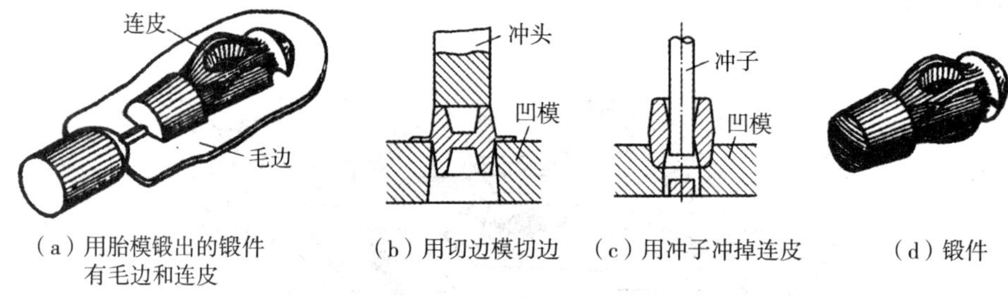

(a) 用胎模锻出的锻件有毛边和连皮　(b) 用切边模切边　(c) 用冲子冲掉连皮　(d) 锻件

图 2-50 胎模锻的生产过程

胎模锻兼有自由锻和模锻的特点,与自由锻相比,胎模锻的锻件质量好、精度高,生产效率高,且能锻造形状复杂的锻件。与模锻相比,不需要专用的模锻设备与价格昂贵的锻模,生产准备时间短、成本低,并且工艺操作灵活,可以局部成型。但胎模锻往往采用人工操作,劳动强度大,故胎模锻只适合于小批量生产小型锻件,特别适于没有模锻设备的工厂。

2.4 板料的冲压成形工艺

2.4.1 板料冲压成形的特点

利用冲模在压力机上使板料产生分离或塑性变形,从而获得冲压件的加工方法称为板料冲压。冲压的坯料厚度一般小于 6mm，通常在常温下进行，故又称为冷冲压。当板料厚度超过 8～10mm 时，需采用热冲压。用于冲压的原材料可以是具有塑性的金属材料，如低碳钢、铜和铝及其合金、奥氏体不锈钢等。也可以是非金属材料，如胶木、云母、纤维板、皮草等，但这些材料一般用于分离工序。板料冲压广泛用于工业生产各部门，特别是在汽车、拖拉机、航空、家用电器、仪器、仪表等工业中占有极其重要的地位。

板料冲压具有以下特点：

① 操作简单，生产率高，易于实现机械化和自动化。

② 冲压件的尺寸精确，表面光洁，质量稳定，互换性好，一般不需要再进行切削加工。

③ 可生产形状复杂而有较高精度或较低表面粗糙度的冲压件，冲压件具有质量轻、互换性好、强度高、刚性好的特点。

④ 材料利用率高，一般可达 70%～80%。

冲模是冲压生产的主要工艺装备，其结构复杂、精度要求高、制造费用相对较高，故冲压适用于大批量生产。

2.4.2　板料冲压成形基本工序

冲压生产的基本工序可分为分离工序和变形工序两种。

1. 分离工序

分离工序是使板料的一部分与其另一部分产生相互分离的工序，如落料、冲孔、切断和修整等，并统称为冲裁。

(1)冲裁

冲裁一般专指落料和冲孔。这两个工序的板料变形过程和模具结构都是一样的，只是模具的用途不同。冲孔是在板料上冲出孔洞，冲落部分为废料；而落料相反，冲落部分为成品，周边为废料。

① 冲裁变形过程分析。冲裁变形过程对控制冲裁件质量、提高冲裁件的生产率、合理设计冲裁模结构是很重要的。冲裁变形过程大致可分为弹性变形、塑性变形、断裂分离等三个阶段，如图 2－51 所示。

a. 弹性变形阶段。凸模接触板料后，开始使板料产生弹性压缩、拉伸和弯曲等变形。随着凸模继续压入，材料的内应力达到弹性极限。此时，凸模下的材料略有弯曲，凹模上的材料则向上翘。凹、凸模间的间隙愈大，弯曲和上翘愈严重。

b. 塑性变形阶段。当凸模继续压入，冲压力增加，材料的应力达到屈服极限时，便开始进入塑性变形阶段。此时，材料内部的拉应力和弯矩都增大，位于凹、凸模刃口处的材料硬化加剧，直到刃口附近的材料出现微裂纹，冲裁力达到最大值，材料开始被破坏，塑性变形结束。

c. 断裂分离阶段。当凸模再继续深入时，已形成的上、下微裂纹逐渐扩大并向内延伸，当上、下裂纹相遇重合时，材料被剪断分离而完成整个冲裁过程。

冲裁件被剪断分离后断面的区域特征如图 2－52 所示。

冲裁件的断面可明显地分为塌角、光亮带、断裂带和毛刺四个部分。图 2－52 中，a 为塌角。形成塌角的原因是当凸模压入材料时，刃口附近的材料被牵连拉入凹模变形而造成的；

b 为光亮带，是模具刃口切入后，在材料和模具侧面接触当中被挤光的光滑面，其表面质量较佳；c 为断裂带，是由裂纹扩展形成的粗糙面，略带有斜度，不与板料平面垂直，其表面质量较差；d 为毛刺，呈竖直环状，是模具拉挤的结果。一般要求冲裁件有较大的光亮带，尽量减小断裂带区域的宽度。由以上分析可见，一般冲裁件的断面质量不高，为了顺利地完成冲裁过程中提高冲裁件断面质量，不仅要求凸模和凹模的工作刃口必须锋利，而且要求凸模和凹模之间要有适当间隙。

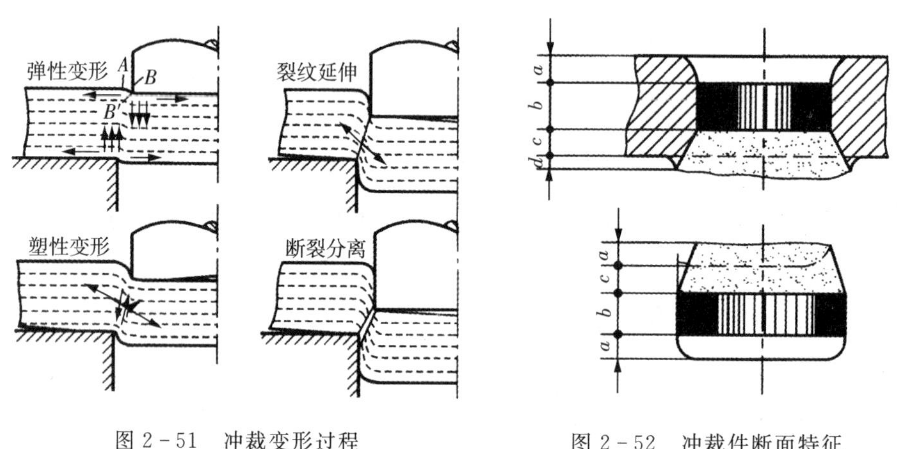

图 2－51　冲裁变形过程　　　　图 2－52　冲裁件断面特征

② 冲裁模间隙。冲裁模间隙是一个重要的工艺参数，它不仅对冲裁件的断面质量有极重要的影响，而且还影响模具的寿命、卸料力、推件力、冲裁力和冲裁件的尺寸精度等。在实际冲裁生产中，主要考虑冲裁件的断面质量和模具寿命这两个因素来选择合理的冲裁模间隙。

a. 间隙对断面质量的影响。间隙过大或过小均导致上、下两面的剪切裂纹不能相交重合于一线，如图 2－53 所示。间隙太小时，凸模刃口附近的裂纹比正常间隙向外错开一段距离。这样，上、下裂纹中间的材料随着冲裁过程的进行将被第二次剪切，并在断面上形成第二光亮带，如图 2－53b 和图 2－54a 所示，中部留下撕裂面，毛刺也增大，间隙过大时，剪裂纹比正常间隙时远离凸模刃口，材料受到拉伸力较大，光亮带变小，毛刺、塌角、斜度也都增大，如图 2－54c 所示。因此，间隙过小或过大均使冲裁件断面质量降低，同时也便冲裁件尺寸与冲模刃口尺寸偏差增大。间隙合适，如图 2－54b 所示，即在合理的间隙范围内，上、下裂纹重合于一线，这时光亮带约占板厚的 1/3 左右，塌角、毛刺、斜度也均不大，冲裁件的断面质量较高，可以满足一般冲裁要求。

b. 间隙对模具寿命的影响。在冲裁过程中，凸模与被冲的孔之间、凹模与落料件之间均有较大摩擦，而且间隙越小，摩擦越严重。在实际生产中，因为模具受到制造误差和装配精度的限制，凸模不可能绝对垂直于凹模平面，间隙也不会均匀分布，所以过小的间隙对具寿命不利，而较大的间隙有利于提高模具寿命。因此，对冲裁件断面质量无严格要求时，应尽可能加大间隙，以利于提高冲裁模具的寿命。在生产中，冲裁模的间隙值是根据材料的种类和厚度来确定的，通常双边间隙为板厚的 5%～10%。

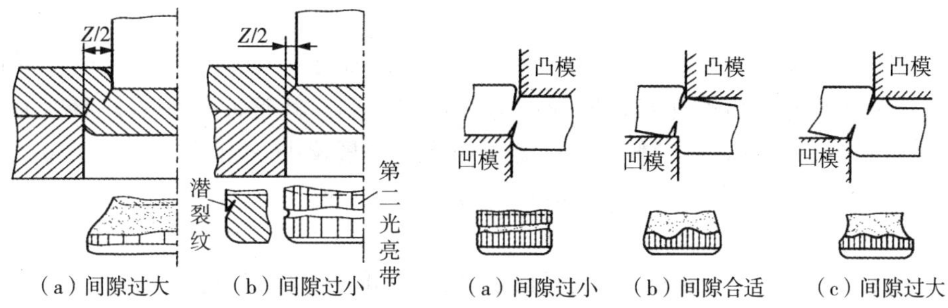

（a）间隙过大　（b）间隙过小　　（a）间隙过小　（b）间隙合适　（c）间隙过大

图 2－53　间隙对裂纹重合的影响　　　图 2－54　间隙对冲裁件断面的影响

③ 凸模和凹模刃口尺寸的确定。冲裁件的尺寸和冲裁模间隙都取决于凸模和凹模刃口的尺寸。因此，必须正确地确定冲裁模刃口尺寸及其公差。在落料时，应使落料模的凹模刃口尺寸等于落料件的尺寸，而凸模的刃口尺寸等于凹模刃口尺寸减去双边间隙值。在冲孔时，应使冲孔模的凸模刃口尺寸等于被冲孔径尺寸，而凹模刃口尺寸等于凸模刃口尺寸加上双边间隙值。考虑到冲裁模在使用过程中有磨损，落料件的尺寸会随凹模刃口的磨损而增大，而冲孔的尺寸则随凸模刃口的磨损而减小。因此，落料时所取得凹模刃口尺寸应靠近落料件公差范围内的最小尺寸，而冲孔时所取得凸模刃口尺寸应靠近孔的公差范围内的最大尺寸。不论是落料还是冲孔，冲裁模间隙均应采用合理间隙范围内的最小值，这样才能保证冲裁件的尺寸要求，并提高模具的使用寿命。

④ 冲裁力的计算。冲裁力是确定设备吨位和检验模具强度的重要依据。一般冲模刃口为平的，当冲裁高强度材料或厚度大、周边长的工件时，冲裁力很大，如超过现有设备负荷，必须采取措施降低冲裁力，常用的方法有采用热冲，或使用斜刃口模具以及阶梯形凸模等。

平刃冲模的冲裁力（P）可按下式计算：

$$P = KLt\tau_b \times 10^{-3}(\mathrm{kN})$$

其中，K 表示系数，一般可取 $K=1.3$；L 表示冲裁件边长（mm）；t 表示冲裁件厚度（mm）；τ_b 表示材料的挠剪强度（MPa），为便于估算，可取 $\tau_b=0.8Rm$。

⑤ 冲裁件的排样。为了节省材料和减少废料，应对零件进行合理排样。排样是指零件在条料、带料或板料上进行布置的方法。图 2－55 为同一零件的四种排样法，其中图 2－55d 为无搭边排样，其用料最少，但零件尺寸不易精确，毛刺不在同一平面，质量较差。生产中大多采用有搭边排样法，其他三种均为有搭边排样法，而图 2－55b 为最节省材料的布置方法。

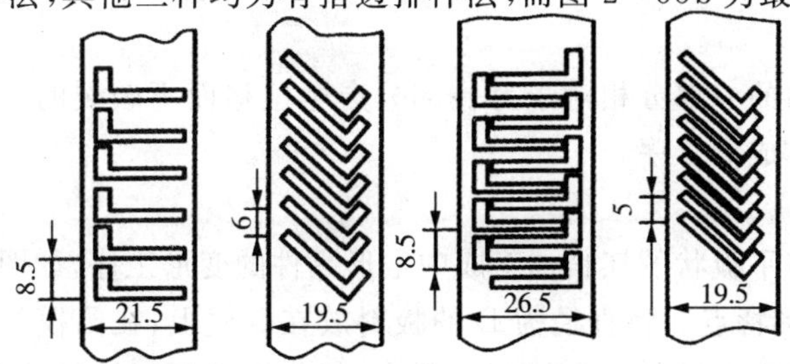

（a）有搭边排样　（b）有搭边排样　（c）有搭边排样　（d）无搭边排样

图 2－55　落料的排样方法

(2)修整

如果零件的精度要求较高,表面粗糙度较低,在冲裁之后可把工件的孔或外形进行修整。修整是利用修整模切掉冲裁件断面的剪裂带和毛刺。修整冲裁件的外形称为外缘修整,修整冲裁件的内孔称为内缘修整。修整所切除的余量较小,一般每边 0.05～0.3mm,修整后的冲裁件精度可达 IT6～IT7,表面粗糙度为 0.8～1.6μm。

(3)整修

用一般冲裁方法所冲出的零件,其断面粗糙,带有锥度,尺寸精度不高,一般落料件精度不超过 IT10,冲孔精度不超过 IT9。为满足高精度、高断面质量零件的要求,冲裁后需进行整修。整修工序是用整修模将落料件的外缘或冲孔件的内缘刮去一层薄的切屑,如图 2-56 所示,以切去冲裁面上的粗糙层,并提高尺寸精度。整修后冲裁件的精度可达 IT9～IT7,粗糙度值为 R_a1.6～0.8μm。

(4)精密冲裁

整修虽然可以获得高精度和光洁剪断面的冲裁件,但增加了整修工序和模具,使冲裁件的成本增加,生产率降低。精密冲裁是经一次冲裁获得高精度和光洁剪断面冲裁件的一种高质量、高效率的冲裁方法。应用最广泛的精冲方法是强力压边精密冲裁,如图 2-57 所示。冲裁过程:压边圈 V 形齿首先压入板料,在 V 形齿内侧产生向中心的侧向压力,同时,凹模中的反压顶杆向上以一定压力顶住板料,当凸模下压时,使 V 形齿圈以内的材料处于三向压应力状态。为避免出现剪裂状态,凹模刃口一般做成 R=0.01～0.03mm 的小圆角。凸、凹模间的单面间隙小于板厚的 0.5%。这样便使冲裁过程完全成为塑性剪切变形,不再出现断裂阶段,从而得到全部为平直光洁剪切面的冲裁件。精密冲裁可获得精度为 IT7～IT6、表面粗糙度为 R_a0.8～0.4μm 的冲裁件。

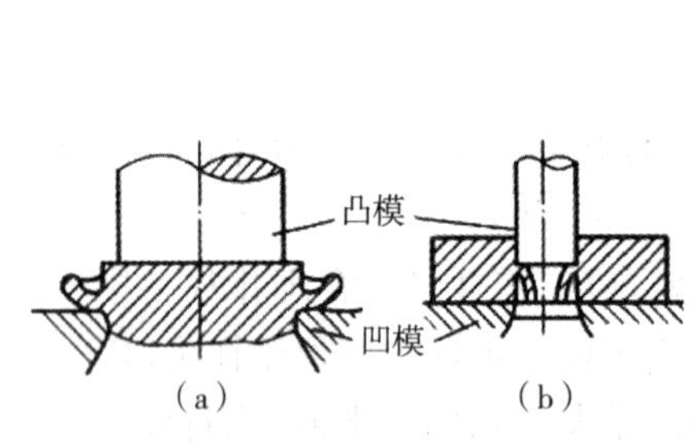

图 2-56 整修工序

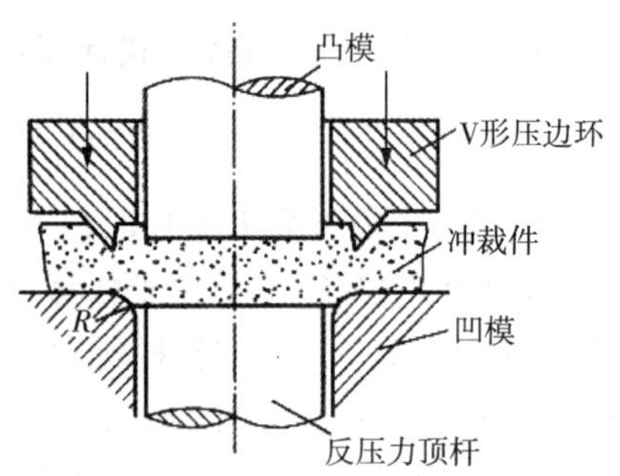

图 2-57 强力压边精密冲裁

2. 变形工序

变形工序是使板料的一部分相对于另一部分产生位移而不破裂的工序,这里主要介绍拉深和弯曲这两种整体成形工序。

(1)拉深

拉深是利用模具将平板状的坯料加工成中空形零件的变形工序,如图 2-58 所示。

① 拉深过程的变形特点。将直径为 D 的板料放在凹模上,在凸模的压力作用下,金属坯料被拉入凹模变形成空心零件。在拉深过程中,与凸模底部相接触的那部分材料基本不变形,最后形成拉深件的底部,受到双向拉深作用,起到传递力的作用。环形部分在拉力的

作用下，逐渐进入凸模与凹模的间隙时，最终形成工件的侧壁，基本不再发生变形，受到轴向拉应力作用，坯料的厚度有所减小，侧壁与底部之间的过渡圆角被拉薄得最为严重。拉深件的法兰部分是拉深的主要变形区，这部分材料沿圆周方向受到压缩，径向方向受到拉深，产生很大程度的变形，其厚度有所增大，会引起较大的加工硬化。

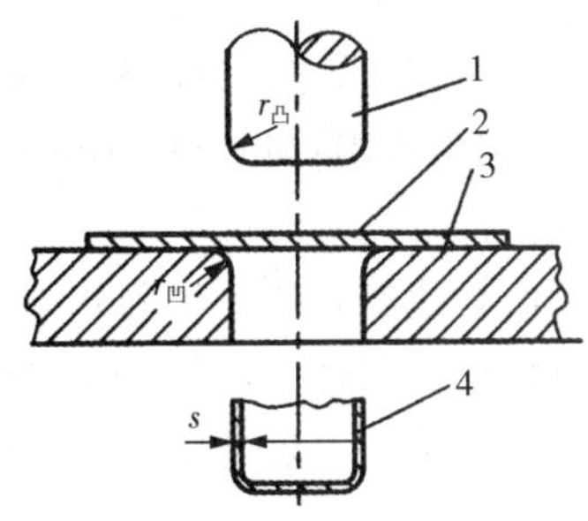

图 2－58　拉深工序

1—凸模；2—板料；3—凹模；4—工件

② 拉深过程中应注意的问题

a. 防止拉裂的措施。当径向拉应力过大时，则使拉深件被拉裂形成废品，拉裂通常发生在侧壁与底部之间的过渡圆角处，可通过合理设计的模具和板料的工艺参数以及改善成形条件等来防止。防止拉裂的措施如下：

第一，拉深模的凸、凹模应具有适当的圆角半径。对于钢的拉深件，一般取 $r_凹=10t$，t 为材料厚度，而 $r_凸=(0.6\sim1)r_凹$。若这两个圆角半径过小，会使坯料弯曲部位产生严重的应力集中，则容易拉裂制件。

第二，拉深模的凸、凹模应选择合理的间隙，一般取 $z=(1.1-1.2)t$，t 为材料厚度。间隙过小，增大模具与坯料之间的摩擦力，产品容易拉裂，降低模具的使用寿命；间隙过大，降低拉深件的精度。

第三，每次拉深中，应控制拉深系数，避免拉裂，如图 2－59b 所示。拉深系数是指拉深件直径 d 与坯料直径 D 的比值，用 m 表示，即 $m=d/D$。拉深系数越小，表明变形程度越大，坯料被拉入凹模越困难，越易产生拉裂现象。一般取 $m=0.5\sim0.8$，对于塑性好的金属材料可取上限，塑性较差的金属材料可取下限。若拉深系数太小，不能一次拉深成型时，则可采用多次拉深工艺。在多次拉深中，往往需要进行中间退火处理，以消除前几次拉深成形所产生的加工硬化现象，使以后的拉深能顺利进行。在多次拉深中，拉深系数 m 值应当一次比一次略大些。总的拉深系数等于每次拉深系数的乘积。

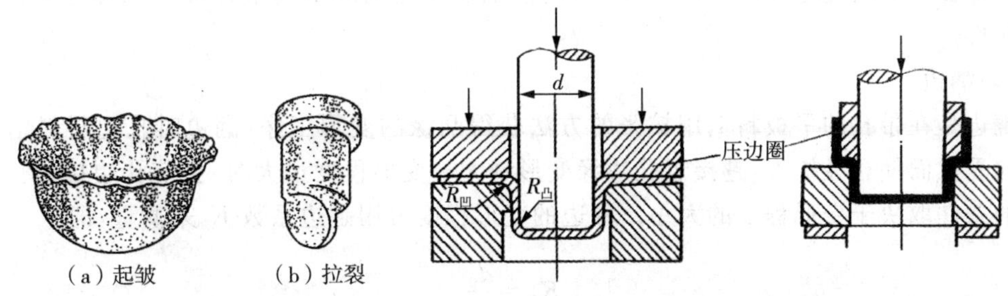

图 2－59　拉深件废品图

图 2－60　有压边圈的拉深

第四，拉深过程应具有良好的润滑。通常在拉深之前，坯料表面涂加润滑剂（磷化处理），以减少金属流动阻力，减小摩擦，降低拉深件的拉应力，减小模具的磨损。

b. 防止起皱的措施。起皱是法兰部分受切向压应力过大，板料失稳而产生的现象，如图 2－59a 所示。起皱与坯料的相对厚度（t/D，t 为坯料厚度，D 为坯料直径）和拉深系数有关，相对厚度越小或拉深系数越小，则越容易起皱。

生产中常采用在模具中增加压边圈的方法，以增大坯料径向拉力防止起皱，如图 2-61 所示。经验证明，当坯料的相对厚度 $t/D*100>2$ 时，可以不用压边圈；当 $t/D*100<1.5$ 时，必须用压边圈；当 $t/D*100=1.5\sim2$ 时，可用也可不用压边圈，根据具体情况确定。

(2)弯曲

弯曲是使坯料的一部分相对于另一部分形成一定角度的变形工序，如图 2-61 所示。弯曲过程中，坯料的内侧产生压缩变形，存在压应力；外侧产生拉伸变形，存在拉应力。

当外侧拉应力超过坯料的抗拉强度时，会产生拉裂。尽量选用塑性好的材料，限制最小弯曲半径 r，要求 $r_{\min}>(0.25\sim1)t$，弯曲圆弧的切线方向与坯料的纤维组织方向一致，见图 2-62，防止坯料表面划伤，以免弯曲时造成应力集中而产生拉裂。

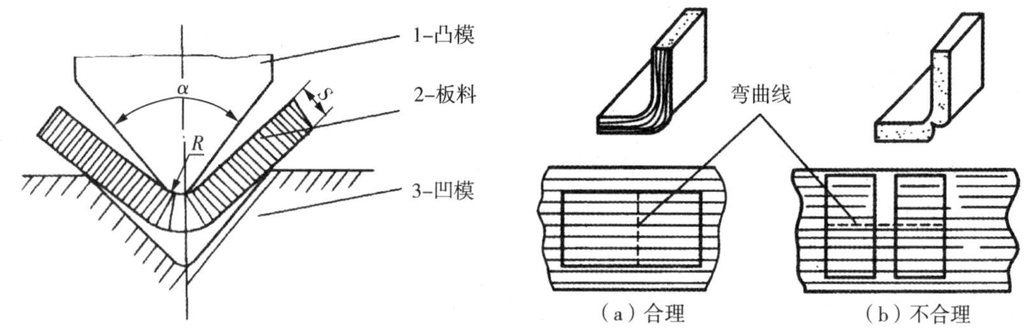

图 2-61 弯曲示意图

图 2-62 弯曲纤维方向

另外，在弯曲过程中，坯料的变形有弹性变形和塑性变形两部分。当弯曲载荷去除后，弹性变形部分将恢复，会使弯曲的角度增大，这种现象称为回弹。一般回弹角为 0°～10°。回弹将影响弯曲件的尺寸精度，因此，在设计弯曲模时，应使模具的角度比成品的角度小一个回弹角，以保证弯曲角度的准确性。

3. 其他成形工序

除冲裁、弯曲、拉深等工序外，还有翻边、胀形、起伏、旋压等工序。它们的共同特点都是通过局部变形来改变毛坯的形状和尺寸，这些工序相互间的不同组合可加工某些形状复杂的冲压件。

(1)翻边

翻边是在带孔的平板料上用扩张的方法获得凸缘的变形工序，翻边时孔边材料沿切向和径向受拉而使孔径扩大，越接近孔边缘变形越大。变形程度过大时，会使孔边拉裂。翻边拉裂的条件取决于变形程度的大小。翻边的变形程度可用翻边系数 K_0 来衡量，即

$$K_0=\frac{d_0}{d}$$

其中，d_0 表示翻边前的孔径尺寸；d 表示翻边后的孔径尺寸。K_0 越小，变形程度就越大，孔边拉裂的可能性就越大，一般取 $K_0=0.65\sim0.72$。

翻边是在坯料的平面或曲面部分上，使板料沿一定曲线翻成竖立边缘的成形方法，如图 2-63 所示。生产中常用于加工形状复杂且具有良好刚度和合理空间形状的立体零件，代替拉深切底工序，以制作空心无底零件，如图 2-64 所示。

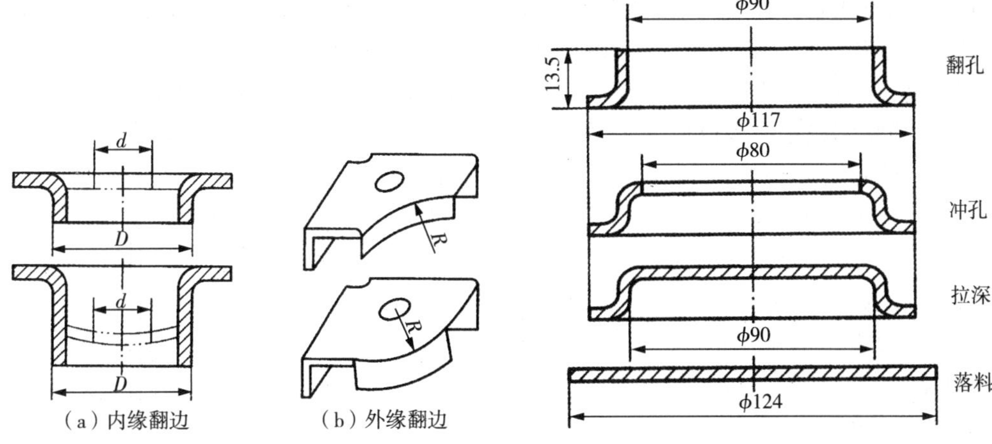

图 2-63　翻边

图 2-64　油封圈的冲压工艺过程

在翻边工序中，越接近孔的边缘，拉深变形越大。当翻边孔的直径超过允许值时，会使孔的边缘破裂。其允许值可用翻边系数 $K_0=\dfrac{d_0}{D}$ 表示 K_0 愈小，变形愈大。翻边凸模的圆角半径，$r_{凸}=(4\sim9)t$，t 为板厚。

(2)胀形和缩口

胀形是利用压力通过模具将空心工件或管状毛坯由内向外扩张的成形方法。它可制出各种形状复杂的零件。胀形可采用不同的方法来实现。一般有机械胀形、橡胶胀形和液压胀形三种。图 2-65 为橡胶胀形示意图。它是以橡胶作为凸模，橡胶在压力作用下变形，使工件沿凹模胀出所需形状。聚氨酯橡胶比天然橡胶强度高、弹性好、耐油性好、寿命长，近年来广泛使用聚氨酯橡胶进行胀形，如高压气瓶、自行车架上的中接头(五通)以及火箭发动机上的一些异形空心件等。缩口是将预先拉深好的圆筒形件或管件，通过缩口模，使其口部直径缩小的一种成形工序。用于国防工业、机械制造业和日用工业等多个领域，如弹壳、消声器和水壶等。

(3)起伏

在板料或制件表面通过局部变薄获得各种形状的凸起与凹陷的成形方法称为起伏。其实质是一种局部胀形的冲压工序。起伏成形既可增加工件刚度，还可起装饰美观作用，生产中应用广泛。根据具体要求，起伏成形可有压肋、压字、压包、压花，如图 2-66 所示。

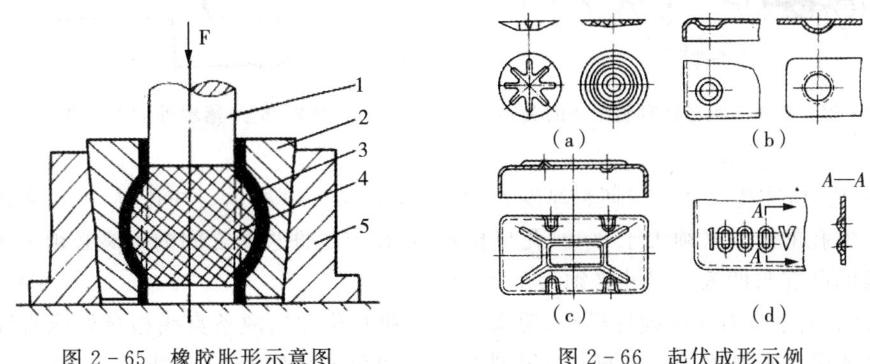

图 2-65　橡胶胀形示意图

1—凸模；2—凹模；3—毛坯；4—橡胶；5—外套

图 2-66　起伏成形示例

(4)旋压旋压是一种成形金属空心回转体的工艺方法，包括普通旋压和变薄旋压，如图 2 - 67 所示。旋压成形所使用的设备和模具都很简单，各种形状的回转体拉深、翻边和胀形件都适用。特点：机动性大，加工范围广，但生产率低，劳动强度大，对操作者的技术水平要求较高，产品质量不稳定。该成形方法主要用于单件小批量生产。

旋压成形中的变薄旋压又称强力旋压，是在普通旋压基础上发展起来的。经变薄旋压后，材料的晶粒细化，强度、硬度和疲劳极限均有所提高，零件表面质量好。因此，变薄旋压在导弹及喷气发动机的生产中广泛应用。变薄旋压需要专门的旋压机，要求功率大、刚性好，用于中、小批生产。

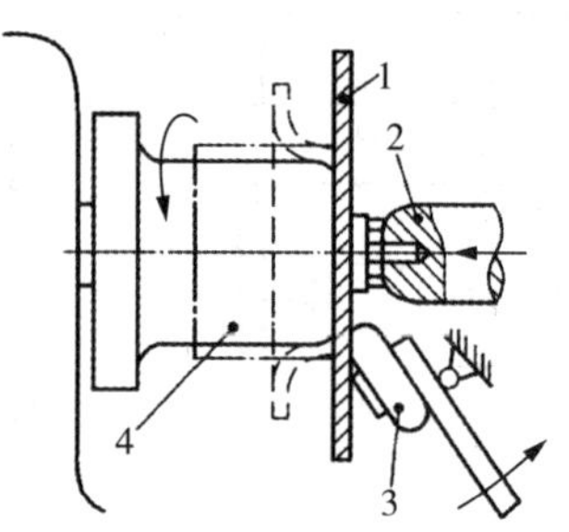

图 2 - 67　旋压成形

1—毛坯；2—顶杆；3—滚轮；4—模具

4. 冲压件的结构设计

设计冲压件的结构时，要考虑到冲压件大多都是批量生产，不仅要保证它具有良好的使用性能，而且还要考虑它的工艺性。这对于保证产品质量、提高生产率、节省材料和延长模具寿命具有重要的意义。冲压工艺对冲压件的形状、尺寸、精度和材料等方面提出了许多要求，在设计时要充分加以考虑。

(1)对落料件和冲孔件的要求

① 落料件与冲孔件的形状应便于合理排样，使材料利用率最高。图 2 - 68 所示的落料件在改进设计后，在孔距不变的情况下，材料利用率由 38%提高到 79%。

② 落料件与冲孔件形状力求简单、对称，尽可能采用规则形状，并避免狭长的缺口和悬臂，否则制造模具困难，而且降低模具寿命。图 2 - 69 所示的落料件工艺性就很差。

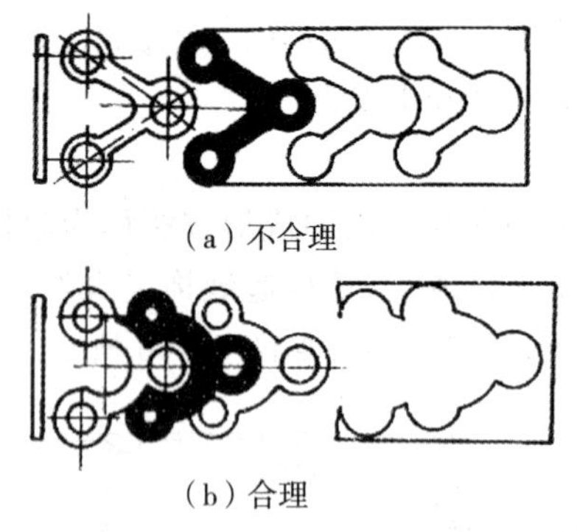
(a) 不合理

(b) 合理

图 2 - 68　零件形状与材料利用率的关系

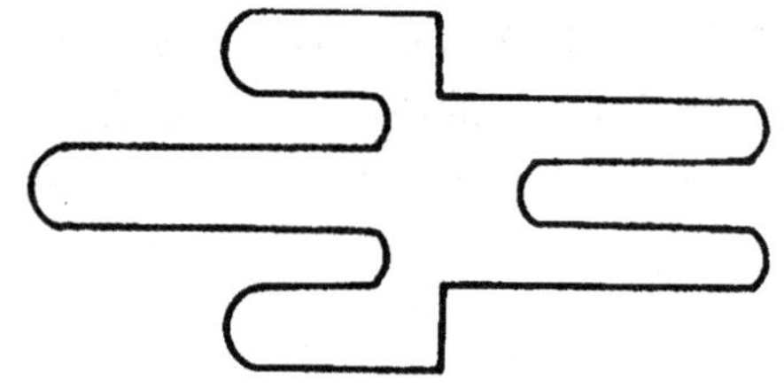
图 2 - 69　落料外形不合理

③ 冲孔时，冲孔尺寸 b 与坯料厚度 t 的关系如图 2 - 70 所示。冲孔时，孔径必须大于坯料厚度 t；方孔的边长必须大于 $0.9t$；孔与孔之间、孔与工件边缘之间的距离必须大于坯料厚度 t；外缘的凸起与凹入的尺寸必须大于 $1.5t$。

④ 为了避免应力集中损坏模具，要求落料件和冲孔件的两条直线相交处或直线与曲线相交处必须采用圆弧连接。落料和冲孔件最小的圆角半径如表 2 - 5 所示。

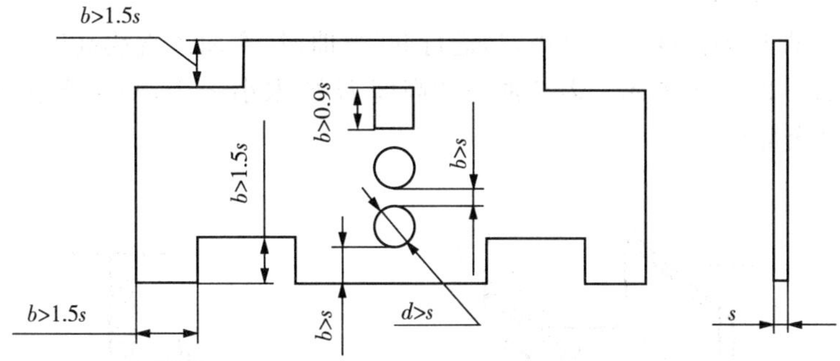

图 2-70　冲孔尺寸与坯料厚度的关系

表 2-5　落料和冲孔件最小的圆角半径

工　序	圆弧角	最小圆角半径 R/mm			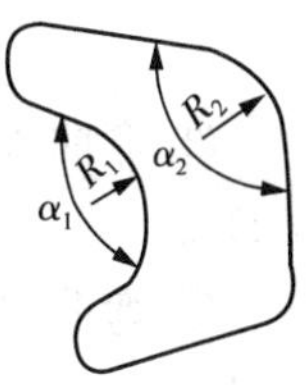
		黄铜、紫铜、铝	低碳钢	合金钢	
落　料	$\alpha \geqslant 90°$	0.18s	0.25s	0.35s	
	$\alpha \leqslant 90°$	0.35s	0.50s	0.70s	
冲孔	$\alpha \geqslant 90°$	0.20s	0.30s	0.45s	
	$\alpha \leqslant 90°$	0.40s	0.60s	0.90s	

注：s 为板料厚度

(2)对拉深件的要求

① 拉深件最好采用回转体形(轴对称)的零件，这种结构拉深工艺性最好，而非回转体、空间曲线形的零件，拉深难度较大。因此，在使用条件允许的情况下，应尽量简化拉深件的外形。

② 应尽量避免深度过大的冲压件，否则需要增加拉深次数，容易出现废品。

③ 带有凸缘的拉深件，如图 2-71 所示，凸缘宽度设计要合适，不宜过大或过小，一般要求 $d+12t \leqslant D \leqslant d+25t$。

④ 拉深件的圆角半径在不增加工艺程序的情况下，最小允许的半径(见图 2-71)$r_b \geqslant 2t$，$r_d \geqslant 3t$；图 2-72 中，$r_b \geqslant 3t$，$r \geqslant 0.15H$。否则需增加一次整形工序，其允许圆角半径为 $r \geqslant (0.1-0.3)t$。

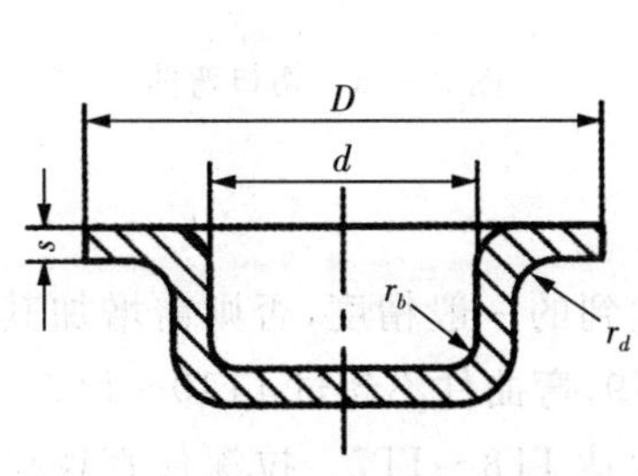

图 2-71　带凸缘的拉深件

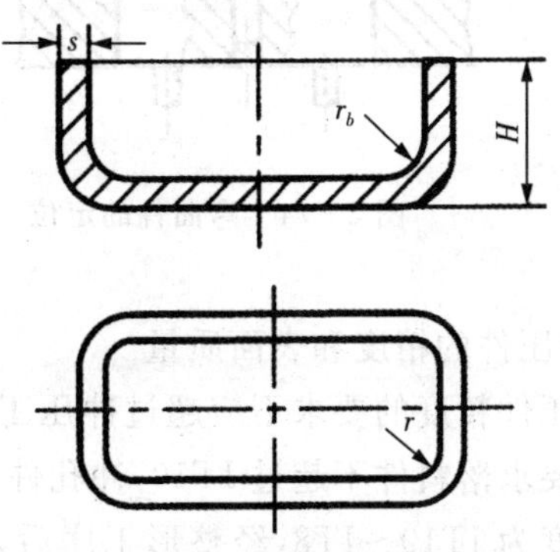

图 2-72　拉深件最小允许半径

(3)对弯曲件的要求

① 弯曲件弯曲边的高度不能过小，当进行 90°弯曲时，弯曲边直线高度应不小于 2 倍板厚，即 $H\geqslant 2t$，如图 2-73a 所示。若弯曲边的高度 H 要求小于 $2t$；则应留适当的余量，弯曲成型后再切去多余部分。

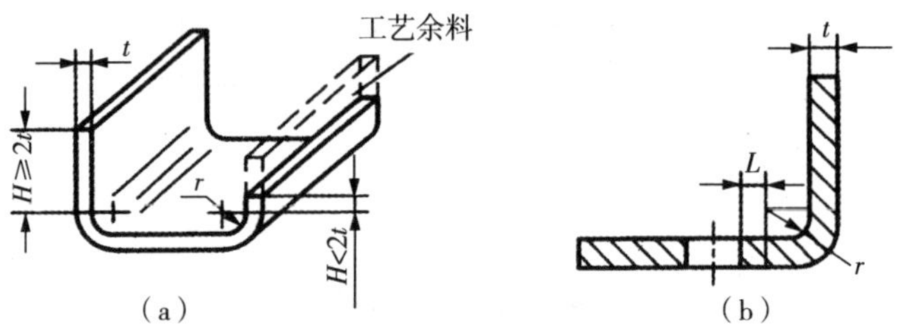

图 2-73 弯曲件的尺寸

② 弯曲件带孔时，为避免孔变形，孔的位置应在圆弧之外，如图 2-73b 所示，$L\geqslant(1.5-2)t$。

③ 弯曲时应考虑板料的纤维组织方向，并考虑弯曲半径不能小于最小弯曲半径，图 2-73 中 $r\geqslant(0.25-1)t$，防止弯裂形成废品。

④ 为保证弯曲件的质量，应防止板料在弯曲时产生偏移和窜动，如图 2-74 所示。利用板料上已有的孔与模具上的销钉配合定位。若没有合适的孔，应考虑另加定位工艺孔或考虑其他定位方法。

⑤ 局部弯曲时，应在交接处切槽或使弯曲线与直边移开，以免在交界处撕裂；带竖边的弯曲件，可将弯曲处部分竖边切去，以免起皱；用窄料进行小半径弯曲，又不允许弯曲处增宽时，应先在弯曲处切口，如图 2-75 所示。

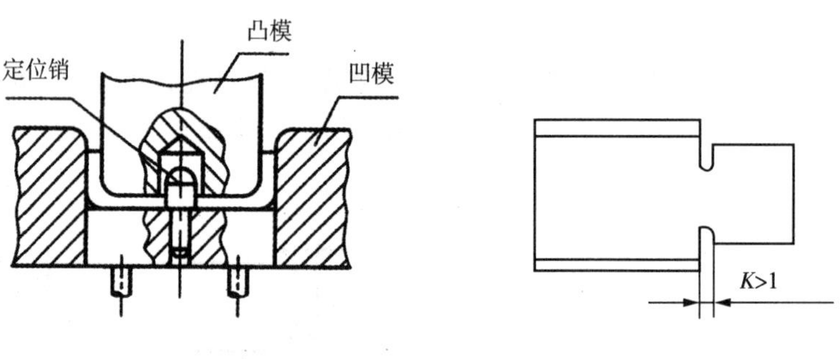

图 2-74 弯曲件的定位

图 2-75 切口弯曲

(4)冲压件的精度和表面质量

对冲压件精度的要求不应超过冲压工序所能达到的一般精度，否则需增加其他精整工序。一般要求落料件不超过 IT10，冲孔件不超过 IT9，弯曲件不超过 IT10～IT9。拉深件高度尺寸精度为 IT10～IT8，经整形工序后，尺寸精度达 IT8～IT7。拉深件直径尺寸精度为 IT10～IT9。

一般对冲压件表面质量所提出的要求尽可能不高于原材料的表面质量，否则要增加整形工序。

(5)合理设计冲压件的结构

根据各种冲压工艺的特点，合理设计冲压件的结构，并不断地改进结构，使结构合理化，从而大大简化工艺过程，节省材料。

① 采用冲焊结构。对于形状复杂的冲压件，合理应用各种冲焊结构，如图 2－76 所示，以代替铸锻后再切削加工所制造的零件，能大量节省材料和工时，并提高生产率，降低成本，减轻重量。

② 采用冲口工艺，减少组合数量。如图 2－77 所示的零件，原设计是用三个铆接或焊接组合而成，改为冲口弯曲制成整体零件，可以简化工艺，节省材料。

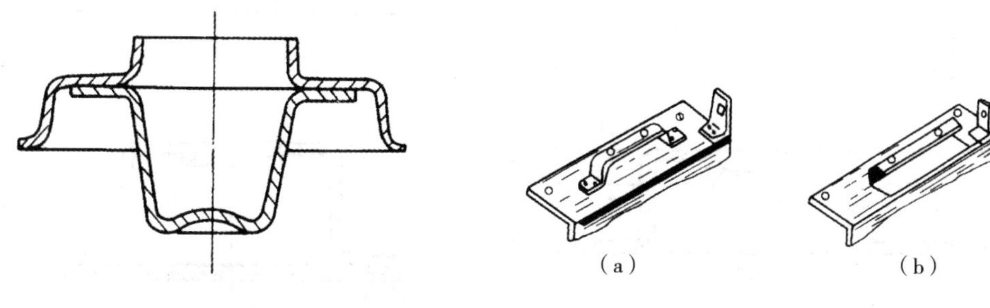

图 2－76　冲焊结构零件

图 2－77　冲口工艺的应用

③ 采用加强筋，提高冲压件的强度、刚度，以实现薄板材料代替厚板材料，如图 2－79 所示。

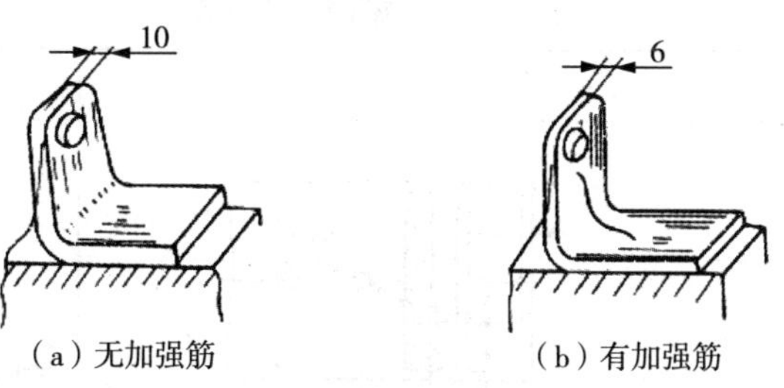

图 2－79　加强筋示意图

(6)典型零件的冲压工序举例

冲压工艺过程包括分析冲压件的结构工艺性；拟定冲压件的总体工艺方案；确定毛坯形状、尺寸和下料方式；拟定冲压工序性质、数目和顺序；确定冲模类型和结构形式；选择冲压设备；编写冲压工艺文件。

在生产各种冲压件时，各种工序的选择和工序顺序的安排都是根据冲压件的形状、尺寸和每道工序中材料所允许的变形程度来确定的。图 2－80 为出气阀罩盖的冲压工艺过程。表 2－6 为托架的工艺过程。

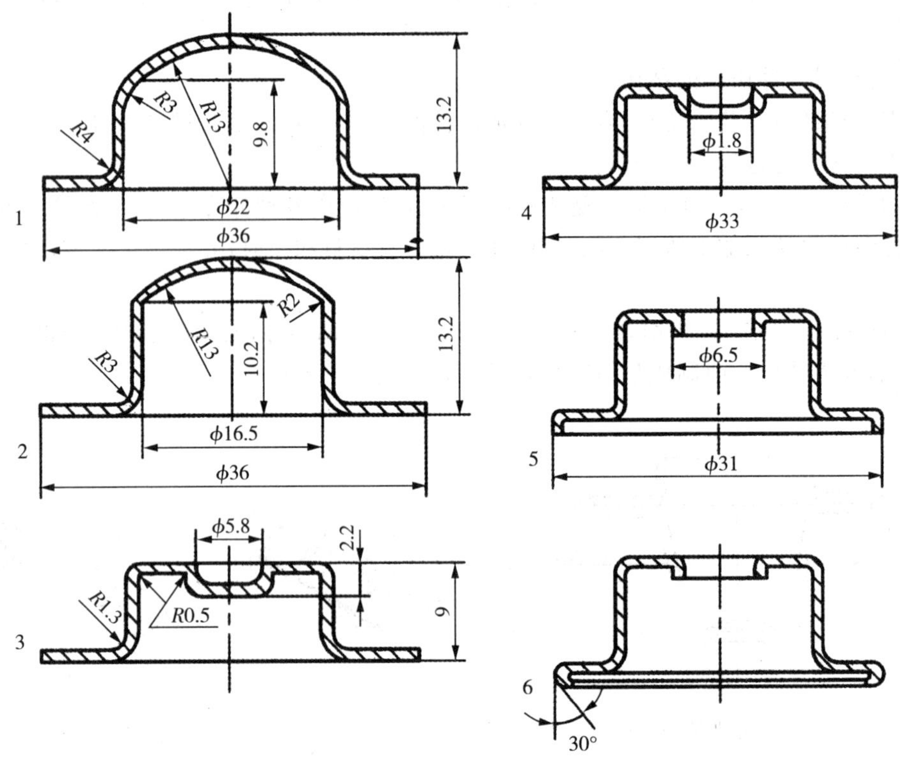

图 2-80　工艺过程

1—落料、拉伸；2—第二次拉伸；3—成型；4—冲孔；5—内孔；6—折边

表 2-6　托架的工艺过程

工序号	工序名称	工序草图	工序内容	设备
1	冲孔落料模		冲孔落料连续模	250kN
2	首次弯曲 （带预弯）		弯曲模	160kN

（续表）

工序号	工序名称	工序草图	工序内容	设备
3	二次弯曲		弯曲模	160kN
4	冲孔 4×ϕ5		冲孔模	160kN

2.5　其他塑性成形工艺

1. 辊轧

金属坯料在旋转轧辊的作用下产生连续塑性变形；从而获得所要求的截面形状并改变其性能的加工方法，称为辊轧。常采用的辊轧工艺有辊锻、横轧及斜轧等。

(1)辊锻

辊锻是使坯料通过装有圆弧形模块的一对相对旋转的轧辊，受压产生塑性变形，从而获得所需形状的锻件或锻坯的锻造工艺方法，如图 2－81 所示。它既可以作为模锻前的制坯工序，也可以直接辊锻锻件。

目前，成形辊锻适用于生产以下三种类型的锻件：

① 扁断面的长杆件，如扳手、链环等。

② 带有头部且沿长度方向横截面面积递减的锻件，如叶片等。叶片辊锻工艺和铣削工艺相比，材料利用率可提高 4 倍，生产率提高 2.5 倍，而且叶片质量大为提高。

③ 连杆，国内已有不少工厂采用辊锻方法锻制连杆，生产率高，简化了工艺过程。但锻件还需用其他锻压设备进行精整。

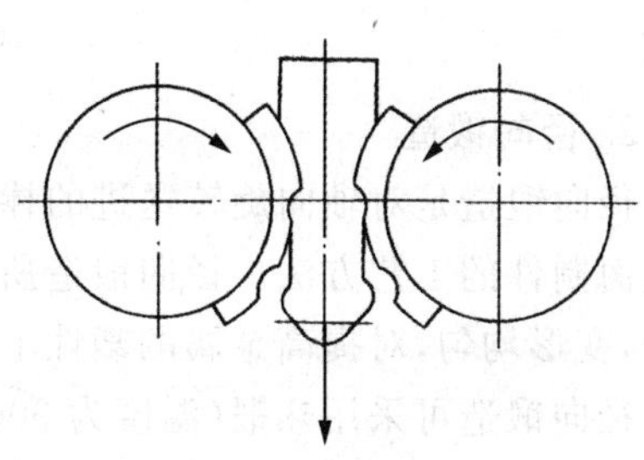

图 2－81　辊锻示意图

(2)横轧

横轧是指轧辊轴线与轧件轴线平行，且轧辊与轧件作相对转动的轧制方法，如齿轮轧制等。齿轮轧制是一种少、无切削加工齿轮的新工艺。直齿轮和斜齿轮均可用横轧方法制造，齿轮的横轧，如图 2－82 所示。

在轧制前，齿轮坯料外缘被高频感应器加热，然后将带有齿形的轧辊做径向进给，迫使轧辊与齿轮坯料对辗。在对辗过程中，毛坯上的部分金属受轧辊齿顶挤压形成齿谷，相邻部分被轧辊齿部反挤而上升，形成齿顶。

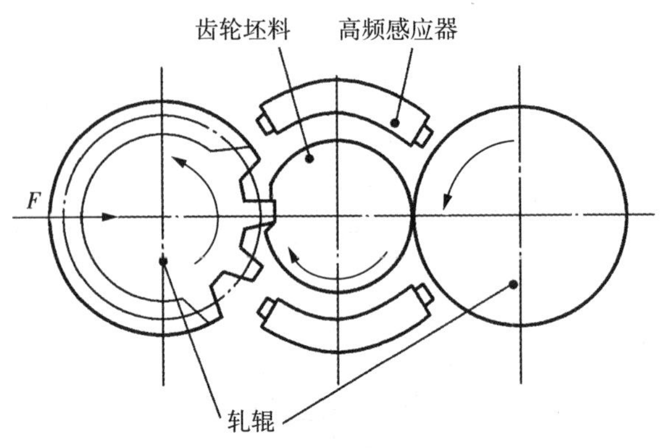

图 2－82　横轧齿轮示意图

(3)斜轧

斜轧又称螺旋斜轧，由两个带有螺旋槽的轧辊相互倾斜配置，以相同方向旋转，轧辊轴线与坯料轴线相交成一定角度，坯料在轧辊的作用下绕自身轴线反向旋转，同时还作轴向向前运动，即螺旋运动，坯料受压后产生塑性变形，最终得到所需制品。

如图 2－83a 所示的钢球斜轧，棒料在轧辊间螺旋型槽里受到轧制，并被分离成单个球，轧辊每转一圈，即可轧制出一个钢球，轧制过程是连续的。图 2－83b 所示为周期轧制。斜轧还可直接热轧出带有螺旋线的高速工具钢滚刀、自行车后闸壳、麻花钻以及冷轧丝杠等。

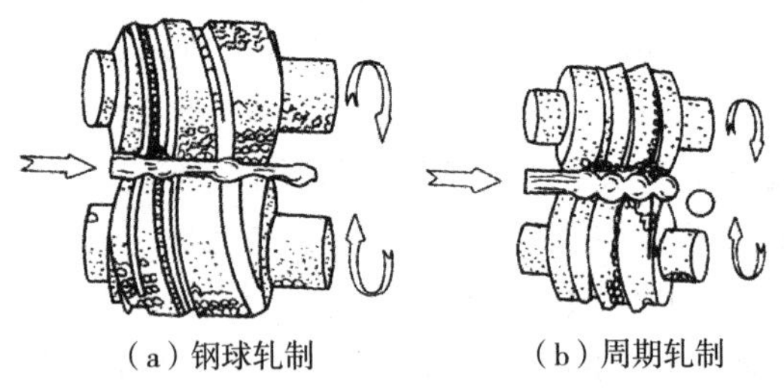

(a) 钢球轧制　　(b) 周期轧制

图 2－83　斜轧示意图

2. 径向锻造

径向锻造是对轴向旋转送进的棒料或管料施加径向脉冲打击力，锻成沿轴向具有不同横截面制件的工艺方法。径向锻造所需的变形力和变形功很小，脉冲打击使金属内外摩擦减少，变形均匀，对提高金属的塑性十分有利(低塑性合金的塑性可提高 2.5～3 倍)。

径向锻造可采用热锻(温度为 900～1000℃)、温锻(温度为 200～700℃)和冷锻三种方式。径向锻造可锻造圆形、方形、多边形的台阶轴和内孔复杂或内孔直径很小而长度较长的空心轴。图 2－84 是径向锻造示意图。图 2－85 是径向锻造的部分典型零件。

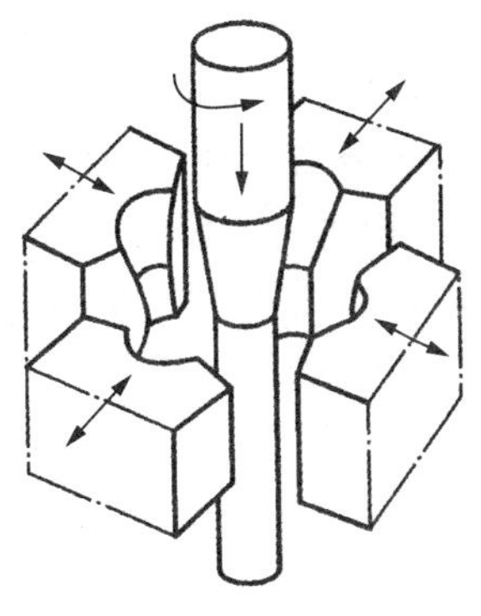

图 2-84　径向锻造示意图

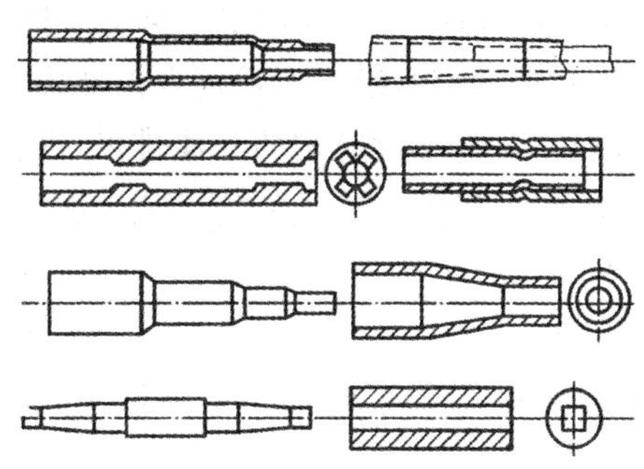

图 2-85　径向锻造的部分典型零件

3. 摆动辗压

大截面饼类锻件的成形需要吨位很大的锻压设备和工艺装备，如果用模具压缩局部坯料，变形只在坯料内的局部产生，而且使这个塑性变形沿坯料做相对运动，使整个坯料逐步变形，这样就能大大降低锻压力和设备吨位容量。

如图 2-86 所示为摆动辗压的工作原理。具有圆锥面的上模（摆头），其中心线 OZ 与机器主轴中心线 OM 相交成 α 角（α 常取 $1^\circ \sim 3^\circ$），此角称为摆角。当主轴旋转时，OZ 绕 OM 绕转，使其产生摆动。与此同时，油缸使滑块上升，对坯料施加压力。这样，上模母线在坯料表面连续不断地滚动，使坯料整个截面逐步变形。上模每旋转一周，坯料被压缩的压下量为 S。如果上模母线是一条直线，则辗压的工件表面为平面；如果上模母线为一条曲线，则被辗压的工件表面为曲面。

摆动辗压主要适用于加工回转体的轮盘类或带法兰的半轴类锻件，如汽车后半轴、扬声器导磁体、蝶形弹簧、齿轮毛坯和铣刀毛坯等。

4. 精密模锻

精密模锻是指在模锻设备上锻造出形状复杂、高精度锻件的模锻工艺，如精密模锻伞齿轮，其齿形部分可直接锻出而不必再经过切削加工。精密模锻件的余量和公差小，尺寸精度可达 IT12～1T15，表面粗糙度为 $Ra3.2 \sim 1.6\mu m$，能部分或全部代替机械加工，提高劳动生产率和材料利用率，降低零件成本。

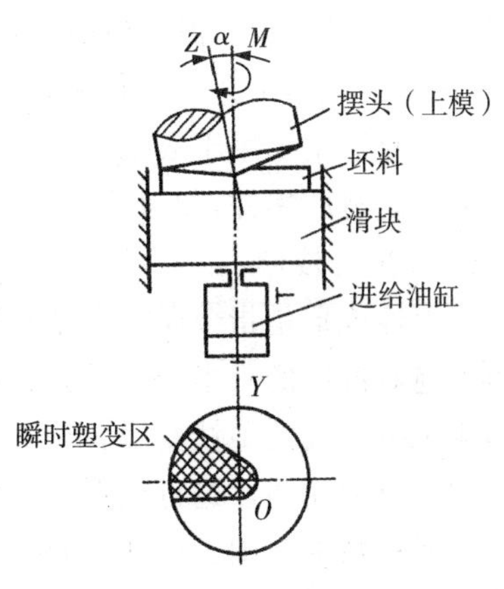

图 2-86　摆动辗压的工作原理

(1)精密模锻工艺特点

① 模锻前要预先进行锻模润滑和冷却，并仔细清理坯料表面，除净坯料表面的氧化皮、脱碳层及其他缺陷。

② 为提高锻件的尺寸精度和减小表面粗糙度值，应采用无氧化或少氧化加热方法，尽量减少坯料表面形成的氧化皮。

③ 要求精确计算原始坯料的尺寸，严格按坯料质量下料，否则会增大锻件尺寸公差，

降低精度。

④ 锻模的加工精度在一定程度上决定了精密模锻件的精度，因此精密模锻模膛的精度一般要比锻件的精度高两级。为保证合模准确，精密锻模一定要有导柱、导套结构。在凹模上应开有排气小孔，保证模膛中的气体排出，以减小金属流动阻力，使金属更好地充满模膛。

⑤ 精密模锻一般都在刚度大、精度高的模锻设备上进行，如曲柄压力机、摩擦压力机或高速锤等。采用装有顶出装置的模锻设备，可减少模锻斜度，提高锻件精度。

(2)精密模锻种类

① 冷锻成形是一种优质、高效、低消耗的先进制造技术，广泛应用于汽车零件的大批量生产中。

当前，国外一台普通轿车采用的冷锻件总量达40～45kg，其中齿形类零件总量达10kg，冷锻成形的齿轮单件重量可达1kg，齿形精度可达7级。

② 温锻和热锻成形的分界线是再结晶温度，在再结晶温度以上进行的为热锻，在再结晶温度以下进行的为温锻。热锻中又有锻造温度靠近锻造温度范围的上限和靠近下限的差别。通常认为，加热温度低对提高锻件精度有利，在再结晶温度以上又接近再结晶温度的锻造技术在精密锻造中经常被采用，这一类锻造有温热锻、半热锻、亚热锻等不同的叫法，其本质是一样的。

③ 精密模锻控制成形是一种复合塑性成形工艺，将不同种类的塑性加工方法进行组合，利用各自的优点，如冷锻的高精度和热锻、温锻的低变形抗力等。目的是节约材料和能量，减少加工难度和加工工序，提高零件的加工精度，提高劳动生产率和降低成本。

精密模锻控制成形工艺是将坯料加热到完全再结晶温度以上，但低于普通热锻温度进行温热成形，然后利用余热进行缓冷退火软化处理，经表面处理与润滑处理后，再进行冷挤压或形。这种成形工艺复合热锻和冷锻工艺的各自优点。不仅明显降低成形载荷，而且对于生产高精度、高合金含量的材料，还可省去冷变形前的退火工序，大大节省能量，缩短工艺流程，提高产品质量。温锻较热锻可以获得更高精度的锻件。随着锻件精度要求的提高，温锻、冷锻复合成形工艺应用越来越广泛。

精密模锻主要用于成批生产形状复杂、使用性能高的短轴线回转体零件和某些难于用切削方法制造的零件，如齿轮、叶片、航空零件和电器零件等。

5. 超塑性成形

超塑性成形是指金属或合金在低的变形速率($\varepsilon=10^{-2}\sim10^{-4}s^{-1}$)、一定的变形温度(约为熔点绝对温度的一半)和均匀的细晶粒度(晶粒平均直径为0.2～5μm)条件下，相对伸长率A超过100%的塑性变形。

利用材料超塑性进行成形加工的方法称为超塑性成形。超塑性成形扩大了适合锻压生产的金属材料的范围。例如，用于制造燃气涡轮零件的高温高强合金，用普通锻压工艺很难成形，但用超塑性模锻就能得到形状复杂的锻件。

目前常用的超塑性成形方法主要有超塑性模锻、超塑性挤压、超塑性板料拉深、超塑性板料气压成形等。

(1)金属超塑性成形特点

金属超塑性成形时，宏观变形有几个特点：大延伸、无颈缩、小应力、易成形。

一般金属的变形能力差，容易出现颈缩，会导致断裂，如黑色金属伸长率不超过 40%，非铁金属伸长率也不超过 60%。而超塑性金属具有均匀变形与抵抗局部变形的能力，使金属伸长率达百分之百甚至百分之几千。如 Zn－22%Al 合金超塑性伸长率大于 1000%，轴承钢 GCr15 超塑性伸长率大于 500%；无颈缩是从宏观看没有颈缩，为宏观均匀塑性变形，变形后表面平滑，没有起皱、凹陷、微裂及滑移痕迹等；小应力是指超塑性金属具有黏性流动的特性，变形靠晶粒的转动、易位与晶界的滑动，变形过程中没有或只有很小的加工硬化，流动性和填充性很好，易于成形。

（2）超塑性成形的应用

超塑性存在于许多金属中，可以广泛应用于金属材料的压力加工成形。目前用于超塑性成形的材料主要有锌铝合金、铝基合金、铜合金、钛合金和高温合金。

① 超塑性模锻和挤压。采用普通压力加工成形时，钢铁通常需要高压力（应力达 3500MPa）、高能量和高强度模具，由于钢材塑性的限制，形成一个形状较复杂的制品，往往需要经多次挤压以及中间处理，成形精度还不高。利用超塑性挤压加工成形，可降低压力，只需要低吨位的设备和能量，在 500℃以下温度成形只需低档模具材料。由于超塑性成形时，材料塑性大，变形能力强，填充性好，一般形状复杂的零件可以一次成形，还可以使组合零件变为整体设计而一次成形，从而节省材料，且成形后零件组织均匀。

② 超塑性冲压成形。如采用锌铝合金材料进行超塑性冲压成形，一次拉深成形的高度与直径比是普通拉深的 10 倍以上，而且质量好，无方向性。

③ 超塑性气压成形。如图 2－87 所示，将金属板料置于模具之中，与模具一起加热到规定温度，向模具内吹入压缩空气，使板料紧贴凸模或凹模成形，从而获得较复杂的壳体零件。

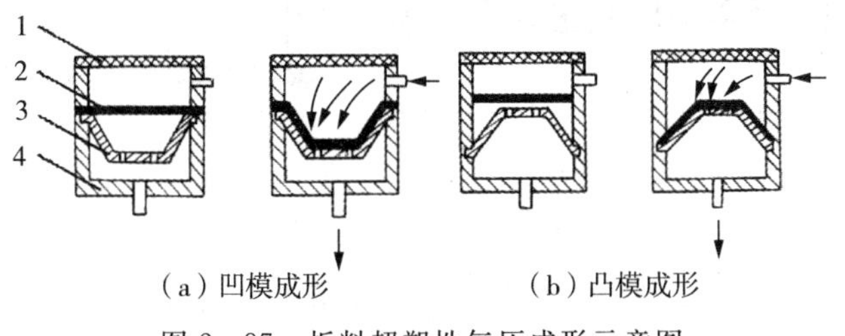

图 2－87　板料超塑性气压成形示意图

习　题

1. 什么是金属的锻造性能？其影响因素有哪些？
2. 什么是自由锻，它在应用上有何特点？与自由锻相比，模锻有哪些优点？
3. 模锻时，如何正确合理制定分模面的位置？
4. 塑性变形的实质是什么？材料在塑性变形后组织和性能会发生什么变化？
5. 预锻模膛与制坯模膛有何不同？
6. 冲压的基本工序包括哪些主要的形式？
7. 间隙对冲裁件断面质量有哪些影响？间隙过大对冲裁会产生什么影响？

8. 求将 75mm 的圆钢拔长到 165mm 的锻造比，以及将直径为 50mm、高为 120mm 的圆钢锻到高 60mm 的锻造比。能否将直径为 50mm、高为 180mm 的圆钢镦粗到 60mm 高吗？为什么？

9. 如图 2－88 所示的零件采用锤上模锻制造，试选择合适的分模面位置。

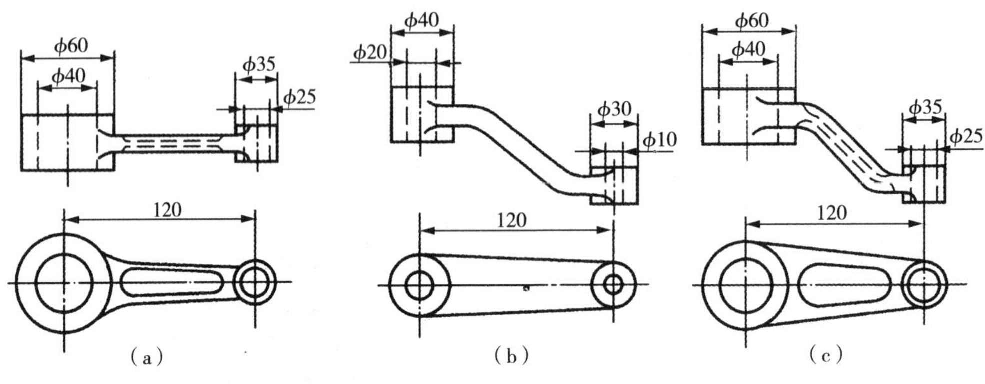

图 2－88　锻件图

10. 在如图 2－89 所示的零件(材料为 45 钢)大批量生产时，应选择哪种锻造方法合理？并绘出其锻件图。

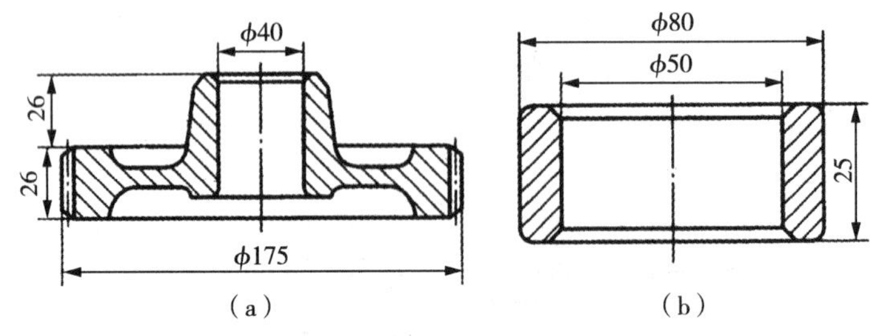

图 2－89　零件图

11. 找出如图 2－90 所示的模锻零件结构的不合理处并改正。

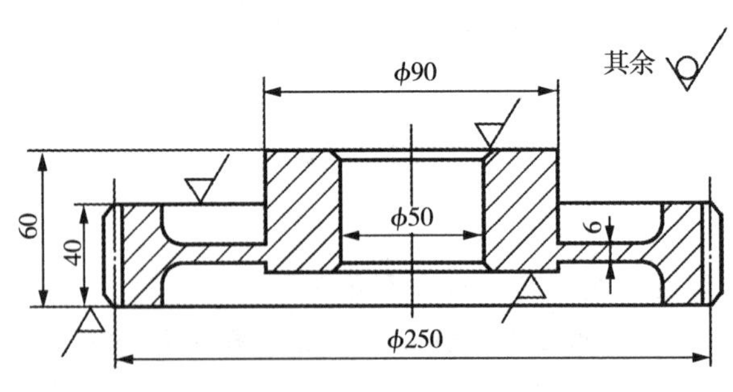

图 2－90　零件图

13. 如图 2－91 所示的托架有哪些工序完成，确定其毛坯的冲裁工艺，并画出排样图。

14. 采用 1.5mm 厚的 20 钢板大批量生产如图 2－92 所示的冲压件，试确定冲压基本工序图。

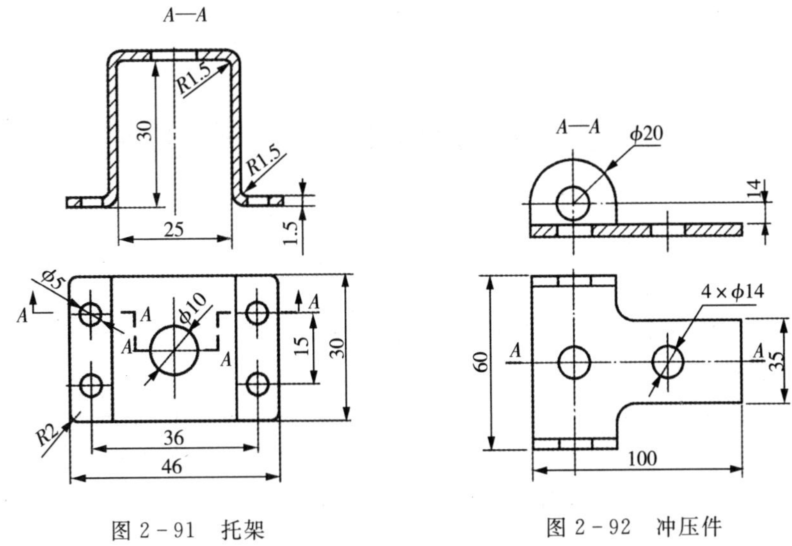

图 2-91 托架　　　图 2-92 冲压件

15. 整修、精密冲裁与普通冲裁相比，其主要优点是什么？

16. 如图 2-93 所示的圆筒拉深件，壁厚为 1.5mm，材料：08 钢，能否一次拉深成形？若不能，确定拉深次数。

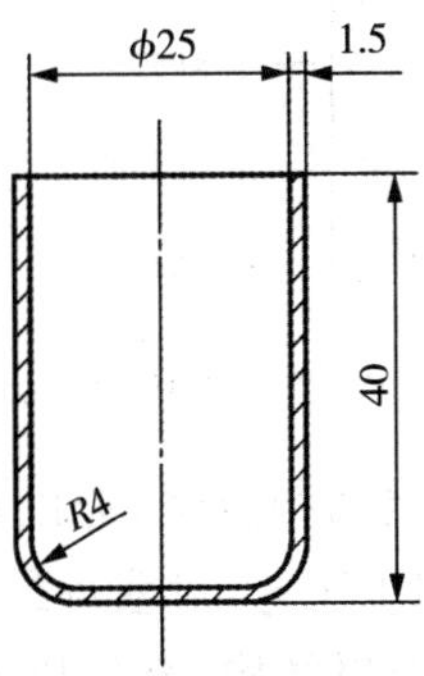

图 2-93 拉深件

16. 什么是超塑性？请说明超塑性成形的工艺特点。有何主要应用？

17. 试说明挤压、拉拔、旋压、辊轧、精密模锻的成形工艺与应用特点。

第3章 金属的连接成形工艺

连接成形工艺法多种多样，常见的工艺主要有焊接、胶接和机械连接，其中焊接是最常用的连接成形工艺。

焊接通常是指金属的焊接，是通过加热或加压或两者同时并用，使两个分离的物体产生原子间结合力而连接成一体的成形方法。根据焊接过程中，加热程度和工艺特点的不同，焊接方法可以分为三大类：熔焊、压焊和钎焊。常见焊接方法的分类如图3-1所示。

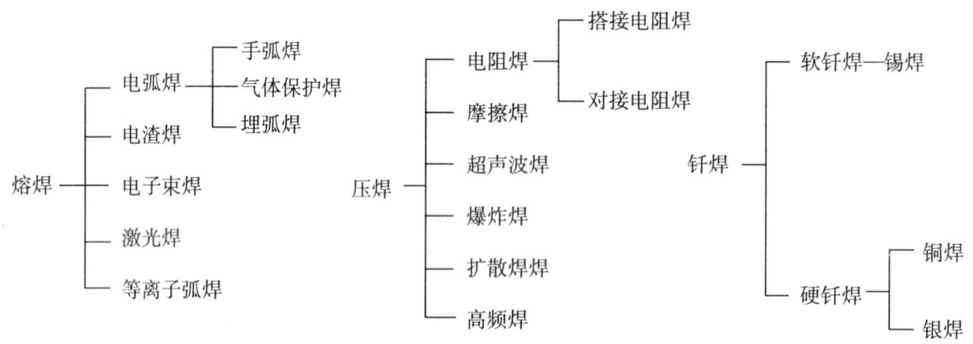

图3-1　常见焊接方法的分类

焊接成形可以节省金属材料，减轻结构重量；能以小拼大，化大为小，制造重型、复杂的机器零部件，简化铸造、锻造及切削加工工艺，可获得最佳经济效果；焊接接头具有良好的力学性能和密封性；另外还可以制造双金属结构，充分利用材料性能。焊接成形广泛应用于机器制造、造船工业、建筑工程、电力设备生产、航空及航天工业等。但是，焊接成形也存在一些不足之处，如焊接结构不可拆卸，会给维修带来不便；焊接结构中会存在焊接应力和变形；焊接接头的组织性能往往不均匀，并会产生焊接缺陷等。

胶接是使用黏结剂来连接各种材料。与其他连接方法相比，胶接不受材料类型的限制，能够实现各种材料之间的连接，而且具有工艺简单，应力分布均匀，密封性好，防腐节能，

应力和变形小等特点，已被广泛用于生产的各个领域。胶接的主要缺点：接头处力学性能较低，固化时间长，黏结剂易老化，耐热性差等。

机械连接有螺纹连接、销钉连接、键连结和铆钉连接，其中铆钉连接为不可拆连接，其余均为可拆连接。机械连接的主要特点：所采用的连接件一般为标准件，具有良好的互换性，选用方便，工作可靠，易于检修，其不足之处是增加了机械加工工序，结构重量大，密封性差，影响外观，且成本较高。

3.1　金属焊接成形的理论基础

3.1.1　熔焊成形基础

熔焊是利用热源将填充金属及工件局部加热熔化，形成熔池，然后随着热源的向前移动，熔池金属冷却结晶，形成焊缝。电弧焊是最常用的熔焊方法。

1. 焊接电弧与电弧焊冶金过程

(1)焊接电弧

电弧焊的热源是焊接电弧，它是在电极与工件之间强烈而持久的气体放电现象，即在电极与工件间的气体介质中有大量电子流过的导电现象。例如焊条电弧焊，引弧时先将焊条与工件(两极)瞬时接触短路，造成接触点处形成很大的电流并产生大量的热，再迅速将两极升温至熔化甚至气化状态，随即轻轻抬起焊条使两极分离一定的距离，两极间便产生电子发射，阴极电子射向阳极，同时两极间气体介质电离，形成电弧。电弧形成后，只要维持两极间一定的电压，即可维持电弧的稳定燃烧。

电弧具有电压低、电流大、温度高、能量密度大、移动性好等特点，所以是较理想的焊接热源。一般 20～30V 的电压即可维持电弧的稳定燃烧，而电弧中的电流可以从几十安培到几千安培以满足不同工件的焊接要求，电弧的温度可达 5000K 以上，可以熔化各种金属。

当使用直流电焊接时，焊接电弧由阴极区、阳极区、弧柱区三个部分组成，如图 3 -2 所示。阴极区发射电子，要消耗一定的能量，温度稍低；阳极区因接受高速电子的撞击而获得较高的能量，因而温度升高；在弧柱中从阴极到阳极的高速电子与粒子产生强烈碰撞，将大量的热释放给弧柱区，所以弧柱区具有很高的温度。钢焊条焊接钢材时，阴极区平均温度为 2400K，阳极区平均温度为 2600K。弧柱区的长度几乎等于电弧长度，温度可达 6000～ 8000K。

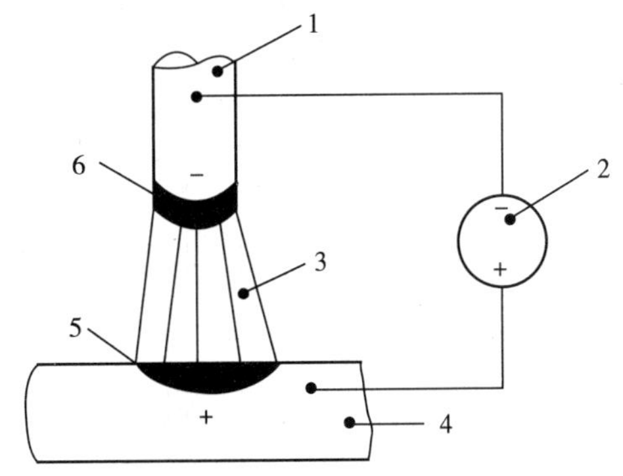

图 3 - 2　电弧的构造

1—电极；2—直流电极；3—弧柱区；
4—工件；5—阳极区；6—阴极区

焊接电弧所使用的电源称为弧焊电源，是由电弧焊机提供的。根据电流种类的不同焊条电弧焊机可分为交流弧焊机和直流弧焊机两大类。

采用直流弧焊机进行电弧焊时，有两种极性接法：当工件接阳极，焊条接阴极时，称为直流正接，此时工件受热较大，适合焊接厚大工件；当工件接阴极，焊条接阳极时，称为直流反接，此时工件受热较小，适合焊接薄小工件。交流焊机焊接时，因两极极性不断交替变化，故不存在正接或反接问题。

(2)电弧焊冶金过程

在焊接电弧作用下，母材和焊条不断熔化形成熔池，在高温下，液态金属、熔渣和周围气体之间会发生一系列冶金反应，与普通冶金（炼钢）过程类似，实际是金属再冶炼的过程。

与一般冶炼过程不同的是，焊接冶金过程中焊接冶金温度高，反应激烈，当电弧中有空气侵入时，液态金属会发生强烈的氧化、氮化反应，空气中的水分以及工件表面的油、锈、水在电弧高温下分解出的氢原子会溶入液态金属，导致接头塑性和韧性降低（氢脆），甚至产生裂纹；在高温下会出现大量金属蒸发以及合金元素烧损，导致接头力学性能下降；焊接熔池小，冷却速度快，使各种冶金反应难以达到平衡状态，焊缝中的化学成分不均匀，且熔池中气体、氧化物等来不及浮出，容易形成气孔、夹渣等缺陷，降低接头性能。

综上所述，为保证焊缝的质量，在电弧焊过程中通常会采取以下措施：

① 在焊接过程中，对熔化金属进行机械保护，使之与空气隔绝。保护方式有三种：气体保护、熔渣保护和气-渣联合保护。

② 对焊接熔池进行冶金处理，主要通过在焊接材料（焊条药皮、焊丝、焊剂）中加入一定量的脱氧剂（主要是锰铁和硅铁）和一定量的合金元素，在焊接过程中排除熔池中的 FeO，同时补偿合金元素的烧损。

2. 焊接接头的组织和性能

焊接时，随着焊接热源向前移动，后面的熔池金属迅速冷却结晶而形成焊缝。与此同时，与焊缝相邻两侧一定范围内的金属受到焊缝热传导的作用，被加热至不同温度，离焊缝越近，被加热的温度越高，反之越低。因此，在焊接过程中，靠近焊缝的金属相当于受到一次不同规范的热处理，组织性能发生了变化，形成了热影响区。焊缝和热影响区统称焊接接头。图 3－3 所示为低碳钢焊接接头温度分布与组织变化示意图。

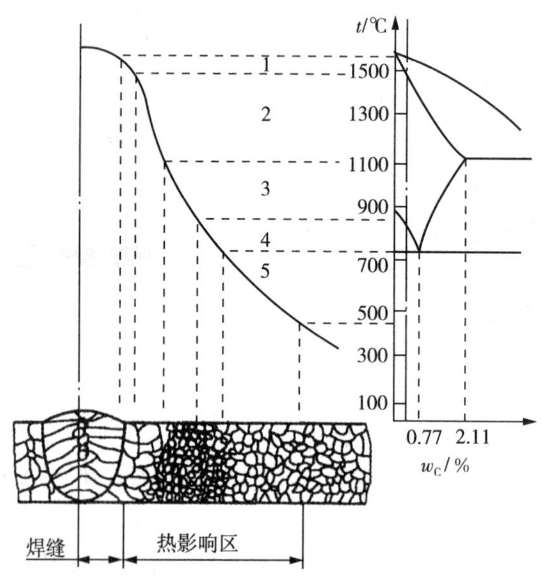

图 3－3 低碳钢焊接接头温度分布与组织变化示意图

1—熔合区；2—过热区；3—正火区；4—不完全重结晶区；5—再结晶区

(1)焊缝的组织和性能

焊缝组织是由熔池金属冷却结晶后得到的铸态组织。熔池金属的结晶一般从液-固交界处形核，垂直于熔池侧壁向熔池中心生长成为柱状晶粒。虽然焊缝是铸态组织，但由于熔池冷却速度较大，所以柱状晶粒并不粗大，加上焊条杂质含量低及其合金化作用，使焊缝化学成分优于母材，所以焊缝金属的力学性能一般不低于母材。

(2)焊揍热影响区的组织和性能

根据焊接热影响区各点受热温度的不同，可分为熔合区、过热区、正火区、完全重结晶区等区域。

① 熔合区为焊缝和母材金属的交界区。此区受热温度处于液相线与固相线之间与未熔化的母材金属共存，冷却后，其组织为部分铸态组织和部分过热组织，化学成分和组织极不均匀，因而塑性差、强度低、脆性大。这一区域很窄，只有 0.1～0.4mm，是焊接接头中力学性能最薄弱部位。

② 过热区的受热温度为固相线至 1100℃，奥氏体晶粒严重长大，冷却后得到晶粒粗大的过热组织，塑性和韧性差。过热区也是热影响区中性能最差的部位。

③ 正火区的受热温度为 1100℃～Ac_3，焊后空冷使该区内的金属相当于进行了正火处理，故其组织为均匀而细小的铁素体和珠光体组织，塑性、韧性较高，是热影响区中力学性能最好的区域。

④ 不完全重结晶区，也称部分正火区，受热温度为 Ac_3～Ac_1，只有部分组织转变为奥氏体，冷却后可获得细小的铁素体和珠光体，部分铁素体未发生相变，因此该区域晶粒大小不均匀，力学性能比正火区差。

⑤ 再结晶区 受热温度为 Ac_1～450℃。只有焊接前经过冷塑性变形(如冷轧、冲压等)的母材金属，才会在焊接过程中出现再结晶现象。如果焊前未经冷塑性变形，则热影响区中就没有再结晶区。

根据焊接热影响区的组织和宽度，可以间接判断焊缝的质量。一般焊接热影响区宽度越小，焊接接头的力学性能越好。影响热影响区宽度的因素：加热的最高温度、相变温度以上的停留时间等。如果被焊工件大小、厚度、材料、接头形式一定，焊接方法的影响也是很大的，表 3－1 列出了不同熔焊方法热影响区的平均尺寸。

表 3－1　焊接低碳钢时热影响区的平均尺寸　　单位：mm

焊接方法	各区平均尺寸			总宽度
	过热区	正火区	部分正火区	
焊条电弧焊	2.2～3.0	1.5～2.5	2.2～3.0	5.9～8.5
埋弧焊	0.8～1.2	0.8～1.7	0.7～1.0	2.3～3.9
气焊	21	4.0	2.0	27
电子束焊	—	—	—	0.05～0.75

(3)改善焊接接头组织和性能的措施

焊缝的组织虽然是铸态组织，但由于按等强度原则选择焊条，所以焊缝金属的强度一般不低于母材，其韧性也接近母材，只是塑性略有降低。焊接接头中塑性和韧性最低的区域为热影响区的熔合区和过热区，这主要是由于粗大的过热组织造成的，同时在这两个区域中，拉应力最大，所以它们是焊接接头中最薄弱的部位，往往成为裂纹发源地。

改善焊接接头特别是热影响区组织和性能的主要措施：合理选择焊接方法、接头形式与焊接规范，控制合适的焊后冷却速度，以尽量减小热影响区范围，细化晶粒，降低脆性，并可进行焊后热处理（退火或正火），改善热影响区的组织和性能。另外，应尽量选择低碳、含硫、磷量低的钢材作为焊接结构材料，避免焊接工件表面的油污、水分等，并合理选择焊条等焊接材料。

3. 焊接应力与变形

焊接过程对焊件的不均匀加热除了会引起焊接接头金属组织性能的变化，还会产生焊接应力和变形。焊接应力和变形会降低焊接结构的使用性能，引起焊接结构形状和尺寸的改变，甚至引起焊接裂纹，导致整个焊接结构破坏。减小焊接应力和变形，可以改善焊接质量，大大提高焊接结构的承载能力。

（1）焊接应力与变形的原因

产生焊接应力和变形的根本原因是在焊接过程中对工件的不均匀加热和冷却。以低碳钢平板的对接焊为例，其焊接应力和变形的形成过程如图 3－4 所示。

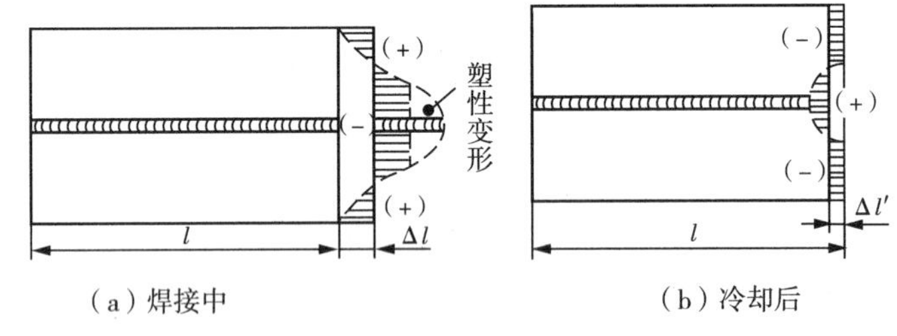

图 3－4　低碳钢平板对接焊时应力和变形的形成

焊接加热时，钢板上各部位的温度不均匀，焊缝区温度最高，离焊缝越远，温度越低。钢板各区因温度不同将产生大小不等的纵向膨胀。图 3－4a 所示的虚线表示钢板各区若能自由膨胀的伸长量分布，但钢板是个整体，各区无法进行自由膨胀，只能使钢板在长度方向上整体伸长 Δl，造成高温焊缝及邻近区域的伸长受到两侧低温区金属的阻碍而产生压应力（用符号"－"表示），两侧低温区金属则产生拉应力（用符号"＋"表示）。在焊缝及邻近区域自由伸长受阻产生的压缩变形中，图 3－4a 所示虚线包围部分的变形量是由于该区温度高、屈服强度低，所受压应力超过金属的屈服强度，产生的压缩塑性变形。

由于焊缝及邻近区域在高温时已产生了压缩塑性变形，而两侧区域未产生塑性变形。因此，在随后的冷却过程中，钢板各区若能自由收缩，焊缝及邻近区域将会缩至图 3－4b 所示的虚线位置，两侧区域则恢复到焊接前的原长。但这种自由收缩同样无法实现，由于整体作用，钢板的端面将共同缩短至比原始长度短 $\Delta l'$ 的位置，这样，焊缝及邻近区域收缩受阻而受拉应力作用，其两侧则受到压应力作用。

低碳钢平板对焊后会在焊缝及邻近区域产生拉应力，两侧产生压应力，平板整体缩短 $\Delta l'$。这种室温下保留在结构中的焊接应力和变形，称为焊接残余应力和变形。焊接应力和变形是同时存在的，焊接结构中不会只有应力或只有变形。当母材塑性较好且结构刚度较小时，焊接结构在焊接应力的作用下会产生较大的变形而残余应力较小；反之则变形较小而残余应力较大。焊接结构内部的拉应力和压应力总是保持平衡的，当平衡被破坏时（如车削加工)，结构内部的应力会重新分布，变形的情况也会发生变化，导致预想的加工精度不能实现。

焊接变形的本质是焊缝区的压缩塑性变形，而工件因焊接接头形式、焊接位置、钢板厚度、装配焊接顺序等因素的不同，会产生各种不同形式的变形。表 3-2 是五种常见的焊接变形形式。

表 3-2　常见焊接变形的基本形式

变形形式	示意图	产生原因
收缩变形	横向收缩 纵向收缩	焊接后焊缝的纵向(沿焊缝长度方向)和横向(沿焊缝宽度方向)收缩引起
弯曲变形	挠度	T 形梁焊接时，焊缝位置不对称，由焊缝纵向收缩引起
波浪变形		薄板焊接时，焊接应力使薄板局部失稳而引起
角变形	α α	由于焊缝横截面形状上下不对称，焊缝横向收缩不均引起
扭曲变形	α	工字梁焊接时，由于焊接顺序和焊接方向不合理而使机构上出现扭曲

(2)预防和减小焊接应力和变形的工艺措施

① 焊前预热

减小工件上各部分的温差，降低焊缝区的冷却速度，从而减小焊接应力和变形，预热温度一般为 400℃以下。

② 选择合理的焊接顺序

尽量使焊缝能自由收缩，以减小焊接残余应力。图 3-5 所示为一大型容器底板的焊接顺序，若先焊纵向焊缝③，再焊横向焊缝①和②，则焊缝①和②在横向和纵向的收缩都会受到阻碍，焊接应力增大，焊缝交叉处和焊缝上都极易产生裂纹。因此应先焊焊缝①和②，再焊焊缝③比较合理。

对称焊缝采用分散对称焊工艺,长焊缝尽可能采用分段退焊或跳焊的方法进行焊接,以缩短加热时间,降低接头区温度,并使温度分布均匀,从而减小焊接应力和变形,如图 3-6、图 3-7 所示。

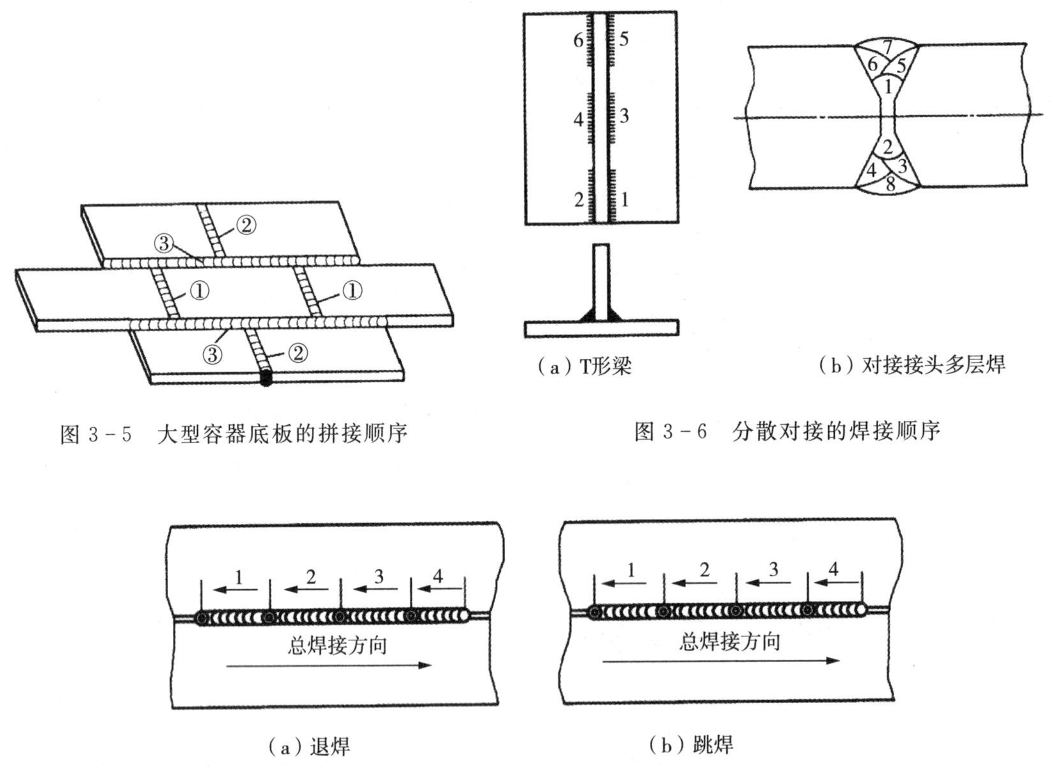

(a) T形梁　　(b) 对接接头多层焊

图 3-5　大型容器底板的拼接顺序

图 3-6　分散对接的焊接顺序

(a) 退焊　　(b) 跳焊

图 3-7　长焊缝的分段焊

③ 加热减应区

铸铁补焊时,在补焊前可对铸件上的适当部位进行加热,以减小对焊接部位伸长的约束,焊后冷却时,加热部位与焊接处一起收缩,从而减小焊接应力。被加热的部位称为减应区,这种方法称为加热减应区法,如图 3-8 所示。利用这个原理也可以焊接一些刚度比较大的工件。

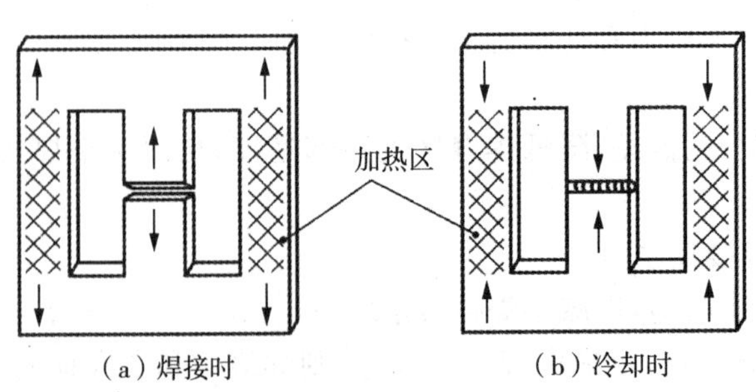

(a) 焊接时　　(b) 冷却时

图 3-8　加热减应区法

④ 反变形法

焊接前预测焊接变形量和变形方向，在焊前组装时将被焊工件向焊接变形相反的方向进行人为变形，以达到抵消焊接变形的目的，如图 3－9 所示。

⑤ 刚性固定法

利用夹具等强制手段，以外力固定被焊工件来减小焊接变形，如图 3－10 所示。该法能有效减小焊接变形，但会产生较大的焊接应力，所以一般只用于塑性较好的低碳钢结构。

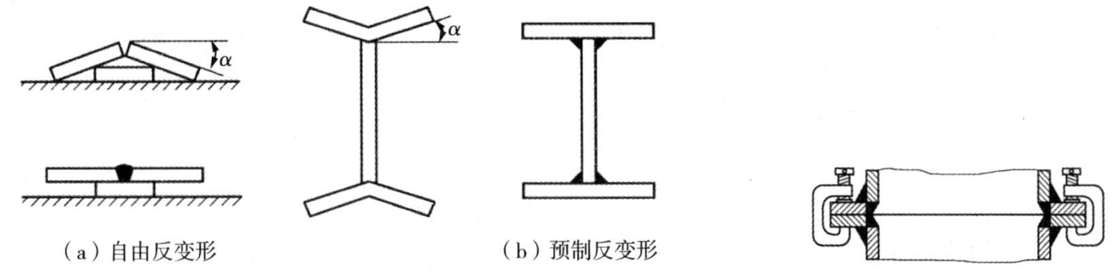

（a）自由反变形　（b）预制反变形

图 3－9　反变形法　　图 3－10　刚性固定法

对大型或结构较为复杂的工件，也可以先组装后焊接，即先将工件用点焊或分段焊定位后，再进行焊接。这样可以利用工件整体结构之间的相互约束来减小焊接变形。但这样会产生较大的焊接应力。

(3)消除焊接应力和矫正焊接变形的方法

① 消除焊接应力的方法

常见的有三种方法：锤击焊缝、焊后热处理和机械拉伸法。锤击焊缝即焊后用圆头小锤对红热状态下的焊缝进行锤击，可以延展焊缝，从而使焊接应力得到一定的释放；焊后可对工件进行去应力退火，对于消除焊接应力具有良好效果，例如将碳素钢或低合金结构钢工件整体加热到 580～680℃，保温一定时间后，空冷或随炉冷却，一般可消除 80%～90%的残余应力，对于大型工件，可采用局部高温退火来降低应力峰值；机械拉伸法通过对工件进行加载，使焊缝区产生微量塑性拉伸，可以使残余应力降低。例如，压力容器在进行水压试验时，将试验压力加到工作压力的 1.2～1.5 倍，这时焊缝区发生微量塑性变形，应力被释放。

② 矫正焊接变形的措施

当焊接变形超过设计允许量时，必须对焊件变形进行矫正。矫正变形的基本原理是产生新的变形抵消原来的焊接变形。常见的方法：机械矫正变形和火焰矫正变形。

机械矫正变形利用压力机加压或锤击等机械力，产生塑性变形来矫正焊接变形，如图3－11 所示。这种方法适用于塑性较好、厚度不大的工件。

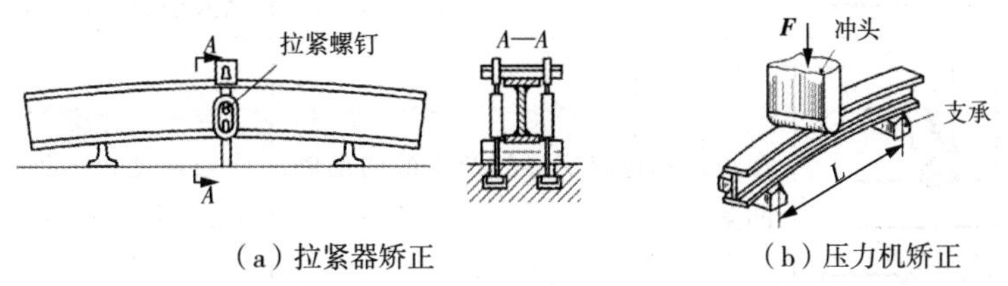

（a）拉紧器矫正　（b）压力机矫正

图 3－11　工字钢弯曲变形的机械矫正

火焰矫正变形利用金属局部受热后的冷却收缩来抵消已发生的焊接变形。这种方法主要用于低碳钢和低淬硬倾向的低合金钢。火焰矫正一般采用气焊焊炬，无须专门设备，其效果主要取决于火焰加热位置和加热温度。加热位置通常以点状、线状和三角形加热变形伸长部分，使之冷却产生收缩变形，以达到矫正的目的，加热温度范围通常为 600～800℃。图 3－12 所示为 T 形梁上拱变形的火焰矫正方法。

4. 焊接缺陷与检验

焊接质量检验是鉴定焊接产品质量优劣的手段，是焊接结构生产过程中必不可少的步骤。在焊接接头处，除焊缝外形尺寸不符合要求外，还存在气孔、夹渣、裂纹、未焊透等各种不符合安全使用的缺陷。这些缺陷的产生一般是由结构设计不合理、原材料不符合要求、接头焊前准备不充分、焊接工艺选择不当或焊接操作技术水平不高等各种原因造成。焊接缺陷除影响焊缝美观外，主要是减少了焊缝的有效承载面积，造成应力集中，引起裂纹，从而直接影响焊接结构的使用安全。所以，只有经过焊接质量检验后的焊接产品，其安全使用性能才能得到保证。

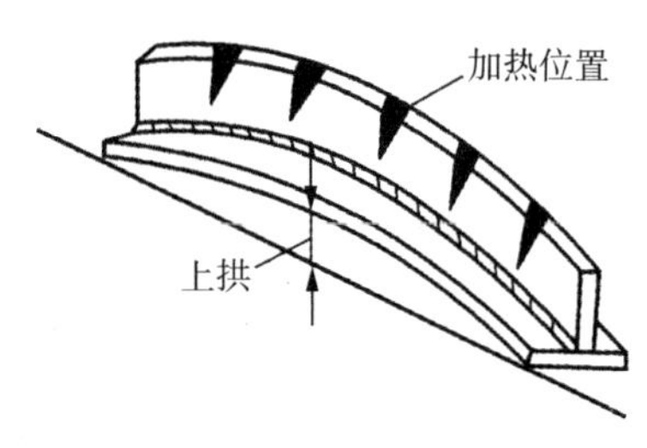

图 3－12　T 形梁上拱

(1)焊接缺陷

在焊接生产过程中，由于设计、工艺、操作中各种因素的影响，往往会产生各种焊接缺陷。焊接缺陷不仅会影响焊缝的美观，还有可能会减小焊缝的有效承载面积，造成应力集中，引起断裂，直接影响焊接结构使用的可靠性。表 3－3 列出了常见的焊接缺陷及其产生的原因。

表 3－3　常见焊接缺陷及其产生原因

缺陷名称	示意图	特征	产生原因
气孔		焊接时，熔池中过饱和的 H、N 以及冶金反应产生的 CO，在熔池凝固时未能逸出，在焊缝中形成的空穴	焊接材料不清洁；弧长太长，保护效果差；焊接规范不恰当，冷却速度太快；焊前清理不当
裂纹		热裂纹：沿晶界开裂，具有氧化色泽，多在焊缝上，焊后立即开裂； 冷裂纹：穿晶开裂，具有金属色泽，多在热影响区，有延时性，可发生在任何时刻	热裂纹：母材硫、磷质量分数高；焊缝冷速太快，焊接应力大；焊接材料选择不当； 冷裂纹：母材淬硬倾向大；焊缝含氢量高；焊接残余应力较大
夹渣		焊后残留在焊缝中的非金属夹杂物	焊道间的熔渣未清理干净；焊接电流太小、焊接速度太快；操作不当
咬边		在焊缝和母材交界处产生的沟槽和凹陷	焊条角度和摆动不正确；焊接电流太大、电弧过长

（续表）

缺陷名称	示意图	特征	产生原因
焊瘤		焊接时，熔化金属流淌到焊缝区之外的母材上所形成的金属瘤	焊接电流太大、电弧过长、焊接速度太慢；焊缝位置和运条不当
未焊透		焊接接头的根部未完全熔透	焊接电流太小、焊接速度太快；坡口角度太小、间隙过窄、钝边太厚

（2）焊接质量检验

焊接质量检验是焊接生产的重要环节，包括焊前检验、焊接生产过程中的检验及焊后成品检验。焊前检验，是指焊接前对焊接原材料的检验，对设计图纸与技术文件的论证检验；生产过程中的检验，是在焊接生产各工序间的检验，主要是外观检验。在这两个过程中，应认真检查影响焊接质量的因素，以防止和减少焊接缺陷的产生。成品检验，主要是对焊接接头的缺陷情况和性能进行成品检验，这是焊接产品制成后的最后质量评定检验。焊接产品只有在经过有关检验并证明已达到设计要求的质量标准后，才能以成品形式出厂。

检验方法可分为无损检验和破坏检验两大类。无损检验是不损坏被检查材料或成品的性能及完整性的检验方法，如磁粉检验、超声波检验、密封检验等。破坏检验是从焊件或试件上切取试样，或以产品（或模拟体）的整体破坏做实验，以检查其各种力学性能的试验法。

破坏性检验主要包括焊缝的化学成分分析、金相组织分析和力学性能试验，主要用于科研和新产品试生产；非被坏性检验的方法很多，由于不对产品产生损害，因而在焊接质量检验中占有很重要的地位。常用的非破坏性检验方法如下。

① 外观检验

用肉眼或借助样板、低倍放大镜（5～20 倍）检查焊缝成形、焊缝外形尺寸是否符合要求，焊缝表面是否存在缺陷，所有焊缝在焊后都要经过外观检验。

② 致密性检验

对于贮存气体、液体、液化气体的各种容器、反应器和管路系统，都要对焊缝和密封面进行致密性试验。常用的方法：水压试验、气压试验和煤油试验。

水压试验主要用于承受较高压力的容器和管道。这种试验不仅用于检查有无穿透性缺陷，同时也可检验焊缝强度。试验时，先将容器中灌满水，然后将水压提高至工作压力的 1.2～1.5 倍，并保持 5min 以上，再降压至工作压力，并用圆头小锤沿焊缝轻轻敲击，检查焊缝的渗漏情况。

气压试验用于检查低压容器、管道和船舶舱室等的密封性。试验时将压缩空气注入容器或管道，在焊缝表面涂抹肥皂水，以检查渗漏位置。也可将容器或管道放入水槽，然后向工件中通入压缩空气，观察是否有气泡冒出。

煤油试验用于不受压的焊缝及容器的检验。在焊缝一侧涂上石灰水溶液，干燥后在另一侧涂刷煤油。若焊缝有穿透性缺陷，煤油穿透力较强，会渗过缺陷，在涂有石灰水的一侧出现黑色斑纹，由此可确定缺陷的位置。如在 15～30min 内未出现黑色斑纹，即认为合格。

3)表面缺陷检验 常用的方法有:磁粉检验、渗透探伤和着色检验。

磁粉检验用于检验铁磁性材料的工件表面或近表面处缺陷(裂纹、气孔、夹渣等)。其原理是将工件放置在磁场中磁化,使其内部通过分布均匀的磁力线,并在焊缝表面撒上细磁铁粉。若焊缝表面无缺陷,则磁铁粉均匀分布;若表面有缺陷,则一部分磁力线会绕过缺陷;若暴露在空气中,形成漏磁场,则该处会出现磁粉集聚现象。根据磁粉集聚的位置、形状、大小可判断出缺陷的情况。

渗透探伤只适用于检查工件表面难以用肉眼发现的缺陷,对于表层以下的缺陷无法检出。常用荧光检验和着色检验两种方法。荧光检验是把荧光液(含 MgO 的矿物油)涂在焊缝表面,荧光液具有很强的渗透能力,能够渗入表面缺陷中,然后将焊缝表面擦净,在紫外线的照射下,残留在缺陷中的荧光液会出现黄绿色反光。根据反光情况,可以判断焊缝表面的缺陷状况。荧光检验一般用于非铁合金工件表面的探伤。

着色检验是将着色剂(含有苏丹红染料、煤油、松节油等)涂在焊缝表面,遇有表面裂纹,着色剂会渗透进去。经过一定时间后,将焊缝表面擦净,喷上一层白色显像剂,保持 15～30min 后,若白色底层上显现红色条纹,即表示该处有缺陷存在。

5. 内部缺陷无损探伤

常用的方法:超声波探伤和射线探伤。

超声波探伤主要用于探测材料内部缺陷。超声波具有光波的反射性,在两种介质的界面上会发生反射。当超声波通过探头从工件表面进入内部遇到的缺陷和工件底面时,分别发生反射。反射波信号被接收后在荧光屏上出现脉冲波形,根据脉冲波形的高低、间隔、位置,可以判断出缺陷的有无位置和大小,但不能确定缺陷的性质和形状。超声波探伤主要检查表面光滑、形状简单的厚大工件,且常与射线探伤配合使用,用超声波探伤确定有无缺陷,发现缺陷后用射线探伤确定其性质、形状和大小。

射线探伤利用 X 射线或 γ 射线照射焊缝,根据底片感光程度不同检查焊接缺陷。由于焊接缺陷的密度比金属小,故在有缺陷处底片感光度大,显影后底片上会出现黑色条纹或斑点,根据底片上黑色条纹或斑点的位置、形状、大小即可判断缺陷的位置、大小和种类。X 射线探伤宜用于厚度为 50mm 以下的工件,γ 射线探伤宜用于厚度为 50～150mm 的工件。

3.2 常用的焊接方法及设备

3.2.1 熔焊其他手艺

1. 手工电弧焊

手工电弧焊在焊接时由焊工手工操作焊条进行焊接,是应用最为广泛的金属焊接方法,如图 3－13 所示。

(1)焊接特点

焊接设备简单,应用灵活方便,可以进行各种位置及各种不规则焊缝的焊接;焊条产品系列完整,可以焊接大多数常用金属材料。但焊条载流能力有限(20～500A),焊接厚度一般为3～20mm，生产率较低。焊接质量很大程度上取决于焊工的操作技能，且焊工需要在高温、尘雾环境下工作，劳动条件差，强度大；另外，焊条电弧焊不适合焊接一些活泼金属、难熔金属及低熔点金属。

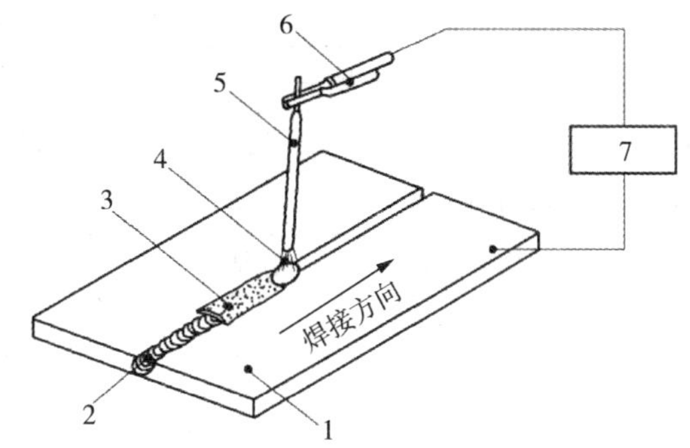

图3-13　焊条电弧示意

(2)焊条

① 焊条的组成与作用

焊条是焊条电弧焊所使用的熔化电极与焊接材料，它由芯部的金属焊芯和表面药皮涂层组成。

焊芯可作为电极，导电产生电弧，形成焊接热源；也可熔化后作为填充金属成为焊缝的一部分，其化学成分和质量直接影响焊缝质量。几种常用的结构钢焊条焊芯牌号和化学成分见表3-4牌号中“H”是“焊”字拼音首位大写，后面的两位数字表示碳质量分数的万分数，尾部字母“A”“E”分别表示优质钢、高级优质钢。焊条直径用焊芯直径表示，一般为1.6～8.0mm，其中以3.2～5.0mm的焊条应用最广。焊条长度通常为300～450mm。

表3-4　常用焊接钢丝的牌号和化学成分(摘自GB/T 14957-1994)

牌号	质量分数 w(%)							
	w_C	w_{Mn}	w_{Si}	w_{Cr}	w_{Ni}	w_{Cu}	w_S	w_P
H08A	≤0.10	0.30～0.55	≤0.03	≤0.20	≤0.30	≤0.20	≤0.030	≤0.030
H08E	≤0.10	0.30～0.55	≤0.03	≤0.20	≤0.30	≤0.20	≤0.020	≤0.020
H08MnA	≤0.10	0.80～1.10	≤0.07	≤0.20	≤0.30	≤0.20	≤0.030	≤0.030

药皮主要作用是保证电弧稳定燃烧；造气、造渣以隔绝空气，保护熔化金属；对熔化金属进行脱氧、去硫、渗入合金元素等。各种原料粉末如碳酸钾、碳酸钠、大理石、萤石、锰铁、硅铁、钾钠水玻璃等，按其作用以一定比例配成涂料，压涂在焊芯表面以形成药皮。

② 焊条的种类

焊条按熔渣性质的不同分为酸性焊条和碱性焊条。

酸性焊条形成的熔渣以酸性氧化物居多，氧化性强，合金元素烧损失，焊缝中氢含量高，塑性和韧性不高，抗裂性差。但酸性焊条具有良好的工艺性，对油、水、锈不敏感，交直流电源均可用，广泛应用于一般钢结构件的焊接。

碱性焊条又称低氢焊条，形成的熔渣以碱性氧化物居多，药皮成分主要为大理石和萤石，并含有较多铁合金，其有益元素较多，有害元素较少，脱氧、除氢、渗合金作用强，使焊缝力学性能得到提高，与酸性焊条相比，焊缝金属的含氢量低，塑性与抗裂性好。但碱性焊条对油污、水、锈较敏感，易出现气孔，焊接时易产生较多有毒物质，且电弧稳定性差，一般要求采用直流焊接电源，主要用于焊接重要的钢结构。

焊条按用途分为十大类，见表3-5。

表 3-5 焊条类型

焊条按用途分类(行业标准)			焊条按成分分类(国家标准)		
类别	名称	代号	国家标准编号	名称	代号
一	结构钢焊条	J(结)	GB/T 5117—2012	非合金钢及细晶粒焊条	E
一	结构钢焊条	J(结)	GB/T 5118—2012	热强钢焊条	
二	钼和铬钼耐热钢焊条	R(热)			
三	低温钢焊条	W(温)			
四	不锈钢焊条	G(铬) A(奥)	GB/T 983—2012	不锈钢焊条	
五	堆焊焊条	D(堆)	GB/T 984—2001	堆焊焊条	ED
六	铸铁焊条	Z(铸)	GB/T 10044—2006	铸铁焊条	EZ
七	镍及镍合金焊条	Ni(镍)	GB/T 13814—2008	镍及镍合金焊条	ENi
八	铜及铜合金焊条	T(铜)	GB/T 3670—1995	铜及铜合金焊条	ECu
九	铝及铝合金焊条	L(铝)	GB/T 3669—2001	铝及铝合金焊条	E
十	特殊用途焊条	TS(特)	—	—	—

(3)焊条的牌号与型号

焊条型号是国家标准中的焊条代号，如 E4303、E5015、E5016 等，见国家标准 GB/T5117—2012。焊条牌号是焊条行业统一的焊条代号，如 J422(结 422)、Z248(铸 248)等，牌号中，以大写拼音字母或汉字表示焊条的类别，如"J"(结)表示结构钢焊条，"Z"(铸)表示铸铁焊条。后面的三位数字中，前两位表示焊缝金属的强度、化学成分、工作温度等性能，如"42"表示结构钢焊缝金属的抗拉强度(R_m)不低于 420MPa，第三位数字表示焊条药皮的类型和焊接电源，如"2"表示氧化钛钙型药皮，交流、直流电源均可使用，"8"表示石墨型药皮，交流、直流电源均可使用。

焊条药皮类型及焊接电源种类，见表 3-6。

表 3-6 焊条药皮类型及焊接电源种类编号

编号	0	1	2	3	4	5	6	7	8	9
药皮类型	不规定酸性	氧化钛型酸性	氧化钛钙型酸性	钛铁矿型酸性	氧化铁型酸性	纤维素型酸性	低氢钾型碱性	低氢钠型碱性	石墨型	盐基型
电源种类	—	交直流	交直流	交直流	交直流	交直流	交流/直流反接	直流反接	交直流	直流反接

2. 埋弧焊

电弧埋在焊剂层下燃烧进行焊接的方法称为埋弧焊，其引弧、焊丝送进、移动电弧、收弧等动作一般由机械自动完成，通常又称埋弧自动焊。

(1)埋弧焊焊接原理与特点

① 埋弧焊焊接原理

埋弧焊如图 3-17 所示，焊接时，焊剂从焊剂漏斗中流出，均匀堆敷在工件表面，焊丝由送丝机构自动送进，经导电嘴进入电弧区，焊接电源分别接在导电嘴和工件上以产生电弧，焊剂漏斗、送丝机构及控制盘等通常都装在一台电动小车上，小车可以接调定的速度沿着焊缝自动行走。由图 3－18 所示的埋弧焊焊缝形成的纵截面图中，电弧在颗粒状的焊剂层下燃烧，电弧周围的焊剂熔化形成熔渣，工件金属与焊丝熔化成较大体积的熔池，熔池被熔渣覆盖，熔渣既能起到隔绝空气保护熔池的作用，又阻挡了弧光对外辐射和金属飞溅，焊机带着焊丝均匀向前移动(或焊机不动，工件匀速运动)，熔池金属被电弧气体排挤向后堆积形成焊缝。

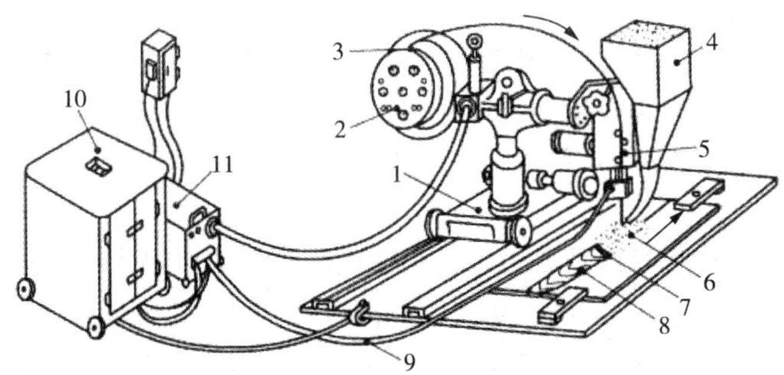

图 3－17　埋弧焊示意图

1—焊接小车；2—控制盘；3—焊丝盘；4—焊剂漏斗；5—焊接机头；6—焊剂；7—渣壳；8—焊缝；9—焊接电缆；10—焊接电源；11—控制箱

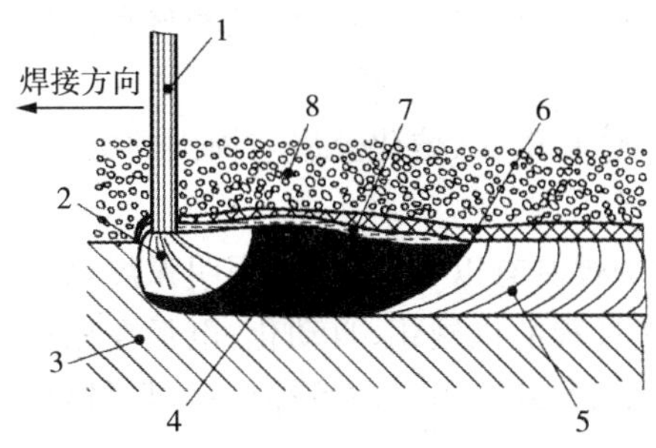

图 3－18　埋弧焊焊缝形成纵截面图

1—焊丝；2—电弧；3—工件；4—熔池；5—焊缝；6—渣壳；7—液态熔渣；8—焊剂

② 埋弧焊特点

与焊条电弧焊相比，埋弧焊具有如下优点。

a. 生产率高。焊接电流高达 1000A，比焊条电弧焊大得多，一次熔深大，焊接速度快，且焊接过程可连续进行，无须频繁更换焊条，因此生产率比焊条电弧焊高 5～20 倍。

b. 焊接质量好。熔渣对熔化金属的保护严密，冶金反应较彻底，且焊接工艺参数稳定，焊缝成形美观，焊接质量稳定。

c. 节省焊接材料电弧能量集中，飞溅小，厚度为 24mm 以下的钢板焊接时可不开坡口，无焊条头的浪费，多余焊剂可回收使用。

d. 劳动条件好。焊接时没有弧光辐射，焊接烟尘小，焊接过程自动进行。

但埋弧焊也有一定的局限性，只适于平焊焊接以及批量生产的中厚板(厚度为 6～

60mm)结构的长直焊缝和直径为250mm以上的环形焊缝。对于一些形状不规则的焊缝及薄板无法焊接,也难以焊接铝、钛等氧化性强的金属和合金。主要适用于碳素钢、低合金结构钢、不锈钢和耐热钢以及镍、铜合金等材料。

(2)焊接材料与焊接工艺

① 焊接材料焊接材料包括焊剂和焊丝。

a. 焊剂的作用与焊条药皮相似,接熔渣性质分为酸性、中性和碱性焊剂三大类,酸性和碱性焊剂的特点与焊条药皮类似,中性焊剂介于两者之间。焊剂品牌有高锰高硅型、中锰中硅型、低锰无锰型、硅锰烧结型等。

b. 焊丝的作用与焊芯相似,常用焊丝直径为1.6～6mm,它除了作为电极和填充金属外,还具有脱氧、去硫、渗合金等冶金处理作用。其牌号如H08MnA、H08Mn2、H08A等(见《埋弧焊用碳钢焊丝和焊剂》GB/T 5293—1999)。

② 焊接工艺

为提高焊接质量,埋弧焊的坡口要求比焊条电弧焊的坡口要求更高,并要清理坡口的油污、锈蚀、氧化皮和水分。焊接装配时要求工件间隙均匀、高低平整不错边。为易于焊透,减小焊接变形,应尽量采用双面焊;在只能采用单面焊时,为防止烧穿并保证焊缝的反面成形,应采用反面衬垫。

埋弧焊时,必须根据焊接工件材料和厚度,正确选配焊丝和焊剂,合理选择焊丝直径、焊接电流和焊接速度等焊接参数,保证焊接时电弧稳定、焊缝成形好、内部无缺陷,以获得高质量的埋弧焊焊缝,并在保证质量的前提下,减少能量和材料消耗,降低成本,提高生产率。

3. 气体保护电弧焊

气体保护电弧焊是用气体将电弧、熔化金属与周围的空气隔离,防止空气与熔化金属发生冶金反应,以保证焊接质量。

与埋弧焊相比,气体保护焊具有以下特点:采用明弧焊,熔池可见性好,适用于全位置焊接,焊后无熔渣,有利于焊接过程的机械化、自动化;电弧在保护气流压缩下燃烧,热量集中,焊接热影响区窄,工件变形小,尤其适用于薄板焊接;可焊材料广泛,可用于各种黑色金属和非铁合金的焊接。

气体保护电弧焊的保护气体有两种:一种是惰性气体,如氩气(Ar)、氦气(He)等;另一种是活性气体,如CO_2气体等。

(1)氩弧焊

氩弧焊是利用氩气(Ar)作为保护气体的电弧焊。高温下,氩气不与金属起化学反应,也不溶入金属,保护作用好,电弧稳定性好,金属飞溅小,焊接质量高。但氩弧焊设备较复杂,且氩气成本高,故氩弧焊成本较高。其主要用于易氧化的非铁合金和合金钢的焊接,如铝、镁、钛及其合金以及不锈钢、耐热钢等。氩弧焊按所用电极的不同,可分为熔化极氩弧焊和钨极(非熔化极)氩弧焊两种,如图3-19所示。

① 钨极氩弧焊。

如图3-19a所示,以钨-钍合金和钨-铈合金为阴极,利用钨合金的熔点高、发射电子能力强、阴极产热少、钨极寿命长的特点,形成不熔化极氩弧焊。氩气通过喷嘴进入电弧区将电极、工件、焊丝端部与空气隔绝开。

采用钨极氩弧焊焊接钢、钛及铜合金时，应采用直流正接，这样可使钨极处在温度较低的负极，减小其熔化烧损，利于工件的熔化；但在焊接铝、镁合金时，只有在工件接负极时，工件表面受正离子的撞击，才能使工件表面的 Al_2O_3、MgO 等氧化膜被击碎，从而保证工件的焊合，但这样会使钨极烧损严重，因此通常采用交流电源，可在工件接正极时（即交流电的正半周）使钨极得到一定的冷却，从而减少其烧损。另外，为了减少钨极的烧损，焊接电流不宜过大，所以钨极氧弧通常只适用于厚度为 0.5～6mm 的薄板焊接。

钨极氩弧焊的焊接工艺参数主要包括：钨极直径、焊接电流、电源种类和极性、喷嘴直径和氩气流量、焊丝直径等。

② 熔化极氢弧焊

如图 3-19b 所示，以连续送进的焊丝作为电极并兼作填充金属，焊丝在送丝滚轮的输送下，进入导电嘴，与工件之间产生电弧，并不断熔化，形成很细小的熔滴，以喷射形式进入熔池，与熔化的母材一起形成焊缝。

与钨极氩弧焊不同，熔化极氩弧焊均采用直流反接，以提高电弧的稳定性，因此可采用较大的电流焊接 25mm 以下厚度的工件。直流反接对铝件的焊接十分有利，如以 450A 电流焊接铝合金时，不开坡口可一次焊透 20mm，而同样厚度用钨极氩弧焊时，则要焊 6～7 层。

熔化极氩弧焊的焊接工艺参数主要有焊丝直径、焊接电流、电弧电压、送丝速度和保护气体的流量等。

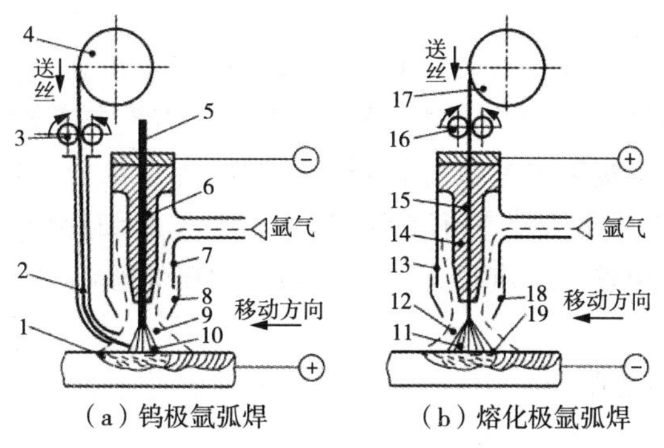

图 3-19　氩弧焊示意图

1、19—熔池；2、15—焊丝；3、16—送丝滚轮；4、17—焊丝盘；5—钨极；
6、14—导电嘴；7、13—焊炬；8、18—喷嘴；9、12—氩气流；10、11—电弧

(2)二氧化碳气体保护焊

二氧化碳气体保护焊是以 CO_2，为保护气体的熔化极电弧焊，如图 3-20 所示。采用 CO_2，作为保护气，一方面 CO_2，可以将电弧、熔化金属与空气机械地隔离；另一方面，在电弧的高温作用下，CO_2会分解为 CO 和 O，因而具有较强的氧化性，会使 Mn、Si 等合金元素烧损，焊缝增氧，力学性能下降，还会形成气孔。另外，由于 CO_2气流的冷却作用及强烈的氧化反应，会导致电弧稳定性差、金属飞溅大、弧光强、烟雾大等问题，CO_2气体保护焊不宜用于焊接高合金钢和非铁合金，主要用于焊接低碳钢和低合金结构钢的焊接。为补偿合金元素烧损和充分脱氧防止气孔，需采用含 Si、Mn 等合金元素的焊丝，如 H08Mn2Si、

H08Mn2SiA 等。为减小飞溅，保持电弧稳定，通常采用直流反接法。

CO_2气体保护焊所用 CO_2 气体价格低，因而焊接成本低，仅为焊条电弧焊和埋弧焊的40%～50%；而且 CO_2 电弧穿透能力强，熔深大，焊接速度快，生产率比焊条电弧焊高 1～4 倍。

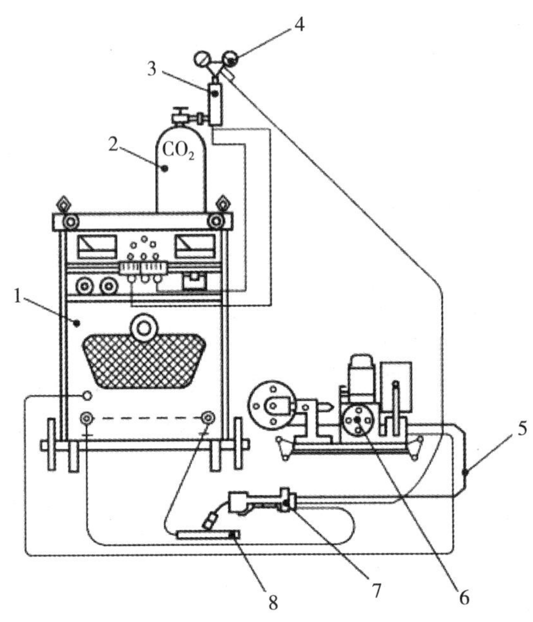

图 3-20　CO2 气体保护焊示意图

1—焊接电源及控制；2—CO_2 气瓶；3—预热干燥器；4—气阀；5—焊丝；6—送丝机构；7—焊枪；8—工件

CO_2气体保护焊的焊接工艺参数包括：焊丝直径、焊接电流、电弧电压、送丝速度、电源极性、焊接速度和保护气流量等。直径为 0.6～1.2mm 的细焊丝，适合焊接厚度为 0.8～4mm 的薄板，生产中应用较多。直径为 1.6～4mm 的粗焊丝，适合焊接 3～25mm 厚的中厚板，生产中应用较少。

4. 等离子弧焊接与切割

(1)等离子弧

等离子弧发生装置如图 3-21 所示，在钨极 1 与工件 5 之间加一高压产生电弧后，电弧通过水冷喷嘴产生机械压缩效应，在一定压力和流量的冷气流(氩气)的均匀包围下产生热压缩效应，以及在带电粒子流自身磁场电磁力的作用下产生电磁收缩效应，弧柱被压缩，截面减小，电流密度提高，使弧柱气体完全处于电离状态，这种完全电离的气体称为等离子体，被压缩的能量高度集中的电弧称等离子弧，其温度可达到 30000K。等离子弧被广泛应用于焊接、切割等领域。

(2)等离子弧焊接

利用电弧压缩效应，获得较高能量密度的等离子弧进行焊接的方法，称为等离子弧焊接，它实际上是一种具有压缩效应的钨极氩弧焊。它除了具有钨极氩弧焊的一些特点外，还具有以下特点：

① 等离子弧能量密度大，弧柱温度高，一次熔深大，生产率高。焊接 12mm 以下钢板可

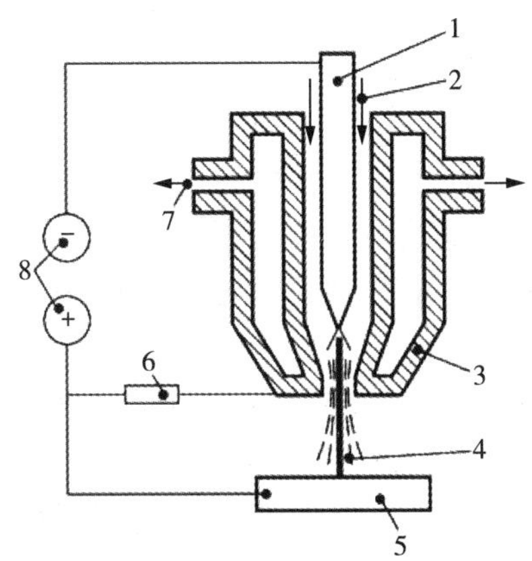

图3-21 等离子弧发生装置原理图

1—钨极;2—冷气流;3—水冷喷嘴;4—等离子弧;5—工件;6—电阻;7—冷却水;8—直流电源

不开坡口、装配不留间隙,焊接时不加填充金属,可单面焊、双面成形。

② 等离子弧稳定,热量集中,热影响区小,焊接变形小,焊接质量高。

③ 电流小到0.1A,等离子弧仍能稳定燃烧,并保持良好的挺直度和方向性,因而可以焊接金属薄箔,最小厚度可达0.025mm。

但等离子弧焊存在设备复杂、投资高、气体消耗量大等问题,目前生产上主要应用于国防工业以及尖端技术中,焊接一些难熔、易氧化、热敏感性强的材料,如Mo、W、Cr、Ti及其合金、耐热钢、不锈钢等,也用于焊接质量要求较高的一般钢材和非铁合金。

(3)等离子弧切削

等离子弧切削是利用等离子弧的高温高速弧流使切口的金属局部熔化以致蒸发,并借助高速气流或水流将熔化的材料吹离基体形成切口的切削方法。它具有切削速度快,生产率高,工件切口狭窄,边缘光滑平整,变形小等特点。主要用于不锈钢、非铁合金、铸铁等难以用氧乙炔火焰切割的金属材料以及非金属材料的切削,切削厚度可达200mm。目前,空气等离子弧切削的工业应用已扩展到碳钢和低合金钢,使等离子弧切削成为一种重要的切割方法。

5. 气焊与气割

(1)气焊

气焊是利用可燃气体在氧气中燃烧时所产生的热量,将母材焊接处熔化而实现连接的一种熔焊方法。生产中常用的可燃气体有乙炔、液化石油气等。以乙炔为例,其在氧气中燃烧时的火焰温度可达3200℃。氧乙炔火焰有中性焰、碳化焰和氧化焰三种。

① 中性焰。氧气与乙炔体积混合比为1~1.2,乙炔充分燃烧,焰内无过量氧和游离碳,适合焊接低、中碳钢和纯铜、青铜、铝合金等材料。

② 碳化焰。氧气和乙炔体积混合比小于1,乙炔过剩,适用于焊接高碳钢、铸铁等材料。

③ 氧化焰。氧气与乙炔体积混合比大于1.2,氧气过剩,对熔池有氧化作用,一般不宜采用,只适用于黄铜等材料的焊接。

气焊时,应根据工件材料选择焊丝和气焊熔剂。气焊的焊丝只作为填充金属,与熔化的母材一起组成焊缝金属。焊接低碳钢时，常用的焊丝有 H08、H08A 等。焊丝直径根据工件厚度选择，一般与工件厚度不宜相差太大。气焊熔剂的作用是保护熔化金属，去除焊接过程中形成的氧化物，增加液态金属的流动性。

与电弧焊比较，气焊火焰温度低，加热速度慢，焊接热影响区宽，焊接变形大，且在焊接过程中，熔化金属受到的保护差，焊接质量不易保证，因而其应用已很少。但气焊具有无须电源、设备简单、费用低、移动方便、通用性强等特点，因而在无电源场合和野外工作时有实用价值。

目前，主要用于碳钢薄板(厚度为 0.5～3mm)、黄铜的焊接和铸铁的补焊。

(2)气割

气割是用气体火焰将待切割处的金属预热到燃点，然后放出切割氧(纯氧)射流，使金属燃烧，生成的金属氧化物被气流吹掉。金属燃烧产生的热量和预热火焰又将邻近的金属加热到燃点，沿切割线以一定的速度移动割炬，便形成了割口。金属的气割过程本质上就是金属在纯氧中燃烧的过程。

只有满足以下条件的金属材料才能进行气割：

① 金属的燃点必须低于其熔点，以保证气割过程是燃烧过程，而不是熔化过程。

② 金属氧化物的熔点必须低于金属本身的熔点，且流动性好，以确保气割中生成的金属氧化物能够迅速被吹离割口，不会阻碍气割过程的连续性。

③ 金属燃烧时放出大量的热，而金属本身的导热性不高，这样才能保证气割处金属的温度达到燃点。在常用的金属材料中，只有低碳钢、中碳钢和低合金结构钢等能够进行气割，铸铁、不锈钢和铜、铝及其合金均不能进行气割。

6. 电子束焊

电子束焊是一种高效率的熔焊方法，它是利用经过聚焦的高速运动的电子束，在撞击工件时，其动能转化为热能，从而使工件连接处熔化形成焊缝，如图 3-22 所示。

电子束焊机的核心是电子枪，完成电子的产生、电子束的形成和会聚，主要由灯丝、阴极、阳极、聚焦线圈等组成。灯丝通电升温并加热阴极，当阴极达到 2400K 左右时即发射电子，在阴极和阳极之间的高压电场作用下，电子被加速(约为 1/2 光速)，穿过阳极孔射出，然后经聚焦线圈，会聚成直径为 0.8～3.2mm 的电子束射向工件，并在工件表面将动能转化为热能，使工件连接处迅速熔化，经冷却结晶后形成焊缝。

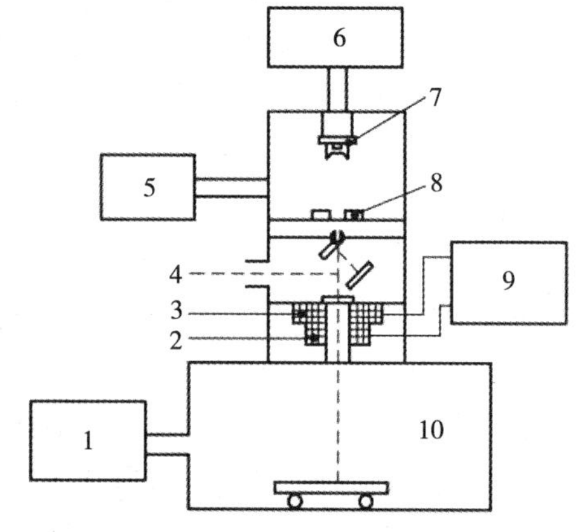

图 3-22　电子束焊示意图

1—工作室真空系统；2—偏转线圈；3—聚焦线圈；4—光学观察系统；5—电子枪室真空系统；6—高压电源；7—阴极；8—聚束极阳极；9—聚焦电源偏转电源；10—工作台及转动系统

一般接焊接工作室(工件放置处)真空度的不同，分为真空电子束焊和非真空电子束焊(另加惰性气体保护罩或喷嘴)，以真空电子束焊应用最多。

真空电子束焊具有如下优点：

① 在真空环境下焊接，金属不与空气作用，保护作用好，适于化学活泼性强的金属焊接，且接头强度高。

② 电子束能量密度大，最高可达 $5\times10^{8}\,W/cm^{2}$，约为普通电弧的 5000～10000 倍，热量集中，热效率高，焊接速度快，焊缝窄而深，热影响区小，焊接变形极小。

③ 接头不开坡口，装配不留间隙，焊接时不加填充金属，接头光滑整洁。

④ 电子束焦点半径可调节范围大、控制灵活、适应性强，可焊接 0.05mm 的薄件，也可进行其他焊接方法难以进行的深入、穿入成形焊接。

真空电子束焊特别适合焊接一些难熔金属、活性或高纯度金属以及热敏感强的金属。但其设备复杂，成本高，工件尺寸受真空室限制，装配精度要求高，且易激发 X 射线，焊接辅助时间长，生产率低，这些缺点都限制了电子束焊的应用。

7. 激光焊

激光是物质受激发后产生的波长、频率、方向完全相同的光束。激光具有单色性好、方向性好、能量密度高的特点，激光经透射或反射镜聚焦后，可获得直径小于 0.01mm、功率密度高达 $10^{13}\,W/cm^{2}$ 的能束，可以作为焊接、切割、钻孔及表面处理的热源。产生激光的物质有固体、半导体、液体、气体等，其中用于焊接、切割等工业加工的主要是钇铝石榴石（YAG）固体激光和 CO_2 气体激光。

激光焊如图 3－23 所示，激光发生器产生激光束，通过聚焦系统聚焦在工件上，光能转化为热能，使金属熔化形成焊接接头。激光焊有点焊和缝焊两种：点焊采用脉冲激光器，主要焊接 0.5mm 以下的金属薄板和金属丝；缝焊需用大功率 CO_2 连续激光器。

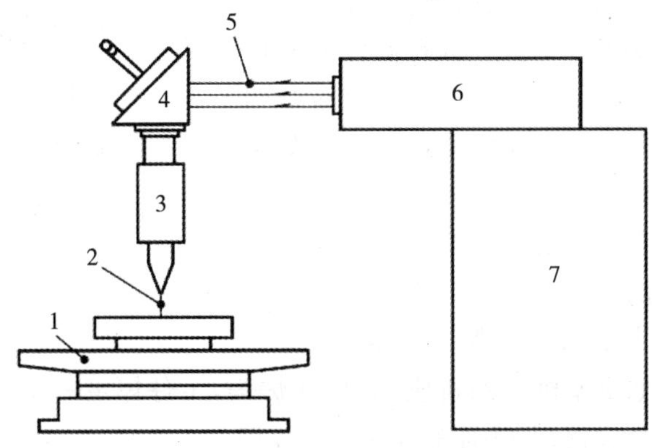

图 3－23　激光焊示意图

1—工件与工作台；2—聚焦激光束；3—聚焦系统；4—偏转镜；5—激光束；6—激光发生器；7—电源控制装置

激光通过光纤传输，焊接过程中与工件无机械接触，对工件无污染；能量密度高，可实现高速焊接，接缝间隙、热影响区和焊接变形都很小，特别适用于焊接微型、密集排列、精密、对热敏感的工件；激光可在不同介质下工作，还能穿过透明材料对内部材料进行焊接，焊接绝缘包套导体，可不必预先剥掉绝缘层；可焊接几乎所有的金属与非金属材料，可实现性能差别较大的异种材料间的焊接；激光束经透镜聚焦后，直径只有 1～2mm，借助平面反射镜可实现弯曲传输，可对一般焊接方法难以到达的部位进行焊接；也可用于各种金属材料及一些非金属材料(如陶瓷、岩石、玻璃、胶木等)的切割和打孔等加工,具有割缝窄,切口光整,加工质量好,切割速度快,生产率高,无须模具,简化了工艺过程,节省材料等优点。

但是,激光焊设备昂贵,能量转化率低(5%~20%),功率较小,工件厚度受到一定限制,且对工件接口加工、组装、定位要求均很高,从而使其应用有一定局限性,目前主要用于电子工业和仪表工业中微型器件的焊接,以及硅钢片、镀锌钢板等的焊接。

8. 电渣焊

电渣焊是利用电流通过液态熔渣产生的电阻热进行焊接的熔焊方法。电渣焊的焊接过程如图 3-24 所示,电渣焊工件的焊缝应置于垂直位置,接头相距 25~35mm,两侧装有冷却滑块,工件下端和上端分别装有引弧板和引出板。焊接时,将颗粒状焊剂装入接头空间至一定高度,然后焊丝在引弧板上引燃电弧,熔化焊剂形成渣池。渣池达到一定深度后,将焊丝插入渣池,电弧熄灭,依靠电流通过渣池产生的电阻热(渣池温度可达 1700~2000℃)熔化工件和焊丝,在渣池下面形成熔池,进入电渣焊过程。随着熔池和渣池上升,冷却滑块也同时向上移动,渣池则始终浮在熔池上面作为加热的前导,熔池底部冷却结晶,形成焊缝。

电渣焊具有以下优点:焊接厚件时,无须开坡口,留 25~35mm 间隙即可一次焊成,节约焊接材料和工时,生产率高;渣池覆盖熔池保护严密,熔池停留时间长,冶金过程完善,熔池金属自下而上结晶,低熔点夹杂物和气体容易排出,不易产生气孔、夹渣等缺陷,焊缝金属纯净;渣池的热容量大,对电流波动的敏感性小,电流密度可在较大的范围内变化;一般不需要预热,焊接易淬火钢时,产生淬火裂纹的倾向小。

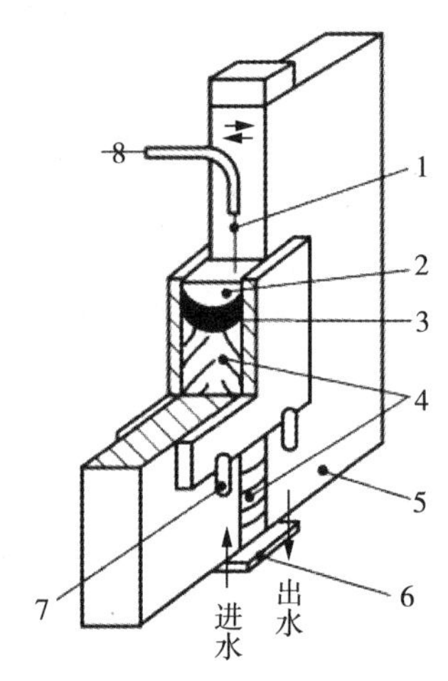

图 3-24 电渣焊原理示意图

1—焊丝;2—渣池;3—熔池;4—焊缝;5—焊件;6—冷却水管;7—冷却滑块

电渣焊整个焊接截面一次焊成,高温停留时间长,焊缝及热响区范围宽,晶粒粗大,易形成过热组织,造成接头力学性能下降。焊后需进行正火处理细化晶粒、改善工件性能。另外,电渣焊总是以立焊方式进行,不能平焊,且不适宜焊接厚度小于 30mm 的工件,焊缝也不宜过长

电渣焊主要用于重型机械制造业,制造锻-焊接构件和铸-焊结构件,如重型机床的机座、高压锅炉等,工件厚度一般为 40~450mm。可用于碳钢、低合金钢、高合金钢、非铁合金等材料的焊接。

3.2.1 压焊

1. 电阻焊

电阻焊是利用电流通过被焊工件及其接触处产生电阻热,将连接处加热到塑性状态或局部熔化状态,再施加压力形成接头的焊接方法。

电阻焊生产效率高,可以在短时间(1/100 到几秒)内获得焊接接头;焊接变形小,焊缝表面平整;无须填充金属和焊剂,可焊接异种金属;工作电压很低(一般几伏到十几伏),没有弧光和有害辐射;易于实现自动化。但其设备复杂,耗电量大,焊前工件清理要求高,且对接

头形式和工件厚度有一定限制。

电阻焊分为点焊、缝焊和对焊三种基本类型，如图 3-25 所示。

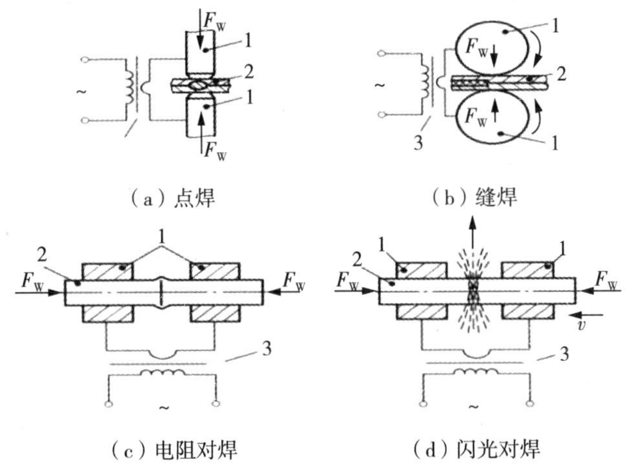

图 3-25 电阻焊原理示意图

1—电极；2—工件；3—变压器

(1)点焊

点焊是利用柱状电极加压通电，在被焊工件的接触面之间形成单独的焊点，将两工件连接在一起的焊接方法，如图 3-25a 所示。点焊为搭接接头，如图 3-26 所示，焊接时，将表面已清理好的工件叠合，放在两电极间预压夹紧后通电，使两工件接触处产生电阻热，该处金属迅速加热到熔化状态形成熔核，熔核周围金属则加热到塑性状态，然后切断电源，熔核在压力作用下结晶形成焊点。焊接第二点时，有一部分电流会流经已焊好的焊点，称为点焊分流现象，分流使焊接区电流减小，影响焊点质量，工件厚度越大，材料导电性越好，分流越大。因此，在实际生产中对各种材料在不同厚度下的焊点最小间距有一定的规定。

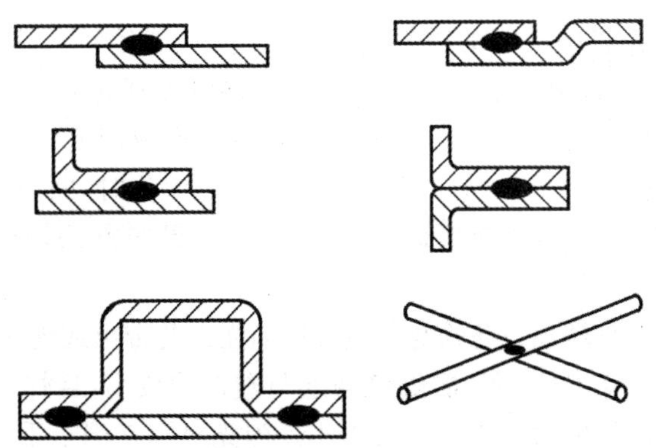

图 3-26 点焊件的搭接接头

点焊时，熔核金属被周围的塑性金属紧密封件表面光滑，变形小。主要适于焊接接头不要求气密的薄板构件，如厚度小于 3mm 的低碳钢，还可焊接不锈钢、铜合金、钛合金和铝镁合金等。广泛用于汽车驾驶室、车厢、飞机以及电子仪表等的薄板结构生产中。

(2)逢焊

缝焊是用一对连续转动、断续通电的滚轮电极代替点焊的柱状电极,滚轮压紧并带动搭接的被焊工件前进,在两工件接触面间形成连续而重叠密封焊缝的焊接方法,如图 3-25b 所示。缝焊工件表面光滑平整,焊缝具有较高强度和气密性,因此常用于厚度小于 3mm 有气密性要求的薄壁容器的焊接,如油箱、管道、小型容器等。但因焊缝分流现象严重,所需焊接电流较大,不适于厚板焊接。

(3)对焊

对焊是利用电阻热将两个工件沿整个接触面对接起来的焊接方法,工件的对接形式如图 3-27 所示。根据焊接过程和操作方法的不同,对焊可分为电阻对焊和闪光对焊。

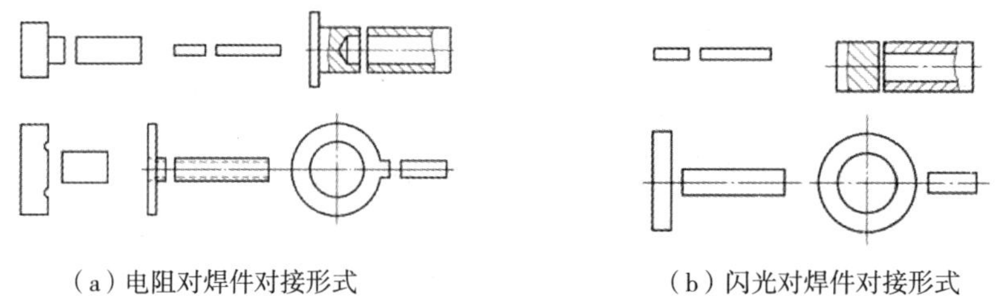

(a)电阻对焊件对接形式　　(b)闪光对焊件对接形式

图 3-27　对焊工件的对接形式

① 电阻对焊。将被焊工件夹紧并加预压使其端面挤紧,然后通电使接触处产生电阻热升温至塑性状态,断电并同时施加顶锻力,使接触处产生一定的塑性变形而连接的焊接方法,如图 3-25c 所示。

电阻对焊操作简单,接头外观光滑、飞边小,但对被焊工件端面的加工和清理要求较高,否则接触面容易发生加热不均匀,产生氧化物夹杂,而影响焊接质量。电阻对焊一般用于截面简单(如圆形、方形等)、截面积小于 $250mm^2$ 和强度要求不高的杆件对接,材料以碳钢、纯铝为主。

② 闪光对焊。首先将两夹紧的被焊工件接通电源,然后使工件逐渐移动靠拢接触,由于接触端面凹凸不平,所以开始只是个别点接触,强电流通过接触点产生电阻热,使其迅速被加热熔化、气化、爆破并以火花形式从接触处飞出形成闪光,继续移动工件使其靠拢,产生新的接触点,闪光现象持续,待工件被焊端面全部熔化时,断电并迅速施加顶锻力,挤出熔化层,并在压力下产生塑性变形而连接在一起的焊接方法,称为闪光对焊,如图 3-25d 所示。

闪光对焊过程中,工件端面氧化物与杂质会被闪光火花带出或随液体金属挤出,并防止了空气侵入,所以接头中夹杂少,质量高,焊缝强度与塑性均较高,且焊前对端面的清理要求不高,单位面积焊接所需的焊机功率比电阻对焊小。闪光对焊常用于重要工件的对接,如刀具、管道、钢轨、车圈等,且适用范围广,不仅能焊接同种金属,还能焊接异种金属(如铝-铜、铜-钢、铝-钢等),从直径为 0.01mm 的金属丝到直径为 500mm 的管材、截面积为 $20000mm^2$ 的金属型材、板材均可焊接。但闪光对焊时工件烧损较多,且焊后有飞边需要清理。

2. 摩擦焊

摩擦焊是利用工件接触端面相互摩擦所产生的热,使端面加热到塑性状态,然后迅速施加顶锻力实现连接的焊接方法。摩擦焊过程如图 3－28 所示，先将两焊接工件夹紧，并加上一定压力使工件紧密接触，然后一个工件不动，另一工件作高速旋转运动，使工件接触面相对摩擦产生热量。工件端面被加热到停止转动，同时在工件的一端加大压力使两工件产生塑性变形而焊接起来。

摩擦焊接过程中，被焊材料通常不熔化，仍处于固体状态，焊合区金属为锻造组织，接头质量高而稳定，工件尺寸精度高，废品率低于对焊；电能消耗少（耗电量仅为闪光对焊的 1/5～1/10），生产率高（比闪光对焊高 5～6 倍），加工成本低；易实现机械化和自动化，操作简单，焊接工作场地无火花、弧光及有害气体，劳动条件好；适于焊接异种金属，如碳素钢、低合金钢与不锈钢、高速钢之间的连接，以及铜-不锈钢、铜-铝、铝-钢、钢-锆等之间的连接。

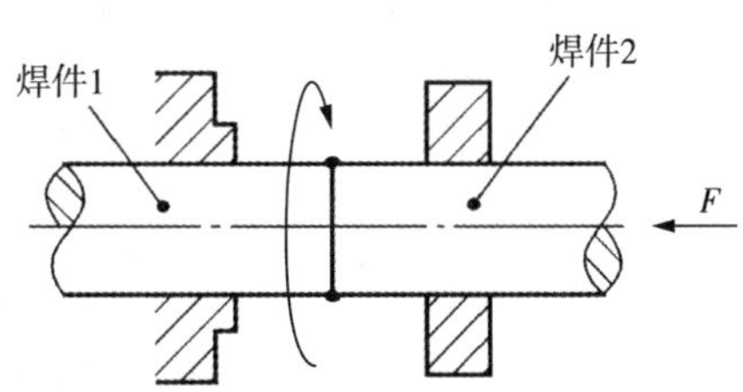

图 3－28　摩擦焊示意图

由于摩擦焊靠工件旋转实现，因此焊接非圆截面较困难。盘状工件及薄壁管件，由于不易夹持也很难焊接。受焊机主轴电机功率的限制，目前摩擦焊可焊接的最大截面为 20000mm^2。摩擦焊机一次性投资费用大，适于大批量生产。

摩擦焊适于圆形截面、轴心对称的棒、管等工件的对接，如图 3－29 所示，主要应用于汽车、拖拉机工业中的焊接结构、零件以及圆柄刀具，如电力工业中的铜-铝过渡接头、金属切削用的高速钢-结构钢刀具、内燃机排气阀、拖拉机双金属轴瓦、活塞杆等。

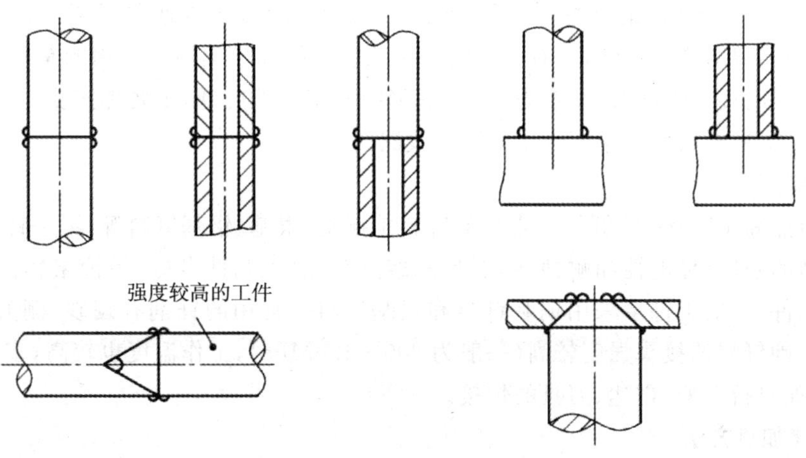

图 3－29　摩擦焊对接形式

3.2.3　钎焊

钎焊是利用比被焊金属熔点低的钎料作为填充金属，把被焊工件连接起来的方法。

1. 钎焊方法、特点及应用

钎焊采用熔点低于母材的合金作为钎料，加热时钎料熔化，而母材不熔化，熔化的钎料靠润湿作用和毛细作用吸满并保持在搭接或嵌接的母材间隙（0.05～0.2mm）内，液态钎料和固态母材间相互扩散，形成钎焊接头。

作为填充金属的钎料在很大程度上决定了钎焊接头的质量，钎料应具有合适的熔点、良好的润湿性和填缝能力，能与母材相互扩散，还应具有一定的力学性能和物理化学性能，以满足接头的使用性能要求。

钎焊时两母材的接触面要清理干净，因此钎焊时要使用钎剂，以去除母材和钎料表面的氧化物和油污杂质，保护钎料和母材接触面不被氧化，增加钎料的润湿性和毛细流动性。钎剂的熔点应低于钎料，钎剂残渣对母材和接头的腐蚀性应较小。

与熔焊和压焊相比，钎焊具有以下优点：

① 加热温度低，对母材组织和力学性能的影响小，焊接应力和变形较小。

② 可焊接性能差别较大的异种金属或合金。

③ 设备简单、成本低，能同时完成多条焊缝，生产效率高。

④ 接头平整光滑，外表美观整齐。

但钎焊接头的强度较低，耐热能力差，对焊前清理及装配要求较高。

钎焊在机械、电子、仪表、电动机等部门的应用十分广泛，特别是在航空、导弹、空间技术中发挥着重要作用，成为一种不可取代的连接方法，较典型的应用有硬质合金刀具、钻探钻头、自行车车架、换热器、导管及各类容器等；在微波波导、电子管和电子真空器件的制造中，钎焊甚至有时是唯一选择的成形方法。

2. 钎焊分类

按钎料熔点的不同分为软钎焊与硬钎焊两类。

(1)软钎焊

钎料熔点低于450℃的钎焊。常用的钎料是锡铅钎料，所以通称锡焊。这类钎料熔点低，渗入接头间隙的能力较强，具有良好的焊接工艺性能和导电性。常用的是松香或氯化锌溶液。软钎焊的接头强度低(一般为60～140MPa)，工作温度低，主要焊接受力不大的工件，如电子产品、电机电器和汽车配件中的电子线路、仪表等。

(2)硬钎焊

钎料熔点高于450℃的钎焊。常用的钎料是铜基、银基、铝基钎料等，银基钎料形成的接头具有较高的强度、导电性和耐蚀性，而且其熔点较低、工艺性良好，但价格较高，多用于要求较高的工件，一般工件多采用铜基钎料和铝基钎料。常用的钎剂有硼砂、硼酸和氟化物、氯化物等。硬钎焊的接头强度较高(一般为200～490MPa)，工作温度也较高，多用于受力构件的连接，如自行车架、雷达、刀具的焊接。

3. 钎焊加热方法

几乎所有的加热热源都可以用作钎焊热源，并依此将钎焊分类。

(1)火焰钎焊

用气体火焰(气炬火焰或钎焊喷灯)进行加热，用于碳钢、不锈钢、硬质合金、铸铁、铜及铜合金、铝及铝合金的硬钎焊。

(2)感应钎焊

利用交变磁场在零件中产生感应电流的电阻热加热工件，用于具有对称形状的工件，特别是管轴类工件的钎焊。

(3)浸沾钎焊

将工件局部或整体浸入熔融盐混合物熔液或钎料熔液中,靠这些液体介质的热量来实现钎焊过程,其特点是加热迅速、温度均匀、工件变形小。

(4)炉中钎焊

利用电阻炉加热工件,电阻炉可通过抽真空或采用还原性气体或惰性气体对工件进行保护。

除此以外,还有烙铁钎焊、电阻钎焊、扩散钎焊、红外线钎焊、反应钎焊、电子束钎焊、激光钎焊等各种加热方法。

3.3　常用金属材料的焊接性

3.3.1　金属材料的焊接性

1. 金属焊接性的概念

金属焊接性能是指金属材料对焊接加工的适用程度。主要是指在一定的焊接工艺条件下,获得优质焊接接头的难易程度,以及在使用过程中安全运行的能力。焊接性一般包括两个方面的内容:一是工艺焊接性,主要是指在一定的焊接工艺条件下,出现各种焊接缺陷的可能性,得到优质焊接接头的能力;二是使用焊接性,主要指焊接接头在使用过程中的可靠性,包括焊接接头的力学性能及其他特殊性能(如耐腐蚀性、耐热性等)。

金属的焊接性不仅与金属本身的性质有关,还与焊接方法、焊接材料、焊接的工艺条件有关。同一种金属材料,采用不同的焊接方法、不同的焊接工艺或焊接材料,焊接性会有很大的差别。比如,焊接铝合金采用氩弧焊,可以获得优质的焊接接头,若采用焊条电弧焊和气焊焊接铝合金,都难以获得优质的焊接接头。

2. 焊接性评定方法

化学成分是影响钢的焊接性的主要因素,常根据钢材的化学成分来估算其焊接性。把钢中的碳和合金元素的含量,按其对焊接性影响的程度,换算成碳的相当含量,其总和称为碳当量。在实际生产中,对于碳钢、低合金钢等钢材,常用碳当量估算其焊接性。

国际焊接学会推荐的碳当量计算公式如下:

$$C_{当量}=C+\frac{Mn}{6}+\frac{Cu+Ni}{15}+\frac{Cr+Mo+V}{5}$$

式中化学元素符号都表示该元素在钢中含量的百分数。

根据经验,可得到以下结论:

① $C_{当量}<0.4\%$时,钢材塑性优良,淬硬倾向不明显,焊接性优良,焊接时一般不需要预热,只有在焊接厚板(厚度大于35 mm)或在低温条件下焊接时可考虑采用预热措施。

② $C_{当量}=0.4\%\sim0.6\%$时,钢材塑性下降,淬硬倾向明显,焊接性能较差,焊前构件需预热,并控制焊接工艺参数,采取一定的工艺措施。

③ $C_{当量}>0.6\%$时,钢材塑性较低,淬硬倾向很强,焊接性极差,必须采用较高的预热温度及严格的焊接工艺措施,才能保证焊接质量。

需要注意的是碳当量法只考虑了钢材本身性质对焊接性的影响，而没有考虑到结构刚度、环境温度、使用条件及焊接工艺参数等因素对焊接性的影响，因而是比较粗略的。在实际生产中确定钢材的焊接性时，除初步估算外，还应根据实际情况进行抗裂试验及进行焊接接头使用可靠性的试验，据此制定合理的焊接工艺规程。

3.3.2 常用金属材料的焊接

1. 碳钢的焊接

(1)低碳钢的焊接

Q235、10、15、20 等低碳钢是应用最广泛的焊接结构材料。低碳钢的含碳量小于 0.25%，碳当量小于 0.4%，一般没有淬硬、冷裂倾向，焊接性良好，一般不需要采取特殊的工艺措施，焊后也不需要进行热处理。低碳钢适用于所有的焊接方法，且焊接效果不错。对于厚度较大(厚度大于 35 mm)的低碳钢结构，常用大电流多层焊，焊后应进行热处理来消除内应力。在低温环境下焊接刚度较大的结构时，要考虑预热，且预热温度一般不超过 150℃。

采用熔化焊焊接结构钢时，选择焊接材料及焊接工艺应保证焊缝与工件材料等强度的要求。焊接一般低碳钢结构时，可选用 E4303、E4313、E4320 焊条；焊接复杂结构或厚板结构时，应选用抗裂性好的低氢型焊条，如 E4315、E5015、E4316 等。

低碳钢结构件手工电弧焊时，根据母材强度等级，一般选用酸性焊条 E4303(J422)、E4320(J424)等；承受动载荷、结构复杂的厚大焊件，选用抗裂性好的碱性焊条 E4315(J427)、E4316(J426)等。CO_2焊焊丝常采用 H08MnSi、H08MnSiA、H08Mn2SiA 等。

(2)中碳钢的焊接

碳钢含碳量在 0.25%～0.60%，有一定的淬硬倾向，焊接接头容易产生低塑性的淬硬组织和冷裂纹，焊接性较差。中碳钢的焊接结构多为锻件和铸钢件。

中碳钢属于易淬火钢，在热影响区内易产生马氏体等淬硬组织，当焊件刚性较大或焊接工艺不当时，就会在淬火区产生冷裂纹。母材的含碳量与硫、磷杂质的含量远高于焊芯，母材熔化后进入熔池，使焊缝的含碳量增加，导致塑性下降。加上硫、磷等低熔点杂质的存在，使焊缝金属产生热裂纹的倾向增大。焊接中碳钢构件，焊前必须预热，以减小焊接时工件各部分的温差，减小焊接应力。一般情况下，预热温度为 150～250℃。当含碳量较高、结构刚度较大时，预热温度应更高些。焊接时，严格要求焊接工艺，选用抗裂性好的低氢型焊条(如 E4315、E5016、E6016)。焊后要缓冷，并及时进行热处理以消除焊接应力。

由于中碳钢多用于制造各类机械零件，焊缝长度不大，焊接中碳钢时一般多采用焊条电弧焊，厚件也可采用电渣焊。

(3)高碳钢的焊接

高碳钢的碳当量大于 0.6%，淬硬、冷裂倾向更大，焊接性极差。焊接时需更高温度的预热及采取严格的焊接工艺措施。高碳钢一般不用作焊接结构件，大多采用手工电弧焊或气焊进行修补工件缺陷的一些焊补工作。

2. 合金结构钢的焊接

合金结构钢分为合金结构钢和普通低合金结构钢两大类。焊接结构中，用得最多的是低合金结构钢。低合金结构钢属强度用钢，接其屈服强度可以分为九级，即 300MPa、350MPa、

400MPa、450MPa、500MPa、550MPa、600MPa、700MPa、800 MPa。按钢材强度级别的不同，焊接特点及焊接工艺也有所不同。

对强度级别较低($\sigma_s \leqslant 300 \sim 400$ MPa)的钢，含碳及合金元素较少，碳当量小于0.4%，淬硬、冷裂倾向都较小，焊接性好。在常温下焊接时，可以采用类似于低碳钢的焊接工艺。在低温环境或在大刚度、大厚度构件上进行小焊脚、短焊缝焊接时，应防止出现淬硬组织，要采用焊前预热(100～150℃)，适当增大电流，减小施焊速度，选用抗裂性好的低氢型焊条等工艺措施。

对强度级别较高($\sigma_s \geqslant 450$ MPa)的低合金钢，碳及合金元素含量也较高，碳当量大于0.4%，焊接性较差。主要表现在两个方面：热影响区的淬硬倾向明显，热影响区易产生马氏体组织，硬度增高，塑性和韧性下降；焊接接头产生冷裂纹的倾向加剧。焊缝及热影响区的含氢量、热影响区的淬硬程度和焊接接头残余应力的大小都会影响冷裂纹的产生。对强度级别较高的低合金钢焊接时，焊前一般均需预热，预热温度大于150℃。焊后还应进行热处理，以消除内应力。低合金钢焊接时，优先选用抗裂性好的低氢型焊条(如E6015－D1、E6016－D1等)；选择合适的焊接规范以控制热影响区的冷却速度。

低合金结构钢含碳量较低，对硫、磷控制较严，手工电弧焊、埋弧焊、气体保护焊和电渣焊均可用于此类钢的焊接，其中手工电弧焊和埋弧焊比较常用。

3. 铸铁的焊补

铸铁含碳量高，硫、磷杂质多，组织不均匀，塑性极低，属于焊接性很差的材料，一般不用作焊接构件。铸铁件在生产和使用过程中，会出现各种铸造缺陷及局部损坏或断裂，可采用焊补的方法进行修复，才能继续使用。

铸铁焊补时，容易产生以下缺陷：

① 焊补时为局部加热，焊补区冷却速度极快，不利于石墨析出，因此极易产生白口组织，其硬度很高，焊后很难进行机械加工。

② 铸铁强度低、塑性差，当焊接应力较大时，焊缝及热影响区内易产生裂纹。

③ 铸铁含碳量高，焊补时易形成CO和CO_2气体，由于结晶速度快，熔池中的气体来不及逸出而形成气孔。

目前，铸铁的焊补方法有焊条电弧焊、气焊、钎焊、细丝CO_2焊等，应用较多的是焊条电弧焊。按焊前是否预热，铸铁焊补可分为热焊法和冷焊法两大类。

(1)热焊法

热焊法就是焊前将铸件整体或局部加热至600～700℃，焊补过程中，温度始终不低于400℃，焊后缓慢冷却。热焊法能有效地防止白口组织和裂纹的产生，焊补质量较好，焊后可进行机械加工。热焊法劳动条件差，成本高，生产率低，一般只用于焊后需进行加工的重要铸件，如汽缸体、床头箱等。

(2)冷焊法

冷焊法就是焊前工件不预热或只进行400℃以下的低温预热。冷焊法焊补时，主要依靠焊条来调整焊缝的化学成分，以减小白口组织和裂纹倾向。焊接时，应尽量采用小电流、短焊弧、窄焊缝、短焊道焊接，焊后立即用锤轻击焊缝，以松弛焊接应力。冷焊法比热焊法生产效率高，劳动条件好，但焊接质量较差，焊补处切削加工性较差。

焊补铸铁常用的焊条有铸铁芯铸铁焊条、钢芯石墨化铸铁焊条、镍基铸铁焊条和铜基铸铁焊条等。其中前两种焊条适用于一般非加工表面的焊补；镍基铸铁焊条适用于重要铸件的加工面焊补；铜基焊条主要用于焊后需加工的灰口铸铁件的焊补。

4. 特殊性能钢的焊接

耐热钢的焊接性一般均较差。如最常见的珠光体耐热钢是以 Cr、Mo 为主要合金元素的低、中合金钢，其碳当量数为 0.45%～0.90%，裂纹倾向较大。焊条电弧焊时，要选用与母材成分相近的焊条，预热温度 150～400℃，焊后应及时进行高温回火处理。耐蚀钢中除 P 含量较高的钢以外，其他耐蚀钢焊接性较好，不需预热或焊后热处理等。但要选择与母材相匹配的耐蚀焊条。

3.3.3 不锈钢的焊接

不锈钢按其室温组织状态可分为奥氏体不锈钢、马氏体不锈钢和铁素体不锈钢。在不锈钢的焊接中，常遇到的大都是铬镍奥氏体不锈钢的焊接

1. 奥氏体不锈钢的烽接

奥氏体型不锈钢如 0Cr18Ni9、1Cr18Ni9 等，Cr、Ni 元素含量较高，C 含量低，焊接性良好，焊接时一般不需要采取特殊工艺措施。焊条电弧焊、埋弧焊、钨极氩弧焊时，焊条、焊丝和悍剂的选用应保证焊缝金属与母材成分类型相同。奥氏体不锈钢焊接时，若工艺操作不当，容易出现热裂纹或在使用中出现晶间腐蚀。

(1)晶间腐蚀

奥氏体不锈钢采用不当的工艺规范，造成接头在腐蚀介质作用下产生沿晶粒边界的腐蚀，即晶间腐蚀。特点：腐蚀沿晶界深入金属内部，并引起金属力学性能和耐腐蚀性降低，这是奥氏体不锈钢极危险的一种破坏形式。

晶间腐蚀是由于晶界贫铬造成的。奥氏体不锈钢对晶间腐蚀的敏感程度与其成分、所受的热循环温度以及时间有关。奥氏体不锈钢在 450～850℃温度范围内停留一定时间后，晶界处会析出碳化铬($C_{r23}C_6$)，其中铬主要来源于晶粒表层，而内部的铬来不及扩散补充，使晶粒表层含铬量 $w_{Cr}<12\%$而形成贫铬区。在强烈腐蚀介质作用下，晶界贫铬区受到腐蚀而形成晶间腐蚀。受到晶间腐蚀的不锈钢在表面上没有明显的变化，但在受力时会延晶界断裂。晶间腐蚀可以发生在焊缝区，也可以发生在热影响区或熔合区。

防止晶粒表层区域的贫铬化是控制奥氏体不锈钢晶间腐蚀的关键。当加热温度高于 850 ℃时，晶内的铬向晶间扩散，使晶界的贫铬区得以恢复，从而防止、晶间腐蚀。此外当不锈钢中含有足够的钛和铌等元素或超低碳时，可以防止晶间腐蚀的发生。合理地选择焊接材料和焊接工艺，可防止和减轻晶间腐蚀。

防止晶间腐蚀的主要措施：

① 选择超低碳($w_C\leqslant0.03\%$)或添加钛和铌等稳定元素的不锈钢焊条；

② 采用奥氏体-铁素体双相钢，这种双相钢不仅具有良好的耐晶间腐蚀性，而且具有很高的抗应力腐蚀能力；

③ 减少在 450～850℃温度范围停留的时间，采用小电流、快速不摆动焊，焊后加大冷速等合适的焊接工艺；

④ 焊接时，接触腐蚀介质的表面应最后施焊；

⑤ 将工件加热到1050～1150℃后淬火，使晶间上的碳化物溶入晶粒内部形成均匀的奥氏体组织，进行焊后固溶处理等。

(2)热裂纹

奥氏体不锈钢焊缝中树枝晶方向性很强，造成S、P等低熔点共晶形成和聚集。另外，奥氏体不锈钢导热系数小，线胀系数大，焊接应力也大，焊缝很容易产生热裂纹。为了避免热裂纹的产生，常采用以下措施：

① 减少焊缝中的含碳量；

② 加入Mo、Si易形成铁素体的元素可使焊缝形成铁素体加奥氏体的双相组织，减少偏析，避免热裂。

2. 铁素体型不锈钢和马氏体型不锈钢的焊接

铁素体型不锈钢如1Cr17等，焊接时热影响区中的铁素体晶粒易过热粗化，使焊接接头的塑、韧性急剧下降甚至开裂。因此，焊前预热温度应在150℃以下，并采用小电流、快速焊等工艺，以降低晶粒粗大倾向。

马氏体型不锈钢焊接时，因空冷条件下焊缝就可转变为马氏体组织，所以焊后淬硬倾向大，易出现冷裂纹。如果碳含量较高，淬硬倾向和冷裂纹现象更严重。因此，焊前预热温度200～400℃，焊后要进行热处理。如果不能实施预热或热处理，应选用奥氏体不锈钢焊条。铁素体型不锈钢和马氏体型不锈钢焊接的常用方法是焊条电弧焊和氩弧焊。

3.3.4 非铁金属及合金的焊接

1. 铝及铝合金的焊接

铝及铝合金的焊接有如下特点：

① 铝和氧的亲和力很大，在焊接过程中，金属表面及熔池上形成的氧化铝薄膜会阻碍金属之间的结合，容易造成夹渣。

② 液态铝能大量溶解氢，而固态铝几乎不溶解氢，因此易产生氢气孔。

③ 铝及铝合金由固态转变为液态时，没有显著的颜色变化，所以不易判断熔池的温度，容易焊穿。

④ 铝的线膨胀系数比铁大将近一倍，而凝固时的收缩比铁大两倍，所以焊件不仅变形大，而且工艺措施不当还容易产生热裂纹。

焊前准备是保证铝及铝合金焊接质量的重要工艺措施。焊前准备包括化学清洗、机械清洗、焊前预热、工件背面加垫板等。化学清洗和机械清洗的目的：去除工件及焊丝表面的氧化膜和油污。为保证铝及铝合金焊接时能焊透而不致塌陷，常采用工艺垫板来托住熔池金属。薄小铝件一般不用垫板。厚度超过5～8 mm的焊件需焊前预热，预热时缓慢加热到100～300℃。预热可防止变形、未焊透和减少气孔等。

焊接铝及铝合金常用的方法：氩弧焊、焊条电弧焊、气焊、电阻焊和钎焊。目前，氩弧焊是焊接铝及铝合金较为理想的熔焊方法。钨极氩弧焊时使用交流电源，这样既对熔池表面铝的氧化膜有“阴极破碎”作用，又可采用较高的电流密度。熔化极氩弧焊适用于焊接厚度大于8 mm的铝及铝合金件，采用直流反接。对焊接质量要求不高的铝及铝合金工件，可采用气焊。气焊前需清除工件表面氧化膜，选用与母材化学成分相同的焊丝。此法灵活、方便、成本低，但焊接变形大，接头耐腐蚀性差，生产率低。适用于焊接薄件(厚为 0.5～2 mm)和焊补铝铸件。铝及铝合金焊后需要及时清理残存在焊缝及邻近区的熔剂和熔渣，否则在空气中水分的作用下，熔渣容易破坏氧化铝薄膜，从而腐蚀焊件。

2. 铜及铜合金的焊接

铜及铜合金焊接性较差，焊接时存在的主要问题：

① 铜及铜合金的导热性强，其热导系数为低碳钢的 6～8 倍，大量的热被传导出去，焊件难以局部熔化，填充金属和母材不能很好地融合，产生焊不透的现象，热影响区很宽。必须采用功率大、热量集中的热源，且焊前和焊接过程中还需预热。

② 铜及铜合金的线膨胀系数和收缩率较大，焊接变形大。若焊件的刚性大，限制了焊件的变形，则焊接应力大。

③ 铜在 300℃以上时，其氧化能力很快增大，当温度接近熔点时，其氧化能力最强。生成的 Cu_2O 分布在铜的晶界上，大大降低了焊接接头的力学性能。

④ 铜及铜合金导热性好，焊接熔池凝固速度快，液态熔池溶解的大量气体来不及逸出，易形成气孔。

⑤ 铜及铜合金的线膨胀系数及收缩率都较大，而且铜在液态时氧化生成的低熔点共晶体容易导致热裂纹的产生。

铜及铜合金的焊接目前主要采用气焊、焊条电弧焊、钨极氩弧焊。紫铜气焊时可采用特制丝 201 或丝 202(低磷铜焊丝)，焊接火焰应选中性焰；焊条电弧焊时焊条可选用焊芯为纯铜或磷青铜，药皮均为低氢钠型，电源用直流反接；钨极氩弧焊焊接紫铜时，采用直流正接。黄铜是铜锌合金，焊接时会造成锌的大量蒸发，因此黄铜焊接时一般采用气焊，火焰采用轻微的氧化焰。青铜的焊接主要选用气焊用于焊补铸件的缺陷和损坏的机件。

3.4 焊接结构的工艺设计

设计焊接结构除应考虑结构的使用性能要求外，还应考虑结构的焊接工艺，以保证焊接质量，并力求做到高生产率、低成本。

3.4.1 焊接结构与工艺设计的内容

1. 焊接结构生产工艺过程

各种焊接结构的主要的生产工艺过程一般为：备料→装配→焊接→焊接变形矫正→质量检验→表面处理(油漆、喷塑或热喷涂等)。

备料的工作包括型材选择、型材外形矫正，按比例放样、划线，下料切割，边缘加工，成形加工(折边、弯曲、冲压、钻孔等)。装配是利用专用卡具或其他紧固装置将加工好的零件或部件组装成一体，进行定位焊，准备焊接。焊接时，根据焊件材质、尺寸、使用性能要求、生产批量及现场设备情况选择焊接方法，确定焊接工艺参数，按合理顺序施焊。

2. 焊接结构与工艺设计的主要内容

(1)焊接结构材料的选择

在满足结构使用性能要求的前提下，应尽可能选用焊接性良好的材料来制造焊接结构件。尽量选用具有良好焊接性的一般低碳钢和低合金结构。$w_C>0.50\%$的碳钢和$w_C>0.4\%$的合金钢，焊接性不好，一般不宜采用。焊接结构应尽量选用同种金属材料制作。异种金属材料焊接时，往往由于两者物理性能、化学成分不同，焊在一起有一定困难，需通过焊接性试验确定。

(2)焊接方法的选择

各种焊接方法都有其各自特点及适用范围，选择焊接方法时要根据焊件的结构形状及材质、焊接质量要求、生产批量和现场设备等，在综合分析焊件质量、经济性和工艺可能性之后，选择最合适的焊接方法。常用焊接方法的特点及适用范围见表 3-7。

表 3-7　常用焊接方法比较

<table>
<tr><th>焊接方法</th><th>焊接热源</th><th>主要接头形式</th><th>焊接位置</th><th>钢板厚度 t/mm</th><th>被焊材料</th><th>生产率</th><th>应用范围</th></tr>
<tr><td>焊条电弧焊</td><td rowspan="4">电弧热</td><td>对接，搭接，T 形接，卷边接</td><td>全位置</td><td>3～20</td><td>碳钢、低合金钢、铸铁、铜及铜合金</td><td>中等偏高</td><td>各种中小型结构</td></tr>
<tr><td>埋弧自动焊</td><td rowspan="3">对接，搭接，T 形接</td><td>平焊</td><td>6～20</td><td>碳钢、低合金钢、铜及铜合金</td><td>高</td><td>成批生产、中厚板长直焊缝和较大直径环缝焊</td></tr>
<tr><td>氩弧焊</td><td rowspan="2">全位置</td><td>0.5～25</td><td>铝、铜、镁、钛及钛合金、耐热钢、不锈钢</td><td>中等偏高</td><td rowspan="2">要求致密、耐蚀、耐热的焊件</td></tr>
<tr><td>CO_2焊</td><td>0.8～25</td><td>碳钢、低合金钢、不锈钢</td><td rowspan="2">很高</td></tr>
<tr><td>电渣焊</td><td>熔渣电阻焊</td><td rowspan="3">对接</td><td>立焊</td><td>40～450</td><td>碳钢、低合金钢、不锈钢、铸铁</td><td>一般用来焊接大厚度铸、锻件</td></tr>
<tr><td>等离子弧焊</td><td>压缩电弧焊</td><td>全位置</td><td>0.025～12</td><td>铜、镍、钛及钛合金、耐热钢、不锈钢</td><td>中等偏高</td><td>用于一般焊接方法难以焊接的金属及合金</td></tr>
<tr><td>对焊</td><td rowspan="3">电阻热</td><td>平焊</td><td>≤20</td><td rowspan="3">碳钢、低合金钢、铝及铝合金</td><td rowspan="3">很高</td><td>焊接杆状零件</td></tr>
<tr><td>点焊</td><td rowspan="2">搭接</td><td>全位置</td><td>0.5～3</td><td>焊接薄板壳体</td></tr>
<tr><td>缝焊</td><td>平焊</td><td><3</td><td>焊接薄壁容器和管道</td></tr>
<tr><td>钎焊</td><td>各种热源</td><td>搭接、套接</td><td>全位置</td><td>—</td><td>碳钢、合金钢、铸铁、铜及铜合金</td><td>高</td><td>用其他焊接方法难以焊接的焊件，以及对强度要求不高的焊件</td></tr>
</table>

选择焊接方法时应依据下列原则：

① 焊接接头使用性能及质量要符合技术要求

选择焊接方法时既要考虑焊件能否达到力学性能要求，又要考虑接头质量能否符合技术要求。如点焊、缝焊都适于薄板轻型结构焊接，但有密封要求的焊缝只能采用缝焊。再如氩弧焊和气焊虽都能焊接铝材容器，但接头质量要求高时，应采用氩弧焊。又如焊接低碳钢薄板，若要求焊接变形小时，应选用 CO_2 焊或点(缝)焊，而不宜选用气焊。

② 提高生产率，降低成本

若板材为中等厚度时，选择焊条电弧焊、埋弧焊和气体保护焊均可，如果是平焊长直焊缝或大直径环焊缝，批量生产，应选用埋弧焊。如果是位于不同空间位置的短曲焊缝，单件或小批量生产，采用焊条电弧焊为好。氩弧焊几乎可以焊接各种金属及合金，但成本较高，所以主要用于焊接铝、镁、钛合金结构及不锈钢等重要焊接结构。焊接铝合金工件，板厚大于 10 mm 采用熔化极氩弧焊为好，板厚小于 6 mm 采用钨极氩弧焊适宜。若是板厚大于 40 mm 钢材直立焊缝，采用电渣焊最适宜。

③ 焊接结构设计

主要包括进行焊接结构的强度校核，确定焊接结构中各构件形状、尺寸和相互间的关系，焊缝的布置，焊接接头形式的设计等。

④ 焊接工艺规范的制定

主要是焊接工艺参数的确定，包括选择焊条(丝)直径、焊接电流的种类及大小、焊接电压、焊接速度和层数等。

3.4.2 焊缝布置

焊缝是构成焊接接头的主体部分，焊接结构中焊缝的布置是否合理，对焊接接头质量和生产率都有很大影响。焊缝布置一般应考虑以下原则：

1. 焊缝布置应便于焊接操作

在平焊、横焊、立焊和仰焊这几种焊接位置中，平焊操作最方便，易于保证焊缝质量，因此在生产中应尽量使焊缝处于平焊位置。布置焊缝时，要考虑有足够的焊接空间。图 3-30 为焊条电弧焊焊缝位置，图 3-31 为点焊或缝焊的焊缝位置。

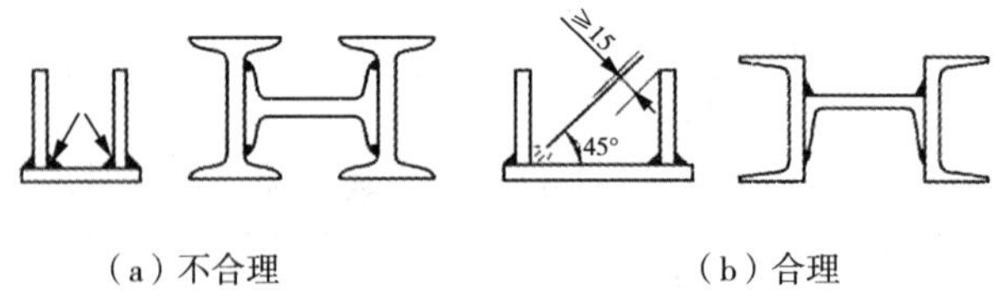

(a) 不合理　　(b) 合理

图 3-30　焊条电弧焊焊缝位置

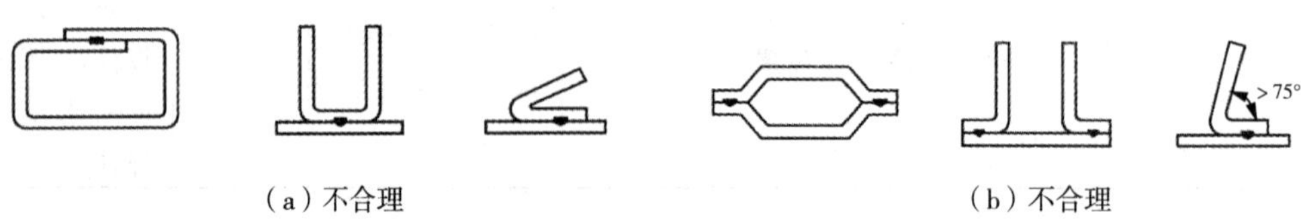

(a) 不合理　　(b) 不合理

图 3-31　点焊或缝焊的焊缝位置

2. 尽量减少烽缝数量

在设计焊接结构时，应尽量选用型材、板材和管材，形状复杂的部分可采用冲压件、锻件和铸钢件，以减少焊缝数量。这样不仅可以减少焊接应力和变形，而且也可以减少焊接材料消耗，提高生产率。图 3-31 为箱体结构，图 3-31a 有四条焊缝，而图 3-31b、c 分别只有两条焊缝。

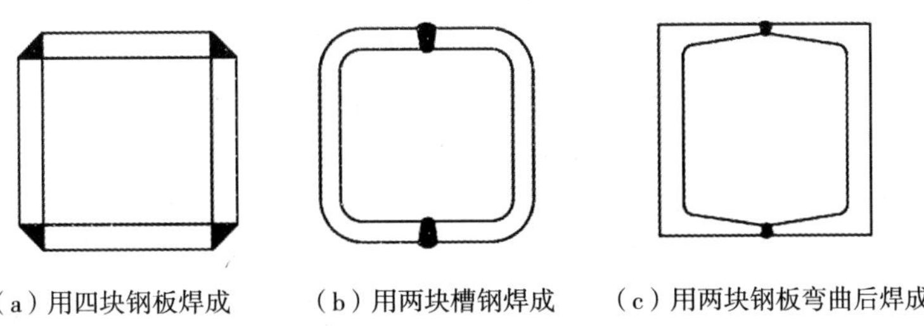

（a）用四块钢板焊成　（b）用两块槽钢焊成　（c）用两块钢板弯曲后焊成

图 3-31　减少焊缝数量

3. 应避免密集和交叉的焊缝

焊缝密集或交叉会使接头处严重过热，力学性能下降，并将增大焊接应力。因此，一般两条焊缝的间距要大于三倍的钢板厚度，如图 3-32 所示。

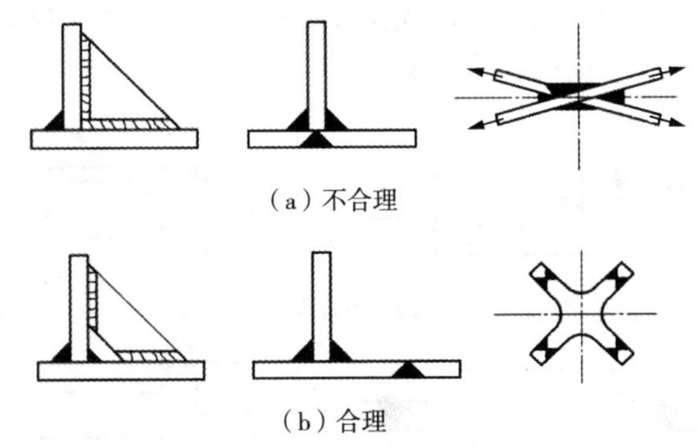

（a）不合理

（b）合理

图 3-32　焊缝的分散布置

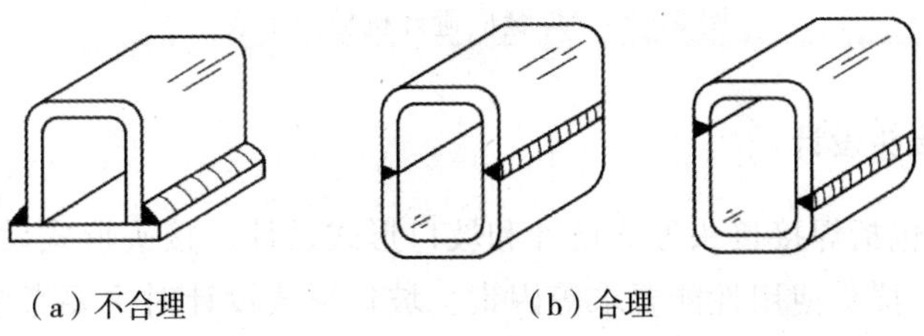

（a）不合理　（b）合理

图 3-33　焊缝对称布置

4. 尽量使焊缝对称

焊缝对称布置可使各条焊缝产生的焊接变形相互抵消，这对减小梁、柱等结构的焊接变形有明显效果，如图 3-33a 所示为焊缝位置不对称，焊件易弯曲变形；图 3-33b 所示为焊缝位置对称，焊接变形较小。

5. 焊缝应尽量避开最大应力和应力集中的位置

图 3-34a 为大跨度横梁，最大应力在跨度中间。横梁由两部分焊成，焊缝在中间使结构承载能力减弱。如改为图 3-34b 结构，虽增加了一条焊缝，但改善了焊缝受力情况，提高了横梁的承载能力。

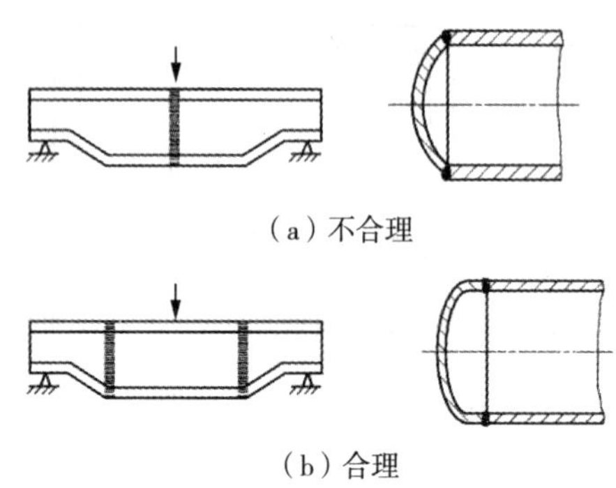

(a) 不合理

(b) 合理

图 3-34 焊缝应避开最大应力和应力集中处

6. 捍缝应避开切削加工表面

若焊接结构在某些部分要求有较高的精度，且必须加工后进行焊接时，为避免加工精度受到影响，焊缝应远离加工表面(图 3-35)。

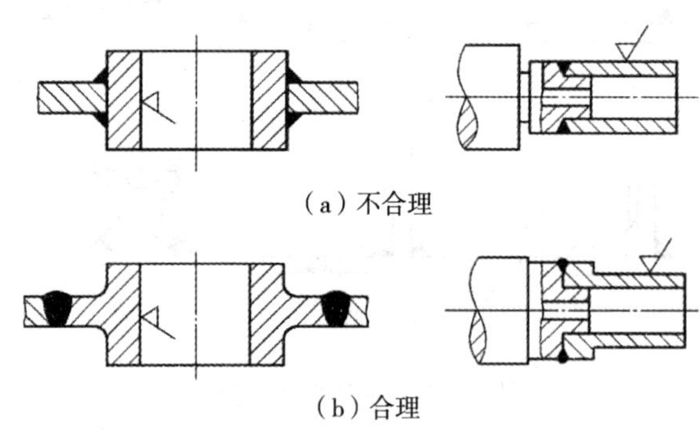

(a) 不合理

(b) 合理

图 3-35 焊缝应避开机械加工表面

3.4.3 焊接接头设计

焊接接头设计包括焊接接头形式设计和坡口形式设计。接头形式设计时主要考虑焊件的结构形状和板厚、接头使用性能要求等因素。坡口形式设计时主要考虑焊缝能否焊透、坡口加工难易程度、生产率、焊条消耗量、焊后变形大小等因素。

1. 焊接接头形式

焊接接头可分为对接接头、盖板接头、搭接接头、T 形接头、十字形接头、角接接头和卷边接头等，如图 3-36 所示。其中常见的焊接接头形式有对接接头、搭接接头、角接接头和 T 形接头。

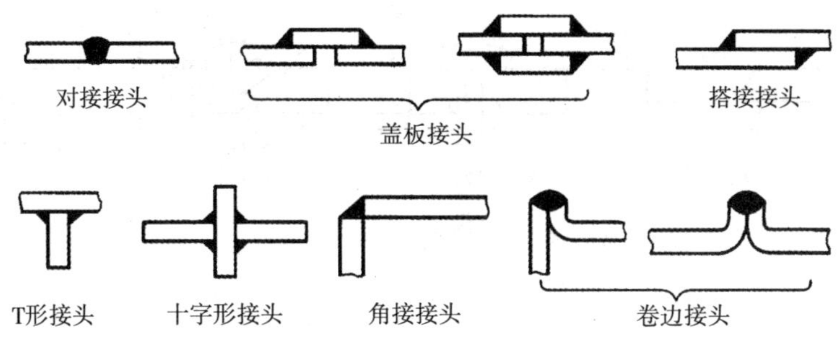

图 3-36　焊接接头形式

对接接头应力分布均匀，节省材料，易于保证质量，是焊接结构中应用较多的一种，但对下料尺寸和焊前定位装配尺寸要求精度高。锅炉、压力容器等焊件常采用对接接头。搭接接头不在同一平面，接头处部分相叠，应力分布不均匀，会产生附加弯曲力，降低了疲劳强度，多耗费材料，但对下料尺寸和焊前定位装配尺寸要求精度不高，且接头结合面大，增加承载能力，所以薄板、细杆焊件如厂房金属屋架、桥梁、起重机吊臂等椅架结构常用搭接接头。

点焊、缝焊工件的接头为搭接，钎焊也多采用搭接接头，以增加结合面。角接接头和 T 形接头根部易出现未焊透，引起应力集中。需在接头处开坡口，以保证焊接质量，角接接头多用于箱式结构。对于 1～2 mm 薄板，气焊或钨极氩焊时为避免接头烧穿又节省填充焊丝，可采用卷边接头。

2. 焊缝坡口形式

焊缝开坡口是为了使其根部焊透，同时也使焊缝成形美观，此外通过控制坡口大小，能调节焊缝中母材金属与填充金属的比例，使焊缝金属达到所需的化学成分。焊条电弧焊的对接接头、角接接头和 T 形接头中各种形式的坡口，可根据焊件板材厚度来选择。

坡口的常用加工方法有气割、切削加工(车或刨)和碳弧气刨等。

(1)对接接头坡口形式

对接接头的坡口基本形式有 I 形坡口(即不开坡口)、Y 形坡口、双 Y 形坡口、带钝边 U 形坡口、带钝边双 U 形坡口、单边 V 形坡口、双单边 V 形坡口、带钝边 J 形坡口、带钝边双 J 形坡口等。

(2)角接接头坡口形式

角接接头的坡口基本形式有 I 形坡口、错边 I 形坡口、Y 形坡口、带钝边单边 V 形坡口、带钝边双单边 V 形坡口等。

(3)T 形接头坡口形式

T 形接头的坡口基本形式有 I 形坡口、带钝边单边 V 形坡口、带钝边双单边 V 形坡口等。

焊条电弧焊常见的坡口形式如图 3-37 所示。

焊条电弧焊板厚小于 6 mm 时，一般采用 I 形坡口；但重要结构件板厚大于 3 mm 就需开坡口，以保证焊接质量。板厚在 6～26 mm 之间可采用 Y 形坡口，这种坡口加工简单，但焊后角变形大。板厚在 12～60mm 之间可采用双 Y 形坡口；同等板厚情况下，双 Y 形坡口比 Y 形坡口需要的填充金属量约少 1/2，且焊后角变形小，但需双面焊。带钝边 U 形坡口比

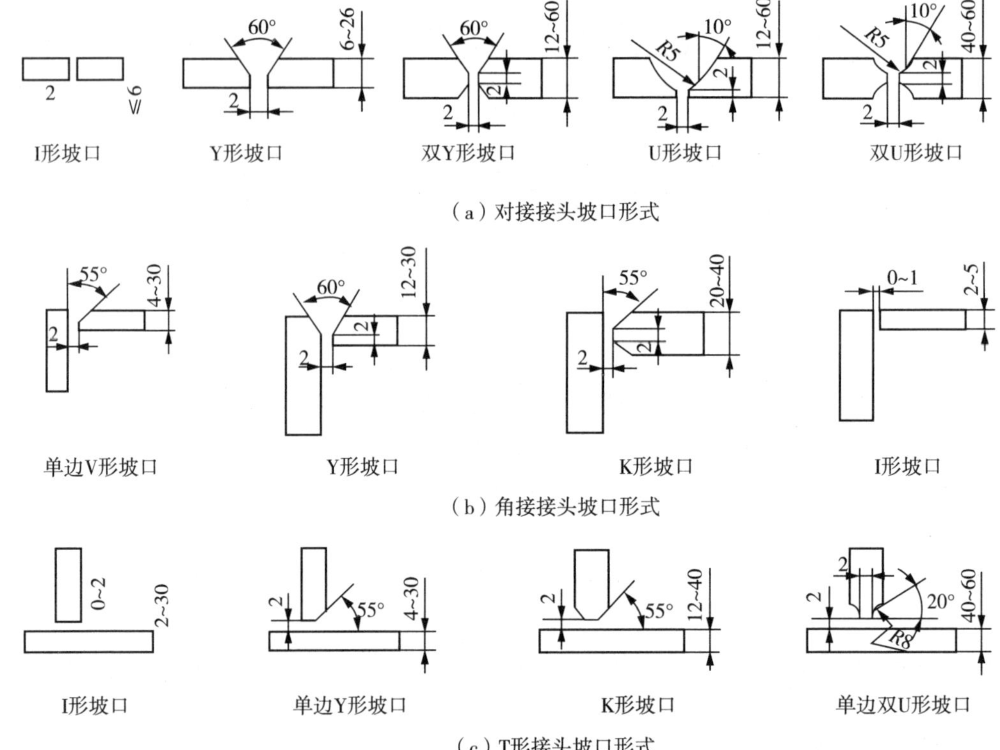

（a）对接接头坡口形式

（b）角接接头坡口形式

（c）T形接头坡口形式

图 3-37　焊条电弧焊常见的坡口形式

Y 形坡口省焊条，省焊接工时，但坡口加工较麻烦，需切削加工。

埋弧焊焊接较厚板采用 I 形坡口时，为使焊剂与焊件贴合，接缝处可留一定间隙。坡口形式的选择既取决于板材厚度，也要考虑加工方法和焊接工艺性。如要求焊透的受力焊缝，能双面焊尽量采用双面焊，以保证接头焊透，变形小，但生产率会下降。若不能双面焊时才开单面坡口焊接。

对于不同厚度的板材，为保证焊接接头两侧加热均匀，接头两侧板厚截面应尽量相同或相近，如图 3-38 所示。不同厚度钢板对接时允许厚度差见表 3-8。

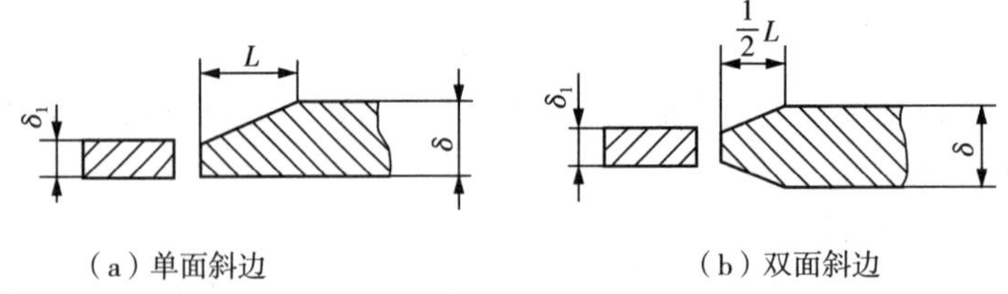

（a）单面斜边　　（b）双面斜边

图 3-38　同厚度板的对接

表 3-8　不同厚度板对接允许厚度差

较薄板的厚度　δ/mm	>2～5	>5～9	>9～12	>12
允许的厚度差($\delta-\delta_1$)/mm	1	2	3	4

3.4.4　焊接结构工艺图

焊接结构工艺图要表达出对焊缝的工艺要求，以便操作人员能够按照设计者对于焊缝的设计要求进行正确的工艺操作。

1. 焊缝的图示法

用图示法表示焊缝时，焊缝正面用粗实线（比轮廓线粗 2～3 倍）或与焊缝线垂直的细栅线表示。焊缝端面用粗实线画出焊缝的轮廓，必要时用细实线画出坡口形状。剖面图上焊缝区应涂黑，如图 3－39 a 和 b 中的左图所示。

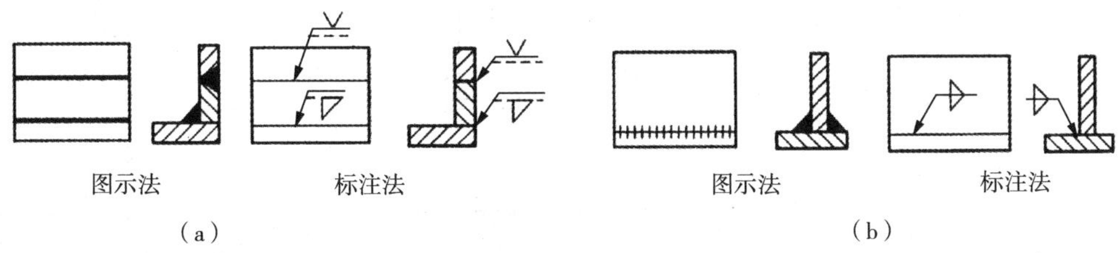

图 3－39　焊缝的图示法与标注法示例

2. 焊缝的标注法

一般情况下不按图示法绘制焊接结构工艺图，而是采用由国家标准规定的专用符号在图中对焊缝进行标注，图纸简洁明了同时方便绘图。需要指出的是，在同一张图纸上，只能采用一种方法。

焊缝符号一般由基本符号和指引线组成，必要时还可以加上辅助符号、补充符号和焊缝尺寸符号。表 3－9 列出了一些常用焊缝符号的示例。基本符号是表示焊缝断面形状的符号，通常采用近似于焊缝断面形状的图形表示。辅助符号是表示焊缝表面形状特征的符号。补充符号是为了补充说明焊缝的某些其他特征而采用的符号。

表 3－9　焊缝符号示例

符号类型	名称及说明	示意图	符号
基本符号	I 形焊缝		‖
	V 形焊缝		V
	Y 形焊缝		Y
	带钝边 U 形焊缝		
	角焊缝		◺

（续表）

符号类型	名称及说明	示意图	符号
补充符号	三面焊缝符号 表示三面 带有焊缝		⊏
	周围焊缝符号 表示环绕工件 周围有焊缝		○
	尾部符号标注焊接 工艺方法等内容		<
辅助符号	平面符号表示焊缝 表面应平齐（加工后）		

指引线一般由箭头线和两条基准线（一条是实线，另一条是虚线）组成，基准线应与图样底边平行，箭头指向焊缝位置。如果焊缝在接头的箭头所指一侧，则将基本符号标注在基准线的实线侧；如果焊缝在接头的非箭头侧，则将基本符号标注在基准线的虚线侧；标注对称焊缝和双面焊缝时，可不加虚线，如图 3－39 a 和 b 中的右图所示。

基本符号必要时可附带有尺寸符号及相应的数据。焊缝尺寸符号及数据的标注原则：焊缝横截面上的尺寸标在基本符号的左侧，焊缝长度方向上的尺寸标在基本符号的右侧，坡口角度、根部间隙等尺寸标在基本符号的上侧或下侧；相同焊缝的数量和焊接方法代号（如焊条电弧焊为 111、埋弧焊为 121、CO_2 焊为 135、钨极氩弧焊为 141）标在尾部符号右侧。

3. 焊接结构工艺图示例

图 3－40 所示为一齿轮坯的焊接结构工艺图。该齿轮由轮缘、轮辐和轮毂三部分组成，轮缘和轮毂分别采用 45 钢和 Q235 钢锻造而成，轮辐选用 20 钢无缝钢管。图样上标注的焊缝符号表示共有 8 条相同的角焊缝（每根轮辐两端的环绕焊缝），将轮缘、轮辐和轮毂焊接为一体，焊脚尺寸为 10 mm，焊接方法为焊条电弧焊。

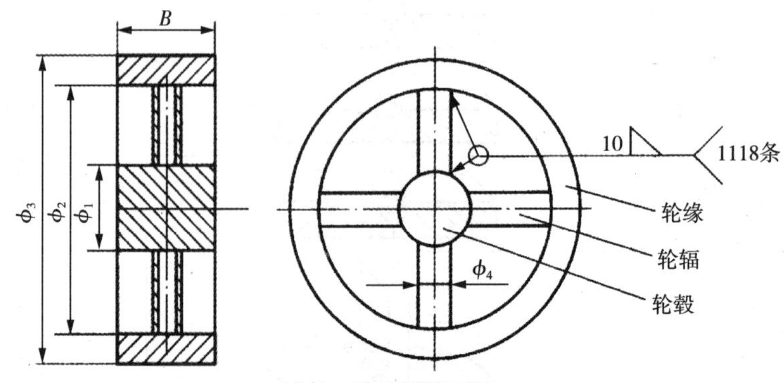

图 3－40　齿轮坯的焊接结构工艺图

3.4.5　焊接结构与工艺设计实例

结构名称：中压容器，如图 3－41 所示。

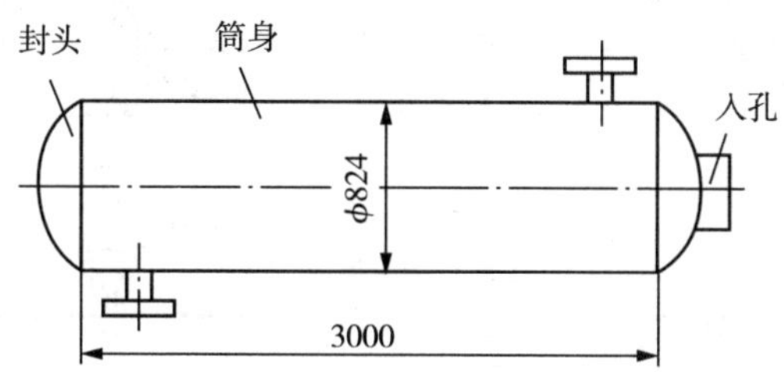

图 3－41　中压容器外形图

材料：16MnR(原材料尺寸为 1200 mm＊5000 mm)。

件厚：筒身 12mm，封头 14mm，入孔圈 20mm，管接头 7mm。

生产数量：小批量生产。

工艺设计重点：筒身采用冷卷钢板，按实际尺寸可分为三节，为避免焊缝密集，筒身纵焊缝应相互错开 180°。封头用热压成型，与筒身连接处应有 30～50 mm 的直段，使焊缝避开转角应力集中的位置。入孔圈板厚较大，可加热卷制，其焊缝布置如图 3－42 所示。根据焊缝的不同情况，可选用不同的焊接方法、接头形式、焊接材料及焊接工艺，其工艺设计如表3－10 所示。

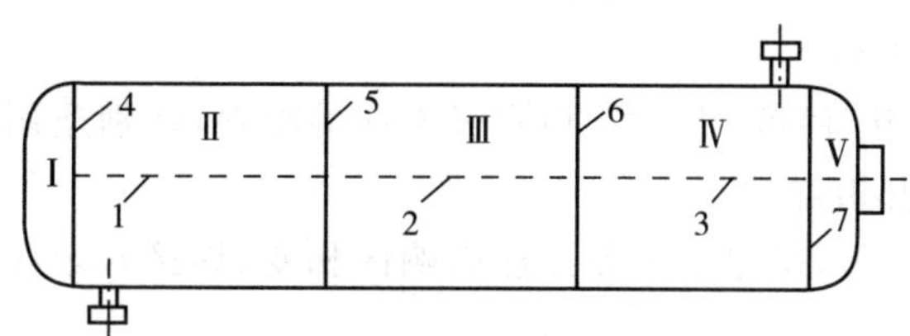

图 3－42　中压容器的焊缝位置

表 3－10　中压容器焊接工艺设计

序号	焊缝名称	焊接方法选择与焊接工艺	接头形式	焊接材料
1	筒身纵缝 1、2、3、	因容器品质要求高，又小批生产，采用埋弧焊双面焊，先内后外；因材料 16MnR，应在室内焊接(以下同)		焊丝：H08Mn 焊剂：HJ431 焊条：E5015 (J507)
2	筒身环缝 4、5、6、7	采用埋弧焊，顺序 4、5、6，先内后外；7 装配后先在内部用手弧焊封底，再用自动焊焊外环缝		焊丝：H08MnA 焊剂：HJ431 焊条：E5015 (J507)

（续表）

序号	焊缝名称	焊接方法选择与焊接工艺	接头形式	焊接材料
3	管接头焊接焊缝 8	管壁为 7mm，角焊缝插合式装配，采用手弧焊，双面焊，先焊内部，后焊外部	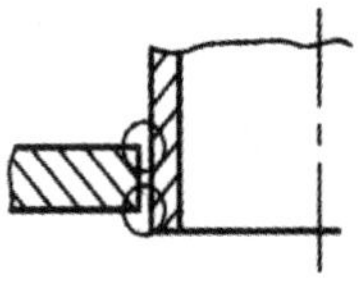	焊条：E5015（J507）
4	入孔圈纵缝焊缝 9	板厚 20mm，焊缝短（100mm），采用手弧焊，平焊位置，Y 形坡口		焊条：E5015（J507）
5	入孔圈纵缝焊缝 10	处于立焊位置的圆角焊缝，采用手弧焊；单面坡口双面焊，焊透	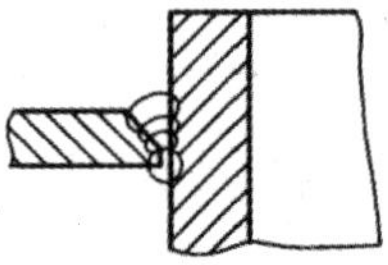	焊条：E5015（J507）

3.5 粘结

胶接也称粘接，是利用化学反应或物理凝固等作用，将两个物体紧密连接在一起的工艺方法。

1. 胶接的特点与应用

① 能连接材质、形状、厚度、大小等相同或不同的材料，特别适用于连接异型、异质、薄壁、复杂、微小、硬脆或热敏制件。

② 接头应力分布均匀，避免了因焊接热影响区相变、焊接残余应力和变形等对接头的不良影响。

③ 可以获得刚度好、质量轻的结构，且表面光滑，外表美观。

④ 具有连接、密封、绝缘、防腐、防潮、减振、隔热、衰减消声等多重功能，连接不同金属时，不产生电化学腐蚀。

⑤ 工艺性好，成本低，节约能源。

胶接是航空航天工业中非常重要的连接方法，主要用于铝合金钣金及蜂窝结构的连接，除此以外，在机械制造、汽车制造、建筑装潢、电子工业、轻纺、新材料、医疗以及日常生活中，也得到广泛的应用。

近年来，胶接虽然在许多领域得到了广泛应用，但它有一定的局限性，并不能完全代替其他连接方式。胶接目前存在的主要问题：胶接接头的强度不够高，大多数粘结剂耐热性不高，易老化，且对胶接接头的质量尚无可靠的检测方法。

2. 粘结剂

(1)按粘结剂来源分类

粘结剂根据来源不同，可分为天然粘结剂和合成粘结剂两大类。其中天然粘结剂组成较简单，多为单一组分；合成粘结剂则较为复杂，是由多种组分配制而成的。目前应用较多的是合成粘结剂。

合成粘结剂的主要组分如下：

① 粘料　起胶合作用的主要组分，主要是一些高分子化合物、有机化合物或无机化合物。

② 固化剂　其作用是参与化学反应使粘结剂固化。

③ 增塑剂　用以降低粘结剂的脆性。

④ 填料　用于改善粘结剂的使用性能，如强度、耐热性、耐蚀性、导电性等，一般不与其他组分起化学反应。

(2)按粘结剂成分性质分

粘结剂按成分性质不同，可分为热固性粘结剂、热塑性粘结剂等多种类型，见表 3-11。

表 3-11　粘结剂的分类

分类				典型代表
有机粘结剂	合成粘结剂	树脂	热固性粘结剂	酚醛树脂、不饱和聚酯
			热塑性粘结剂	α-氰基丙烯酸酯
		橡胶	单一橡胶	氯丁胶浆
			树脂改性	氯丁-酚醛
		混合型	橡胶与橡胶	氯丁-丁腈
			树脂与橡胶	酚醛-丁腈、环氧-聚硫
			热固性树脂与热塑性树脂	酚醛-缩醛、环氧-尼龙
	天然粘结剂	动物粘结剂		骨胶、虫胶
		植物粘结剂		淀粉、松香、桃胶
		矿物粘结剂		沥青
		天然橡胶粘结剂		橡胶水
无机粘结剂	磷酸盐			磷酸-氧化铝
	硅酸盐			水玻璃
	硫酸盐			石膏
	硼酸盐			四硼酸钠

(3)按粘结剂的基本用途分类

粘结剂按基本用途可分为结构粘结剂、非结构粘结剂和特种粘结剂三大类。

① 结构粘结剂强度高、耐久性好，可用于承受较大应力的场合。

② 非结构粘结剂用于非受力或次要受力部位。

③ 特种粘结剂主要是满足特殊需要，如耐高温、超低温、导热、导电、导磁、水中胶接等。

粘结剂按固化过程中的物理化学变化，还可分为反应型、溶剂型、热熔型、压敏型等粘结剂。

3. 胶接工艺

(1)胶接工艺过程

胶接是一种新的化学连接技术,在正式胶接之前,先要对被粘物表面进行表面处理,以保证胶接质量。然后将准备好的粘结剂均匀涂敷在被粘表面上,粘结剂扩散、流变、渗透,

合拢后,在一定的条件下固化,当粘结剂的大分子与被粘物表面距离小于 5×10^{-10} m 时,形成化学键,同时,渗入孔隙中的粘结剂固化后,生成无数的胶勾子,从而完成胶接过程。

胶接的一般工艺过程有确定部位、表面处理、配胶、涂胶、固化、检验等。

① 确定部位

胶接大致可分为两类,一类用于产品制造,另一类用于各种修理。使用前需要对胶接部位有比较清楚的了解,例如表面状态、清洁程度、破坏情况、胶接位置等,才能为实施具体的胶接工艺做好准备。

② 表面处理

表面状态影响黏附力,必须获得最佳的表面状态,以提高胶接强度和使用寿命。表面处理包括:去除被粘表面的氧化物、油污等污物层,吸附的水膜和气体,清洁表面;使表面获得适当的表面粗糙度;活化被粘表面,使低能表面变为高能表面、惰性表面变为活性表面等。表面处理的具体方法有表面清理、脱脂去油、除锈打磨、清洁干燥、化学处理、保护处理等。

③ 配胶

单组分粘结剂一般可以直接使用,但如果有沉淀或分层,则在使用之前必须搅择混合均匀。多组分粘结剂必须在使用前按规定比例调配混合均匀,根据粘结剂的环境温度、实际用量来决定每次配制量的大小,并随配随用。

④ 涂胶

涂胶是以适当的方法和工具将粘结剂涂布在被粘表面,操作正确与否,对胶接质量有很大影响。涂胶方法与粘结剂的形态有关,对于液态、糊状或膏状的粘结剂可采用刷涂、喷涂、浸涂、滚涂、刮涂等方法,要求涂胶均匀一致,避免空气混入,达到无漏涂、不缺胶、无气泡、不堆积,胶层厚度控制在 0.08～0.15mm。

⑤ 固化

固化是粘结剂通过溶剂挥发、乳液凝聚的物理作用或缩聚、加聚的化学作用,变为固体并具有一定强度的过程,是获得良好粘接性能的关键过程。胶层固化应控制温度、时间、压力三个参数。固化温度是固化条件中最为重要的困素,适当提高固化温度可以加速固化过程,并能提高胶接强度和其他性能。固化加热时要求加热均匀,严格控制温度,缓慢冷却。适当的固化压力可以提高粘结剂的流动性、润湿性、渗透和扩散能力,可防止气孔、空洞和分离,使胶层厚度更为均匀。固化时间与温度、压力密切相关,升高温度可以缩短固化时间,降低温度则要适当延长固化时间。

⑥ 检验

对胶接接头的检验方法主要有目测、敲击、溶剂检查、试压、测量、超声波检查、X 射线检查等方法,目前尚无较理想的非破坏性检验方法。

(2)胶接接头

胶接接头的受力情况比较复杂,其中最主要的是机械力的作用。作用在胶接接头上的

机械力主要有四种类型：剪切、拉伸、剥离和不均匀扯离，如图 3－43 所示，其中以剥离和不均匀扯离的破坏作用较大。在选择胶接接头的形式时，应考虑以下原则：

① 尽量使胶层承受剪切力和拉伸力，避免剥离和不均匀扯离。

② 在可能和允许的条件下适当增加胶接面积。

③ 采用混合连接方式，如胶接加点焊、铆接、螺栓连接、穿销等，可以取长补短，增加接头的牢固耐久性。

④ 注意不同材料的合理配置，如材料线胀系数相差很大的圆管套接时，应将线胀系数小的套在外面，而线胀系数大的套在里面，以防止加热引起的热应力而造成接头开裂。

⑤ 接头结构应便于加工、装配、胶接操作和以后的维修。

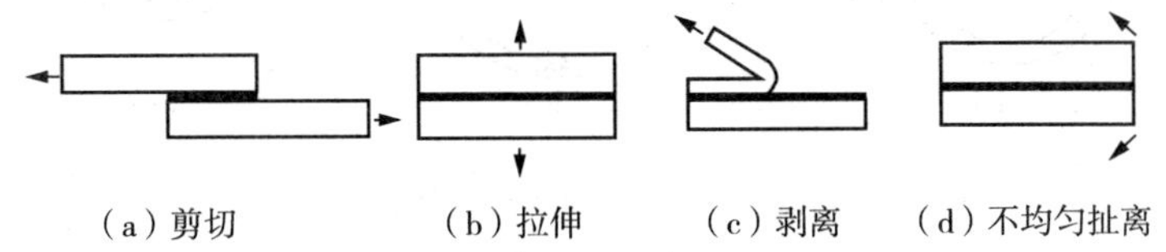

(a) 剪切　(b) 拉伸　(c) 剥离　(d) 不均匀扯离

图 3－43　胶结接头受力方式

胶接接头的基本形式是搭接，常见的胶接接头形式如图 3－44 所示。

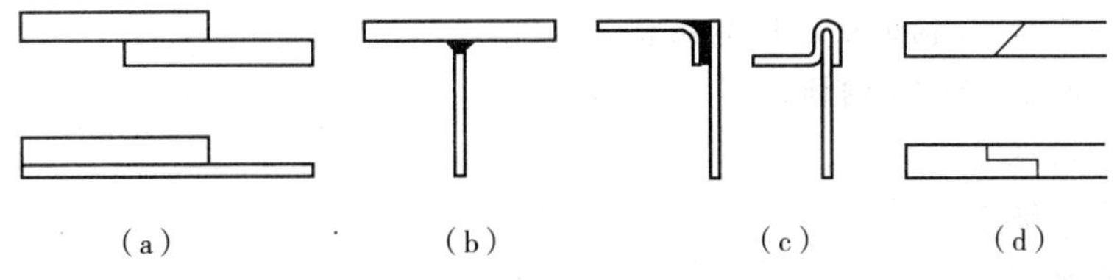

(a)　(b)　(c)　(d)

图 3－44　胶结接头的形式

习　题

1. 什么是焊接热影响区？低碳钢焊接时热影响区分为哪些区段？各区段的组织和性能对焊接接头有何影响？

2. 试述熔化焊、埋弧焊、电渣焊和电阻焊四者之间的区别、各自的优点和适用范围。

3. 试述焊芯和药皮的组成与作用，如何合理选用电焊条？

4. 金属材料的焊接性能是指什么？如何衡量钢材的焊接性能？

5. 试述铸铁的热焊法和冷焊法。它们各适用于什么情况。

6. 焊接应力与变形产生的原因是什么？如何防止和减小焊接应力与变形？

7. 下列铸铁采用哪种焊接方法和焊接材料进行补焊？

(1)变速箱箱体加工前发现安装面上有大砂眼。

(2)车床床身在不受力、不加工部位有一个大气孔。

(3)铸铁污水管裂纹。

8. 点焊接头如 3－45 所示，请根据工件图讨论其结构工艺性。

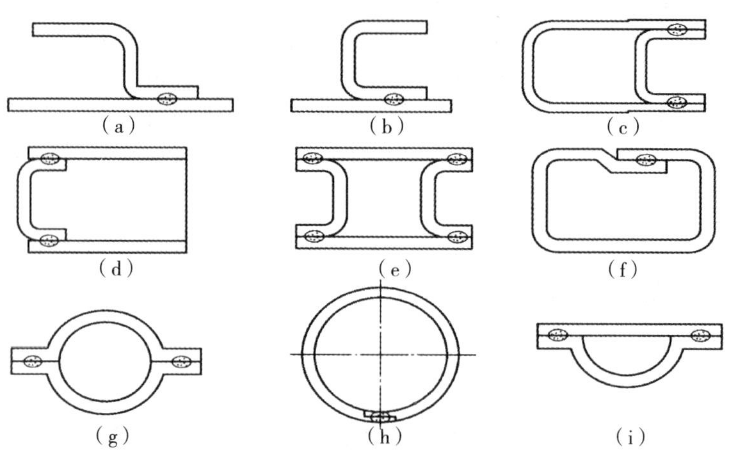

题 3-45　电阻焊件接头图

9. 请给下列工件选择合适的焊接方法。

(1)壁厚小于 30mm 的 Q345 锅炉筒体的批量生产。

(2)采用低碳钢建造的厂房屋架。

(3)丝锥柄部接 45 钢钢杆以增加柄长。

(4)对接 ϕ30mm 的 45 钢轴。

(5)自行车轮钢圈。

(6)自行车车架。

(7)汽车油箱。

10. 图 3-46 所示的焊接接头是否满足工艺性要求,为什么?

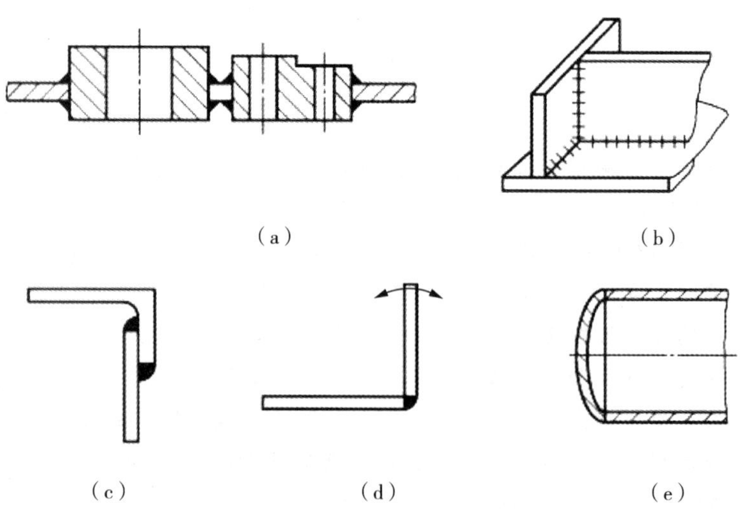

图 3-46　焊件的焊接接头

11. 图 3-47 所示的焊缝位置是否满足工艺性要求,为什么?

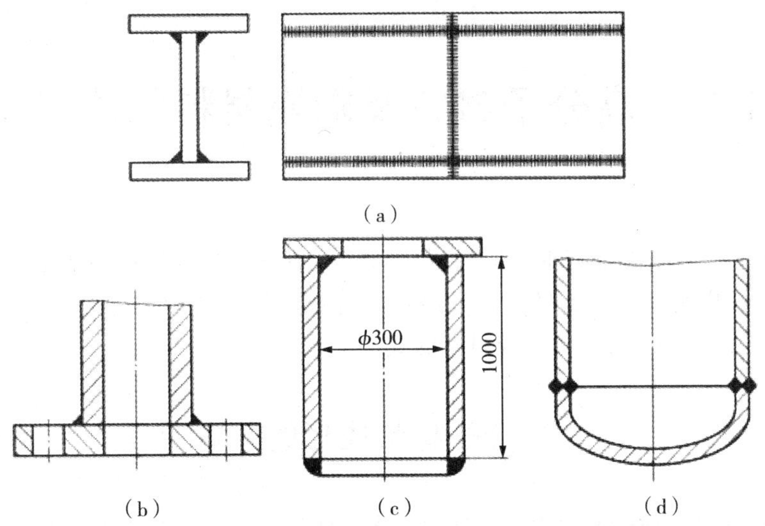

图 3-47 焊件的焊缝布置

12. 如图 3-48 所示的锅炉汽包，原材料已定为牌号 22g 的锅炉钢，筒身及封头壁厚均为 50mm，试拟定生产工艺过程，选择焊接方法、接头形式、焊接材料并提出工艺要求(原材料尺寸:2.5m×4m)。

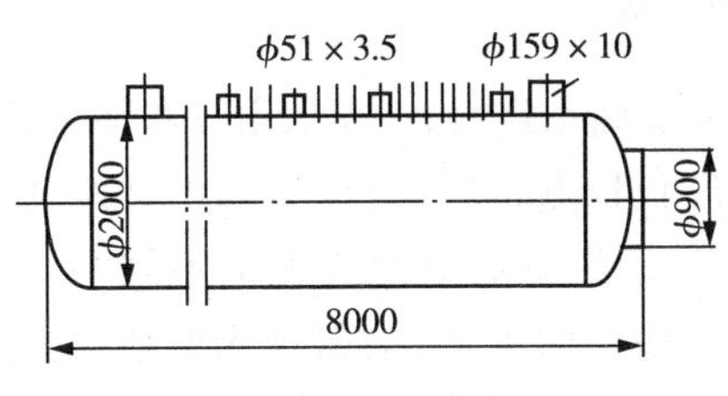

图 3-48 锅炉汽包

13. 如图 3-49 所示的焊接梁，材料为 15 钢，现有钢板最大长度为 2500mm。试决定腹板与上、下翼板的焊缝位置，选择焊接方法，画出各条焊缝接头形式并制定各条焊缝的焊接次序。

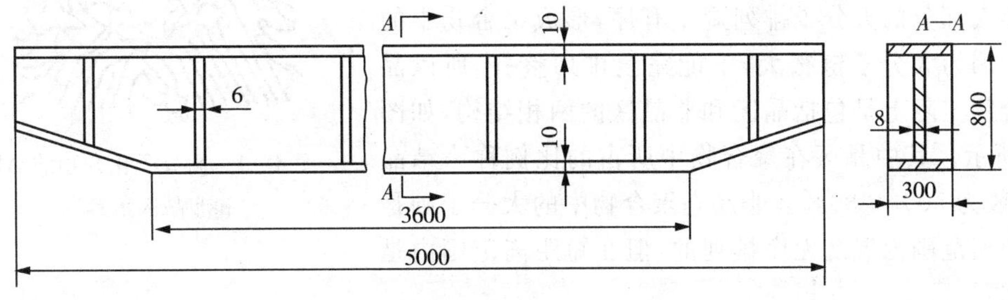

图 3-49 焊接梁

第 4 章　高分子材料及陶瓷材料的成形工艺

近些年来，来源丰富、能耗低、具有良好的化学、力学等综合性能的非金属材料，得到迅速发展和广泛的应用。非金属材料只有经过各种成形方法的加工才能制成各种有用的制品，本章重点介绍高分子材料和陶瓷材料的成形工艺。

4.1　高分子材料成形的基本原理

高分子化合物的分子是由许多简单低分子化合物重复连接而成的，其相对分子质量一般在 $10^4 \sim 10^6$ 之间，因而又叫高聚物或聚合物。高分子材料工业主要包括两部分，高分子材料的生产和聚合物制品的生产。前者是指通过各种化工合成的方法制取高分子化合物，包括树脂和半成品的生产；后者主要是指高分子材料的成形加工，如塑料制品的生产、橡胶制品的生产等。

4.1.1　高分子化合物的结构

高分子化合物的结构主要有两个层次，一是大分子链本身的结构，二是大分子的聚集态结构。按照大分子链的几何形状特点，可分为线型和体型两种结构。线型结构的聚合物大分子是由许多链节连成的一条长链，通常是呈卷曲的不规则线团状，在拉伸时可呈直线状。有些聚合物的大分子链带有一些小的支链，也属于线型结构。体型结构的聚合物大分子是分子链与链之间通过许多支链或化学键相互交联在一起，形成网状或立体网络结构。

高分子化合物的聚集态结构，是指其内部的大分子集合在一起时的几何排列方式。按照大分子相互间的排列是否有序，可分为晶态和非晶态两种结构。晶态聚合物中大部分的大分子排列规整有序，形成聚合物中的晶区。因为大分子链很大，不能完全排列整齐，所以晶态聚合物实际上是包括晶区和非晶区的两相结构，如图 4－1 所示。其中晶区在聚合物中所占的比例称为结晶度，一般为 50％～80％。非晶态聚合物中的大分子则是在长距离范围内混乱无序排列的，但在短距离范围内是有序的。

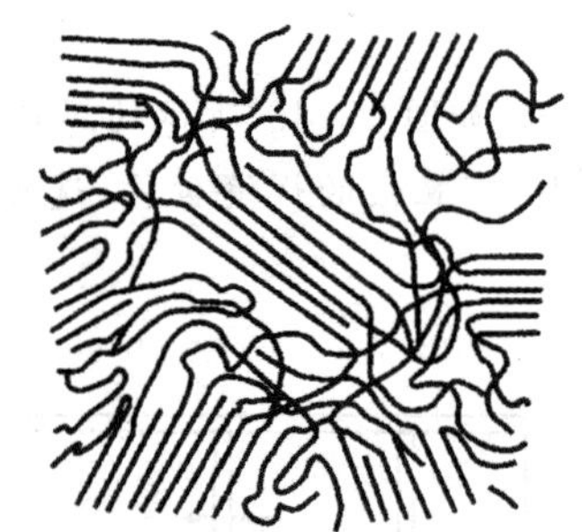

图 4－1　高分子化合物的晶区和非晶区示意图

4.1.2　高分子化合物的力学状态与流变行为

由于高分子化合物的结构特点，使其在外力作用下的状态受温度的影响很大，并且表现为多样化。线型非晶态聚合物大分子链的热运动随温度的变化而其状态不同，分别表现出玻璃态、高弹态和粘流态，如图 4－2 中的曲线 1 所示。

(1)玻璃态

当温度低于玻璃化温度 T_g 时，聚合物处于玻璃态。与其他低分子固体材料一样，玻璃态的聚合物受力时，瞬时产生应变并达到平衡，应力与应变成正比。其应变量一般小于 1%，具有一定的刚度，如图 4－3a 所示。在玻璃态下，聚合物硬而不脆，有较好的力学性能。玻璃态是塑料的使用状态，也就是说塑料是在室温下处于玻璃态的高分子材料。

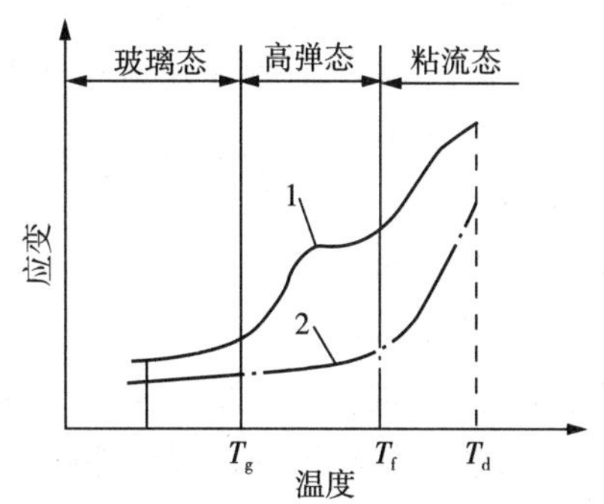

图 4－2　聚合物的力学状态与温度的关系

1—线型非晶态聚合物；2—线型晶态聚合物

(2)高弹态

当温度高于玻璃化温度 T_g 而低于粘流态温度 T_f 时，大分子链可获得足够的热运动能量，从玻璃态转入链段能自由运动的高弹态。在此状态下，聚合物的弹性模量很小，当受到外力作用时，处于卷曲状态的大分子链舒展拉直；而外力去除后，又可回复到卷曲状态，如图 4－3b 所示，从而形成很大的宏观弹性变形量(100%～1000%)，比如橡胶即为常温下处于高弹态的聚合物。

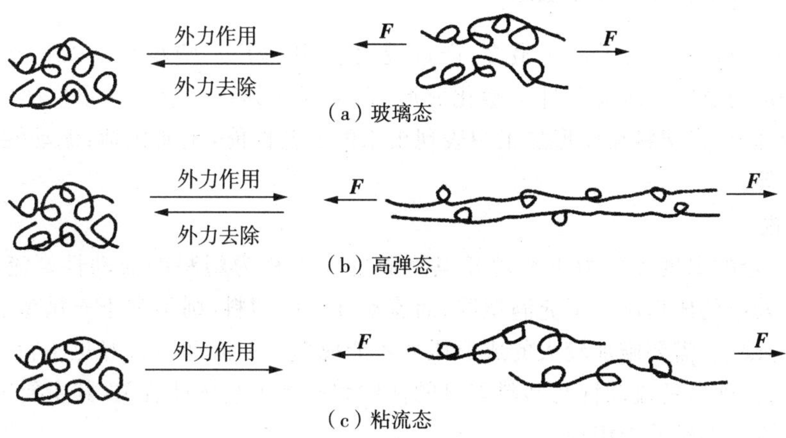

图 4－3　聚合物形变时大分子运动状态示意图

(3)粘流态

温度高于粘流态温度 T_f 时，大分子链运动的能量增大到可以使整个分子链开始运动，分子之间的结合力大为减弱，大分子链在外力作用下可产生相对滑移，宏观上表现为聚合物熔体的黏性流动，如图 4－3c 所示。

线型晶态聚合物简单说来一般有两种力学状态(如图 4－2 中曲线 2)。在粘流态温度 T_f(也称熔点 T_m)以上，聚合物中晶区发生熔化，大分子由紧密有序排列转变为混乱无序结构，并发生黏性流动，进入粘流态(也称熔融态)。在 T_f 以下，则处于结晶态，其性能与线型非晶态聚合物的玻璃态相似。

处于粘流态的聚合物熔体，在外力作用下可发生宏观流动，由此而产生的变形是不可逆的，冷却后，聚合物的变形能永久保持下来。因此，粘流态是高分子材料加工成形的工艺状态，通过把聚合物加热到 T_f以上，即可采用注射、挤出、压制、吹制、浇铸、喷丝等方法，将其加工成各种形状的零件、型材和纤维等。

需要注意的是，与熔融金属相比，聚合物熔体的流动和变形行为有一些特点，主要表现在以下几方面：

① 聚合物熔体的流动，是通过大分子链中链段的运动来实现的。

② 聚合物熔体的黏度很大（一般多在 $10^3 \sim 10^7$ Pa·s 之间），其流动比低分子液体要困难得多，因此成形时往往需要施加较大的作用力。

③ 聚合物熔体在流变过程中伴随有高弹性变形，这部分变形在外力去除后将会恢复。

当温度升高到 T_d时，聚合物将开始分解，所以 T_d称为热分解温度。热分解破坏了聚合物的组成，导致成形制品的质量变差，因而生产中必须避免发生这一现象。高分子材料的成形加工绝大部分是在 $T_f \sim T_d$这个温度范围内进行的，其范围越宽，聚合物熔体的热稳定性越好，成形过程就越容易进行。对于体型聚合物而言，由于其大分子运动非常困难，因而随温度变化而引起的力学状态变化较小，一般不存在粘流态甚至高弹态，并且在温度过高时将发生分解。

4.1.3 高分子材料的成形性能

在高分子材料中，塑料的品种最多、产量最大、应用最广。塑料是指以高分子材料为主要成分，在一定的温度和压力条件下塑化成形，在常温下具有一定力学强度的材料或制品。塑料的成形性能是指塑料在成形加工中表现出来的工艺性能，主要包括：流动性、收缩性、吸湿性、热敏性等。

1. 流动性

塑料在一定的温度和压力下充填模具型腔的能力称为塑料的流动性。流动性好的塑料，就可以在较小的成形压力下充满型腔；而流动性差的塑料，则不利于充满型腔，易产生缺料或熔接痕等缺陷，需要施加较大的成形压力才能成形。但流动性太好也不行，成形时产生较严重的溢边。塑料的流动性与塑料本身的性质和成形工艺条件有关，其主要影响因素：

（1）塑料本身的结构与组成

聚合物的相对分子质量越大，大分子链之间的缠结程度越严重，塑料熔体的粘度就越高，流动性就越差。不同的成形方法对塑料熔体黏度的要求不同，因此对相对分子质量的要求也不一样。注射成形要求塑料的黏度低、流动性好，可采用相对分子质量有差异较小的聚合物；挤出成形要求黏度较高一些，可采用相对分子质量较大的聚合物；中空吹塑成形可采用中等相对分子质量的聚合物。聚合物大分子链的刚性和极性越强，大分子间的结合力越大，黏度就越高，使塑料的流动性下降，例如聚氯乙烯、聚碳酸酯熔体的黏度比聚乙烯、聚丙烯大得多，其流动性也就低于后者。塑料中加入填充剂，会降低其流动性；而加入增塑剂或润滑剂，则可以提高流动性。

（2）温度

温度升高会加剧聚合物大分子的运动，增大分子间距离，降低粘度，提高流动性。不同的塑料,其流动性受温度影响的程度也是有差异的。聚苯乙烯、聚丙烯、聚酰胺、有机玻璃、聚碳酸酯、ABS 等塑料的流动性随温度改变而变化较大;而聚乙烯、聚甲醛等的流动性则对温度的变化不敏感。对于前一类塑料,在成形过程中通过升高温度来增加流动性,其效果较明显;但同时也要注意严格控制成形温度,以免因温度的波动而导致生产过程的不稳定,使塑料制品的质量难以保证。对于后一类塑料,则不能完全依靠提高温度来改善流动性,过高的温度还可能使聚合物降解或热分解,从而降低塑料制品的质量。

(3)压力

成形压力对塑料流动性的影响比较复杂。一方面,增加压力能加快塑料熔体的流动速度,这对提高流动性是有利的;但另一方面,压力增大能缩小聚合物分子间的距离,加大分子间作用力,升高黏体粘度,且升高的幅度可达几倍至几十倍,这对流动性是十分不利的。因此压力对流动性的影响将取决于这两方面作用的综合效果。同一种塑料在适当的压力范围内可以成形,反而当压力过大时不易成形甚至不能成形的现象。

(4)模具结构

模具型腔的形式、表面粗糙度、浇注系统的结构和尺寸、排气系统和冷却系统的设计等因素都会影响塑料熔体的流动性。凡是促使熔体温度下降,流动阻力增加的因素,都会使流动性下降。

常用的热塑性塑料中,流动性好的有聚乙烯、聚丙烯、聚苯乙烯和尼龙等,流动性中等的有聚甲醛、有机玻璃、ABS 等,流动性较差的有聚碳酸酯、聚苯醚、聚砜和氟塑料等。

2. 收缩性

塑料制品从模具中取出冷却到室温后,其尺寸或体积发生收缩的特性称为收缩性。收缩性的大小以单位长度塑件收缩量的百分数来表示,称为收缩率。造成收缩的主要原因有成形过程中塑料的热胀冷缩和状态变化(如从粘流态转变为晶态或玻璃态),以及脱模时的弹性恢复和脱模后残余应力的缓慢释放等。影响塑件收缩的因素主要包括:

(1)塑料的品种

不同品种的塑料,其收缩率各不相同。例如,结晶度高的塑料,结晶后的密度也大,故其收缩率大。即使是同一种类的塑料,由于其中各种组分的配比不同,收缩率也会有差异。

(2)塑料制品的结构

一般说来,塑料制品的形状复杂,尺寸较小、壁薄、有嵌件(尤其是嵌件数量多且对称分布)或有较多型孔等,其收缩率较小。

(3)成形工艺条件

成形温度高,则热胀冷缩大,收缩率也大。成形压力大,塑件的弹性恢复也大,其收缩性减小。成形时间越长,塑件冷却时间越长,其收缩率越小,但过长的冷却时间对提高生产率不利。

(4)模具结构

模具的分型面、浇口形式及尺寸等因素直接影响塑料流动方向、密度分布、保压补缩作用及成形时间等。例如,当浇口的厚度较小时,浇口部分会过早凝结硬化,型腔内的塑料收缩后得不到及时补充,故收缩较大。而采用大截面的浇口,就可减少收缩。

总之,在设计模具时应根据各种因素综合考虑选取塑料的收缩率,以保证所生产出的塑料制品的尺寸符合设计要求。

3. 吸湿性

吸湿性是指塑料(包括其中的各种添加剂)对水分的敏感程度。吸湿性大的塑料在成形过程中由于受高温高压作用,使水分汽化或发生水解,致使塑料制品中出现气泡、斑纹等缺陷。因此,在成形前必须对其进行干燥处。

4. 热敏性

热敏性是指塑料的化学性质对热作用的敏感程度。热敏性强的塑料(称为热敏性塑料)在成形过程中很容易在不太高的温度下就发生热降解或热分解,从而影响塑料制品的性能、色泽和表面质量等。

另外,有些塑料在成形加工时,尤其是热敏性塑料在发生热降解或热分解时,会释放出一些挥发性气体,这些气体对现场人员、模具和加工设备具有刺激性、毒性和腐蚀作用。为了防止这些情况的出现,必须采取相应的措施,例如,对成形设备机筒内壁、流道和模具型腔表面镀铬防腐,生产时严格控制成形工艺条件,必要时可在塑料中添加热稳定剂。

5. 硬化特性

硬化(也称固化)是指热固性塑料成形时完成交联反应的过程。硬化速度的快慢对成形工艺过程有非常重要的影响,例如压注或注射成形时,应要求在塑化时、填充时化学反应慢,硬化速度慢,以保持长时间的流动状态;但当充满型腔后,在高温、高压下应快速硬化。硬化速度慢的塑料,会使成形周期变长,生产率降低;硬化速度快的塑料,则不能成形复杂的塑件。

橡胶的硬化又称为硫化,橡胶的硫化性能包括硫化速度、交联率、存放稳定性等。硫化性能是橡胶最重要的成形性能之一,其他还有流动性、流变性能、热物理性能等。

4.2 塑料制品的成形工艺

由高分子合成反应制得的聚合物通常只是生产塑料制品和橡胶制品等的原材料,用于生产橡胶制品的聚合物常称为生胶,用于生产塑料制品的聚合物常称为树脂。

塑料制品的生产包括:选择树脂品种和添加剂成分、成形加工、后续加工等工序。根据组成的不同,塑料可分为简单组分塑料和复杂组分塑料。复杂组分塑料在成形加工前一般还需进行配制,即将其各组分的原料经混合与塑化后制成粉状、粒状或片状塑料。塑料成形加工是指将原料(树脂与各种添加剂的混合料或已经过配制好的塑料)在一定温度和压力下塑制成一定形状的制品的工艺过程。成形后的塑料制品可再经后续加工(如切削、焊接、表面涂覆等),以满足某些工艺或使用要求。成形是塑料制品生产中最重要的工序,塑料常用的成形方法:注射成形、挤出成形、压缩成形、压注成形、压延成形、吹塑成形等。

4.2.1 塑料的组成与分类

塑料的主要成分是合成树脂,根据需要可加入用于改善性能的某些添加剂(有些塑料也可不加),如填充剂、增塑剂、稳定剂、固化剂、润滑剂、着色剂、发泡剂等。其中,增塑剂和润滑剂等可改善塑料的成形性能,增塑剂可提高树脂的可塑性和柔软性,便于树脂塑化成形;润滑剂可防止塑料在成形过程中粘在模具或其他设备上,并可使塑料制件表面光亮美观。

塑料具有质轻、耐蚀性好、电绝缘性好、隔热性好、减摩耐磨性好和成形方便等优点，因此被广泛地应用于工业、农业、高科技产业和日常用品等各个领域。

按照塑料的性能及用途，可将其分为通用塑料和工程塑料。适用范围广、产量大的塑料称为通用塑料，如聚乙烯、聚氯乙烯、聚苯乙烯、聚丙烯、酚醛塑料等，可用于农用薄膜、包装材料、建筑材料、化工材料、生活日用品等的生产中；而力学性能较高、可用作工程结构材料的塑料则称为工程塑料，如 ABS 塑料、聚酰胺(尼龙)、聚甲醛等，它们可用于制作某些机械构件，如齿轮、轴承、叶片等。

按照树脂在加热和冷却时表现的性质，可将塑料分为热塑性塑料和热固性塑料。热塑性塑料的特点是，它受热后会软化并熔融成粘流态，冷却后则变硬；再次受热后又可软化重新塑化，冷却后又变硬，如此可反复多次，还保持其基本性能不变。这类塑料的成形工艺一般较简单，且可采用多种多样的成形方法来成形，生产效率高。热固性塑料的工艺特点：在一定条件(如加热、加压或加入固化剂)下进行固化成形，并且在固化成形过程中发生树脂内部分子由线型结构到体型结构的变化。固化后的热固性塑料性质稳定，不再溶于任何溶液，也不能通过加热使它再次软化熔融(温度过高时则被热分解破坏)。这类塑料所适用的成形方法较少，常用的是压制成形法，工艺较复杂，生产效率低。但近年来发展的压注成形和特种注塑成形，明显提高了生产率。

4.2.2　塑料注射成形

注射成形有时也称注塑成形。它是热塑性塑料的主要成形方法之一，几乎所有的热塑性塑料(除氟塑料外)都可以采用这种方法成形，此外也可用于一些热固性塑料的成形，应用比较广泛。

注射成形具有生产效率高、制品尺寸精确、易于实现自动化等优点，可以生产形状复杂、壁薄和带有金属嵌件的塑料制品。

1. 注射成形工艺过程

注射成形原理如图 4-4 所示，将粒状或粉状塑料从注射机的料斗送入加热的料筒中，经加热熔化至粘流态后，在柱塞或螺杆的推动下，向前移动并通过料筒端部的喷嘴以很高的速度注入温度较低的闭合模腔中，充满模腔的塑料熔体在压力作用下发生冷却固化，形成与模腔相同形状的塑料件。

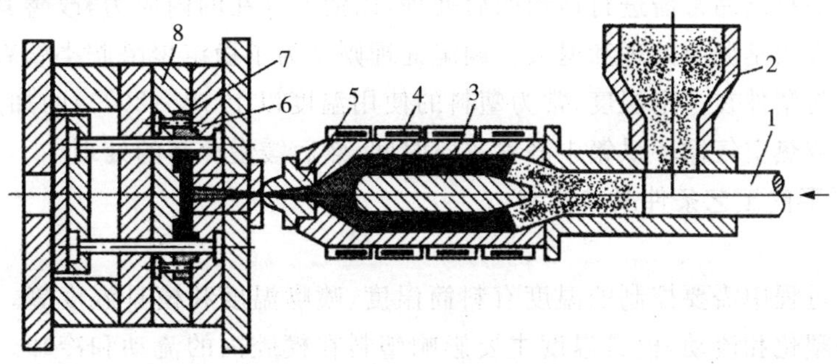

图 4-4　注射成形原理图

1—柱塞；2—料斗；3—分流梭；5—喷嘴；6—定模板；7—塑料制品；8—动模板

注射成形工艺的全过程包括：成形前的准备、成形过程、塑件的后处理等，如图 4－5 所示。

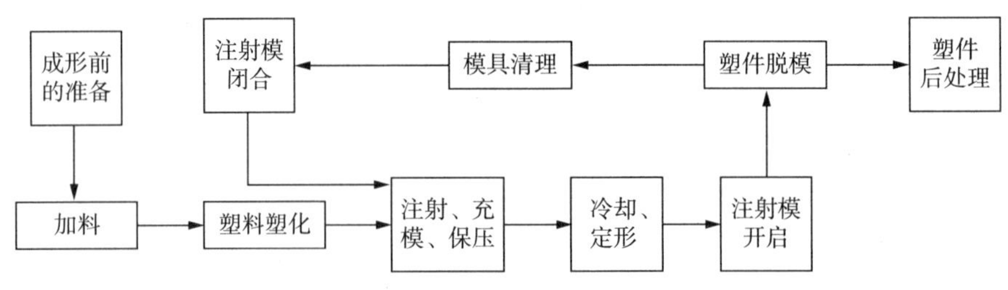

图 4－5　注射成形工艺过程

(1)成形前的准备

成形前应做一些必要的准备工作，主要有原料的外观检验和工艺性能测定，原料的染色和对粉料的造粒，对于易吸湿的塑料原料进行预热和干燥、清洗料筒、试模等。

(2)成形过程

一般包括加料、塑化、注射、冷却和脱模几个步骤。由于注射成形是一个间歇过程，因而必须定量(定容)加料，以保证操作稳定，使塑料塑化均匀，最终获得成形良好的塑件。加入的塑料在料筒中加热后，由固体颗粒转变为粘流态从而具有可塑性，这一过程称为塑化。塑化好的熔体被柱塞或螺杆推挤至料筒前端，即开始进入了注射的过程。注射过程可分为充模、保压、冷却和脱模等几个阶段。熔体经过喷嘴和模具的浇注系统进入并填满模腔，这一阶段称为充模。

充模的熔体在模具中冷却收缩时，柱塞或螺杆继续保持施压状态，以迫使浇口附近的熔体能够不断补充进入模具中，以保证型腔中的塑料能成形出形状完整而致密的塑件，这就是保压阶段。当浇注系统的塑料已冻结后，可结束保压，柱塞或螺杆后退，型腔中压力卸除；同时利用冷却系统(如通入冷却水、油等冷却介质)加快模具的冷却，这个阶段称为冷却。但如果浇口尚未冻结时，就将柱塞或螺杆退回，则会发生型腔中熔料向浇注系统倒流的现象，使塑件产生收缩、变形和质地疏松等缺陷，故应避免发生这种情况。待塑件冷却到一定的温度即可开模，并由推出机构将塑件推出模外而实现脱模。

(3)塑件的后处理

成形后的塑料制品常需进行适当的后处理，以消除存在的内应力，改善其性能和尺寸稳定性。常用的方法是调湿处理和退火。调湿处理则是为了稳定聚酰胺类塑料制品的性能和尺寸。退火是将塑件在一定温度(常为塑料的使用温度以上 10～20℃)的加热液体介质(如热水、热油等)或热空气循环烘箱中静置一段时间，然后缓慢冷却的处理。

2. 注射成形的工艺条件及其控制

(1)温度

注射成形过程中需要控制的温度有料筒温度、喷嘴温度和模具温度等。前两种温度主要影响塑料的塑化和流动，模具温度主要影响塑料在模腔内的流动和冷却。料筒最合适的温度范围应在塑料的粘流态温度 T_f(或熔点 T_m)与热分解温度 T_d之间，且从料斗处(后端)至喷嘴处(前端)温度是逐渐升高的，以使塑料的温度平稳地上升到塑化温度。喷嘴温度一般略低于料筒最高温度。模具温度应保持基本恒定，一般在40～60 ℃范围内。对于注射压力较低、壁厚较小的塑件，应选择较高的料筒温度和模具温度。

(2)压力注射成形过程中需要控制的压力有塑化压力和注射压力两种

塑化压力的产生过程是这样的，当采用螺杆式注射机时(如图4－6)，在塑料熔体的充模和保压阶段，螺杆向前运动但不转动；在模内的塑料进入冷却阶段，螺杆开始转动，将料斗加入的塑料塑化并输送至料筒前端，当螺杆头部积存的熔体压力达到一定值时，螺杆在转动的同时后退，使料筒前端的熔体不断增多而达到规定的注射量，以便进行下一次注射充模。这种螺杆头部熔料在螺杆转动后退时所受到的压力就是塑化压力，又称为背压。塑化压力的大小可以通过液压系统中的溢流阀来调整。注射压力是指柱塞或螺杆头部对塑料熔体所施加的压力，其作用是克服塑料熔体从料筒流向型腔的流动阻力，使熔体具有所需的充型速率以及对熔体进行压实等。在注射机上常常用表压指示出注射压力的大小，一般在40～130 MPa之间。

(3)时间(成形周期)完成一次注射成形过程所需的时间即为成形周期，它包括注射时间(充模和保压时间)、模内冷却时间和其他时间(如开模、闭模、顶出塑件等的时间)

注射时间和模内冷却时间均对塑料制品的质量有决定性的影响。充模时间一般在10 s以内，保压时间一般为20～120 s(特厚塑件可高达5～10 min)。模内冷却时间主要取决于塑件厚度、模具温度和塑料的热性能和凝固性能等因素，一般在30～120 s之间，并注意在保证塑件脱模时不变形的前提下应尽可能缩短冷却时间。

3. 注射成形的工艺条件及其控制

塑注射机(注塑机)是塑料注射成形的专用设备，有柱塞式和螺杆式两种形式。其中，螺杆式注射机由于具有加热均匀、塑化良好、注射量大等优点，尤其对于流动性差的塑料以及大、中型塑料制品的生产多选用螺杆式注射机。注射机按其外形结构特征，又可分为卧式、立式、角式和旋转式四种，应用较多的是卧式注射机(如图4－6)。常用的卧式注射机型号有：XS－ZY－30、XS－ZY－60、XS－ZY－125、XS－ZY－500、XS－ZY－1000等。型号中的“XS”表示塑料成形机，“Z”代表注射机，“Y”代表螺杆式，末尾的数字代表注射机的最大注射量(g)。

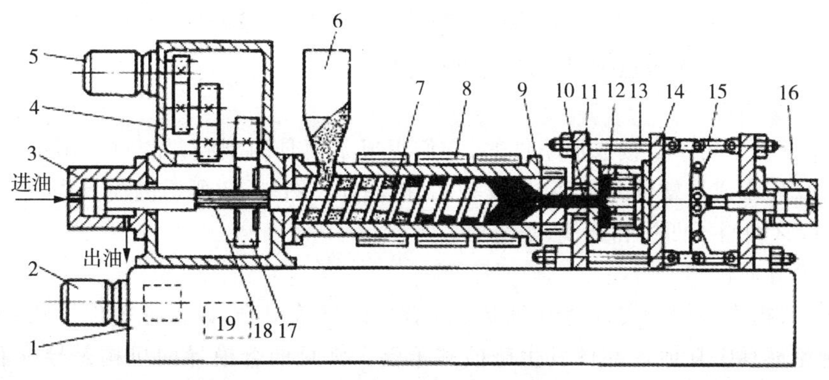

图4－6　卧式螺杆式注射机结构示意图

1－机身；2－电动机及油泵；3－注射油缸；4－齿轮箱；5－电动机；6－料斗；7－螺杆；8－加热器；9－料筒；10－喷嘴；11－定模固定板；12－模具；13－拉杆；14－动模固定板；15－合模机构；16－合模油缸；17－螺杆传动齿轮；18－螺杆花键；19－油箱

注射机的主要组成部分是注射系统与合模系统。注射系统的作用就是加热塑化塑料，并对其施加压力并射入和充满模具型腔，包括了注射机上直接与物料和熔体接触的零部件，如加料装置、机筒、螺杆（螺杆式注射机）或柱塞及分流锥（柱塞式注射机）、喷嘴等。合模系统是注射机实现开、闭模具动作的一整套机构装置，必须能根据不同塑件的要求和模具的厚度灵活调节模板的间距、行程和运动速度，具有开启灵活、闭锁紧密的特点。最常见的合模系统是带有曲臂的机械一液压式的装置（如图 4-6）。

注射模具是安装在注射机上使用的，在设计模具时，应对所选用的注射机的有关技术参数有全面的了解，以保证所设计的注射模与所使用的注射机相适应。

注射模是塑料注射成形的主要工艺装备。注射模的种类很多，基本结构都是由动模和定模两大部分组成的，如图 4-7 所示。定模部分安装在注射机的固定模板上，动模部分安装在注射机的移动模板上并在注射成形过程中随着注射机上的合模系统运动。注射成形时，动模与定模由导向系统导向而闭合，塑料熔体从注射机喷嘴经模具浇注系统进入型腔。塑料冷却定型后开模，通常情况下，塑件是留在动模上与定模分离，而后由推出机构将塑件推出模外。

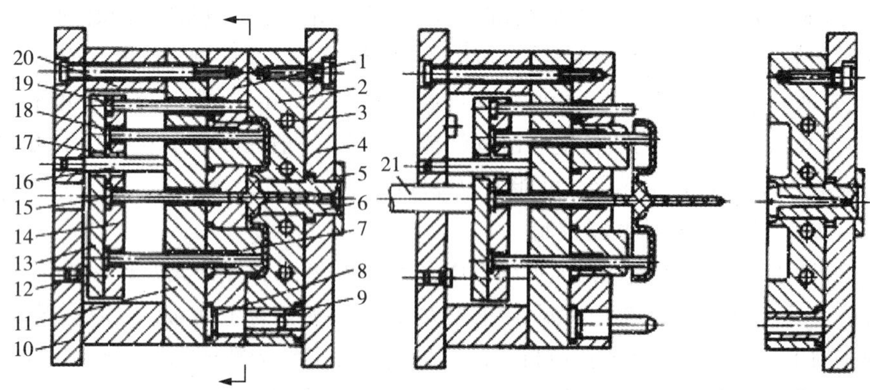

图 4-7　注射模结构图

1—动模板；2—定模板；3—冷却水道；4—定模座板；5—定位圈；6—浇口套；7—凸模；8—导柱；9—导套；10—动模座板叶；11—支承板；12—支承柱；13—推板；14—推杆固定板；15—拉料杆；16—推板导柱；17—推板导套；18—推杆；19—复位杆；20—垫块；21—注射机顶杆

典型的注射模具大多包括以下的一些零部件。

(1)成形零部件

成形零部件是用于直接成形塑件的，它们组成了模具的型腔，如凸模（用于成形塑件内表面）、凹模（用于成形塑件外表面）以及型芯、攘块等。图 4-7 所示的模具中，型腔是由动、定两模板 1、2（相当于凹模和凸模）等组成。

(2)合模导向机构

合模导向机构是用于实现动模和定模在合模时准确对合，以保证塑件形状和尺寸的精确性，并避免模具中其他零部件发生碰撞和干涉。常见的合模导向机构是导柱和导套（图 4-7中 8、9）。

(3)浇注系统

包括主流道、分流道、浇口和冷料穴等，它们构成了熔融塑料从注射机喷嘴进入模具型腔所流经的通道，如图 4-8 所示。

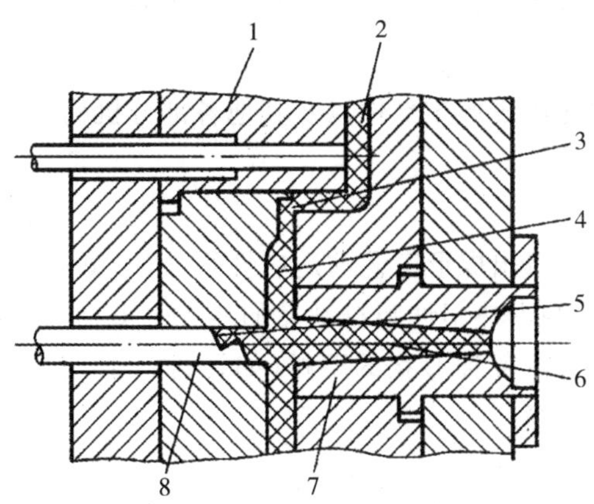

图 4-8　注射模的浇注系统

1—凸模；2—塑件；3—浇口；4—分流道；5—冷料穴；6—主流道；7—浇口套；8—拉料杆

(4)推出机构

它是用于分型后将塑件从模具中推出的装置，也称脱模机构。图 4-7 中模具的推出机构是由推板 13、推杆固定板 14、拉料杆 15、推板导柱 16、推板导套 17、推杆 18 和复位杆 19 等组成。

(5)侧向分型与抽芯机构

当塑件的侧向有凸凹形状或孔时，在塑件推出之前，必须先把用于成形侧面凸凹形状或孔的型芯或镶拼模块从塑件上脱开或抽出，然后才能使塑件顺利脱模。合模时，又须将它们恢复原位。侧向分型与抽芯机构就是为实现这一功能而设置的。图 4-9 所示为常见的带有斜导柱侧向抽芯机构的注射模。

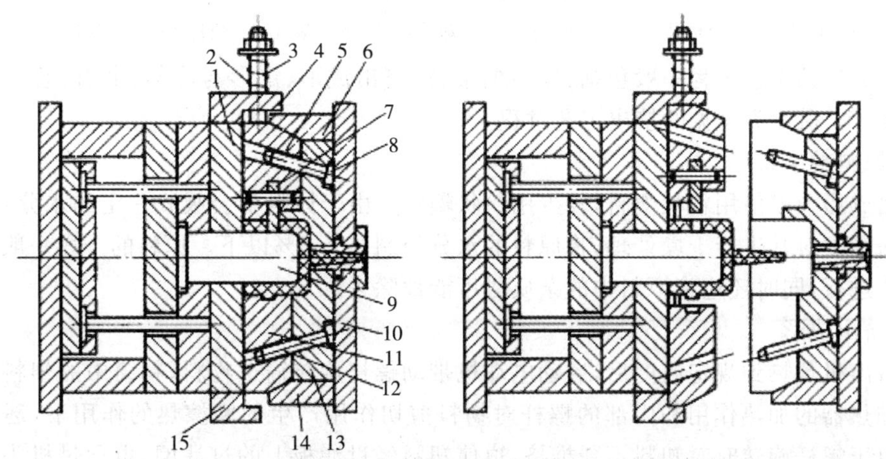

图 4-9　带有斜导柱侧向分型和抽芯机构的注射模

1—推件板；2—弹簧；3—限位螺杆；4、15—挡块；5—侧型芯滑块；6、14—模紧块；7—侧型芯；8、12—斜导柱；9—凸模；10—定模座板；11—侧型腔滑块；13—定模板(型腔板)

(6)加热或冷却系统

为了满足注射成形的工艺要求，有时还需在模具中设置加热或冷却系统，其作用是保证塑料熔体的顺利充型和塑件的固化定型。加热系统是在模具的内部或四周安装加热元件，冷却系统则是在模具内开设冷却水道(如图 4－7 中 3 所示)。

(7)支承零部件

它们用来安装固定或支承成形零部件以及其他各部分机构。

4.2.3 塑料挤出成形

挤出成形又称为挤塑。挤出成形工艺的适应性很强,除氟塑料外,所有的热塑性塑料都可以采用挤出成形,其制品约占热塑性塑料制品的 40%～50%。部分热固性塑料也可采用挤出成形。挤出成形可以获得各种形状的型材(如管、棒、条、带、板及各种异型断面型材),也可制作电线电缆的包覆物等。

1. 挤出成形工艺过程

挤出成形原理(以挤出管材为例)如图 4－10 所示。先将粒状或粉状的塑料加入料斗中,在旋转的挤出机螺杆的推动下,塑料通过沿螺杆的螺旋槽向前方输送。在此过程中,由于不断地受到加热作用。塑料逐渐熔融呈粘流态,然后在螺杆的挤压作用下,塑料熔体通过具有一定型孔的挤出模具(称为口模),成为截面形状一致的塑料制品。

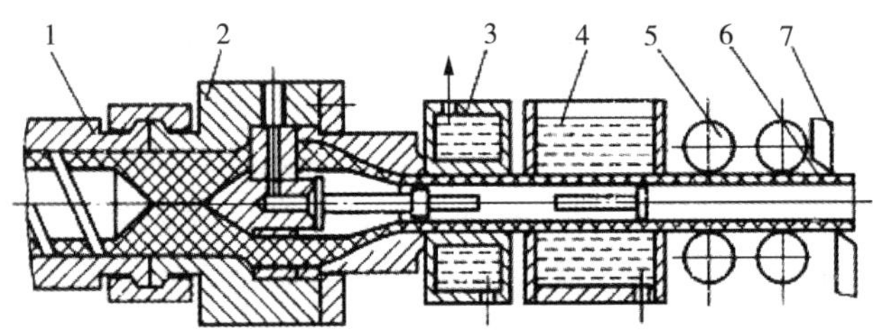

图 4－10 挤出成形原理

1—料筒;2—挤出机机头;3—定径装直;4—冷却装置;5—牵引装置;6—塑料件;7—切割装置

挤出成形的工艺过程一般包括:原料的准备、挤出成形、定形与冷却、牵引、卷取或切割等。图 4－11 所示为常见的挤出工艺过程。

(1)原料的准备

挤出成形大多使用粒状塑料,较少用粉状塑料。由于原料都会吸收一定的水分,因此在成形之前必须对其进行干燥处理,将原料的水分控制在 0.5%以下。原料的干燥一般在烘箱或烘房中进行,同时还应将原料中的杂质尽可能地除去。

(2)挤出成形

在挤出机预热到规定温度后,启动电动机带动螺杆旋转输送物料,料筒中的塑料受到料筒外部加热器的加热作用和内部的螺杆对物料剪切作用产生的摩擦热的作用下,逐渐熔融塑化。由于螺杆旋转时对塑料不断推挤,迫使塑料经过滤板上的过滤网,再通过机头接口模的型孔成形为连续型材。

(3)塑件的定形与冷却

塑件在离开机头口模后,应立即进行定形和冷却,否则在自重作用下塑件会产生变形,出现凹陷或扭曲现象。多数情况下,定形和冷却是同时进行的。但在挤出各种棒料和管材时,定形过程与冷却是先后分开进行的;而挤出薄膜、单丝等则无须定形,只进行冷却即可。挤出板材或片材,常常还需通过一对压辊(如图 4－11b 中 6)碾平。

（4）塑件的牵引、卷取和切割在冷却的同时，还要连续均匀地对塑件进行拉动引导（即牵引），以使后续的塑件能够顺利地挤出。牵引过程由作为挤出机的辅机之一的牵引装置来完成。

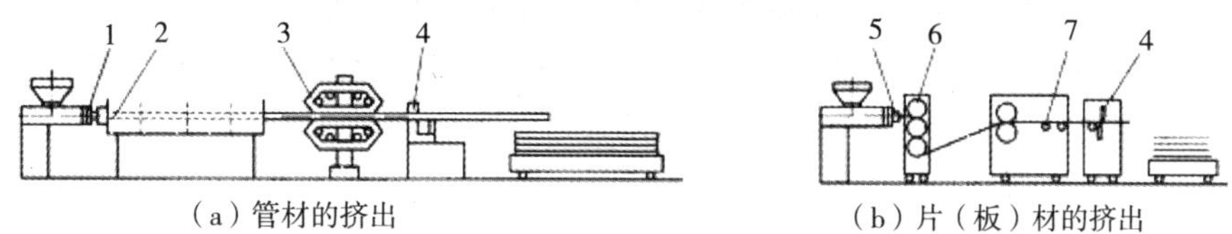

（a）管材的挤出　　（b）片（板）材的挤出

图 4-11　常见的挤出工艺过程示意图

1—挤管机头；2—定形与冷却装置；3—牵引装置；4—切断装置；5—片（板）坯挤出机头；6—碾平与冷却装置；7—切边与牵引装置

通过牵引的塑件可根据使用要求在切割装置上裁剪（如棒、管、板、片等），或在卷取装置上绕制成卷（如薄膜、单丝、电线电缆等）。在此之后，某些塑件如薄膜等有时还需进行后处理，以提高尺寸稳定性。

2. 挤出成形的工艺条件及其控制

（1）温度

温度是挤出成形能否成功的关键因素。塑料在螺杆各段（加料段、压缩段和均化段）处的温度是不同的，呈不断上升趋势，在压缩段可达到熔点温度，开始进入粘流态。一般来说，对挤出成形温度进行控制时，加料段的温度不宜过高，而压缩段和均化段的温度则可取高一些，具体的数值应根据塑料种类和塑件情况而定。

（2）压力

在挤出过程中，由于料流的阻力等各种因素而使塑料内部形成一定的压力，这种压力对于获得均匀密实的塑件有着重要作用。如果在成形过程中压力产生波动，将会对塑件质量产生不利影响，如造成局部疏松、表面不平、弯曲等缺陷。为了减少压力波动，应合理控制螺杆转速，并保证加热和冷却装置的温度控制精度等。

（3）挤出速度

挤出速度是指单位时间内由机头口模中挤出的塑化好的塑料量或塑件长度。在挤出机的机构和塑料品种及塑件类型已经确定的情况下，挤出速度仅与螺杆转速有关。挤出速度的波动对塑件的形状和尺寸精度有明显的不良影响，生产中应采取相应措施保证挤出速度的均匀。

（4）牵引速度

牵引速度要与挤出速度相适应，一般是牵引速度略大于挤出速度，以消除塑件尺寸的变化；同时对塑件可进行适度的拉伸以提高其质量。

3. 挤出成形设备与模具

挤出成形所用的设备为挤出机。根据螺杆的数量，挤出机可分为单螺杆挤出机、双螺杆挤出机、多螺杆挤出机和柱塞式挤出机；根据螺杆的安装位置，可分为卧式挤出机和立式挤出机。目前，应用最多的是单螺杆挤出机。单螺杆挤出机的规格一般用螺杆直径大小来表示。

单螺杆挤出机的结构主要包括：传动装置、加料装置、机筒、螺杆、机头等部分。机筒是挤出机的主要部件之一，塑料的塑化和加压过程都在其中进行。工作时机筒内的压力可达 30～50 MPa，温度一般为 150～300 ℃。

挤出成形的模具包括两部分，即机头和定形模（套）。机头的作用是将挤出机挤出的塑料熔体由旋转运动变为直线运动，并进一步塑化均匀，产生必要的成形压力，保证塑件密实，从而获得所需截面形状的连续型材。机头主要由以下几部分组成：口模、芯棒、过滤网、过滤板（多孔板）、分流器、机头体等。机头体的作用相当于模架，用来组装并支承机头的各个零部件，并与挤出机料筒相连。定型模的作用是使从机头挤出的塑件的形状稳定下来，并对其进行精整，从而获得截面尺寸精确、表面光亮的塑件。

4.2.4　塑料压缩成形

压缩成形是塑料成形中最传统的工艺方法，也是热固性塑料的主要成形手段，也用于流动性很差的热塑性塑料制品的成形。

压缩成形所需设备和模具较简单，操作方便，但生产效率较低，难以制作形状复杂、薄壁的塑料件，不易实现生产自动化。

1. 压缩成形工艺过程

压缩成形过程如图 4-12 所示，将粉状（或粒状、碎片状、纤维状）的塑料放入凹模型腔中，合上凸模后在压机的压力作用下加压并加热，软化熔融并充满型腔，随着发生的化学交联反应的进行，熔融的塑料逐步硬化定形，最后脱模将其取出，即得到与模具型腔形状相同的塑料制品。压缩成形工艺过程包括：成形前的准备，成形和成形后处理，如图4-12 所示。

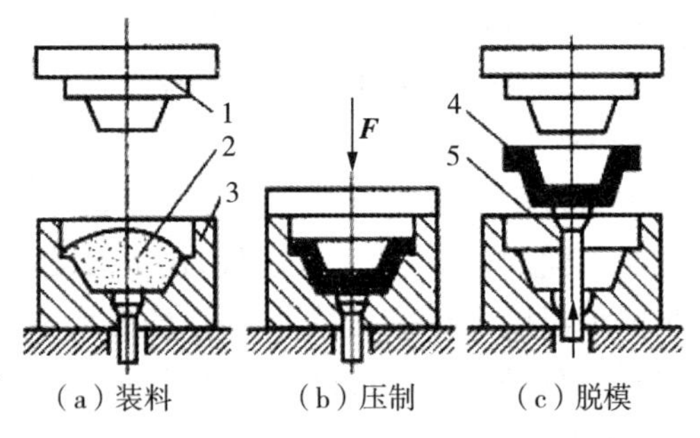

（a）装料　（b）压制　（c）脱模

图 4-12　压缩成形工艺过程

1—凸模；2—原料；3—凹模；4—制品；5—顶杆

（1）成形前的准备热固性塑料比较容易吸湿，贮存时易受潮，所以成形前应对其进行预热，以去除其中的水分和其他挥发物；同时提高塑料的温度，有利于其在模具内受热均匀，缩短成形周期。此外，有时还要对塑料进行预压处理，将松散的塑料原料压成一定重量且形状一致的型坯，以使其便于放入模具中。

（2）成形过程的模具在使用前要进行预热。若塑件带有嵌件，应在加料前将嵌件预热后置于模具型腔内。压缩成形过程一般要经过加料、合模、排气、固化和脱模等几个阶段。加料就是在模具型腔中加入已预热的定量原料的操作，加料是否准确将直接关系到塑件的密度和尺寸精度。加料完成后进行合模，即通过压力机加压使模具闭合。在凸模尚未接触物料之前，应加快合模速度，以缩短成形周期和避免塑料过早固化；当凸模接触模内物料后，应减慢合模速度。压缩模闭合后，有时还需要卸压使凸模松动片刻，以排出模腔中的气体（如物料受热释放出的水蒸气、低分子挥发物以及交联反应时产生的气体等），否则，会影响物料的传热过程，延长固化时间，还会降低塑件的性能和表面质量。

排气的次数和时间根据需要而定，通常为 1～3 次，每次 3～20 s。模具内的热固性塑料在成形温度下保持一定时间，依靠其内部发生的交联反应而固化定形，从而达到所需要的性能，这一过程即为固化（或硬化）。随着固化过程的进行，分子交联程度的增大，塑料逐渐由加热初期的粘流态，转变为体型结构的玻璃态。固化过程完成后，压力机卸压，模具开启，推出机构将塑件推出模外。塑件脱模后，应对模具进行清理，以免有碎屑或其他杂物留在模内，影响下一次成形的塑件质量。

(3)塑件的后处理主要是退火，主要作用：清除内应力，提高塑件的尺寸稳定性，减少变形和开裂。退火时塑件还能进一步交联固化，使其性能提高。

2. 压缩成形的工艺条件及其控制

(1)成形温度

压缩成形温度是指压缩时所需的模具温度。压缩成形温度的高低既关系着模内塑料熔体能否顺利充满型腔，又影响着成形时的固化速度。在一定温度范围内，升高模具温度，可使成形周期缩短，生产效率提高。但如果模温太高，可引起塑料的热分解，同时还使塑件表层先发生硬化，降低物料的流动性，造成充模不满；并且因水分和挥发物难以排除，塑件内应力增大，脱模时，塑件易发生肿胀、开裂、翘曲等缺陷。而如果模温过低，则使成形周期过长，固化不足，塑件的性能和表面光泽度下降。常用热固性塑料的压缩成形温度大多在 120～200 ℃之间。

(3)成形压力

压缩成形时压力机通过凸模对塑料所施加的迫使其充满型腔并固化的压力称为成形压力。成形压力的大小与塑料品种、塑件结构以及模具温度等因素有关。一般情况下，塑料的流动性越差，塑件越厚或形状越复杂，塑料的固化速度越快以及塑料的压缩比越大，则所需的成形压力也越大。

(4)压缩时间

压缩时间的长短对塑件的性能影响也很大。压缩时间过短，塑料固化不足，性能下降且容易变形；压缩时间过长，生产效率低，而且在塑料交联过程中增加塑件收缩率，产生内应力，性能下降。压缩时间与塑料种类、塑件形状、成形温度与压力、工艺操作步骤(如是否预压、预热)等有关。例如提高成形温度或压力，均可使压缩时间减少，但压力的影响不如温度的影响明显。一般的酚醛塑料，压缩时间为 1～2 min；有机硅塑料为 2～7 min。

3. 压缩成形设备与模具

压缩成形通常使普通压力机进行生产。压力机的种类按传动方式可分为机械式压机和液压机，以液压机最为常用。模具的上模和下模分别安装在压力机的上、下工作台上，通过上工作台(也称活动横梁)的上升和下降运动，实现模具的开启、闭合以及加压。上、下模通过导柱和导套来导向定位。

(1)成形零件

它们是直接成形塑件的零件，图 4 -13 中模具的型腔由上凸模 3、凹模 4、型芯 8、下凸模 9 等构成。

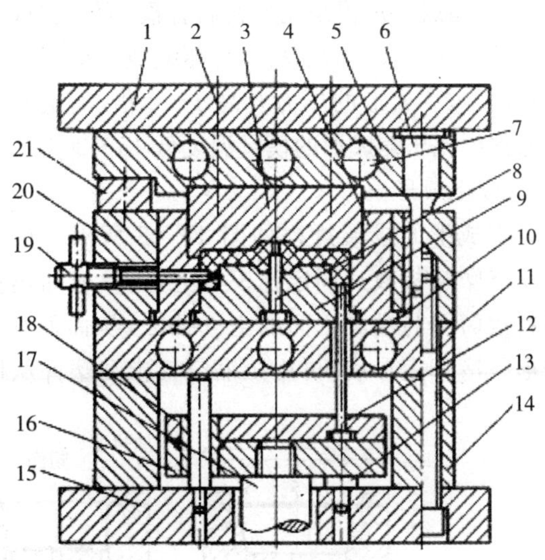

图 4 - 13　压缩模结构图

1—上模座板；2—螺钉；3—上凸模；4—加料室(凹模)；5、11—加热板；6—导柱；7—加热孔；8—型芯；9—下凸模；10—导套；12—推杆；13—支承钉；14—垫块；15—下模座板；16—推板；17—连接杆；18—推杆固定板；19—侧型芯；20—型腔固定板；21—承压块

(2)加料室

压缩模在型腔之上设有一段加料室,其作用是在加料时容纳型腔中容纳塑料原料。图4-13中所示凹模4的上半部分截面尺寸扩大的部分,即为加料室。

(3)加热系统

热固性塑料压缩成形需要在较高的温度下进行,因此模具必须加热,常用的加热方式是电加热。图4-13中的加热板5、11中带有加热孔7,孔中插入加热元件(如电加热棒),可对上、下凸模和凹模进行加热。

此外,与注射模一样,压缩模通常还设有导向机构、脱模机构和侧向分型抽芯机构等。

4.2.5 塑料成形的其他方法

1. 压注成形

压注成形,它是为了改进压缩成形方法的缺点而发展起来的一种热固性塑料成形方法,也称传递成形。压注成形时,先将热固性塑料加热熔融,接着在压力作用下,使塑料熔体通过模具浇口高速进入型腔,固化定形后开模取出塑件,如图4-14所示。

与压缩成形相比,压注成形缩短了固化时间,提高了生产效率,塑料制件的内在和外观质量以及尺寸精度也有所提高,所用的模具结构要复杂些,制造成本较高。但是浇注系统产生的凝料使得塑料浪费较大,另外塑件需要修整。压注成形的工艺过程与压缩成形基本相似,它们的主要区别在于,压缩成形过程是先加料后合模,而压注成形则一般要求先合模后加料。与压缩成形的工艺条件相比,压注成形的压力要高1～2倍,而模具温度通常要比压缩成形的模具温度低15～30℃。

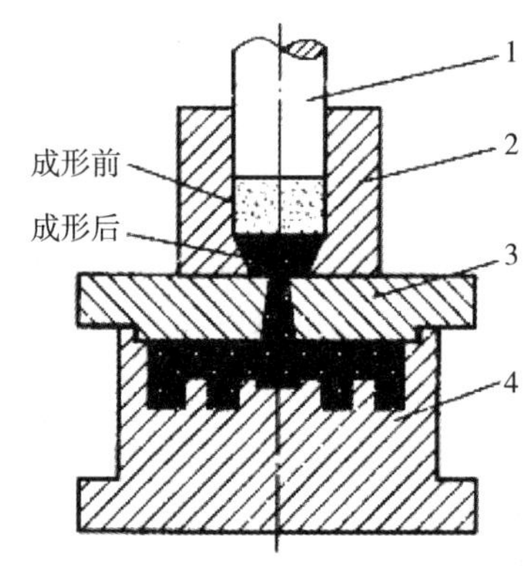

图4-14 压注成形示意图

1—柱塞;2—加料室;3—凸模;4—凹模

2. 真空成形

真空成形的成形过程如图4-15所示。成形时先将塑料板或片固定在模具上,用辐射加热器件将其加热至软化温度,然后通过真空泵把塑料板(片)与模具之间的空气抽去,从而使板(片)材在大气压力作用下贴紧在模腔表面而成形。冷却定形后,再用压缩空气推动塑件从模具中脱出。

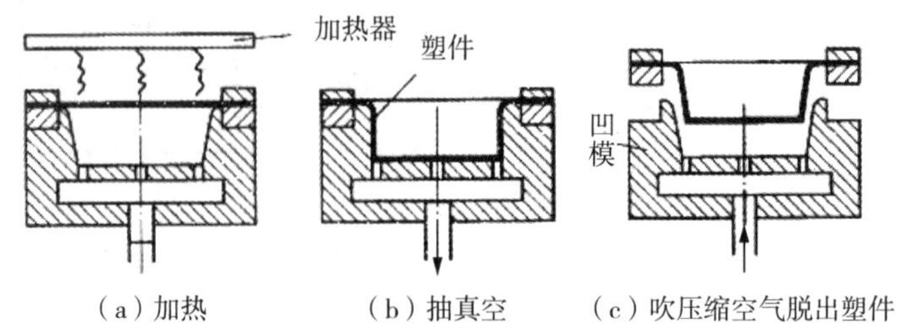

(a)加热　(b)抽真空　(c)吹压缩空气脱出塑件

图4-15 凹模真空成形工艺过程

真空成形的方法主要有凹模真空成形(图4-15)、凸模真空成形、凹凸模先后抽真空成形、吹泡真空成形等。真空成形所用的设备和模具结构较简单，生产成本低。适合于热塑性塑料，如聚乙烯、聚丙烯、聚氯乙烯、ABS 等。多用于制造各种包装盒、餐盒、罩壳类塑件、浴室用具等。

3. 吹塑成形

常用的方法有中空吹塑成形和薄膜吹塑成形等。中空吹塑成形是用挤出或注射成形的空心塑料型坯，趁热于半熔融状态时将其放入吹塑模具的型腔中，再将压缩空气通入型坯中，使其被吹胀并紧贴模具型腔的内壁而成形，冷却脱模后即获得中空塑料制品。图 4-16 所示为吹塑成形工艺过程。吹塑成形一般只用于热塑性塑料的成形，可生产各种包装容器和薄膜制品等。

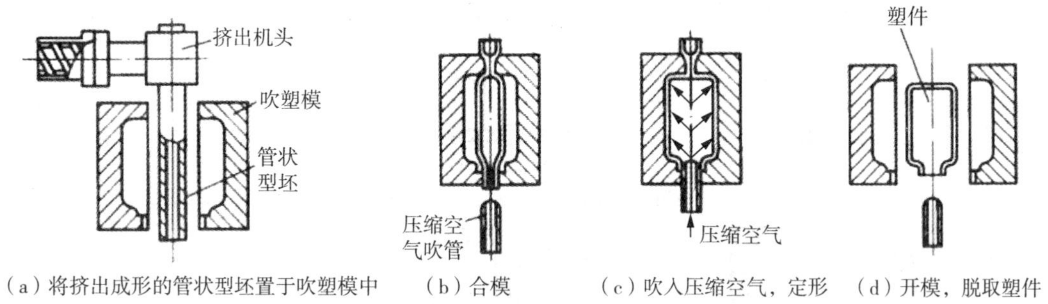

图 4-16　吹塑成形工艺过程

4. 浇注成形

浇注成形工艺类似于金属的铸造。它是将液态的树脂与适量添加的固化剂或催化剂，浇入模具型腔中，在适当的温度与压力条件下，固化或冷却凝固成形而得到塑料制品。此法的特点是可制作大型塑件，所用的设备和模具较简单，操作方便；但生产周期长，塑料的收缩率较大。

5. 压延成形

压延成形是将粘流状态的塑料通过一系列相向旋转着的水平辊筒间隙，使塑料承受挤压和延展作用而成为连续片状制品。压延成形适用于热塑性塑料，是生产塑料薄膜（厚度＜0.25mm）和片材（厚度＞0.25 mm）的主要方法。

4.2.6　塑料制品的结构工艺性

在设计塑料制品的结构时，既要注意造型美观和满足使用要求，还必须考虑塑件的结构工艺性。结构工艺性好的塑件，成形工艺简单，简化模具结构。这样，不仅可以使成形过程得以顺利进行，而且有利于提高产品质量和生产率，降低成本。

在进行塑料制品结构工艺性设计时，应考虑塑料原材料的成形性能，如流动性、收缩性等；应在设计塑件的同时结合考虑其模具的设计和制造问题，如怎样使模具型腔易于制造，怎样合理设置抽芯和推出机构等；应在保证塑件使用性能的前提下，力求其结构简单，制作方便。塑料制品结构工艺性涉及的内容一般包括塑件形状、壁厚、加强肋、脱模斜度、圆角、孔、螺纹、嵌件以及塑件的尺寸、精度和表面粗糙度等。

1. 塑件的形状

塑件的内外表面形状在满足使用要求的前提下，应使其有利于成形，特别是应尽量不采用侧向抽芯机构，因此，塑件设计时应尽可能避免侧向凹凸或侧孔。某些塑件只要适当地改变其形状，即能避免使用侧向抽芯机构，使模具结构简化。表 4－1 所示为塑件形状有利于塑件成形的典型实例。

表 4－1　塑件形状有利于塑件成形的典型实例

序号	不合理	合理	分析说明
1	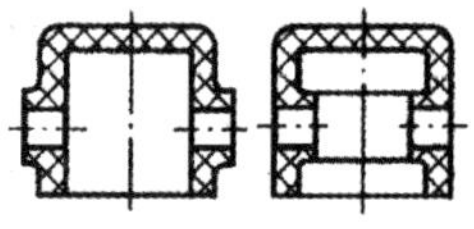	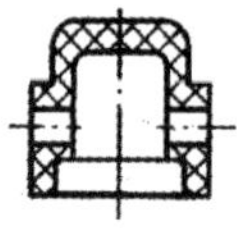	应该避免塑件表面横向凸台，便于脱模
2	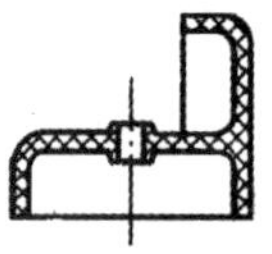	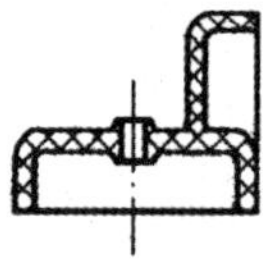	内凹侧孔改为外凹侧孔，有利于抽芯
3		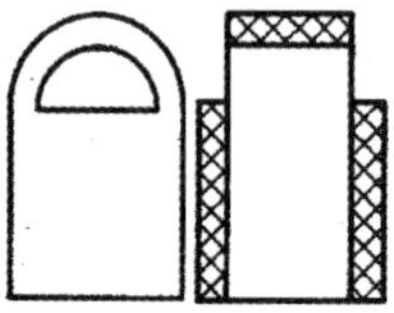	改变形状后，可避免使用侧抽芯，使模具结构简单
4	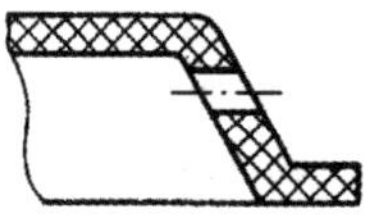	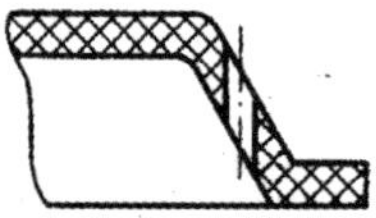	横向孔改为纵向孔可避免侧抽芯
5	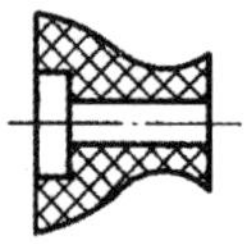	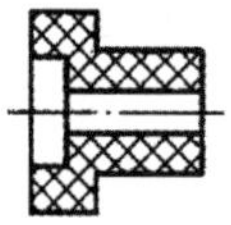	塑件有外侧凹时必须采用镶拼结构的凹模，故模具结构复杂，塑件外表面有接痕

2. 壁厚与加强肋

塑件的壁厚主要取决于塑件的使用要求，但壁厚的大小对塑料的成形影响很大。壁厚过小，成形时塑料流动阻力大，难以充型；壁厚过大则浪费材料，还易产生气泡、缩孔等缺陷，因此必须合理选择塑件壁厚。表 4－2 列出了热塑性塑料的最小壁厚和推荐壁厚值，表 4－3 列出了热固性塑料壁厚值。

表 4－2　热塑性塑料最小壁厚及推荐壁厚　　单位：mm

塑料种类	塑件流程 50 mm 的最小壁厚	一般塑件壁厚	大型塑件壁厚
聚乙烯(PE)	0.60	2.25～2.60	>2.4～3.2
聚苯乙烯(PS)	0.75	2.25～2.60	>3.2～5.4
有机玻璃(PMMA)	0.80	2.50～2.80	>4.0～6.5
聚甲醛(POM)	0.80	2.40～2.60	>3.2～5.4

（续表）

塑料种类	塑件流程 50 mm 的最小壁厚	一般塑件壁厚	大型塑件壁厚
软聚氯乙烯(LPVC)	0.85	2.25～2.50	＞2.4～3.2
硬聚氯乙烯(HPVC)	1.15	2.60～2.80	＞3.2～5.8
聚丙烯(PP)	0.85	2.45～2.75	＞2.4～3.2
聚碳酸酯(PC)	0.95	2.60～2.80	＞3.0～4.5
聚酰胺(PA)	0.45	1.75～2.60	＞2.4～3.2

表 4-3　热固性塑料塑件壁厚　　mm

塑料名称	塑件外形高度		
	＜50	50～100	＞100
粉状填料的酚醛塑料	0.7～2.0	2.0～3.0	5.0～6.5
纤维状填料的酚醛塑料	1.5～2.0	2.5～3.5	6.0～8.0
聚酯玻璃纤维填料的塑料	1.0～2.0	2.4～3.2	＞4.8
氨基塑料	1.0	1.3～2.0	3.0～4.0

同一塑件壁厚应尽可能一致，否则会因冷却或固化速度不均而产生内应力，影响塑件的使用。当塑件壁厚不一致时，应适当改善塑件结构，表 4-4 列出了一些塑件壁厚改善的措施。为了避免塑件局部过厚或为增加强度避免变形，还可在塑件适当部位设置加强肋。

表 4-4　改善塑件壁厚的措施举例

序号	不合理	合理	说明
1	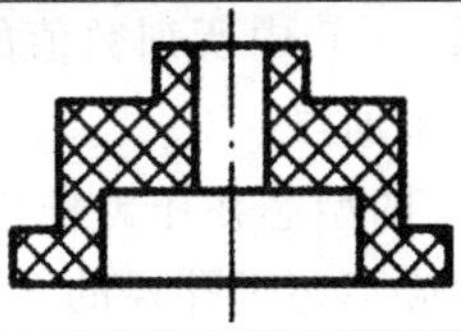	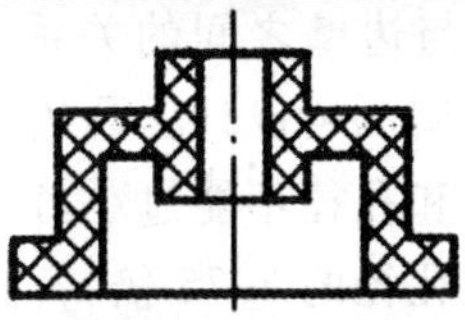	塑件的壁厚不均匀，易产生气泡、缩孔、凹陷等缺陷，使塑件变形；塑件在设计时壁厚均匀，这样才能保证塑件的质量
2	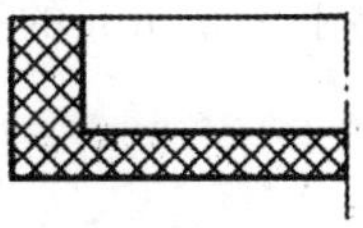	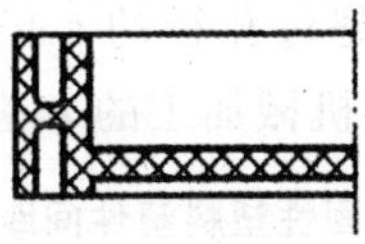	
3	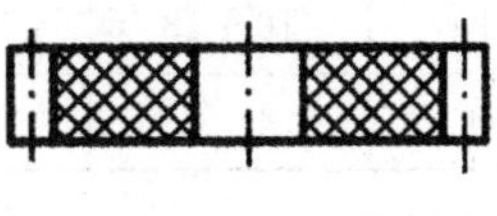	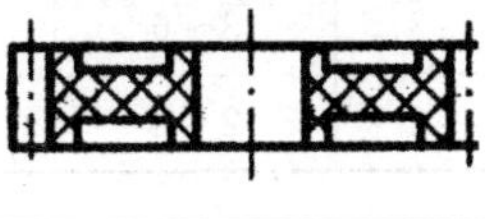	壁厚不均匀，可在易产生凹痕的表面设计成波纹形式或在壁厚处开设工艺孔
4	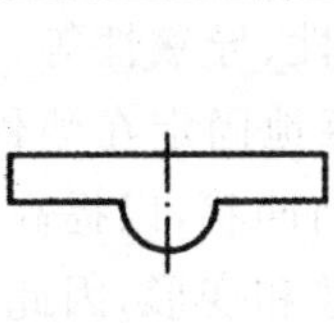	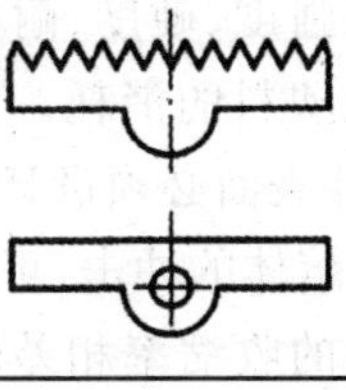	

3. 脱模斜度与圆角

为了克服塑件因冷却收缩产生的包紧力，方便脱模，塑件内外表面在脱模方向应设计一定的脱模斜度，见图 4－17 所示。

塑件上脱模斜度的大小与塑件的性质、收缩率、摩擦系数、塑件壁厚及几何形状有关。常用的脱模斜度见表 4－5。

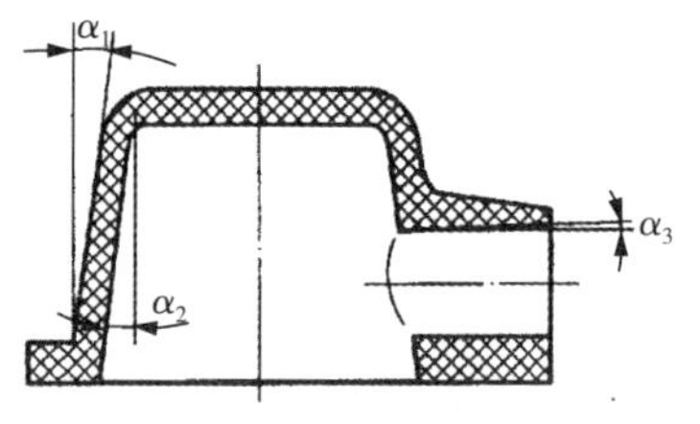

图 4－17 塑件的脱模斜度

表 4－5 塑件的脱模斜度

塑料名称	脱模斜度	
	型腔	型芯
聚乙烯(PE)、聚丙烯(PP)、软聚氯乙烯(LPVC)、聚酰胺(PA)	25′～45′	20′～45′
硬聚氯乙烯(HPVC)、聚碳酸酯(PC)、聚砜(PSU)	35′～40′	30′～50′
聚苯乙烯(PS)、有机玻璃(PMMA)、ABS、聚甲醛(POM)	35′～1°30′	30′～40′
热固性塑料	25′～45′	20′～50′

注：本表所列的脱模斜度适用于开模后塑件留在凸模上的情形。

为了避免应力集中，提高塑件的强度，便于塑料熔体的流动和塑件脱模，在塑件的内外表面的各连接处均应采用圆角过渡。在无特殊要求时，塑件各连接处均应有半径不小于 0.5～1 mm 的圆角。一般外圆角半径 $R_1=1.5\ \delta$，内圆角半径 $R_2=0.5\ \delta$，δ 为塑件的壁厚。

4. 孔和嵌件的设计

设计孔时应注意不能削弱塑件的强度，在孔与孔之间、孔与边壁之间应留有足够的距离。热固性塑件两孔之间及孔与边壁之间的关系见表 4－6(当两孔直径不一样时，接小孔径取值)。热塑性塑件的两孔之间及孔与边壁之间的关系可按表 4－6 中所列数值的 75％确定。塑件上固定用孔和其他受力孔的周围可设计一凸边或凸台来加强。

设计孔时还应注意孔深不能太大和孔径不能过小，以防细长的型芯在压力作用下弯曲。例如，压缩成形时，通孔深度应不超过孔径的 3.75 倍，盲孔深度应不超过孔径的 2～2.5 倍；注射成形或压注成形时，盲孔深度不应超过孔径的 4 倍。直径小于 1.5 mm 的孔或深度太大(大于以上值)的孔最好采用成形后再机械加工的方法获得。

表 4－6 热固性塑料塑件间距、孔边距　　mm

孔　径	<1.5	1.5～3	3～6	6～10	10～18	18～30
孔间距、孔边距	1～1.5	1.5～2	2～3	3～4	4～5	5～7

塑件中镶入嵌件是为了提高塑件的强度、硬度、耐磨性、导电性、导磁性等，或者是增加塑件的尺寸、形状的稳定性，或者是降低塑料的消耗。嵌件应可靠地固定在塑件中，为了防止嵌件受力时在塑件内转动或脱出，嵌件表面必须设计有适当的凸凹状，以提高嵌件与塑件的连接强度。嵌件在成形时要受到高压熔体的冲击，可能发生位移和变形，因此嵌件必须在模具内可靠定位。由于金属嵌件与塑件的收缩率相差较大，致使嵌件周围的塑料存在很大

的内应力，如果设计不当，可能会造成塑件的开裂，因此，嵌件周围的壁厚应足够大。

此外，塑件的尺寸、精度及表面粗糙度也是塑料制品结构工艺性设计需要考虑的因素。塑件尺寸的大小取决于塑料的流动性，对于流动性差的塑料，塑件尺寸不可过大，以免不能充满型腔或形成熔接痕。影响塑件精度和表面粗糙度的因素很多，除与模具的制造精度和表面粗糙度以及模具的磨损有关外，还与塑料收缩率的波动、成形时工艺条件的变化等有关，所以塑件的尺寸精度一般不高。设计时，在保证使用要求的前提下尽量选用低的精度等级。

4.3　橡胶制品成形

4.3.1　橡胶的组成与分类

橡胶的主要成分是生胶。生胶具有很高的弹性，但分子链间相互作用力较弱、强度低、稳定性差，因此需添加各种配合剂并经过相应的加工和处理后才能生产出橡胶制品。经改性处理后的橡胶可具有较高的强度、耐磨性、绝缘性和化学稳定性等。

橡胶生产中常用的配合剂有硫化剂、硫化促进剂、活化剂、填充剂、增塑剂、防老化剂、着色剂等。硫化剂又称交联剂，用于使生胶的大分子由线型结构转变为体型结构，从而提高其强度、弹性和化学稳定性。活化剂可以配合硫化促进剂发挥作用，更有利于硫化的进行。增塑剂用于提高橡胶的塑性，改善加工性能。填充剂则是用于提高橡胶的强度和耐磨性，降低成本等。

按照生胶的来源，橡胶可分为天然橡胶和合成橡胶。天然橡胶的生胶是由橡胶树的胶乳经凝固、干燥和加压后制成的；而合成橡胶则是采用高弹态的人工合成高分子化合物作为主要成分化合而成，如丁苯橡胶、丁腈橡胶、聚氨酯橡胶等。按照使用范围，橡胶又可分成通用橡胶和特种橡胶。通用橡胶主要用于生产一般工业用品（如轮胎、胶带、胶管、胶辊、橡胶密封制品、橡胶减振装置等）、日常生活用品（如胶鞋、橡皮等）和医疗卫生用品。特种橡胶是专门用来制造在特殊条件下（如高温、低温、辐射、酸、碱、油等）使用的橡胶制品。

4.3.2　橡胶制品的生产过程

橡胶的生产加工过程一般包括配料、塑炼、混炼、成形和硫化等五个主要工序。

（1）配料

应按配方规定对生胶和所有的配合剂进行称量配料。液体原料有时要先加热以降低黏度，生胶块需烘软、切块并压成片状。

（2）塑炼

生胶因为弹性高，无法与配合剂混合均匀，成形也很困难。塑炼的目的就是通过机械或化学作用，使生胶中的线型大分子长链被破断变短，相对分子质量降低，从而使其从弹性状态转变到所需的可塑状态。

天然橡胶的生胶必须进行塑炼；合成橡胶是否要塑炼则应视品种而定，有些合成橡胶的生胶本身具有一定程度的可塑性，因此可以不必塑炼。塑炼通常是在炼胶机中进行。塑炼机有开放式和密闭式两类，目前常用的塑炼设备是密闭式炼胶机(简称密炼机)，它具有生产效率高、塑炼质量好、环境污染小等优点。塑炼时先将生胶由料斗加入密炼室，上顶栓将密炼室封闭，并对胶料施加一定压力。密炼室中有两个以不同转速反向旋转的辊筒，辊筒的间隙很小，胶料在反复通过这些间隙时受到强烈的滚轧和挤压作用塑化。如果在胶料中加入化学塑解剂，可进一步提高塑炼效果。

(3)混炼

混炼是将各种配合剂加入经过塑炼的生胶中，并将其混合均匀的过程。混炼后得到的混炼胶是制造各种橡胶制品的原料。混炼也可以在密炼机上进行，如图 4－18 所示。

混炼时应注意加料顺序的正确，即先加塑炼胶，然后加入防老化剂、填充剂和增塑剂等，硫化剂和硫化促进剂应最后加入。混炼后的胶料应立即进行强制冷却，以防相互粘连。冷却后一般要放置一段时间，使配合剂进一步扩散均匀。混炼对橡胶质量有很大影响，混炼越均匀，橡胶制品质量越好，使用寿命越长。

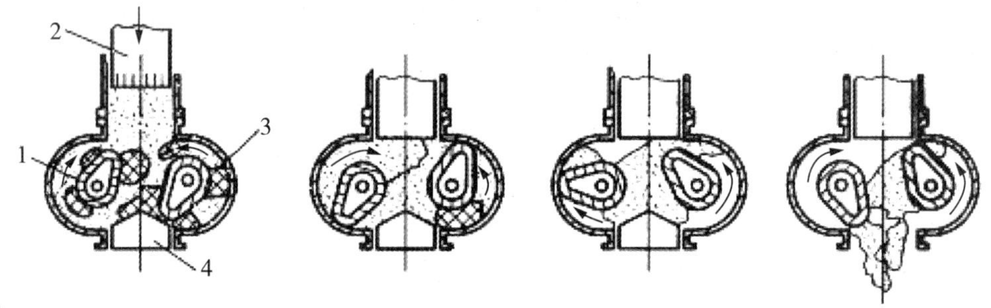

(a) 上顶栓下降压料　(b) 混炼开始　(c) 配合剂均匀分散　(d) 下顶栓开启，卸料

图 4－18　密炼机混炼工艺过程

1—转子；2—上顶栓；3—胶料；4—下顶栓

(4)成形

通过挤出、压延、注射和模压等成形方法，将混炼胶制成成品的形状和尺寸。

(5)硫化

硫化是在硫化剂和硫化促进剂等的作用下，橡胶内部发生交联反应，使大分子从线型结构转变为体型结构。硫化是橡胶制品生产中最后一道主要工序，它使橡胶的强度、硬度和弹性升高而塑性降低，并使其他性能(如耐磨性、耐热性和化学稳定性等)同时得到改善。

大多数橡胶制品的硫化都是在加热(一般为 130～180℃)和加压(一般为 0.1～15MPa)的条件下经过一定时间完成的。硫化的温度、压力和时间是控制硫化过程和效果的主要工艺条件。硫化时施加压力，有利于消除制品中的气泡，提高致密性，且可促进胶料充模；提高硫化温度，可以促进硫化反应。但压力或温度过高，都会引起橡胶分子的热降解，使其性能下降。硫化时间与橡胶种类、制品尺寸、硫化温度和压力等因素有关。通常，硫化温度越低，制品尺寸越大，所需的硫化时间也越长。

硫化剂一般在混炼时即已加入胶料中，但由于交联反应需要在较高温度和一定的压力下才能进行，所以混炼时尚未产生硫化。硫化可以在橡胶制品成形的同时进行，如注射成形和模压成形通常就是在胶料充模后通过继续升温和保压完成硫化的;也可以在制品成形之后进行硫化,如挤出成形后的橡胶就是经过冷却定型,再送到硫化罐内完成硫化的。有些橡胶制品(尤其是一些大型制品)可以用常温常压的条件实现硫化,但必须采用自然硫化胶料。

4.3.3　橡胶的成形方法

(1)挤出成形

挤出成形也称压出成形,它是橡胶成形的基本工艺之一。挤出成形时,胶料在挤出机中塑化和熔融,并在螺杆推动下不断地向前运动,连续均匀地通过机头模孔挤出,成为具有一定截面形状和尺寸的连续材料。挤出成形的主要设备是橡胶挤出机,其工作原理和基本结构类同于塑料挤出机。

挤出成形操作简便、生产效率高、工艺适应性强、设备结构简单,常用于制造轮胎外胎面、内胎胎圈、胶管、电线电缆和一些复杂断面形状的半成品。

(2)压延成形

它是利用两辊筒之间的挤压力,使胶料产生塑性流动和延展,从而将其制成具有一定断面形状和尺寸的片状或薄膜状制品的成形工艺,如图4-19所示。如果将纺织物(如帘布或帆布)和片状胶料一起通过辊筒间隙进行压延成形,则可以使二者紧密贴合而制得胶布。

压延成形生产效率高,制品厚度尺寸精确、表面光滑、内部紧实,但需要严格控制工艺条件,操作技术要求较高。

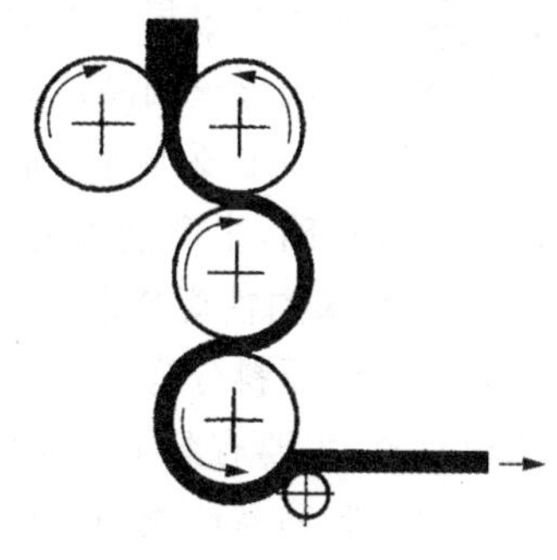

图4-19　压延成形示意图

(3)注射成形注射成形是将混炼好的胶料通过加料装置加入料筒中加热塑化后、在螺杆或柱塞的推动下,通过喷嘴注入闭合的模具中,并在模具的加热下硫化定型。注射成形所用的设备是橡胶注射机,其工作原理和结构与塑料注射机基本相同。注射机的工作压力一般为100～140MPa,硫化温度为140～185℃。

注射成形的特点是硫化周期短,硫化时制品表面和内部的温差小,故硫化质量较均匀;且制品尺寸较精确,生产效率高。注射成形广泛用于生产橡胶密封圈、减振制品、胶鞋以及带有嵌件的橡胶制品等。

(4)模压成形

模压成形的过程是,先将混炼过的胶料加工成一定规格和形状的半成品,按照模具型腔的形状和尺寸对半成品胶料进行定量下料,然后将其放入敞开的模具型腔中并将模具闭合,将模具置于平板硫化机或液压机中加压和加热,使模具中的胶料硫化定型。

平板硫化机和液压机是橡胶模压成形的主要设备。平板硫化机的结构有单层式和多层式,其平板内部开有互通管道以通入蒸汽加热平板,被加热的平板再将热量传给模具;液压机多为油压机,采用外部电热元件加热平板,并通过时间继电器控制加热和硫化时间,工作压力控制在10～15MPa。模压成形是橡胶制品生产中应用最早的成形方法,具有模具结构简单、操作方便、通用性强等优点。目前在橡胶制品的生产中仍占有较大的比例,可用来生产橡胶垫片、密封圈以及各种形状复杂的橡胶制品等。

(5)压注成形

压注成形也称传递成形,其工艺过程和所用模具的结构类似于塑料的压注成形。它是将混炼胶胶料经定量后放入压注模的加料室中,通过压头的压力挤压胶料,使之通过浇注系统进入模具型腔,并硫化定型。

压注成形适用于制造普通的模压成形所不能生产的薄壁、细长易弯的橡胶制品,以及形状复杂难于加料的橡胶制品。压注成形的制品致密性较好,质量优良。

4.4 陶瓷材料成形的基本原理

陶瓷材料可分为传统陶瓷(也称普通陶瓷)和现代陶瓷(也称特种陶瓷)两大类。普通陶瓷主要包括耐火材料、黏土制品、搪瓷、玻璃和水泥等,具有低的导电性和导热性,良好的化学稳定性和热稳定性,较高的抗压强度等。特种陶瓷是使用高纯度的人工合成原料制成,有着与前者不同的化学组成和显微结构,并具有某些特殊的性质和功能,如高强度、高硬度、耐热、耐蚀、绝缘和电、磁、声、光、热等方面的特性以及生物相容性等。陶瓷作为结构和功能材料,已广泛应用于工业、农业、科学技术等领域。

特种陶瓷的生产过程与普通陶瓷类似,典型的生产工艺流程包括:原料配制→混合、细磨→坯料制备→成形→制品烧结→后处理等几大步骤。但特种陶瓷在所用粉体、成形方法和烧结工艺以及加工要求等方面与普通陶瓷有着较大的区别,其原料要高度精选,材料组成的调配要更加精确,生产过程的控制应更加严格。

1. 陶瓷粉末的性能特点

普通陶瓷的原料分为天然原料和化工原料两大类。天然原料是指自然界中天然存在的无机矿物原料,主要有黏土类矿物原料、长石类矿物原料和石英类矿物原料。化工原料主要用于釉料的配制和高性能陶瓷的制备。而特种陶瓷对原料提出了新的要求,即不仅要考虑化学组成(要求高纯度),还要考虑主晶相所占比例、粒度分布范围,有时甚至还要考虑粉粒的形貌特征,以确保配料的准确性和新型陶瓷制品性能的重现性。

陶瓷粉末按成形方法不同分为可塑料、干压料和注浆料。根据坯料加水后的可塑性能变化及其特点,常用水分含量区分这三种坯料。一般要求可塑料含水 18%~25%的压料;干压料中含水为 8%~15%的称半干压料,3%~7%的为干压料;注浆料中含水量为 28%~35%。为了保证产品质量并满足成形的工艺要求,坯料的粉末应符合组成配方要求,成分混合均匀,各组分的颗粒细度符合要求,并具有适当的颗粒级配,且空气含量尽可能少。

2. 注浆成形和可塑成形原理

成形的目的是将坯料加工成具有一定形状和尺寸的半成品,使坯料具有一定的致密度和机械强度。各种状态的原料转变成具有固定形状的半成品的工艺过程包括两个方面的过程,即原料流动(或变形)与原料固化,也称自由流动成形与受力塑性成形。

(1)注浆成形原理

注浆成形属于自由流动成形,即将流动状态的物料倒入模具型腔或使其附着在模型表面,成形时无外力作用,通过改变温度、发生反应或溶剂挥发等作用而固化,从而形成具有模腔形状的产品。

(2)可塑成形原理

可塑成形属于受力塑性成形。受力塑性成形是指在受力条件下，在高温、常温或塑化剂存在时，固态物料产生塑性变形而获得所需形状、尺寸及力学性能的成形方法。与自由流动成形相比，可塑成形中的物料不发生流动，仅产生弹性变形及塑性变形。

特种陶瓷一般采用化工原料配制，坯料没有可塑性，因此成形之前应进行塑化。所谓塑化就是指利用塑化剂，使原料具有可塑性。传统陶瓷由于坯料中大都含有一定的具有可塑性的黏土成分，一般无须另外加入塑化剂。塑化剂使用的原则是，在确保成形质量的前提下应尽量减少加入量。

3. 烧结原理

烧结通常是指在高温作用下粉粒集合体(坯体)表面积减少、气孔率降低、致密度提高、颗粒间接触面积加大以及机械强度提高的过程。烧结过程中，陶瓷主要由晶相、玻璃相、气相及晶界(相界)构成。烧结的热力学驱动力是粉体的表面能降低和系统自由能降低。在陶瓷的生坯中含有百分之几十的气孔，颗粒之间只有点接触。烧结时由于温度升高，发生物质的传递即传质过程，包括蒸发和凝聚、扩散、粘性流动、塑性流变、溶解和沉淀等过程。在烧结过程中，随着晶界面积的不断扩大，坯体变得更加致密化。因此，烧结过程可以用坯体的收缩率、气孔率、相对密度等指标来衡量。

同粉末冶金烧结类似，陶瓷的烧结可以分为气相烧结、固相烧结和液相烧结。高纯物质在烧结过程中一般没有液相出现。若物质的蒸气压较高，以气相传质为主，叫作气相烧结；若物质的蒸气压较低，烧结以固相扩散为主，叫作固相烧结，有时将这两种情况统称为固相烧结。有些物质因杂质存在或人为添加物在烧结过程中有液相出现，称为液相烧结。

4.5　陶瓷材料成形的工艺过程

各种普通陶瓷材料的生产过程大致相同，如图 4－20 所示。包括原料处理、坯料准备、成形、干燥、施釉、烧结及后续处理等。

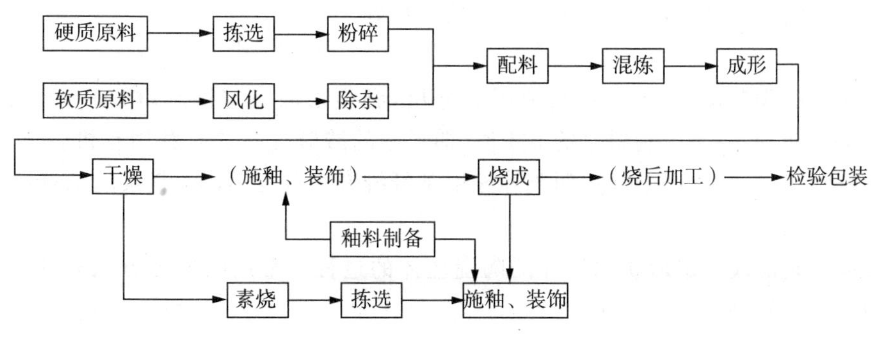

图 4－20　普通陶瓷生产基本工艺过程图

1. 坯料制备

(1)坯料的成形性

陶瓷坯料的成形性是指陶瓷坯料是否容易加工成符合要求的坯体,及成形后是否容易卸模的性能。根据成形方法不同,主要有粉料的工艺性能、坯料的可塑性、泥浆的流动性和稳定性等。

坯料的可塑性是指坯料在外力作用下产生变形而不出现裂纹的性能。可塑性好的坯料易于成形,且成形坯体的强度高。通常采用增加塑性物料或塑化剂、控制泥料含水量或颗粒细度等方法提高坯料的可塑性。

泥浆的流动性是指浆料流动能力的性能。用单位质量的泥浆从特定容器中流出的时间长短表示流动性。良好的流动性可使泥浆易于充满模具。提高泥浆流动性的方法有加热泥浆及加入适当电解质等。常用的电解质有碳酸钠、磷酸钠和聚丙烯酸盐等。

泥浆的稳定性是指在不搅拌时,泥浆长时间保持稳定,不产生沉淀或分层的性能。良好的稳定性可使泥浆易于输送,注浆成形时不易产生分层或开裂,成形的坯体不易产生变形。含黏土的泥浆可加入少量水玻璃钠盐以提高其稳定性;不含黏土的泥浆可加入适量有机胶体(如树胶、明胶等),防止聚沉,增大泥料黏度,从而提高泥浆的稳定性。

(2)配料与混合

配料就是按陶瓷材料的组成将所需各种原料进行称量,它是陶瓷工艺最基本的一个环节。混合可以采用机械混合法,即用球磨或搅拌的方法,借助于研磨介质等将物料混合均匀,也可以采用化学混合法,即将化合物粉末与添加组分的盐溶液进行混合或者各组分全部以盐溶液的形式进行混合。

(3)塑化

塑化是利用塑化剂使原来无塑性的坯料具有可塑性的过程。新型陶瓷的原料很多没有可塑性,因此必须对成形坯料进行塑化处理。常用的塑化剂有无机塑化剂(如水玻璃等)和有机塑化剂(如聚乙烯醇、聚醋酸乙烯酯等)。

(4)造粒

造粒是在原料细粉中加入一定量的塑化剂,制成粒度较粗、流动性好的团粒(约 20～80 目),有利于陶瓷坯料的压制成形。造粒的方法:手工造粒法、加压造粒法、喷雾干燥造粒法、冻结干燥造粒法等。其中,喷雾干燥造粒的质量最好。

(5)悬浮

注浆成形的陶瓷坯料,为避免浆料沉淀分层,必须采取一定措施,增加料浆的悬浮性。常用的方法有两种:一是控制料浆的 pH 值(即料浆的酸碱度);二是利用有机胶体和表面活性物质的吸附。例如,生产中常用明胶和羧甲基纤维素来改变 Al_2O_3 料浆的悬浮性能。

2. 陶瓷制品成形技术

陶瓷成形是形成一定形状和尺寸的陶瓷坯体的过程。常用的成形方法有注浆成形、可塑成形和压制成形等。

(1)注浆成形

传统注浆成形是指在石膏模的毛细管力作用下,含一定水分的黏土泥浆脱水硬化、成坯的过程。通常将坯料具有一定液体流动性的成形方法称为注浆成形法。基本注浆成形分为空心注浆(单面注浆)和实心注浆(双面注浆)两种。

空心注浆的石膏模没有型芯,泥浆注满模型后放置一段时间,待模型内壁黏附一定厚度的坯体后,倒出多余的泥浆,形成空心注件,然后待模干燥。待注件干燥收缩脱离模型后即可取出,如图 4-21 所示。模型工作面的形状决定坯体的外形,坯体厚度主要取决于吸浆时间,另外还与模型的温度、湿度以及泥浆的性质有关。这种方法适合于小件、薄壁制品的成形。

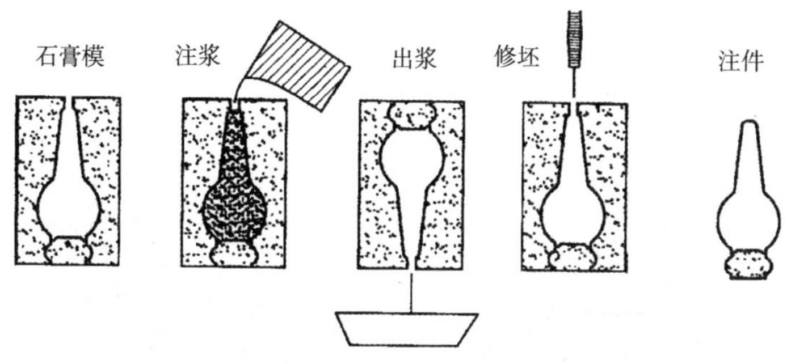

图 4-21　空心注浆示意图

实心注浆是将泥浆注入外模和型芯之间,石膏模从内外两个方向同时吸水。注浆过程中,由于石膏模具的吸浆作用,泥浆不断减少,需要不断补充。当所注入的泥浆全部硬化后,便可获得坯体,如图 4-22 所示。实心注浆的坯体外形决定于外模的工作面,内形决定于模芯的工作面。坯体厚度由外模与模芯之间的空腔大小决定。实心注浆适用于坯体的内外表面形状、花纹不同,大型且壁厚的制品。

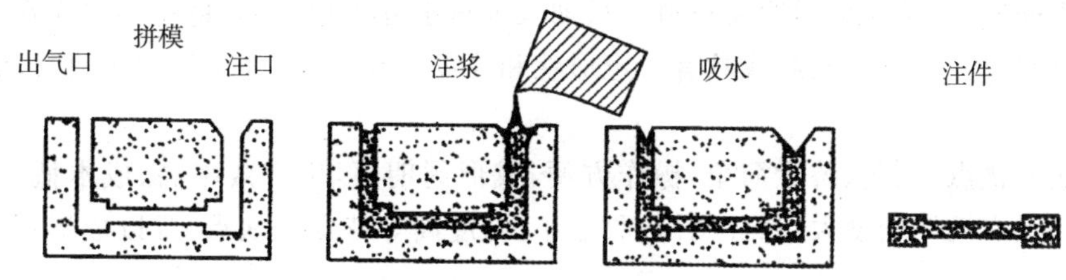

图 4-22　实心注浆示意图

注浆是在自重的作用下进行的,为提高注浆速度和坯体质量,又出现了压力注浆、离心注浆和真空注浆等新方法。离心注浆是利用离心力加快浆料中水分的排除,加速坯体形成,图 4-23 即为离心注浆示意图。压力注浆是在一定压力(一般为 0.1~2.5 MPa)下注浆和成形坯体。注浆成形主要适用于制造大型、薄壁及形状复杂的制品。

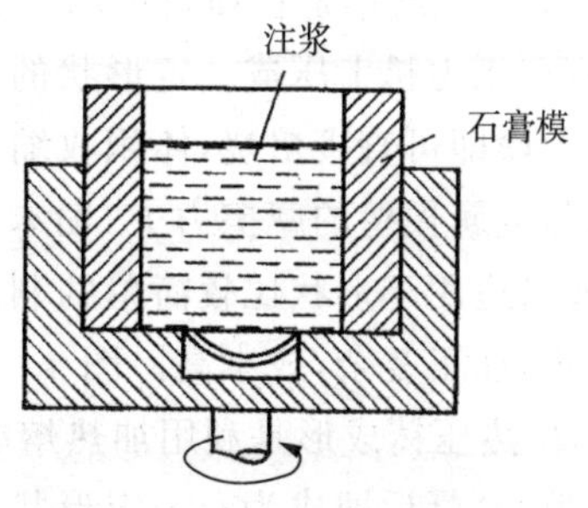

图 4-23　离心注浆示意图

(2)可塑成形

可塑成形是指可塑性坯料在外力作用下发生塑性变形从而形成坯体的方法,主要有滚压成形、塑压成形、注塑成形及轧模成形等方式。

滚压成形是在旋坯成形的基础上发展而来的。成形时，盛放着泥料的石膏模型和滚压头分别绕各自的轴线以一定的速度同方向旋转。滚压头在旋转的同时逐渐靠近石膏模型，并对泥料进行滚压成形。滚压成形坯体密度高、强度大。滚压机可以和其他设备配合组成流水线，生产效率高。滚压成形可以分为阳模滚压和阴模滚压。阳模滚压又称外滚压，由滚压头决定坯体的外形和大小，适合成形扁平、宽口器皿。阴模滚压又称内滚压，滚压头形成坯体的内表面，适合成形窄口而深的制品。图 4 - 24 即为外滚压和内滚压示意图。

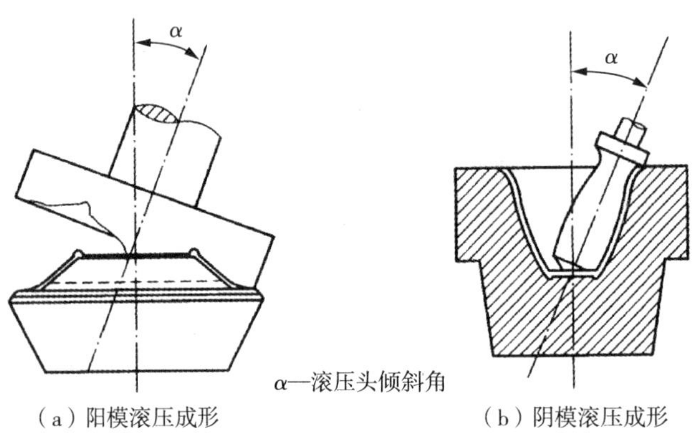

图 4 - 24　滚压成形

(3)压制成形

压制成形与可塑成形一样属于受力塑性成形，即坯体在外力作用下发生可塑变形而形成坯体。不同的是，压制成形所需粉料中只加入少量水分或塑化剂，将粉料填充在某一特制的模具中，施加压力，使之压制成具有一定形状和强度的坯体，不经干燥即可直接焙烧，属于干压成形。

该方法的优点：工艺、装置简单，操作方便，成形周期短，生产效率高、成本低，便于自动化生产。还具有坯体密度大、尺寸精确、收缩小、强度高等特点。缺点：难以成形形状复杂的制品。

根据成形时施压的特点，压制成形大体可分为模压成形、热压铸成形和等静压成形等。

① 模压成形是在粉料中加入少量水分或塑化剂进行造粒，然后将造粒后的粒料置于钢模中，在压力机上压成一定形状的坯体的方法。其特点是黏结剂含量较少，只有百分之几，不经干燥即可直接焙烧，体积收缩小，可以自动化生产。但模压成形的加压方向是单向的，粉末与金属模壁的摩擦力大，粉末间传递的压力不太均匀，易造成烧成后的生坯变形或开裂，故只适用于形状比较简单的制品。受模具限制，模压成形对大型坯体生产困难，模具磨损严重，加工复杂，成本高。图 4 - 25 为典型的单冲程自动机械压坯示意图。

② 热压铸成形是利用加热熔融的石蜡与坯料混合成蜡浆，在一定压力下，将蜡浆注入金属模，冷凝后即成为有一定形状的坯体，如图 4 - 26 所示。该法能够生产形状复杂、尺寸精度要求高的工艺陶瓷制品，如电容器瓷件、氧化物陶瓷、金属陶瓷等。

③ 等静压成形又叫水静压成形，是利用液体介质的不可压缩性和均匀传递压力特性形成坯体的一种方法，如图 4 - 27 所示。具体方法是将预压好的坯体被包封在具有弹性的塑

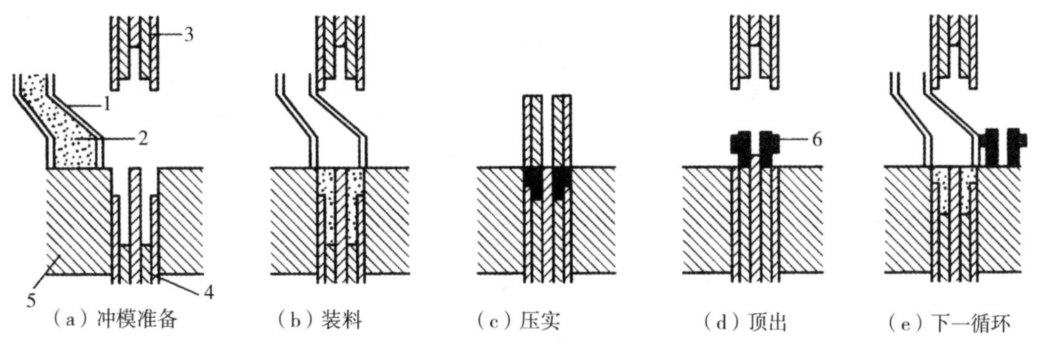

图 4-25　典型的单冲程自动机械压坯示意图

1—喂料;2—粉料;3—上冲模;4—下冲模;5—模具;6—坯体

料或橡胶模等软模之内,然后置于高压容器内。通过进液口用高压泵将传压液体打入筒内,橡胶模内的工件由于在各个方向受到同等大小的压力而致密成坯,坯体密度大而均匀。压力可以在一定范围内调整。对于要求高的工件,进行橡胶模密封时需要进行真空处理。

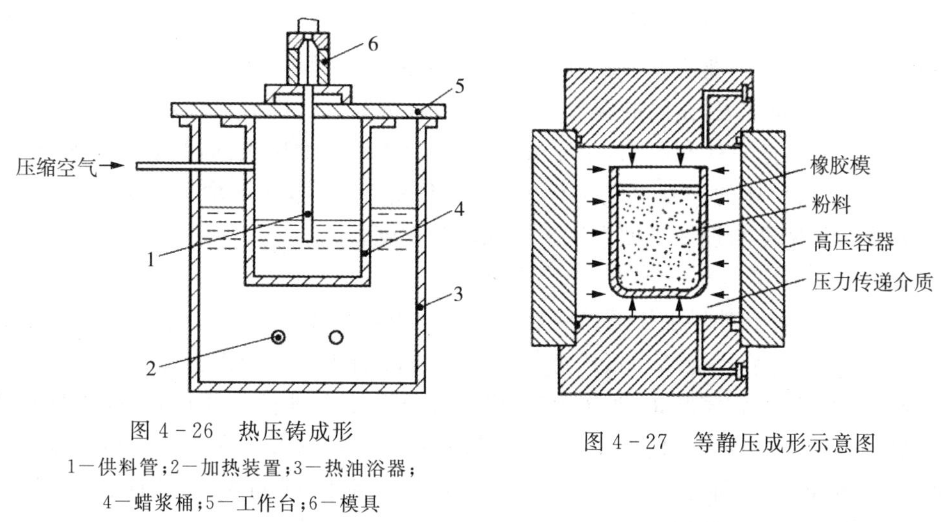

图 4-26　热压铸成形

1—供料管;2—加热装置;3—热油浴器;4—蜡浆桶;5—工作台;6—模具

图 4-27　等静压成形示意图

等静压成形的优点:对模具无严格要求,压力容易调整,烧结收缩小,不易变形和开裂等。缺点:设备比较复杂,操作烦琐,生产效率低。目前还只限于生产具有较高要求的电子元件或其他高性能材料。

3. 干燥与排胶

(1)干燥

干燥,即利用热能使坯体中的水分汽化,并排出坯体以外的过程。干燥过程是坯体与干燥介质之间的传热和传质过程。

传热过程是热气体通过介质将热能传递给湿坯表面,再由表面传递到湿坯内部。坯体表面的水分获得热量而汽化。传质过程即水分的扩散过程,包括外扩散和内扩散过程。外扩散是湿坯表层的水蒸气向周围介质中扩散,内扩散是水分由湿坯内部向表面扩散。

干燥过程中,排除水分的同时引起坯体的体积发生收缩,形成一定的气孔。干燥速度取决于干燥条件，即干燥时的外扩散和内扩散。影响外扩散的因素：干燥介质的温度与湿度，干燥介质的流速与流量，坯体与干介质的接触面积，坯体表面与干燥介质的温差等；影响内扩散的因素：组成坯料的性质，坯料的粒度及粒度组成，坯体的结构，坯体的含水量及加热方式等。

(2)排胶

新型陶瓷成形时加入了较多的有机黏合剂和塑化剂等，如热压铸成形的石蜡及轧膜、流延成形中的聚乙烯醇等。烧成时，坯体中大量的有机物熔融、分解、挥发，会导致坯体变形、开裂，同时有机物含碳量多，当氧气不足形成还原气氛时，会影响烧结质量。因此，需要在坯体烧成前将其中的有机物排除干净，以保证产品的形状、尺寸和质量的要求，这个过程即为排胶。

排胶阶段控制不当会引起变形、裂纹等缺陷。影响排胶过程的主要因素：坯料的组成及性质，有机黏合剂的种类及用量，坯体的规格、尺寸，填埋物的性质，升温速度及保温时间，室内气氛等。

4. 陶瓷制品的烧结

烧结是陶瓷坯体经过高温作用而使材料强度提高的过程和现象，通常也是使材料致密化的过程。烧结过程中，随着温度的升高和时间的延长，在颗粒表面能的作用下，固体颗粒之间的接触面积不断增大，接触的颗粒发生传质及晶界移动。随着晶体长大，空隙(气孔)和晶界逐渐减少，坯体的总体积收缩，密度增加，最后成为致密而坚硬的，具有一定显微结构的陶瓷材料。烧结后坯体的宏观变化为体积收缩，致密度提高，强度增加。常用坯体的收缩率、气孔率或体积密度与理论密度之比来体现烧结程度。

(1)烧结方法

根据烧结时是否有外界加压可以将烧结方法分为常压烧结和压力烧结。压力烧结又可分为热压烧结和热等静压烧结。热压烧结是在对粉体加热的同时进行加压，以增大粉体颗粒间的接触面积，加大致密化的动力，使颗粒通过塑性流动进行重新排列，改善堆积状况。在热压烧结中，压力使致密化的能量增大 20 倍左右。热压一般是在材料的熔点温度(热力学温度，单位 K)的 1/2 温度下进行，比常压烧结的温度要低，时间要短。因此得到的材料的晶粒比较小，改善了力学性能。

常压烧结又称无压烧结，即在大气压状态下，坯体自由烧结。在没有外加动力作用下，材料开始烧结的温度通常需达到材料熔点的 0.5～0.8 倍，常压烧结过程的关键是控制烧成温度。

热等静压烧结工艺是将粉体压坯或将装入包套的粉料放入高压容器中，在高温和均衡的气体压力作用下，将其烧结为致密的陶瓷体。优点：可以制造出高质量的工件，晶粒均匀，各向同性，几乎不产生气孔，密度接近于理论密度。同时，热压法所受到的限制也得到解决，可得到零件的最终形状。但是热等静压工艺复杂、成本高，在应用上受到一定的限制。

按烧结时是否有气氛可以分为普通烧结和气氛烧结，普通烧结有时也称为常压烧结。气氛烧结是指对于在空气中很难烧结的制品，如非氧化物陶瓷或透光陶瓷等，为保证制品的成分、结构及性能，必须在特殊的气氛下烧结。常用的有真空、氢、氮和惰性气体(如氩)等各种气氛。

按烧结时坯体内部的状态可以分为气相烧结、固相烧结、液相烧结、活化烧结和反应烧结等。

(2)烧结的过程

根据烧成过程中所发生的物理化学变化不同，陶瓷材料的烧结过程分为三个阶段，升温阶段、保温阶段和冷却阶段。

升温阶段表现为坯体的水分排出、有机黏合剂等分解氧化、液相产生、晶粒重排等。宏观上，坯体收缩，密度增大，从而达到制品要求的性能。在该阶段，升温速度是重要的参数。

保温阶段促进陶瓷材料扩散和重结晶的进行，使制品的温度和性能都保持均匀一致。保温时间根据陶瓷材料的规格尺寸等确定，不能过长，否则会使晶粒二次长大或发生重结晶现象。

冷却阶段是陶瓷材料从最高温度降到室温的过程，冷却过程中伴有液相凝固、析晶、相变等物理化学变化。因此，冷却方式、冷却速度快慢对陶瓷材料最终相的组成、结构和性能等都有很大的影响。不同种类、不同规格尺寸、不同温度阶段等的陶瓷材料，其冷却速度不同。

(3)影响烧结质量的因素

① 物料的粒度

物料的粒度越小，比表面积越大，其表面自由能也越大，即增加了烧结的推动力，提高了细颗粒在液相中溶解度，从而降低烧结温度，促进烧结过程进行。

② 物料的结晶化学特性

物料的结晶化学特性是决定烧结难易的关键性的内在因素。晶格能大、键力强，则质点结合牢固，高温下质点移动困难，不利于烧结。不同的结构类型对烧结也有重要的影响。阳离子极性低，结构类型稳定，晶格缺陷少，物料内的质点不易移动，烧结困难。

③ 添加物的作用

在烧结过程中，少量的添加物与烧结相可产生一系列反应、变化，从而促进烧结。添加物与烧结相形成固溶体，产生晶格缺陷，活化晶格。例如，在氧化铝中添加 TiO_2，形成少量的固溶体，晶格发生畸变，可降低烧结温度。添加物能促使液相形成，并改变液相的性质，促进烧结。另外，添加物还能抑制晶粒长大。

④ 烧结温度与保温时间

烧结温度与保温时间是影响烧结的重要的外部条件。在一定范围内，烧结温度升高，保温时间延长，均有利于烧结进行。表 4－7 为不同烧结温度下刚玉莫来石结合的刚玉制品的性能。

表 4－7　烧结温度对刚玉莫来石结合的刚玉制品性能的影响 A

烧结温度/℃	1700	1750
气孔率/%	16.1～20.2	14.0～16.4
密度/(g·cm^{-3})	3.06～3.23	3.20～3.26
耐压强度/MPa	100～110	110～134

⑤ 烧结气氛

烧结气氛一般有氧化、还原和中性气氛。不同物料在不同的条件下，对气氛要求不同。

⑥ 物料颗粒的接触及压制情况

压制成形时，通过外加压力，可以使粉末颗粒之间相互接触，减少孔隙，并使颗粒间相互接触点处产生并保留残余应力。这种残余应力在烧结过程中成为固相扩散物质迁移的驱动力。任何妨碍颗粒间接触的因素都不利于烧结，也不利于陶瓷材料的致密化。

在实际烧结过程中，影响烧结的因素不可能是彼此孤立的，而是相互影响和相互制约的。只是在不同情况下，其影响作用的大小不同。

5. 烧结后处理

对大多数陶瓷制品来说，并不需要进行后续加工。但有的陶瓷材料在烧结后其形状尺寸和表面质量等难以满足使用要求，须进行适当的加工和处理。常见的后处理方式有热加工、冷加工、涂层等。

(1)热加工

陶瓷材料加热到熔点附近(约为熔点的0.6～0.9)时，具有相当好的塑性。因此，陶瓷能像金属那样进行一系列热加工工艺，如热拉、热轧等，以及热加工后的急冷和退火处理等。通过热加工处理后的陶瓷材料不仅具有高密度、高机械强度等优点，而且使常态陶瓷中随机取向的晶粒，在一定程度上择优排列和定向再结晶，形成具有宏观的各向异性。

(2)冷加工

陶瓷材料的冷加工主要是为了获得外形和尺寸精度符合要求的陶瓷零件。陶瓷材料的冷加工分为一般加工(丝级精度)、精密加工(微米级精度)和超精密加工(亚微米至纳米级精度)。

按照加工方法可分为机械加工和非机械加工(如电火花加工法和离子束加工法等)。机械加工方法有磨削、研磨、抛光等。由于陶瓷的硬度较高，磨料应选择硬度比较高的人造金刚石、碳化硅等材料。粒度根据加工表面的粗糙度和磨削加工效率决定。非机械加工是将电、声、光等能量或几种能量的复合直接施加于材料表面，使硬、脆的陶瓷材料变得易于加工，生产效率高，加工质量好。

(3)涂层

涂层是通过涂覆、热喷涂、化学气相沉积、蒸镀和溅射等方法在物体表面形成异种物质薄膜，使其力学性能和化学性能发生改变的方法。施釉是一种常用的涂层方法，即通过高温在瓷体表面烧附一层极薄的玻璃状物质，使制品表面平滑、光亮、不吸湿和不透水，可提高力学性能和电性能，在传统陶瓷生产中一直沿袭使用。

习　题

1. 塑料包括哪几类？它们各有何特点？常用的热塑性塑料有哪些？

2. 常用的塑料成形工艺包括哪些？它们对塑件成形的影响是怎样的？

3. 试指出以下的塑料制品宜采用哪一种成形方法。

塑料饭盒 饮料瓶 农用塑料薄膜 塑料落水管 电风扇叶片 仪表壳体 电线包皮

4. 为什么橡胶成形前先要进行塑炼？橡胶的塑炼和混炼有何不同？

5. 生产橡胶制品时硫化的目的是什么？应如何控制橡胶的硫化过程？

6. 什么是陶瓷材料的注浆成形和可塑成形？

7. 试比较注射成形、挤出成形和压缩成形的原理及其工艺过程的异同点。

8. 简述普通陶瓷生产基本工艺过程。

9. 简述陶瓷烧结过程中几个阶段的变化情况。

10. 陶瓷成形的坯料有哪些？各适合哪种成形方法？

11. 简述螺杆式注射机的工作原理。注射机的技术参数主要有哪些？

13. 设计塑件结构时应注意哪些问题？如图 4－28 所示的塑件结构有何不合理之处，应如何修改？

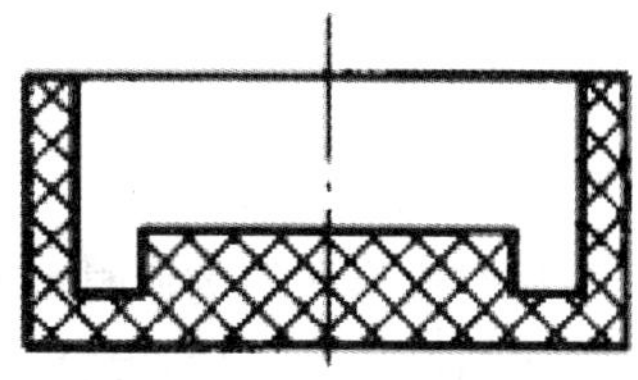

图 4－28　塑件图

第 5 章　粉末冶金成形工艺

粉末材料成形所用的原材料均为粉体，主要包括粉末冶金和非金属陶瓷材料。粉末冶金的加工包括制粉、筛分与混合等工艺，再经过成形和烧结后获得制品。为了提高强度或者获得某些特殊使用性能，往往还需要进行后处理。与液态成形或固态塑性成形相比，粉末成形具有其自身独特的优势，特别是它可以方便地通过改变其组分或各组分间的相对含量，制造出各种不同性能的材料。

5.1　粉末冶金的基本原理

粉末冶金是将具有一定粒度及粒度组成的金属粉末或金属与非金属粉末，按一定配比均匀混合，经过压制成形和烧结强化及致密化，制成材料或制品的工艺技术。主要包括粉末制备、压制和烧结这三个基本工序。

5.1.1　金属粉末的性能

粉末冶金用的粉末以金属为主，包括部分非金属粉末。为保证粉末冶金制品的质量，对粉末的物理化学性能和工艺性能等都有一定的要求。

1. 粉末粒度

粉末粒度直接影响制品的性能，尤其对硬质合金、陶瓷材料等，要求粉末越细越好。但制造过细粉粒比较困难，成本较高。粒度有专门的测定方法，如筛分析法、显微镜法、激光衍射法及沉降法等。筛分析法有标准筛制和非标准筛制，我国实行的是国际标准筛制，其单位是“目”。目数是指筛网上 1 in(25.4 mm)长度内的网孔数，标准筛系列是 32、42、48、60、65、80、100、115、150、170、200、270、325、400 目，其中最细的是 400 目。

2. 流动性

粉末流动性主要取决于粉粒之同的摩擦系数。而摩擦系数又与粉粒形状、粒度、粒度组成以及表面吸收水分和气体量等情况有很大关系。粉粒越细，流动性越差；粉粒越趋于球状，流动性越好。粉末流动性的测定采用专用的粉末流动仪，取一定量的粉末，记录其在粉末流动仪中自由下降到流完后所需要的总时间。时间愈短，流动性愈好。

3. 粉末的压制性能

包括压缩性与成形性。压缩性是用压制前后粉末体积的压缩比来表示，受粉末硬度、塑性变形能力及加工硬化性能的影响。成形性是用压坯的抗弯强度或抗压强度作为试验指标，它与粉末的物理性质有关，受到粒度、粒形、粒度组成的影响。在粉末中加入少量润滑剂或压制剂，如硬脂酸锌、石蜡、橡胶等，可以改善成形性。

4. 松装密度

松装密度是指单位容积自由松装粉末的重量，由粉末粒度、粒形、粒度组成以及粒间孔隙大小决定。

5.1.2　粉末压制原理

压制成形就是松散的粉末原料在压模内经受一定的压力后，成为具有一定尺寸、形状和一定密度、强度的压坯。粉末压制的过程和机理如下：

(1)粉末受到压力后，粉末颗粒间发生相对移动，进行重排，颗粒填充孔隙，颗粒间的架桥现象被部分消除，接触面积增大，使粉末体的体积减小，密度随压力的增加而急剧增加，粉末颗粒迅速达到最密集的堆积，如图 5－1 中实线Ⅰ所示。

(2)当密度达到一定数值后，对于硬而脆的粉末而言，即使再加压也不能减小孔隙度，密度不随压力增高而明显增加，如图 5－1 中实线Ⅱ所示。对于塑性好的粉末，如 Cu、Sn、Pb 等粉末，粉末接触部分相继发生弹性变形和塑性变形，接触面积不断增大，加压过程的能量主要消耗在粉粒的变形上，小部分消耗于粉粒与模壁之间的摩擦，因而加压过程中除了摩擦力外，又产生了剪切力，增大了加压的粉粒之间的接触。

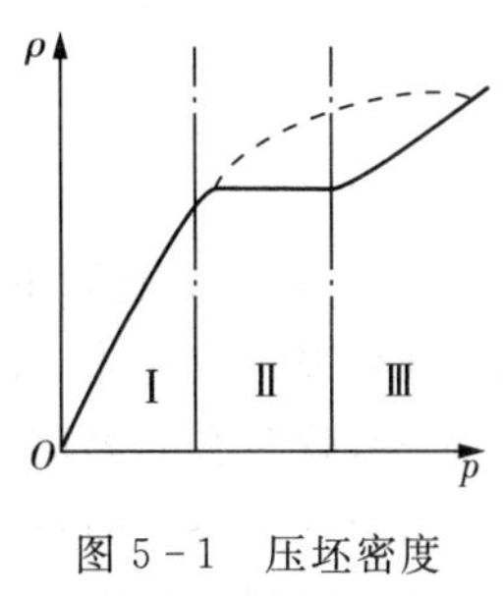

图 5－1　压坯密度 ρ—成形压力 p 曲线

同时由于粉粒表面的氧化膜与吸附气体层的破坏，接触面积进一步增大，粉粒之间可能发生原子的相互扩散，原子间的作用力增大，密度增加，如图 5－1 中虚线Ⅱ所示。塑性粉体塑性变形的大小取决于粉末材料的延性，但坯体密度还与粉末的压缩性能有关。此阶段由于塑性粉末产生弹塑性变形，同时伴随有加工硬化现象。

(3)当压力增大到一定程度时，脆性粉粒或产生加工硬化的脆化塑性粉体，发生严重的脆性断裂，粉粒表面凸凹不平产生机械啮合力，使粉末之间的结合进一步牢固，压坯密度增大，强度增加，如图 5－1 中实线Ⅲ所示。此时塑性粉粒压坯密度随压力增高的幅度趋于减缓，表明加工硬化效果逐渐明显，如图 5－1 中虚线Ⅲ所示。

实际上，在压制过程中这三个阶段并不是界限分明的，常常是相互交叉发生的。

5.1.3　烧结原理

粉末集合体在一定温度下进行加热，粉末相互结合并发生收缩与致密化的过程称为烧结。粉末原料的表面积较大，因此具有较高的表面能；同时由于粉末表面与内部存在各种缺陷，以及制粉与粉末压制过程中出现的应变能，使得粉末集合体的总内能比较高，处于不稳定状态，粉末力求降低能量，向稳定状态转化，这就是烧结过程得以进行的原动力。由于粉末冶金制品组成成分与配方不同，烧结过程分为固相烧结与液相烧结两种。

1. 固相烧结原理

固相烧结时粉粒在烧结温度下($2/3T_k \sim 3/4T_k$)无液相出现，仍然保持固态。在烧结过程中，第一阶段是粘接和致密化阶段。粉末坯料中一般含有百分之几十的气孔，颗粒之间在表面能的推动下由点接触发展到结合面的不断增加。物质通过不同的扩散途径和机理向颗粒间隙和气孔部位填充，细小的颗粒之间开始逐渐形成晶界，并不断扩大其面积，颗粒之间相邻的晶界相遇，形成晶界网络，连通的气孔不断缩小。通过晶界移动，晶粒逐步长大。直至气孔相互不再连通，形成孤立的气孔分布于晶界，如图 5-2 所示。

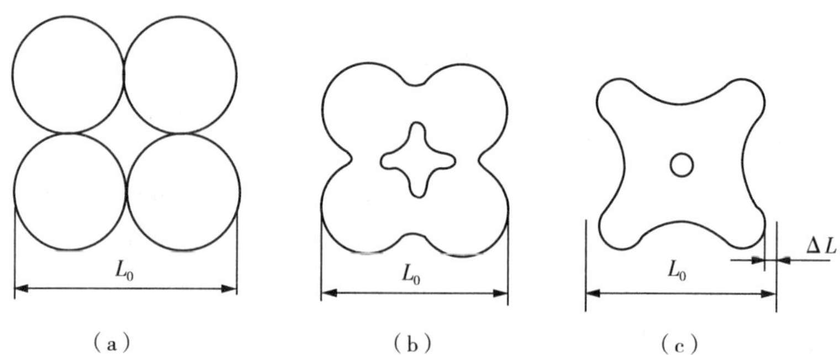

图 5-2　烧结过程模拟图

(a)→(b)孔隙改变形状；(b)→(c)粉粒形状改变并收缩

第二阶段为孔隙的收缩阶段。随着烧结的继续进行，晶界上的物质继续向气孔扩散填充，继续进行致密化。同时晶粒继续均匀长大，气孔随晶界一起移动，直至致密化完成。第三阶段，就只有晶界移动和晶粒的长大过程。晶粒的长大是晶界移动的结果，曲率半径愈小，移动就愈快。同时出现气孔迁移速率显著低于晶界迁移速率的现象，这时气孔脱开晶界，被包裹到晶粒内。此后由于气孔的缩小和排除变得困难，致密度不变，但晶粒尺寸还会不断长大，甚至会出现少数晶粒的急剧长大的现象，使残留气孔包到大晶粒中，因此会有部分的残留小孔隙不能被消除。

2. 液相烧结原理

液相烧结时烧结温度超过了其中某种组成粉粒的熔点，高温下出现固液两相并存状态，但液相并不处于完全自由流动状态，固相粉粒也不完全溶解于液相之中。烧结初期在不溶解的条件下，液态组元润湿了固相粉粒的表面，形成薄膜，并把孔隙填满，烧结体组织致密化。继续保温，则固相粉粒开始在周围液膜中溶解，因而不断提高致密度，使烧结体进一步收缩。烧结体的质量与固液两相粉粒的湿润性有直接的关系，润湿性好，则固相粉粒周围的液膜完整，孔隙被填充的比较完善，烧结体致密。同时烧结体的显微组织中各个相的分布比较均匀，否则，各相各自集中，造成显微组织的严重不均匀。为保证良好的湿润效果，配料时要注意控制液相的相对量不要过小。

5.2　粉末冶金工艺过程

粉末冶金成形可以制造出不需切削加工的各种精密机械零件，可以制造熔铸工艺难以生产的高熔点金属材料；也可以生产各组元在液态时互不相溶的假合金材料；甚至还可以生产特殊结构材料及复合材料，如含油轴承、过滤器、含有难熔化合物的金属陶瓷材料、弥散强化型材料等。

但是粉末冶金成形也有一定的局限性：零件尺寸不宜太大；粉末冶金产品是多孔性制品，

其强度低于相应的锻件和铸件；受压制设备、烧结设备限制，成形过程中粉末的流动性较差，对零件的结构工艺性有一定的要求；由于粉末制取和模具制造成本较高，仅适用于大批量生产。

粉末冶金材料及制品的基本生产工艺过程：粉末制备、粉末的预处理、压制成形、烧结，以一些后处理工序（如整形、浸渍、复压、复烧、热处理等）。

5.2.1　粉末的制备

根据工作原理的不同，粉末制备方法可分为机械法和物理化学法两大类。

1. 机械法

机械制粉方法包括球磨法、雾化法、旋涡研磨法、超声波粉碎法、爆破法等。

（1）球磨法

它是利用粉末颗粒与球之间强烈、频繁的碰撞，产生颗粒间反复的冷焊和断裂，制备一些脆性的金属粉末（如铁合金粉），或者经过脆化处理的金属粉末（如经氢化处理变脆的钛粉）的方法。在现代球磨技术中，有滚筒式球磨、振动球磨、搅拌球磨，还有高能球磨。球磨法一般使用 10～20mm 钢球或硬质合金球，优点：生产成本低，但容易混入杂质，粉末粒子形状难于控制，粒径分布范围宽，粒子容易团聚。

（2）雾化法

主要有水雾化和气雾化，即用高压气体（如压缩空气）或液体（如水）喷射，通过机械力与急冷作用使金属熔液雾化，获得颗粒大小不同的金属粉末。此法工艺简单，可连续、大量生产，成本低；特别有利于制造合金粉，应用较广；但一般有氧化现象产生。

2. 物理化学法

物理化学制粉方法包括气相沉积法、液相沉积法、还原法、电解法、化学置换法等。

（1）气相沉积法

又称金属蒸气冷凝法，主要用于制取低熔点金属如 Zn、Pb 粉末。这些金属具有较强的挥发性，将 Zn、Pb 的金属蒸气在冷凝面上冷凝下来可得到很细的粉末。气相沉积法包括物理气相沉积法和化学气相沉积法两种。物理气相沉积法（PVD）是用电弧、高频、激光或等离子体等方法将原料加热，使之汽化或形成等离子体，然后骤冷在钟罩壁上，使之凝结成 1～100nm 的粉末。化学气相沉积法（CVD）是先形成挥发性金属化合物蒸气，然后发生气相化学反应而沉积。

（2）液相沉积法

将 Fe、Ni 粉与 CO 反应，形成气体产物后，经冷凝制成液态的羰基铁物 $Fe(CO)_5$、羰基镍物 $Ni(CO)_4$，将产物在低温下加热，经 180～250℃ 热分解沉淀出纯铁粉、纯镍粉，称为羰基铁或羰基镍。沉淀后再经过滤、洗涤、干燥获得粉末。

（3）还原法

用还原剂还原金属氧化物或盐类，使其成为金属粉末的方法。此法工艺简便，成本较低，是最常用的制取金属粉末（如铁粉、钨粉等）的方法。

3. 粉末制备的先进技术

（1）机械合金化

机械合金化是利用高能球磨技术，使不同成分的粉末在球磨桶中被球磨、碰撞，发生塑性变形并冷焊合,形成复合粉,经进一步球磨,促进不同成分之间发生扩散和固态反应,在原子量级水平上实现合金化,形成合金粉的方法。或者在金属粉末中加入非金属粉末来实现机械合金化。目前采用机械合金化生产的粉末主要有镍基、铁基高温合金及一些非晶材料等。

(2)快速冷凝技术

快速冷凝技术是雾化技术的发展,目前已进入工业化生产阶段。制取快速冷凝粉末的方法:旋转阳极法、旋转盘雾化法、旋转杯雾化法(冷速为 $10^4 \sim 10^6$ K/s),如图 5-3 所示;以及熔体喷纺法、熔体沾出法(冷速为 $10^6 \sim 10^8$ K/s)等。

旋转阳极法是将金属制成自耗阳极,以大约 250r/s 转动。在电弧、等离子弧或电子束的作用下,金属熔化并在离心力作用下以液滴形式甩出。转速越高,冷却越快,则粉末尺寸越小。冷速为 10^5 K/s 时其尺寸可达 100nm。快冷可提高固溶度,细化晶粒,并获得少、无成分偏析的合金。

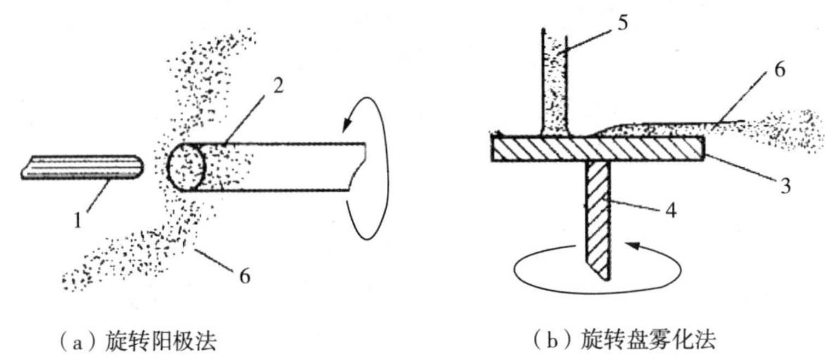

(a) 旋转阳极法　　(b) 旋转盘雾化法

图 5-3　快速冷凝技术

1—钨电极;2—自耗电极;3—旋转盘;4—转轴;5—液体金属;6—金属液滴

5.2.2　粉末的预处理

粉末成形前需要进行一定的预处理,包括退火、筛分、混合、制粒等。

(1)退火

可使氧化物还原,降低碳和其他杂质的含量,提高粉末纯度,消除粉末的加工硬化等。用还原法、机械研磨法、雾化法、电解法等制取的粉末均需退火处理。

(2)筛分

是将颗粒大小不均的原始粉末进行分级,通常用标准筛网筛进行筛分。

(3)混合

是将两种或两种以上的不同成分的粉末均匀混合的过程。将成分相同而粒度不同的粉末进行混合则称为合批。混合质量对粉末冶金过程及制品的质量影响很大。

(4)制粒

是为改善粉末的流动性而将小颗粒的粉末制成大颗粒或团粒的工序。

5.2.3　粉末成形

粉末成形是将松散的粉末紧实成具有所要求的形状与尺寸以及适当强度的坯体的过程。目前主要有以下一些成形方法:

1. 压制成形

(1)模压成形

将松散的粉末装入模具内,在模具内受压成形。一般在普通机械压力机或液压机上进行,常用压力机吨位为 500～5000kN,分为热压或冷压成形。模压成形的特点是压坯密度分布不均匀。生产中可通过降低模具内壁粗糙度值,降低模具高径比,采用双向压制等方法改善压坯密度不均匀性。模压成形是粉末冶金生产中最基本和应用最广的成形方法。

(2)挤压成形

通过挤压机的螺旋或活塞将坯料经过机头模具挤压出来,成为要求形状的坯体。挤压成形很早就已被引入硬质合金生产中,是一种产量大,生产效率与自动化程度高的成形方法。各种管状、柱或棒状等断面形状规则的产品,都可采用挤压成形,坯体的长度可根据需要进行切割。直径大于 30mm 的棒材和外径 0.45mm、内径 0.2mm 的管材都可采用挤压成形,也可生产深孔钻钻头、整体铣刀、麻花钻头等产品。

(3)压注成形

用压缩空气将浓粉浆压入模腔来成形的方法。从理论上说,它可以使任何一个形状复杂的坯体各处的粉末的密度一样,可以生产各种复杂形状的制品;而且操作简便,生产效率高。比如,硬质合金的手表壳大部分都是采用这种方法成形的。

2. 注射成形

金属粉末注射成形(MIM)是将现代塑料注射成形技术引入粉末冶金领域而形成的一种先进的粉末成形方法,使得粉末冶金工艺真正具有成形三维复杂零件的能力。

主要工艺过程:先将金属粉末与有机粘接剂均匀混合并制成粒状喂料,在加热状态下用注射成形机将喂料以流体形式注入模具型腔内冷凝成形,取出成形坯后用化学溶剂溶解或加热分解的方法将其中的粘接剂脱除,最后经烧结致密化得到最终制品。由于借助于熔融的粘接剂作为载体,使得金属粉末能在良好的流动状态下均匀填充模腔成形,因而可以获得组织均匀、力学性能优异的高精度近净成形零件。

这种方法可用于制造各种铁基合金、低合金钢、不锈钢、工具钢、钨基合金、钛合金、硬质合金、磁性材料和形状记忆合金等的制品,特别适合于大批量生产小型、复杂形状以及具有特殊要求的金属零件,包括汽车零件、钟表零件、医疗器械零件、计算机及外设零件、电子封装零件、电动工具和家电零件、枪械零件、航空航天发动机零件等各个领域的产品。

3. 其他成形方法

(1)等静压成形

借助高压泵的作用把流体介质(气体或液体)压入耐高压的钢体密封容器内,高压流体的静压力直接作用在橡胶模套内的粉体上,使粉末体在各个方向均衡受压而获得密度分布均匀和强度较高的压坯的方法。

(2)轧制成形

金属粉末通过漏斗进入转动的轧辊缝中,形成具有一定厚度的连续的板带坯料的成形方法。轧制成形可生产双金属或多层金属板带材,长度不受限制,制品密度均匀,成材率高,如图 5-4 所示。

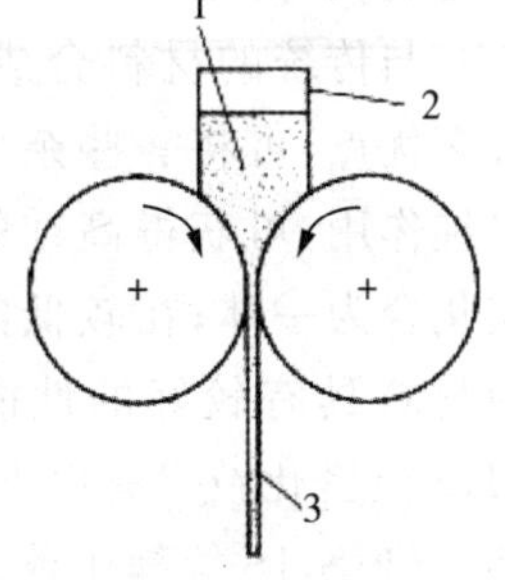

图 5-4　粉末轧制成形

1—松散粉末;2—料斗;3—压制的粉末

(3)爆炸成形

利用炸药爆炸时产生的瞬间冲击波,通过模具或液体介质作用于金属粉体而成形的方法。爆炸成形有利于制造高密度的制品和难于成形的粉末。

5.2.4 烧结

烧结是将粉末坯体接一定的规范加热到规定温度并保温一段时间,使其内部结构发生一系列物理化学变化并获得所需性能的工序。

1. 烧结方式

根据烧结机理将烧结分为两种方式:固相烧结和液相烧结。粉末压坯各组元在高温下烧结时始终保持固态,为固相烧结,如粉末冶金高速钢、铁粉制品等。当烧结温度超过了压坯某组元的熔点时,粉末压坯出现固、液共存状态,则为液相烧结,如钨钴硬质合金(钴为液相)、铜-铅轴承合金(铅为液相)、青铜含油轴承(锡为液相)等。

2. 影响烧结质量的因素

烧结过程中,制品质量受到多种因素影响。主要有烧结温度、保温时间、保护气氛等。较高的烧结温度使粉粒间的原子扩散易于进行,从而提高烧结体强度与硬度,但过高的温度会导致粉粒表面氧化、晶粒粗大或压坯变形,产生过烧现象。

烧结保温时间也影响制品质量,具体情况根据经验确定。一般来讲,保温时间长,有利于原子扩散,孔隙减少,密度增加;但保温时间过长,也会导致粉粒的氧化,对于液相烧结,可能还会使液相从压坯表面渗出。

为了防止压坯氧化,烧结通常是在保护性气氛或真空连续式烧结炉内进行,常用的保护气体有氢气、分解氨、发生炉煤气及惰性气体等。

3. 致密化技术

为了进一步提高材料的密实度,发展了多种自蔓延高温合成(SHS)材料的合成与致密化同时进行的一体化技术。SHS技术不是靠外部能量加热,而是利用化学反应造成材料内部快速自燃,使坯体在燃烧过程中发生烧结。该技术最显著的特点:合成过程中燃烧温度高(可高达5000K)、反应中温度梯度大(达 10^5 K/cm)和燃烧波速度快(可达25cm/s)。

与传统的材料合成方法相比,SHS方法具有许多优点:可将一些杂质在合成过程中挥发掉,有自纯作用,可获得高纯的合成产物;可将合成与密实化合为一体;在较低的温度下易于烧结,且烧结的材料具有较好的性能;工艺设备简单,能耗少。SHS致密化技术有以下几种方法:

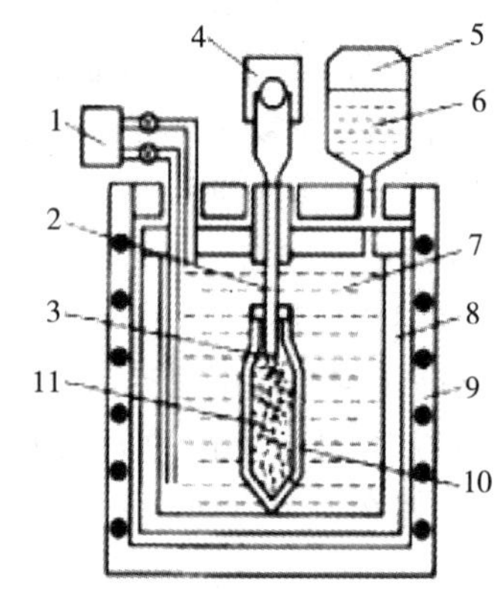

图 5-5　SHS液体等静压装置示意图

1—泵;2—电线;3—燃烧器;4—电源;5—气体;6—贮存器;7—液体;8—高压器;9—加热设备;10—金属包套;11—反应物

(1)SHS等静压致密化技术

如图5-5所示,反应物粉料经冷等静压成压坯,然后密封在一个带硅橡胶帽的金属包套中,放在高压釜内在液体压力下进行点燃。当SHS反应结束后，材料在介质的高压作用下自动密实化。特点：成本低廉，但存在材料致密度不高、残余孔隙多的问题，只适合于制备小试件，且设备复杂、投资大。

(2)SHS 爆炸冲击加载密实化技术

如图 5-6 所示，将反应物压坯放在中间挖空的石膏模中，利用炸药爆炸驱动加压板，对点燃后发生合成的样品施加冲击载荷，并可使反应后的样品保温，同时防止杂质渗入样品，排除反应气体。温度会导致粉粒表面氧化、晶粒粗大或压坯变形，产生过烧现象。

(3)SHS 锻压密实化技术

在 SHS 反应产物还处于红热状态时，利用外界冲击力使材料密实化，如图 5-7 所示。其优点是比爆炸法安全，可获得接近产品形状的制品，可连续生产，生产率高；缺点是压坯边缘有时开裂。

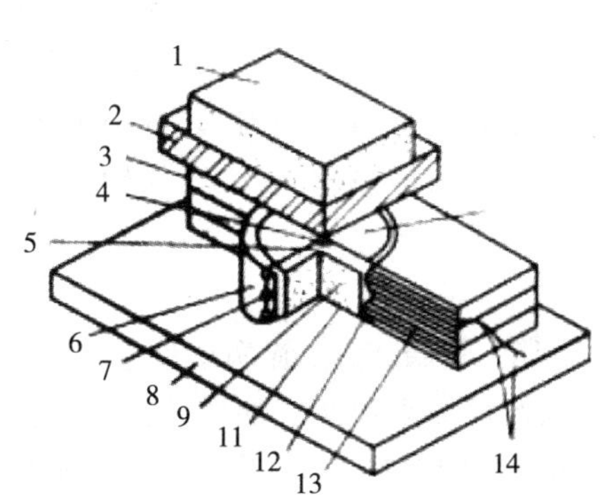

图 5-6　SHS 爆炸冲击加载装置示意图

1—炸药；2—硬钢加压板；3—石膏；
4—电导火线；5—点火剂；5—软钢套；7、12—排气孔；
8—硬钢台座；9—样品；10、13—氧化锆毡；
11—GRAFOIL 板；14—导火线引线

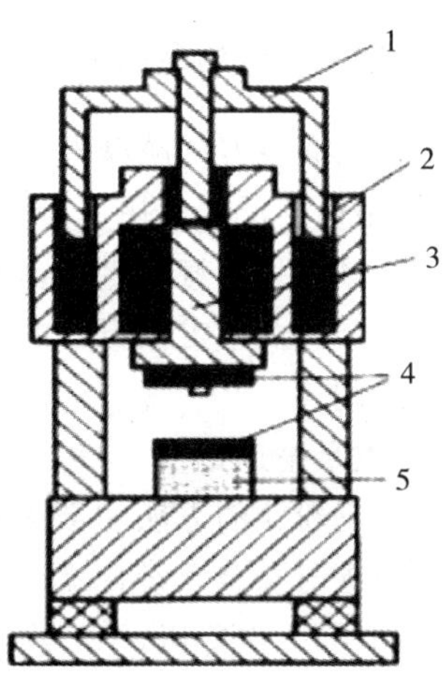

图 5-7　SHS 锻压装置示意图

1—提升顶；2—气压源；3—镀锤；
4—冲模；5—反应物

(4)气压致密化技术又称气压燃烧烧结(简称 GPCS)。该技术是将 SHS 反应物坯料置于高压气氛中，点燃混合物料，诱发反应物压坯发生反应，利用环境压力使材料致密化，如图 5-8 所示。气压致密化技术的优点：不需添加烧结助剂，即可在极短的时间内(一般为几分钟)，使高熔点化合物烧结致密，因而被誉为“陶瓷合金化方法”。可以制造宏观成分不均匀的梯度材料，能同时满足各组元的烧结条件。该方法存在的不足之处：受高压设备的限制，产品尺寸小；材料内部残余孔隙较多，材料致密度普遍小于 95%。

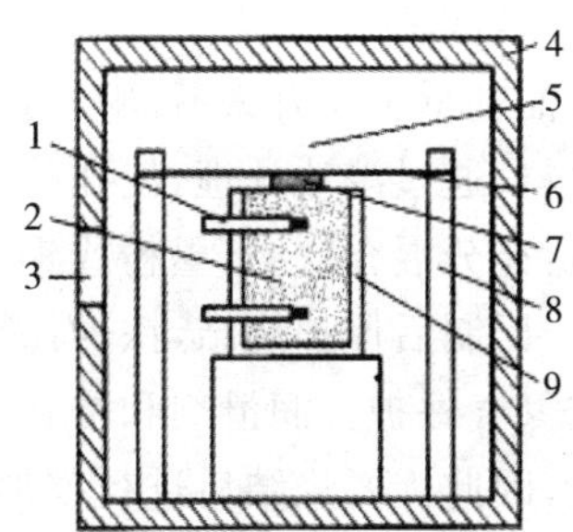

图 5-8　SHS 气压装置示意图

1—热电偶；2—反应物；3—观察孔；
4—气压室；5—气体；6—碳加热器；
7—燃烧剂；8—多孔容器；
9—反应物容器

5.2.5 后处理

为提高粉末冶金制品的使用性能及尺寸和形状精度，在烧结后一般还要进行精整、复压、浸油、热处理、机械加工、熔渗等后处理工序。

复压是指为严格保证粉末冶金制品的尺寸精度，提高密度、强度，或降低表面粗糙度及延长使用寿命，在烧结后所进行的锻造、精压等工序。如铁粉制品锻造后，孔隙度可接近于零，达到理论密度的98%以上；经锻造后的粉末冶金高速钢刀具可提高使用寿命2倍左右。

熔渗是将液态低熔点金属或合金渗入到多孔烧结部件的孔隙中的工艺，目的是提高制品密度，增加强度、可塑性及抗冲击能力等。

浸渍是为了达到润滑或耐蚀而进行的浸油或浸渍其他液态润滑剂的工艺。

5.2.6 粉末冶金制品制造的应用

粉末冶金具有良好的减摩性、多孔性、耐热性、耐磨性、密封性、电磁性及过滤性等这些特殊性能，目前已广泛地应用于从高科技领域到一般工业部门的各行各业。可用于制造齿轮、离合器片、摩擦片等汽车零件，硬质合金刀具，粉末冶金高速钢刀具，钢结硬质合金导轨，冷、热作模具，导弹及宇宙飞行器的结构件、燃烧室构件，加热体元件、含油轴承等，并且其应用前景十分广阔。

(1)粉末冶金高速钢

生产高速钢粉粒的方法主要是雾化法，经选料、脱脂，通过旋涡研磨法制成高速钢粉。高速钢粉料中碳与合金元素含量高，成形性差，因此需要采用两次加压的工艺方法对粉末高速钢进行压制，第一次冷压，第二次进行热压。也可采用1100～1150℃的热等静压法。烧结温度为1150～1200℃，在真空、氢气或分解氨中进行。烧结高速钢的制品密度要求达到理论密度的80%以上。我国的粉末冶金高速钢牌号主要有W6Mo5Gr4V2和W18Cr4V。粉末冶金工艺生产的粉末高速钢坯料可以进行锻造，改变外形尺寸并适当提高密度；也需要进行热处理，如退火、淬火和回火等。试验表明，与同成分的普通高速钢相比，粉末冶金高速钢的切削寿命可提高2～3倍左右。

(2)含油轴承

含油轴承主要有铁-石墨和青铜-石墨两种。其成形原理：利用粉末冶金工艺方法制造多孔材料，通过浸油处理，使孔隙内贮藏油，在工作时出现胶状石墨润滑膜，提高减摩性。工艺过程：充分混合铁、石墨粉或铜、锡、石墨粉，混料时加入润滑剂(硬脂酸锌)，增孔剂(碳酸氢氨)。压制后保护烧结，铁-石墨系含油轴承采用煤气或分解氨保护，青铜系含油轴承用分解氨或氢气保护。润滑剂和增孔剂在烧结时挥发，留下孔隙。石墨氧化而产生膨胀，导致尺寸变化，因此需要烧结后进行整形，再通过浸油处理，就可得到成品。

(3)钢结硬质合金

钢结硬质合金的基本组成是碳化物加合金钢，合金钢是粘接剂，高温烧结时出现液相，因此，从结构上看钢结硬质合金是通过钢来粘接碳化物(主要有碳化钛与碳化钨两种类型)。其基本生产工序包括：配料、混料、压制、烧结、热处理。压制压力一般为$(1.5\sim6)\times10^8$ Pa，烧结温度为1270～1310 ℃。钢结硬质合金中碳化物不同，要求采用不同的烧结气氛，碳化钨型钢结硬质合金采用氢气保护烧结，碳化钛型采用真空烧结。

5.3　粉末冶金的应用

粉末冶金成形工艺可使压制品达到或极接近零件要求的形状、尺寸精度与表面粗糙度，使生产率和材料利用率大为提高，并可节省切削加工用的机床和生产占地面积。在普通机器制造业中，可用于减摩材料、结构材料、摩擦材料等，也可用来制造难熔金属材料（如高温合金、钨丝等）、特殊电磁性触材料（如电器触头、硬磁材料、软磁材料等）和过滤材料（如空气的过滤、水的净化、液体燃料和润滑油的过滤以及细菌的过滤等）。

1. 机械零件常用的粉末冶金材料

（1）粉末冶金减摩材料

最常用的粉末冶金减摩材料是含油轴承材料，常用来制造滑动轴承。这种由多孔性材料压制而成的轴承浸入润滑油中后，在毛细现象作用下吸附大量润滑油，一般合油率为12% ～ 30%（体积分数），故它又称为含油轴承。由于轴承工作时发热，金属粉末膨胀，孔隙度减小，再加上轴旋转时带动轴承间隙中的空气层，摩擦表面的静压强降低，在粉末孔隙内外形成压力差，迫使润滑油迁移到工作表面。停止工作时，润滑油又渗入孔隙中，含油轴承有自动润滑的作用。中速、轻载荷的轴承，特别适合用作不能经常加油的轴承，如纺织机械、食品机械、家用电器（电扇、电唱机）轴承等，有着广泛的应用。常用的含油轴承制品有以下两类：

① 铁基含油轴承

常用的铁基含油轴承材料是铁-石墨粉末合金（w(石墨)＝0.5%～ 3%）和铁-硫-石墨粉末合金（w(S)＝0.5%～ 1%，w(石墨)＝1%～ 2%）。在材料组织中，石墨或硫化物起固体润滑作用，能改善减摩性能，石墨还能吸附很多润滑油，形成胶体状高效能的润滑剂，从而进一步改善摩擦条件。

② 铜基含油轴承

常用的铜基含油轴承材料是由 QSn6－6－3 青铜粉末与石墨粉末制成的，其成分与QSn6－6－3 青铜相近，但其中有 0.5%～2%（质量分数）的石墨。它有较好的导热性、耐蚀性、抗咬合性，但承压能力较铁基含油轴承材料小。

（2）粉末冶金铁基结构材料

粉末冶金铁基结构材料以碳钢粉末或合金钢粉末为主要原料。这类材料制造结构制品的优点是：制品的精度较高，不需或只需少量切削加工；制品还可通过热处理（主要用“淬火＋低温回火或渗碳淬火＋低温回火”）强化和提高耐磨性；制品孔隙可浸渍润滑油，从而改善摩擦条件，减少磨损，并有减震、消声的作用。

用碳钢粉末制得的材料，碳含量较低时，可制造受力小的零件或渗碳件、焊接件；碳含量较高时，经淬火后可制造一定强度或耐磨性的零件。用合金钢粉末制得的材料，可制造受力较大的结构件，如油泵齿轮、电钻齿轮、凸轮、滚轮、链轮、模具等。长轴类、薄壳类及形状过于复杂的结构零件，不适合采用粉末冶金成形工艺。

(3)粉末冶金摩擦材料

摩擦材料广泛应用于制动器(见图 5-9)与离合器(见图 5-10)。它们都是利用材料相互间的摩擦力来传递能量的。制动器在制动时要吸收大量的动能,使摩擦表面温度急剧上升(可达 1000℃左右),故摩擦材料极易磨损。因此,对摩擦材料性能的要求:较大的摩擦系数;较好的耐磨性;足够的强度;良好的磨合性、抗咬合性。

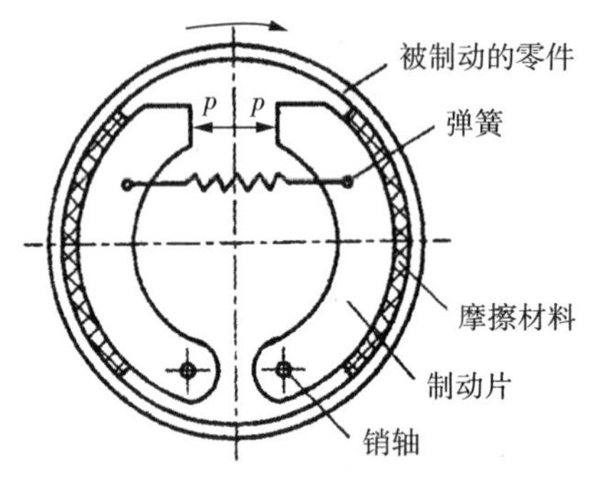

图 5-9 制动器

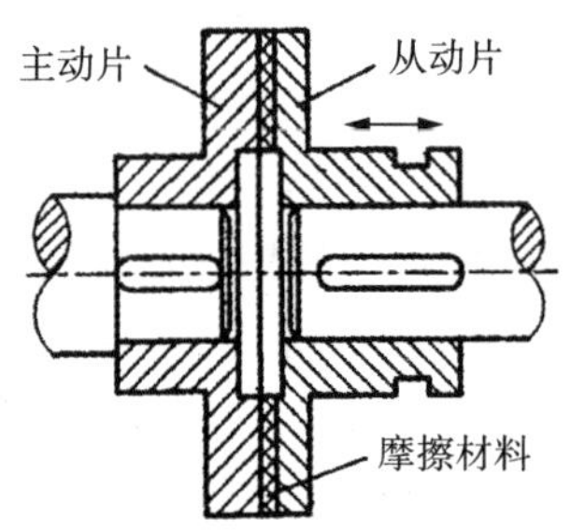

图 5-10 摩擦离合器

过去,干式(无油条件下工作)摩擦材料大多采用石棉橡胶制品,许用载荷与速度较小,容易磨损。将中小型金属切削机床采用的弹簧钢或渗碳钢淬硬后作为摩擦材料,并浸入油中工作(湿式),可使许用压力提高,摩擦系数降低。粉末冶金摩擦材料可以满足高的制动速度和工作压力这些要求。

这类材料通常由强度高、导热性好、熔点高的金属组元(如铁、铜)作为基体,并加入能提高摩擦系数的摩擦组元(如 $A1_2O_3$、SiO_2及石棉)以及能抗咬合、提高减摩性的润滑组元(如铅、锡、石墨、MoS_2)。因此,它能较好地满足摩擦材料性能的要求。其中,铜基粉末冶金摩擦材料常用于汽车、拖拉机、锻压机床的离合器与制动器;而铁基的多用于各种高速重载机器的制动器。与粉末冶金摩擦材料相互摩擦的对偶件,一般用淬火钢或铸铁。

2. 常用的其他粉末冶金材料

硬质合金刃具、模具、量具常用碳化钨与钴粉末制成,金属陶瓷刃具常用氧化铝、氮化硼、氮化硅等与合金粉末制成,金刚石工具常用人造金刚石与合金粉末制成等,其中硬质合金应用最广泛。

粉末冶金材料还广泛用于一些具有特殊性能的元器件,如铁-镍-钴永磁体,接触器或继电器上的铜一钨、银一钨触点以及一些耐极高温的宇航零件及核工业零件等。

虽然粉末冶金得到广泛的应用,但是受到一些因素的影响,其应用有一定的局限性。比如制品内部存在一些空隙,普通粉末制品的强度比同样成分的锻件或铸件的强度低 20%~30%;粉末冶金制品压制成形所需的压力高,受到压力机吨位不够和模具制造等因素的限制,制品的质量一般小于 10kg;粉末在成形过程中的流动性远不如液态金属,因此,粉末冶金成形工艺目前还只能用来生产尺寸有限和形状不很复杂的制品;用于粉末冶金成形的模具费用高,因此,该工艺只适用于成批、大量生产的制品。

5.4　粉末冶金制品的结构工艺性与常见的缺陷

5.4.1　粉末冶金制品的结构工艺性

用粉末冶金成形工艺制造机器零件时，除必须满足机械设计的要求外，还应考虑压坯形状是否适合压制成形，即制品的结构必须适合粉末冶金生产的工艺要求。例如，轴套可以用封闭钢模冷压法生产，但它的油槽需用切削加工完成，所以，压坯应设计成没有油槽的套筒形。进行压坯形状设计时要注意以下一些方面。

1. 避免模具出现脆弱的尖角

压制模具工作时要承受较高的压力，它的各个零件都具有很高的硬度，若压坯形状不合理，则极易折断。所以，设计压坯时，应避免在压模结构上出现脆弱的尖角，延长模具的使用寿命。制品应采用圆角，避免内、外尖角。圆角半径应小于 0.5 mm，如图 5-11 所示，或做出 45°的倒角，并在倒角处留出 0.2～0.3 的平台，以避免模具出现尖锐刃边，如图 5-12 所示。球面部分也应留出小块平面，便于压实，如图 5-13 所示。

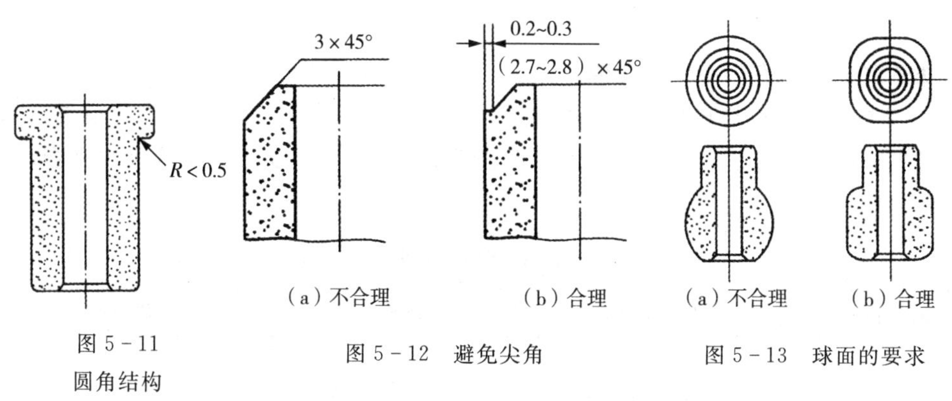

图 5-11 圆角结构　　图 5-12　避免尖角　　图 5-13　球面的要求

2. 避免模具和压坯局部出现薄壁

压制时，粉末在受压的情况下，实际上几乎不发生横向流动。为了保证压坯密度均匀，必须使粉末能均匀充填型腔的各个部位，薄壁和截面有变化的压坯尤其如此，由于薄壁部位粉末难去均匀充填，压坯易产生密度不均匀、掉角、变形和开裂等现象。所以，压坯设计时，应避免模具和压坯局部出现薄壁(壁厚小于 1.5 mm，见表 5-1)。

表 5-1　避免模具和压坯出现局部薄壁

修改事项	原设计形状	推荐形状	修改原因
增大最小壁厚	<1.5	≥2 外不动改内　内不动改外	利于装粉均匀、压坯密度均匀和增强冲模及压坯

（续表）

修改事项	原设计形状	推荐形状	修改原因
避免局部薄壁	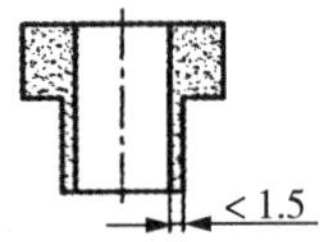 <1.5	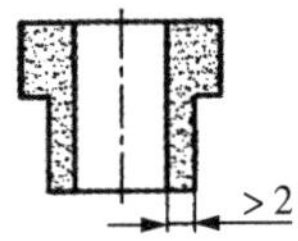 >2	利于装粉均匀、压坯密度均匀和烧结收缩均匀
增厚薄板处	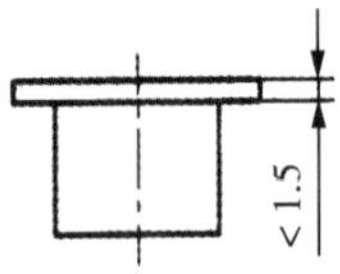 <1.5	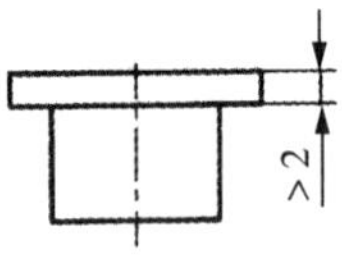 >2	利于压坯密度均匀，减小烧结变形
键槽改为凸键	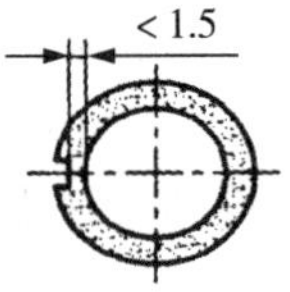 <1.5	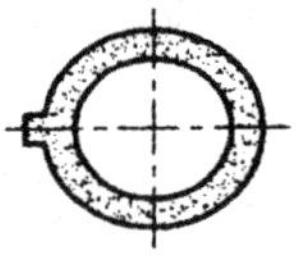	利于装粉均匀、增强压坯及冲模

注：表中箭头为压制方向。

3. 锥面和斜面需有一小段平直带

表 5－2 所示压坯的原设计形状不太合理，压制时模具易损坏。为避免损坏模具，同时，为避免在冲模和凹模或芯杆之间陷入粉末，改进后的压坯形状在锥面或斜面上加平台，增加一小段平直带。

表 5－2　锥面和斜面需要一小段平直带

修改事项	原设计形状	推荐形状	修改原因
在斜面的一端加 0.5mm 的平直带		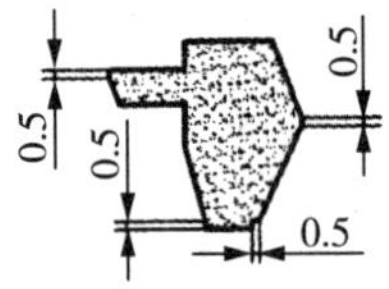 0.5 0.5 0.5 0.5	避免模具磨损

注：表中箭头为压制方向。

4. 需要有脱模斜度或圆角

为简化模具结构，利于脱模，与压制方向一致的内孔、外凸台等要有一定斜度或圆角（见表 5－3）。

表 5－3　需要有脱模斜度或圆角

原设计形状	修改事项	推荐形状	修改原因
外圆柱改为圆台，斜角＞5°，或改为圆角，$R=H$	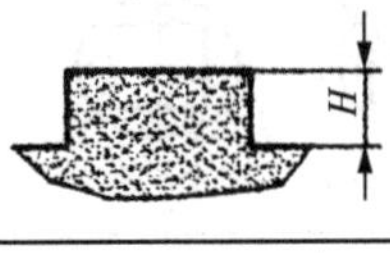 H	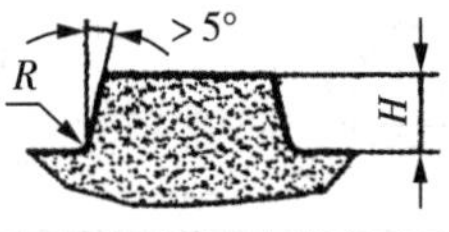 $>5°$ R H	简化冲模结构，利于脱模

（续表）

原设计形状	修改事项	推荐形状	修改原因
把压制方向平行的内孔做成一定的斜度	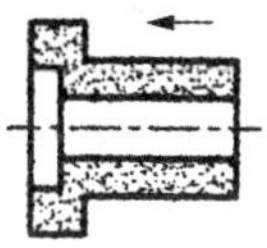	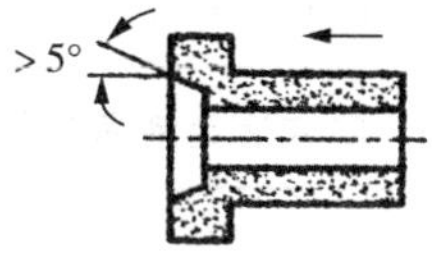 >5°	简化冲模结构，利于脱模

注：表中箭头为压制方向。

5. 压坯形状要适应压制方向的需要

制品中的径向孔、径向槽、螺纹和倒圆锥等，一般是不能压制的，需要在烧结后切削加工。所以，压坯的形状设计应作相应的修改，以适应压制方向的需要（见表 5-4）。例如，因习惯于切削加工，设计者常将压坯法兰和主体结合处的退刀槽设计成与压制方向垂直的，这样的径向槽不能压制成形，应改为轴向槽或留待后切削加工成形。

表 5-4 压坯形状要适应压制方向的需要

原设计形状	修改事项	推荐形状	修改原因
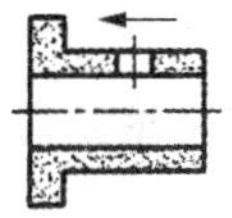	径向孔一般是不可压制成形的，也不便于脱模	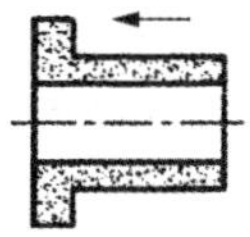	把径向孔填补起来，烧结后用机加工方法形成径向孔
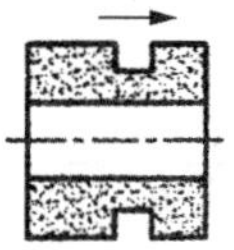	径向槽一般是不可压制成形的，也不便于脱模	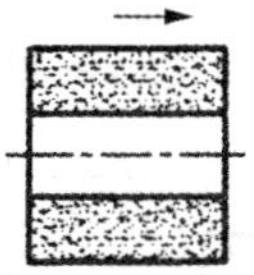	把径向槽填补起来，烧结后用机加工方法形成径向槽
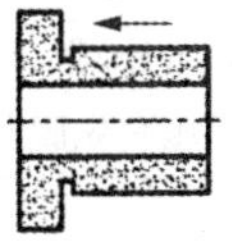	径向退刀槽是不可压制成形的，也不便于脱模	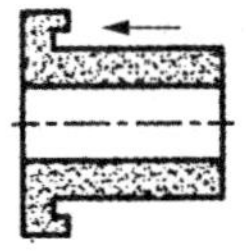	如果需要，烧结后可用机加工方法形成油槽
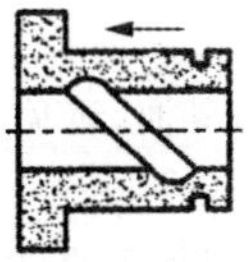	与压制方向不一致的油槽是不可压制成形的，也不便于脱模	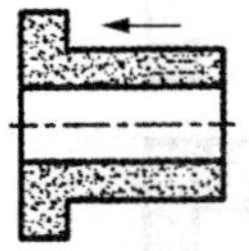	如果需要，烧结后可用机加工方法形成油槽
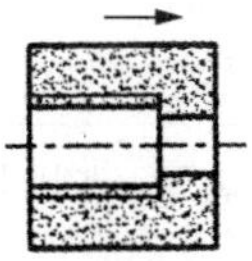	内螺纹是不可压制成形的，也不便于脱模	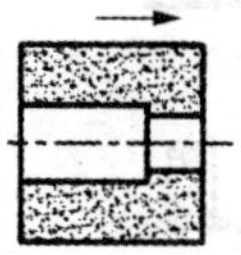	让孔的内径等于螺纹内径，烧结后用机加工方法形成内螺纹

5.4.2 粉末冶金制品的常见缺陷

粉末冶金制品常见缺陷的形式、产生原因及改进措施如表 5－5 所示。

表 5－5 粉末冶金制品常见缺陷的形式、产生原因及改进措施

缺陷形式		简图	产生原因	改进措施
局部密度超差	中间密度过低	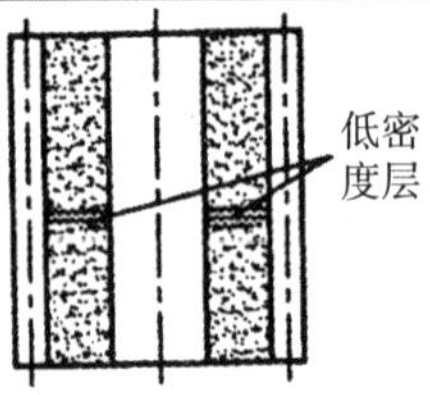 低密度层	侧面积过大，双向压制仍不适用 模壁表面粗糙度高； 模壁润滑性差； 粉末压制性差	大孔薄壁件可改用双向摩擦压制； 降低模壁表面粗糙度； 在模壁或粉末中加入润滑剂； 粉末还原退火
	一般密度多低	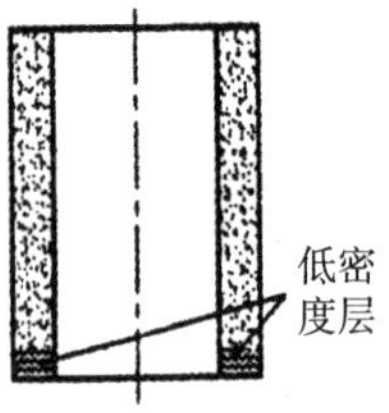 低密度层	长径比或长厚比过大，单向压制仍不适用； 模壁表面粗糙度高； 模壁润滑性差； 粉末压制性差	改用双向压、双向摩擦压及后压等； 降低模壁表面粗糙度； 在模壁或粉末中加入润滑剂； 粉末还原退火
	薄壁处密度过小	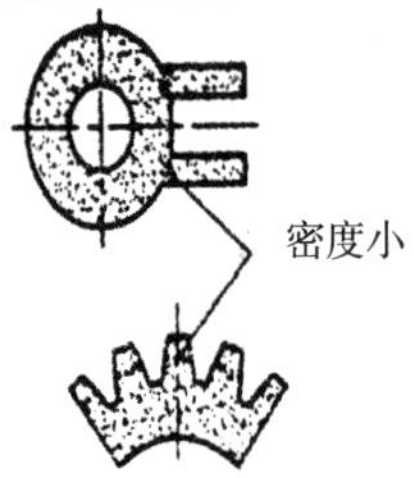 密度小	局部长厚比过大，单向压制不适用；	改用双向压或薄壁处局部双向摩擦压制； 降低模壁表面粗糙度； 在模壁局部加强润滑
裂纹	拐角处裂纹	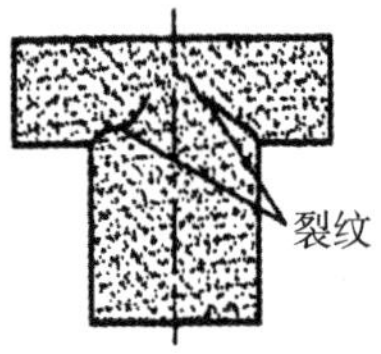 裂纹	补偿装粉不当，密度差过大； 粉末压制性能差； 脱模方式不对	调整补偿装粉方式； 改善粉末压制性； 采用正确脱模方式：带内台产品，应先脱薄壁部分；带外台产品，应带压套，用压套先脱凸缘
	侧面龟纹	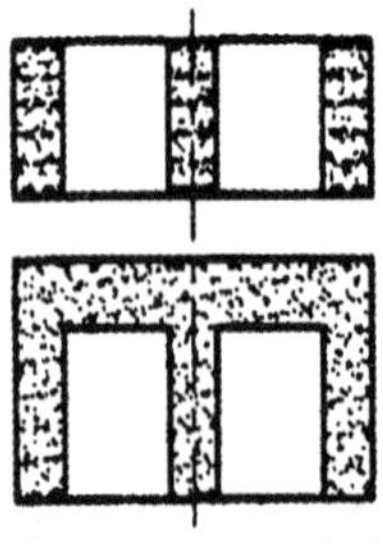	凹模内孔沿脱模方向尺寸变小，如加工中的倒锥，成形部位已严重磨损，出口处有毛刺； 粉末中石墨粉偏析分层； 压力机上下台面不平，或模具垂直度和平行度超差； 粉末压制性差	凹模沿脱模方向加工出脱模斜度； 粉末中加些润滑油，避免石墨偏析； 改善压机和模具的平直度； 改善粉末压制性能
	对角裂纹	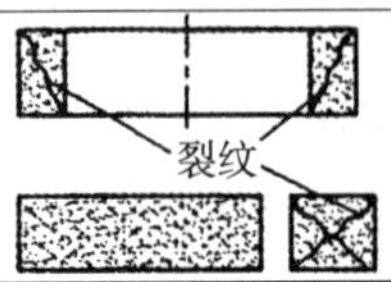 裂纹	模具刚性差； 压制压力过大； 粉末压制性能差	增大凹模模壁厚，改用圆形模套； 改善粉末压制性，降低压制压力

（续表）

缺陷形式		简图	产生原因	改进措施
皱纹（即轻度重皮）	内台拐角裂纹	皱纹	大孔芯棒过早压下，端台先已成形，薄壁套继续压制时，已成形部位被粉末流冲破后，又重新成形，多次反复出现皱纹	加大大孔芯棒最终压下量，适当降低薄壁部位的密度； 适当减小拐角处的圆角
	外球面皱纹	皱纹	压制过程中，已成形的球面，不断地被粉末流冲破，又不断重新成形	适当降低压坯密度； 采用松装密度较大的粉末； 最终滚压消除； 改用弹性模压制
	过压皱纹	皱纹	局部压力过大，已成形处表面被压碎，失去塑性，进一步压制时不能重新成形	合理补偿装粉，避免局部过压； 改善粉末压制性能
缺角掉边	掉棱边		密度不均，局部密度过低； 脱模不当，如凸模时不平直，模具结构不合理，或脱模时有弹跳； 存放搬运碰伤	改进压制方式，避免局部密度过低； 改善脱模条件； 操作时细心
	侧面局部剥落		镶拼凹模接缝处离缝； 镶拼凹模接缝处有倒台阶，压坯脱模时必然局部剥落	拼模时应无缝； 拼缝处只许有不影响脱模的台阶
表面划伤			模腔表面粗糙度高，或硬度在使用中变差； 模壁产生模瘤； 模腔表面局部被啃或划伤	提高模壁硬度降低模壁表面粗糙度； 加强润滑，消除模瘤
尺寸超差		—	模具磨损过大； 工艺参数选择不当	采用硬质合金模； 调整工艺参数

（续表）

缺陷形式	简图	产生原因	改进措施
同轴度超差	—	模具安装中不精确； 装粉不均； 模具间隙过大； 冲模导向段短	调模对中要好； 采用振动或吸入式装粉； 合理选择间隙； 增长冲模导向部分

习　题

1. 金属粉末的制备方法分为哪几类？简述各类方法的基本原理。

2. 试述粉末的化学成分、物理性能及工艺性能。

3. 冷压成形时，为什么沿压坯高度其密度分布不均匀？

4. 为什么松散粉末经压制成形后，具有一定的强度？

5. 压坯成形前需做哪些准备工作？其作用如何？

6. 为改善压坯的密度分布，需要采取哪些措施？

7. 造成制品氧化和脱碳的原因是什么？怎样防止制品氧化和脱碳？

8. 试述铁基粉末冶金含油轴承的工作原理。

9. 粉末冶金摩擦材料主要应用在哪些地方？它有哪些优点？

10. 粉末冶金摩擦材料基本成分是什么？这些成分主要起什么作用？

11. 材料的减摩性与耐磨性有何区别？它们对材料组织与性能要求有何不同？

12. 市场上十分需要2000件铝/铜/铝复合板材，其尺寸要求为厚3.0 mm，宽200 mm，长500 mm，试问：能用粉末冶金方法成形生产吗？请选择一种最优的制造方法。

13. 假设某企业需要一批批ϕ40mm×1000mm、ϕ60mm×1000mm的YG类硬质合金轧辊，请你提出一种成形工艺。

14. 某机床厂生产一批专用机床，需要一批1000mm×300mm×50mm的导板，要求为含油率在13%～16%（体积分数）的粉末铁基制品。试问用什么办法制造？试设计一套制造成形工艺。

第6章 复合材料的成形工艺

复合材料就是将两种或两种以上不同性质的材料组合在一起，构成的性能比其组成材料优异的一类新型材料。复合材料不仅保留了组成材料各自的优点，而且各组成材料之间取长补短、共同协作、形成优于原组成材料的综合性能。复合材料制成的摩擦材料、轻质耐热材料、超导材料、磁性材料、各向异性导电材料、强化导电材料、表面保护材料、防震防噪材料、生物功能材料等，成为新兴技术的重要结构基础和关键功能部件。各种复合材料也已开始进入工农业生产、国防和生活领域中。

6.1 复合材料的定义与分类

6.1.1 复合材料的定义

复合材料大多由以连续相存在的基体材料与分散于其中的增强材料两部分组成。增强材料是指能提高基体材料力学性能的物质，有细颗粒、短纤维、连续纤维等形态。因为纤维的刚性和抗拉伸强度大，所以增强材料大多数为各类纤维。所用的纤维可以是玻璃纤维、碳或硼纤维、氧化铝或碳化硅纤维、金属纤维（钨、铂、钽和不锈钢等），也可以是复合纤维。纤维是复合材料的骨架，其作用是承受负荷、增加强度，它基本上决定了复合材料的强度和刚度。基体材料的主要作用是使增强材料黏合成形，且对承受的外力起传导和分散作用。基体材料可以是高分子聚合物、金属材料、陶瓷材料等。

复合材料把基体材料和增强材料各自的优良特性加以组合，同时又弥补了各自的缺陷，因此，复合材料具有高强轻质、比强度高、刚度高、耐疲劳、抗断裂性能高、减震性能好、抗蠕变性能强等一系列的优良性能。此外，复合材料还有抗震、耐腐蚀、稳定安全等特性，因而后来居上成为应用广泛的重要新材料。

6.1.2 复合材料的分类

复合材料按基体材料可分为聚合物基复合材料、金属基复合材料和陶瓷基复合材料。

1. 聚合物基复合材料

聚合物基复合材料主要是指纤维增强聚合物材料，如将硅纤维包埋在环氧树脂中使复合材料强度增加。用于制造网球拍、高尔夫球棍和滑雪橇等。玻璃纤维复合材料为玻璃纤维与聚酯的复合体。可用作结构材料，如汽车和飞机中的某些部件、桥体的结构材料和船体等，其强度可与钢材相比。增强的聚酰亚胺树脂可用于汽车的“塑料发动机”，使发动机重量减轻，节约燃料。

玻璃钢是由玻璃纤维和聚酯类树脂复合而成的，是复合材料的杰出代表，具有优良的性能。它的强度高、质量轻、耐腐蚀、抗冲击、绝缘性好，已广泛应用于飞机、汽车、船舶、建筑甚至家具等生产。

2. 金属基复合材料

金属基复合材料是以金属为基体，以纤维、晶须、颗粒、薄片等为增强体的复合材料。基体金属多采用纯金属及合金，如铝、铜、银、铅、铝合金、铜合金、镁合金、钛合金、镍合金等。增强材料采用陶瓷颗粒、碳纤维、石墨纤维、硼纤维、陶瓷纤维、陶瓷晶须、金属纤维、金属晶须、金属薄片等。

镍基复合材料的高温性能优良，这种复合材料被用来制造高温下工作的零部件。镍基复合材料应用的一个重要目标，是希望用它来制造燃气轮机的叶片，从而进一步提高燃汽机的工作温度，预计可达到 1800℃以上。钛基复合材料比其他结构材料具有更高的强度和刚度，有望满足更高速新型飞机对材料的要求。钛基复合材料的最大应用障碍是制备困难、成本高。铝基复合材料(如碳纤维增强铝基复合材料)是应用最多、最广的一种。由于其具有良好的塑性和韧性，加之具有易加工性、工程稳定性和可靠性及价格低廉等优点，受到广泛的应用。

3. 陶瓷基复合材料

陶瓷本身具有耐高温、高强度、高硬度及耐腐蚀等优点，但其脆性大，若将增强纤维包埋在陶瓷中可以克服这一缺点。增强材料有碳纤维、碳化硅纤维和碳化硅晶须等。陶瓷基复合材料是一类新型的结构材料，具有高强度、高韧性、优异的热稳定性和化学稳定性。这类复合材料已广泛应用于刀具、滑动构件、航空航天构件、发动机制作、能源构件等领域。

6.2 聚合物基复合材料的成形工艺

随着聚合物基复合材料工业的迅速发展和日渐完善，新的高效生产方法不断出现。目前，成功地用于工业生产的成形方法已有 20 多种。在生产中常用的成形方法有手糊成形法、缠绕成形法、模压成形法、喷射成形法、树脂传递模塑成形法等。

6.2.1 聚合物基复合材料的成形工艺

1. 手糊成形法——湿法层铺成形

手糊成形法是指以手工作业为主，把玻璃纤维织物和树脂交替地层铺在模具上，然后固化成形为玻璃钢制品的工艺。具体做法：先在涂有脱模剂的模具上均匀涂上一层树脂混合液，再将裁剪成一定形状和尺寸的纤维增强织物，按制品要求铺设到模具上，用刮刀、毛刷或压棍使其平整并均匀浸透树脂、排除气泡。多次重复以上步骤层层铺贴，直至所需层数，然后固化成形，脱模修整获得坯件或制品。其成形示意图如图 6 - 1 所示。

手糊成形法操作简单，适于多品种、小批量生产，不受制品尺寸和形状的限制，可根据设计要求手糊成形不同厚度、不同形状的制品。但这种成形方法生产效率低，劳动条件差且劳动强度大;制品的质量、尺寸精度不易控制,性能稳定性差,强度较其他成形方法低。

手糊成形可用于制造船体、储罐、储槽、大口径管道、风机叶片、汽车壳体、飞机蒙皮、机翼、火箭外壳等大中型制件。

2. 缠绕成形法

缠绕成形法是采用预浸纱带、预浸布带等预浸料,或将连续纤维、布带浸渍树脂后,在适当的缠绕张力下按一定规律缠绕到一定形状的芯模上至一定厚度,经固化脱模获得制品的一种方法,图 6-2 为缠绕成形法示意图。与其他成形方法相比,缠绕法成形可以保证按照承力要求确定纤维排布的方向、层次,充分发挥纤维的承载能力,体现了复合材料强度的可设计性及各向异性,因而制品结构合理、比强度高;纤维按规定方向排列整齐,制品精度高、质量好;易实现自动化生产,生产效率高;但缠绕法成形需缠绕机、高质量的芯模和专用的固化加热炉等,投资较大。

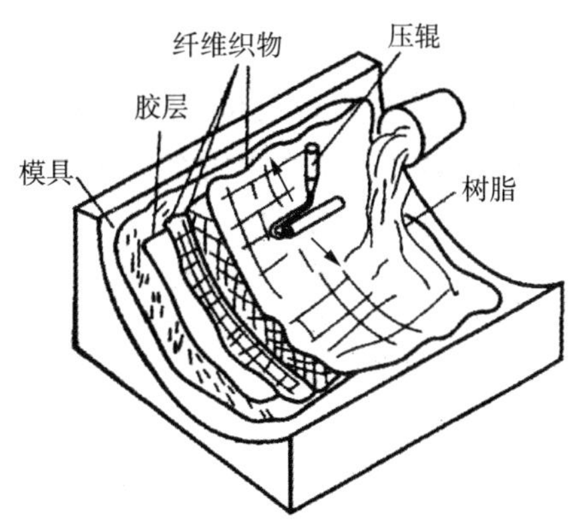

图 6-1　手糊法成形示意图

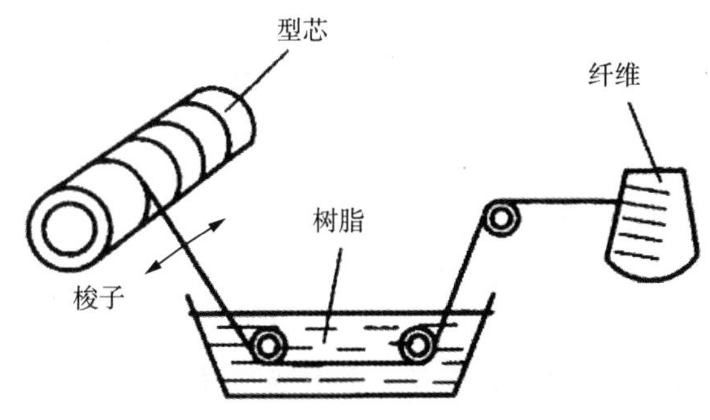

图 6-2　缠绕成形法示意图

缠绕成形法可大批量生产需承受一定内压的中空容器,如固体火箭发动机壳体、压力容器、管道、火箭尾喷管、导弹防热壳体及各类天然气气瓶、大型储罐、复合材料管道等。制品外形除圆柱形、球形外,也可成形矩形、鼓形及其他不规则形状的外凸型及某些复杂形状的回转型。

3. 模压成形法

模压成形的基本过程是将一定量的经过一定预处理的模压料放入预热的压模内,施加较高的压力使模压料充满模腔。在预定的温度条件下,模压料在模腔内逐渐固化,然后将制品从压模内取出,再进行必要的辅助加工即得到最终制品。

模压成形方法适用于异形制品的成形,生产效率高,制品的尺寸精确、重复性好,表面粗糙度小、外观好,材料质量均匀、强度高,适于大批量生产。结构复杂制品可一次成形,不需要任何机械加工。其主要缺点是一次投资费用高,模具设计制造复杂,制件尺寸受压机规格的限制。一般限于中小型制品的批量生产。

模压成形工艺接成形方法可分为压制模压成形、压注模压成形与注射模压成形。

(1)压制模压成形

将模塑料、预浸料(布、片、带需经裁剪)等放入金属对模(由凸模和凹模组成)内,由压力机(大多为液压机)将压力作用在模具上,通过模具直接对模塑料、预浸料进行加压,同时加温,使其流动充模,固化成形。

压制模压成形工艺简便,应用广泛,可用于成形船体、机器外罩、冷却塔外罩、汽车车身等制品。

(2)压注模压成形

将模塑料在模具加料室中加热成熔融状,然后通过流道压入闭合模具中成形固化,或先将纤维、织物等增强材料制成坯件置入密闭模腔内,再将加热成熔融状态的树脂压入模腔,浸透其中的增强材料然后固化成形,如图 6-3 所示。

压注模压成形法主要用于制造尺寸精确、形状复杂、薄壁、表面光滑、带金属嵌件的中小型制品,如各种中小型容器及各种仪器、仪表的表盘、外壳等,还可制作小型车船外壳及零部件等。

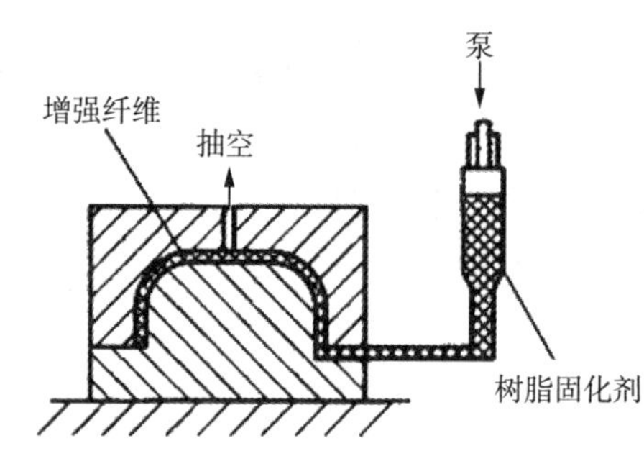

图 6-3 压注模压成形示意图

(3)注射模压成形

注射模压成形是将模塑料在螺杆注射机的料筒中加热成熔融状态,通过喷嘴小孔,以高速、高压注入闭合模具中固化成形,是一种高效率自动化的模压工艺,适于生产小型复杂形状零件,如汽车及火车配件、纺织机零件、泵壳体、空调机叶片等。

4. 喷射成形法

喷射成形法是将调配好的树脂胶液(多采用不饱和聚酯树脂)与短切纤维(长度为 25～50 mm)同时喷到模具上,再经压实、固化得到制品。如图 6-4 所示,将配制好的树脂液分别由喷枪的两个喷嘴喷出,同时,切割器将连续玻璃纤维切碎,由喷枪的第三个喷嘴均匀地喷出,并与胶液均匀混合后喷射到模具表面上沉积,每喷一层(厚度应小于 10 mm),即用辊子滚压,使之压实、浸渍并排出气泡,再继续喷射,直至完成坯件制作,最后固化成制品。

喷射成形也称为半机械化手糊成形。它是将促进剂和引发剂的不饱和聚酯树脂胶液从喷枪喷出,并在喷射过程中与切短的玻璃纤维混合后匀沉积到模具上。待沉积到一定厚度,用辊子滚压,使纤维浸透树脂、压实并除去气泡,最后固化成品。其成形工艺如图 6-4 所示。

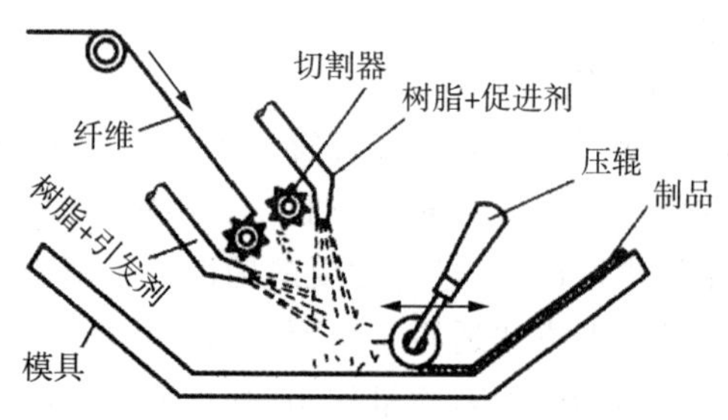

图 6-4 喷射成形工艺示意图

成形中所用树脂的粘度要适中,易于喷射雾化和浸润纤维。喷射成形使用的模具与手糊法类似,但其生产效率高,劳动强度较低,适于批量生产大尺寸制品,制品无搭接缝，整体性好；但场地污染大，制品树脂含量高(质量分数约 65%)，强度较低。喷射法可用于成形船体、容器、汽车车身、机器外罩、大型板等制品。

5. 树脂传递模塑成形法

树脂传递模塑成形法(RTM)是近年来迅速发展起来的一种成形工艺，一般是指在模具的型腔里预先放置增强材料(包括螺栓、聚氨酯泡沫塑料等嵌件)，夹紧后在一定温度及压力下从注入孔将配好的树脂注入模具中，使之与增强材料一起固化，最后起模、脱模，从而得到制品。这种方法能制造出表面光清、高精度的复杂构。具有经济性好、可设计性、挥发性物质少、环保效果好、产品尺寸精度高和表面质量好等优点，在我国玻璃钢行业中应用比较广泛。

6. 热压罐法成形

热压罐法是利用金属压力容器——热压罐，对置放于模具上的铺层坯件加压(通过压缩空气实现)和加热(通过热空气、蒸汽或模具内加热元件产生的热量)，使其固化成形。

热压罐法可获得压制紧密、厚度公差范围小的高质量制件，适用于制造大型和复杂的部件，如机翼、导弹载入体、部件胶接组装等。但该法能源利用率低，热压罐重量较大、结构复杂，设备费用高。

7. 层压成形法

层压成形法是将纸、棉布、玻璃布等片状增强材料，在浸胶机中浸渍树脂，经干燥制成浸胶材料，然后按层压制品的大小，对浸胶材料进行裁剪，并根据制品要求的厚度(或质量)计算所需浸胶材料的张数，逐层叠放在多层压机上，进行加热层压固化，脱模获得层压制品。为使层压制品表面光洁美观，叠放时可于最上和最下两面放置 2～4 张含树脂量较高的面层用浸胶材料。

8. 离心浇注成形法

离心浇注成形法是利用筒状模具旋转产生的离心力将短切纤维连同树脂同时均匀喷洒到模具内壁形成坯件；或先将短切纤维毡铺在筒状模具的内壁上，再在模具快速旋转的同时，向纤维层均匀喷洒树脂液浸润纤维形成坯件，坯件达到所需厚度后通热风固化。

离心浇注成形法的特点是制件壁厚均匀，外表光洁，可应用于大直径筒、管、罐类制件的成形。

9. 拉挤成形法

拉挤成形法是将浸渍树脂胶液的连续纤维，在牵引机构的拉力作用下，通过成形模定形，再进行固化，连续引拔出长度不受限制的复合材料管、棒、方形、工字形、槽形，以及非对称形的异形截面等型材，如飞机和船舶的结构件、矿井和地下工程构件等。拉挤成形的工艺如图 6－5 所示。拉挤工艺只限于生产型材，设备复杂。

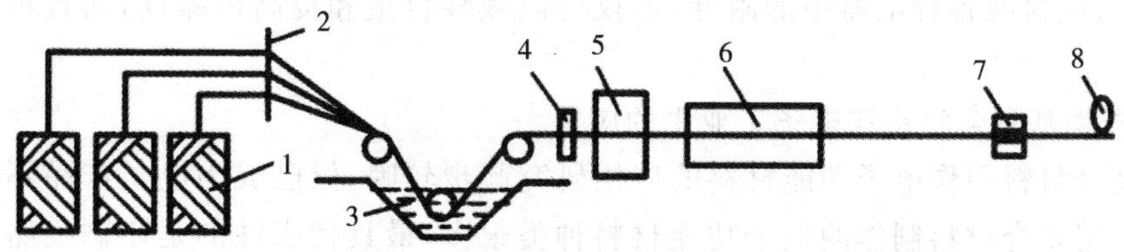

图 6－5　拉挤成形工艺示意图

1—增强材料；2—分纱板；3—胶槽；4—纤维分配器；5—预成形模；6—成形模具；7—牵引器；8—切割器

6.2.2 聚合物基复合材料的应用

1. 聚合物基复合材料在化学工业中的应用

以树脂为基体的复合材料作为化学工业的耐腐蚀材料已有50余年历史，由于树脂基复合材料具有比强度高、无电化学腐蚀现象与导热系数低、良好的保温性能及电绝缘性能、制品内壁光滑、流体阻力小、维修方便、重量轻、吊装运输方便等优点，已广泛用于石油、化肥、制盐、制药、造纸、海水淡化、生物工程、环境工程及金属电镀等工业中。

比如，玻璃钢在给排水管道工程中已得到了广泛的应用，最近几年，越来越多的废水处理系统的管道用玻璃钢制造，一个基本原因就是废水的耐蚀介质的种类和腐蚀性能都在不断增加，这就要求使用耐蚀性能更好的材料，而腐蚀玻璃钢是满足这种需求的最好材料。

树脂基复合材料具有优良的耐蚀性，可用来制造高度清洁物品，如储存高纯水、药品、酒、牛奶之类的容器材料。

2. 聚合物基复合材料在建筑工业中的应用

建筑工业在国民经济中占有很重要的地位，随着社会的进步，人们对居住面积、房屋质量和娱乐设施等提出越来越高的要求。在建筑工业中发展和使用聚合物基复合材料，对减轻建筑物自重、提高建筑物的使用功能、改革建筑设计、加速施工进度、降低工程造价及提高经济效益等都十分有利的。复合材料可用于制造承载结构、围护结构、采光制品、门窗装饰材料、给排水工程材料、卫生洁具材料、采暖通风材料、高层楼房屋项建筑、特殊建筑等这些方面的用品。

3. 聚合物基复合材料在交通运输与能源工业中的应用

汽车制造工业中的各种汽车配件，如车身外壳、传动轴、制动件及车内座椅、地板等，以及各种制动件；铁路工业中的牵引机车，各种车辆(客车、货车、冷藏车、储罐车等)；桥梁及道路建设及修补；水上交通中的各种中小船身壳体；飞机制造工业中的各种复合材料制件、桨叶、机翼、内部设施等；火力发电工业方面的通风系统、排煤灰渣管道、循环水冷却系统、电缆保护设施、电绝缘制品等；水力发电工业中的电站建设，大坝和隧道中防冲、耐磨、防冻、耐腐蚀过水面的保护；发电和输电中的各种电绝缘制品等，这些方面聚合物基复合材料都有广泛的应用。

4. 聚合物基复合材料在机械电器工业中的应用

树脂基复合材料具有比强度高、比模量高、抗疲劳断裂性能好、可设计性强、结构尺寸稳定性好、耐磨、耐腐蚀、减震、降噪及绝缘性好等一系列优点，集结构承载和多功能于一身，可以在机械电器工业中获得极其广泛的应用。聚合物基复合材料是优良的绝缘材料，用它制造仪器仪表、电机及各种电器中的附件，不仅可以减轻自重和提高可靠性，而且可以延长其使用寿命。

5. 聚合物基复合材料在电子工业中的应用

虽然复合材料用作电子功能材料的应用研究起步较晚，但已成为电子产品不可缺少的关键材料。用复合材料制作的电子功能材料种类很多，最具代表性的是印刷线路板基板材料。作为连接和支撑电子器件的印刷线路板，它应用在众多的电子产品中，是必不可少的部件。

6. 聚合物基复合材料在医疗、体育、娱乐方面的应用

在生物复合材料中，复合材料可用于制造人工心脏、人工肺及人工血管等。复合材料牙齿、复合材料骨骼及用于创伤外科的复合材料呼吸器、支架、假肢、人工肌肉、人工皮肤等均有成功实例。在医疗设备方面的应用，主要有复合材料诊断装置、复合材料测量器材及复合材料拐杖、轮椅、搬运车和担架等。

很多体育用品如皮艇、赛艇、划艇、帆船、帆板、冲浪板、网球拍、羽毛球拍及垒球棒、篮球架的篮板、滑雪板、滑雪杖、雪橇、冰球棒、撑杆、射箭运动的弓和箭等，都选用复合材料代替传统的竹、木及金属材料。在娱乐设施中，游乐车、游乐船、水上滑梯、速滑车、碰碰车、儿童滑梯等产品，都已基本上用玻璃钢代替了传统材料。这些产品充分发挥了玻璃钢重量轻、强度高、耐水、耐磨、耐撞、色泽鲜艳、产品美观及制造方便等特点。

7. 聚合物基复合材料在国防、军工及航空航天领域中的应用

复合材料以其典型的轻量特性、卓越的比强度和比模量、独特的耐烧蚀和隐蔽性、材料性能的可设计性、制备的灵活性和易加工性等受到军方青睐，在实现武器系统轻量化、快速反应能力、高威力、大射程、精确打击等方面起着巨大的作用。

复合材料，特别是碳纤维复合材料等在航空航天器结构上已得到广泛的应用，现已成为航空航天领域使用的四大结构材料之一。复合材料在航空航天上除主要作为结构材料外，在许多情况下还可实现各种功能性要求，如透波、隐身等。复合材料在航空航天领域中的主要应用：飞机、直升飞机中的结构部件；地面雷达罩、机载雷达罩、舰载雷达罩以及车载雷达罩等；人造卫星、太空站和天地往返运输系统等。

6.3 金属基复合材料的成形

金属基复合材料的成形工艺以复合时金属基体的物态不同可分为固相法和液相法。由于金属基复合材料的加工温度高，工艺复杂，界面反应控制困难，成本较高，因此应用的成熟程度远不如树脂基复合材料，应用范围较小。目前，金属基复合材料主要应用于航空、航天领域。

6.3.1 金属基复合材料的成形工艺

1. 颗粒增强金属基复合材料成形

对于以各种颗粒、晶须及短纤维增强的金属基复合材料，其成形通常采用以下方法。

(1)粉末冶金法

粉末冶金法是一种成熟的工艺方法。这种方法可以直接制造出金属基复合材料零件，主要用于颗粒、晶须增强材料。其工艺与金属材料的粉末冶金工艺基本相同，首先将金属粉末和增强体混合均匀，制得复合坯料，再压制烧结成锭，然后可通过挤压、轧制和锻造等二次加工制成形材或零件。

采用粉末冶金法制造的复合材料具有很高的比强度、比模量和耐磨性，已用于汽车、飞机和航天器等的零件、管、板和型材中。

(2)铸造法

铸造法是一边搅拌金属或合金融合体,一边向熔融体逐步加入增强体,使其分散混合,形成均匀的液态金属基复合材抖。然后采用压力铸造、离心铸造和熔模精密铸造等方法形成金属基复合材料。

(3)加压浸渍法

加压浸渍法是将颗粒、短纤维或晶须增强体制成含一定体积分数的多孔预成形坯体,将预成形坯体置于金属型腔的适当位置,浇注熔融金属并加压,使熔融金属在压力下浸透成形坯体内的微细间隙),冷却凝固形成金属基复合材料制品。采用此法已成功制造了陶瓷晶须局部增强铝活塞。图 6-6 为加压浸渍工艺示意图。

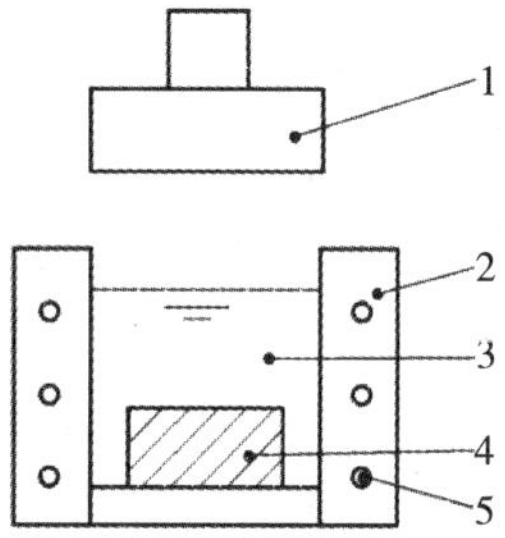

图 6-6　加压浸渍工艺示意图

1—压头;2—模型;3—金属溶液;4—预制件;5—加热元件

(4)挤压或压延法

挤压或压延法是将短纤维或晶须增强体与金属粉末混合后进行热挤或热轧,获得制品。

2. 纤维增强金属基复合材料成形

对于以长纤维增强的金属基复合材料,其成形方法主要有以下几种。

(1)扩散结合法

扩散结合法是连续长纤维增强金属基复合材料最具代表性的复合工艺。按照制件形状将基体金属箔或薄片以及增强纤维裁剪后交替铺叠,然后在低于基体金属熔点的温度下加热、加压并保持一定时间,基体金属产生蠕变和扩散,使纤维与基体间形成良好的界面结合,获得制件。图 6-7 为扩散结合法示意图。

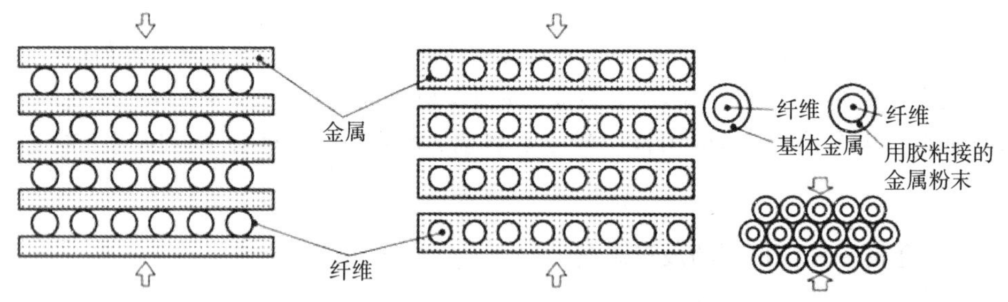

(a) 金属箔与纤维交替排列复合法　(b) 单层纤维复合板重叠法　(c) 表面镀有金属的纤维结合法

图 6-7　为扩散结合法示意图

扩散结合法易于精确控制,制件质量好,但由于加压的单向性,使该方法限于制作较为简单的板材、某些型材及叶片等制件。

(2)熔融金属渗透法

在真空或惰性气体介质中,使排列整齐的纤维束之间浸透熔融金属,如图 6-8 所示。该方法常用于连续制取圆棒、管子和其他截面形状的型材,而且加工成本低。

(3)等离子喷涂法

在惰性气体保护下,等离子弧向排列整齐的纤维喷射熔融金属微粒子。其特点是熔融金

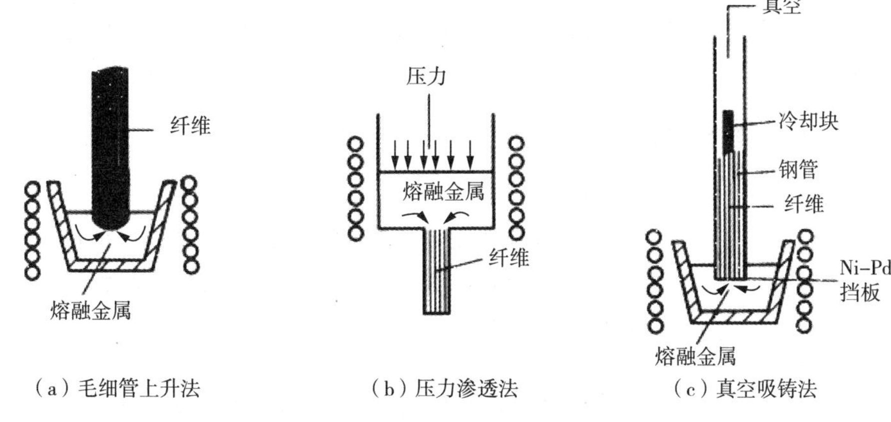

图 6－8　熔融金属渗透法示意图

属粒子与纤维结合紧密，纤维与基体材料的界面接触较好；而且微粒在离开喷嘴后是急速冷却的，因此几乎不与纤维发生化学反应，又不损伤纤维。此外，还可以在等离子喷涂的同时，将喷涂后的纤维随即缠绕在芯模上成形。喷涂后的纤维经过集束层叠，再用热压法压制成制品。

6.3.2　金属基复合材料的应用

1. 金属基复合材料在航空航天工业中的应用

金属基复合材料是以 Al、Mg 等轻金属为基体的复合材料。金属基复合材料具有高强度、高模量、耐高温、不燃、不吸潮、导热导电性好、抗辐射等特性，可用作航空航天的高温材料，也可用作飞机涡轮发动机、火箭发动机热区和超音速飞机的表面材料。在航空和宇航方面的另一应用是代替了轻但有毒的铍。

2. 金属基复合材料在汽车工业中的应用

金属基复合材料用于汽车工业主要是颗粒增强和短纤维增强的铝基、镁基、钛合金等合金基复合材料。由于铝合金、镁合金等是传统的轻质材料，随着汽车轻量化进程的不断推进和科学技术的日益进步，将来在汽车工业中采用铝合金、镁合金的要求越来越高，要求其具有良好的耐磨、抗腐蚀、耐热和尺寸稳定性，并且要求质量更轻，强度、刚度更高。

比如，汽缸体在生产时，先可单独制造铝基复合材料汽缸套，然后在后续的铸造过程中再将复合材料汽缸套铸入汽缸体中。与镶有灰口铸铁缸套的铝汽缸体相比，铝基复合材料的汽缸体减轻了 20%。钛及钛合金由于质轻、比强度、比模量高、耐腐蚀、有较高的韧性等特点，汽车制造厂正在探索用钛合金来延长气门、气门弹簧和连杆等部件，质量可减轻 60%～70%。

金属基复合材料不仅使零件的磨损减轻，能耗降低，工作效率提高，使用寿命延长，而且设计人员可充分利用和发挥金属基复合材料的优势，使产品具有最佳性能。

6.4　陶瓷基复合材料的成形

陶瓷基复合材料的成形方法分为两类，一类是针对陶瓷短纤维、晶须、颗粒等增强体，复合材料的成形工艺与陶瓷基本相同，如料浆浇铸法、热压烧结法等；另一类是针对碳、石墨、陶瓷连续纤维增强体，复合材料的成形工艺常采用料浆浸渗法、料浆浸渍热压烧结法和化学气相渗透法。

6.4.1 陶瓷基复合材料的成形工艺

1. 料浆浸渗法

料浆浸渗法是将纤维增强体编织成所需形状，用陶瓷浆料浸渗，干燥后进行烧结。该法的优点是不损伤增强体，工艺较简单，无须模具；缺点是增强体在陶瓷基体中的分布不大均匀。

2. 料浆浸渍热压成形法

料浆浸渍热压成形法是将纤维或织物增强体置于制备好的陶瓷粉体浆料里浸渍，然后将含有浆料的纤维或织物增强体制成一定结构的坯体，干燥后在高温、高压下热压烧结为制品。与料浆浸渗法相比，该方法所获产品的密度与力学性能均有所提高。

3. 化学气相渗透法

化学气相渗透法是将增强纤维编织成所需形状的预成形体，并置于一定温度的反应室内，然后通入某种气源，在预成形体孔穴的纤维表面上产生热分解或化学反应，沉积出所需陶瓷基质，直至预成形体中各孔穴被完全填满，即可获得高致密度、高强度、高韧度的制件。

6.4.2 陶瓷基复合材料的应用

陶瓷基复合材料具有的高强度、高模量、低密度、耐高温和良好的韧性等优点，已在高速切削工具和内燃机部件上得到应用，可作为高温结构材料和耐磨耐蚀材料，如航空燃气涡轮发动机的热端部件、大功率内燃机的增压涡轮、固体发动机的燃烧室与喷管部件，以及完全代替金属制成的车辆发动机、石油化工领域的加工设备和废物焚烧处理设备等。

经过纤维增强的陶瓷，无论在抗机械冲击性，还是在抗热冲击性方面，都有了极大的提高，这在很大程度上克服了陶瓷的脆性，同时又保持了陶瓷原有的许多优异性能。这种打不破的陶瓷目前虽然只是刚刚开始使用，但有着广阔的发展前景。法国已将长纤维增强碳化硅复合材料应用于制造超高速列车的制动件，这种材料具有优异的耐摩擦性能和耐磨损性能，使用效果令人满意。

习　题

1. 何谓复合材料？它有什么特点？为什么其有广阔的应用前景？
2. 金属基复合材料的性能特点是什么？有哪些成形方法？
3. 聚合物基复合材料的手糊工艺有哪些步骤？操作过程中有哪些注意事项？
4. 陶瓷基复合材料的特点是什么？有哪些成形方法？
5. 举出金属基复合材料、聚合物基复合材料、陶瓷基复合材料在工业和国防中的应用实例，并分析其应用的理由。

第7章　快速成形工艺

快速成型(RP)技术是20世纪90年代发展起来的一项先进制造技术，是为制造业企业新产品开发服务的一项关键共性技术，对促进企业产品创新、缩短新产品开发周期、提高产品竞争力有积极的推动作用。自该技术问世以来，已经在发达国家的制造业中得到了广泛应用，并由此产生一个新兴的技术领域。

7.1　快速成形工艺的原理和特点

快速成型(RP)的制造方式是基于离散堆积原理的累加式成型，从成形原理上提出了一种全新的思维模式，即将计算机上设计的零件三维模型，表面三角化处理，存储成STL文件格式，对其进行分层处理，得到各层截面的二维轮廓信息，按照这些轮廓信息自动生成加工路径，在控制系统的控制下，选择性地固化或烧结或切割一层层的成型材料，形成各个截面轮廓薄片，并逐步顺序叠加成三维实体，然后进行实体的后处理，形成原型，如图7-1所示。

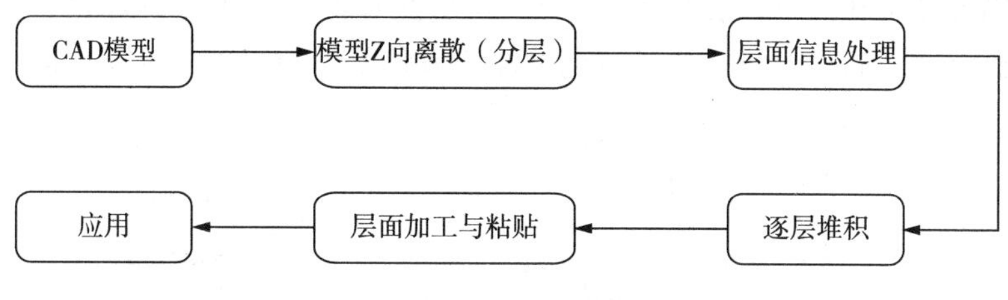

图7-1　快速成型离散和叠加过程

RP技术将一个实体的复杂的三维加工离散成一系列层片的加工，大大降低了加工难度，具有如下特点：

① 成型全过程的快速性，适合现代激烈的产品市场；

② 可以制造任意复杂形状的三维实体；

③ 用CAD模型直接驱动，实现设计与制造高度一体化，其直观性和易改性为产品的完美设计提供了优良的设计环境；

④ 成型过程无须专用夹具、模具、刀具，既节省了费用，又缩短了制作周期；

⑤ 技术的高度集成性，既是现代科学技术发展的必然产物，也是对它们的综合应用，带有鲜明的高新技术特征。

以上特点决定了RP技术主要适合于新产品开发，快速单件及小批量零件制造，复杂形状零件的制造，模具与模型设计与制造，也适合于难加工材料的制造，外形设计检查，装配检验和快速反求工程等。

7.2 快速成形技术分类

根据所使用的材料和建造技术的不同,目前应用比较广泛的方法:采用光敏树脂材料通过激光照射逐层固化的光固化成型法、采用纸材等薄层材料通过逐层粘接和激光切割的叠层实体制造法、采用粉状材料通过激光选择性烧结逐层固化的选择性激光烧结法和熔融材料加热熔化技压喷射冷却成型的熔融沉积制造法等。

1. 光固化成型工艺

光固化成型工艺,也常被称为立体光刻成型,被简称为 SLA(Stereo Lithiography Apparatus)。该工艺是由 Charles W. Hull 于 1984 年获得美国专利,是最早发展起来的快速成型技术。SLA 已成为目前世界上研究最深入、技术最成熟、应用最广泛的一种快速成型工艺方法。

(1)光固化成型工艺的基本原理

光固化成型工艺的成型过程如图 7-2 所示。其工艺过程首先通过 CAD 设计出三维实体模型,利用离散程序将模型进行切片处理,设计扫描路径,产生的数据将精确控制激光扫描器和升降台的运动;激光光束通过数控装置控制的扫描器,按设计的扫描路径照射到液态光敏树脂表面,使表面特定区域内的一层树脂固化后,当一层加工完毕后,就生成零件的一个截面;再次,升降台下降一定距离,固化层上覆盖另一层液态树脂,再进行第二层扫描,第二固化层牢固地粘结在前一固化层上,这样一层层叠加而成三维工件原型。将原型从树脂中取出后,进行最终固化,再经打光、电镀、喷漆或着色处理即得到要求的产品。

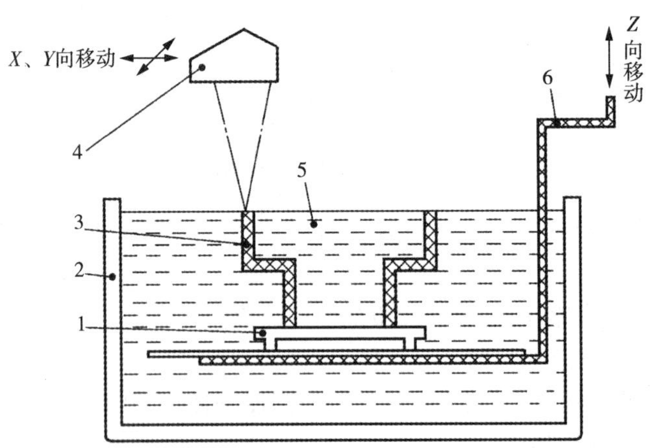

图 7-2 光固化快速成型过程

1—工作台;2—树脂盛槽;3—已固化件;4—激光扫描器;5—液态树脂;6—升降台

因为树脂材料的高粘性,在每层固化之后,液面很难在短时间内迅速流平,这将会影响实体的精度。采用刮板刮切后,所需数量的树脂便会被十分均匀地涂敷在上一叠层上,这样经过激光固化后可以得到较好的精度,使产品表面更加光滑和平整。

(2)光固化成型工艺的特点

在当前应用较多的几种快速成型工艺方法中，由于光固化成型具有制作原型表面质量好，尺寸精度高以及能够制造比较精细的结构特征，因而应用最为广泛。

光固化成型的优点有以下几个方面：

① 尺寸精度高。SLA 原型的尺寸精度可以达到±0.1mm。

② 表面质量好。虽然在每层固化时侧面及曲面可能出现台阶，但上表面仍可以得到玻璃状的效果。

③ 可以制作结构十分复杂的模型。

④ 可以直接制作面向熔模精密铸造的具有中空结构的消失型。

但是，光固化成型这种成型方法也存在一些缺点，表现在以下几个方面：

① 成型过程中伴随着物理和化学变化，制件较易弯曲，需要支撑，否则会引起制件变形。

② 液态树脂固化后的性能尚不如常用的工业塑料，一般性能较脆，易断裂。

③ 设备运转及维护成本较高。由于液态树脂材料和激光器的价格较高，并且为了使光学元件处于理想的工作状态，需要进行定期的调整和严格的空间环境，其费用也比较高。

④ 使用的材料种类较少。目前可用的材料主要为感光性的液态树脂材料，并且在大多数情况下，不能进行抗力和热量的测试。

⑤ 液态树脂有一定的气味和毒性，并且需要避光保护，以防止提前发生聚合反应，选择时有局限性。

⑥ 在很多情况下，经快速成型系统光固化后的原型树脂并未完全被激光固化，为提高模型的使用性能和尺寸稳定性，通常需要二次固化。

2. 叠层实体制造技术

叠层实体制造技术 LOM(Laminated Object Manufacturing)是几种最成熟的快速成型制造技术之一。由于叠层实体制造技术多使用纸材，成本低廉，制件精度高，而且制造出来的木质原型具有外在的美感性和一些特殊的品质，因此受到了较为广泛的关注，在产品概念设计可视化、造型设计评估、装配检验、熔模铸造型芯、砂型铸造本模、快速模具母模以及直接制模等方面得到了迅速应用。

(1)叠层实体快速成型工艺的基本原理

图 7-3 为叠层实体快速成型制造技术的原理简图，它由计算机、原材料存储及送进机构、热粘压机构、激光切割系统、可升降工作台、数控系统和机架等组成。其中，计算机用于接收和存储工件的三维模型，沿模型的高度方向提取一系列的横截面轮廓线，发出控制指令。原材料存储及送进机构将存于其中的原材料(如底面有热熔胶和添加剂的纸)，逐步送至工作台的上方。热料压机构将一层层材料粘合在一起。激光切割系统按照计算机提取的横截面轮廓线，逐一在工作台上方的材料上切割出轮廓线，并将无轮廓区切割成小方网格，以便在成型之后能剔除废料。可升降工作台支撑成型的工件，并在每层成型之后，降低一个材料厚度(通常为外 1～2mm)，以便送进、粘合和切割新的一层材料。数控系统执行计算机发出的指令，控制材料的送进，然后粘和、切割，最终形成三维工件原型。

(2)叠层实体快速成型技术的特点

LOM 原型制作设备工作时，CO_2 激光器扫描头接指令做 x-y 切割运动，逐层将铺在工

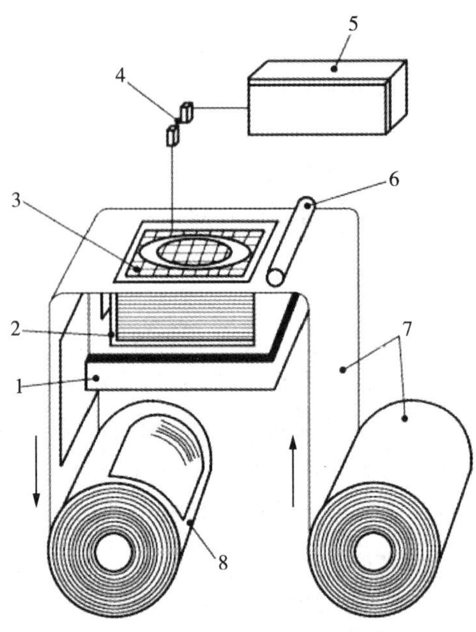

图 7-3　叠层实体制造技术的原理简图

1—工作台；2—已切割粘合部分；3—切割层；4—激光偏转装置与定位控制器；5—激光发生器；6—热滚压筒；7—原料纸卷与纸；8—切割线外边纸回收卷

作台上的薄材切成所要求轮廓的切片，并用热压辊将新铺上的薄材牢固地粘在已成型的下层切片上，随着工作台按要求逐层下降，薄材进给机构的反复进给薄材，最终制成三维层压工件。其主要特点如下：

① 成型速度较快。由于只需要使用激光束沿物体的轮廓进行切割，无须扫描整个断面，所以成型速度很快，因而常用于加工内部结构简单的大型零件。

② 原型精度高，翘曲变形小。

③ 原型能承受高达 200 摄氏度的温度，有较高的硬度和较好的力学性能。

④ 无须设计和制作支撑结构。

⑤ 可进行切削加工。

⑥ 废料易剥离，无须后固化处理。

⑦ 可制作尺寸大的原型。

⑧ 原材料价格便宜，原型制作成本低。

⑨ 操作方便。

但是，LOM 成型技术也有不足之处：

① 不能直接制作塑料工件。

② 工件(特别是薄壁件)的抗拉强度和弹性不够好。

③ 工件易吸湿膨胀，因此，成型后应尽快进行表面防潮处理。

④ 工件表面有台阶纹，其高度等于材料的厚度(通常为 0.1mm 左右)，因此，成型后需进行表面打磨。

根据以上介绍可知，LOM 方法最适合成型中、大型件，以及多种模具和模型，还可以直接制造结构件或功能件。

总之，叠层实体制造技术中激光束只需按照分层信息提供的截面轮廓线，逐层切割而无需对整个截面进行扫描，且不需考虑支撑。所以这种方法与其他快速成型制造技术相比，具有制作效率高、速度快、成本低等优点，在国内具有广阔的应用前景。

3. 选择性激光烧结

选择性激光烧结 SLS（Selected Laser Sintering）由美国得克萨斯大学奥斯汀分校的 C. R. Dechard 于 1989 年研制成功。

（1）选择性激光烧结原理

选择性激光烧结加工过程是采用铺粉棍将一层粉末材料平铺在已成型零件的上表面，并加热至恰好低于该粉末烧结点的某一温度，控制系统控制激光束按照该层的截面轮廓在粉末上扫描，使粉末的温度升至熔化点，进行烧结，并与下面已成型的部分实现粘结。当一层截面烧结完成后，工作台下降一个层的厚度，铺料辊又在上面铺上一层均匀密实的粉末，进行新一层截面的烧结，直至完成整个模型。在成型过程中，未经烧结的粉末对模型的空腔和悬臂部分起着支撑作用，不必像 SLA 工艺那样另行生成支撑工艺结构。SLS 使用的激光器是二氧化碳激光器，使用的原料有蜡、聚碳酸酯、尼龙、纤细尼龙、合成尼龙、金属等。当实体构建完成并在原型部分充分冷却后，粉末快速上升至初始位置，将其取出，放置在后处理工作台上，用刷子刷去表面粉末，露出加工件，其余残留的粉末可用压缩空气去除。原理图如图 7-4 所示。

（2）选择性激光烧结工艺的特点

选择性激光烧结工艺和其他快速成型工艺相比，其最大的独特性是能够直接制作金属制品，同时该工艺还具有如下一些优点。

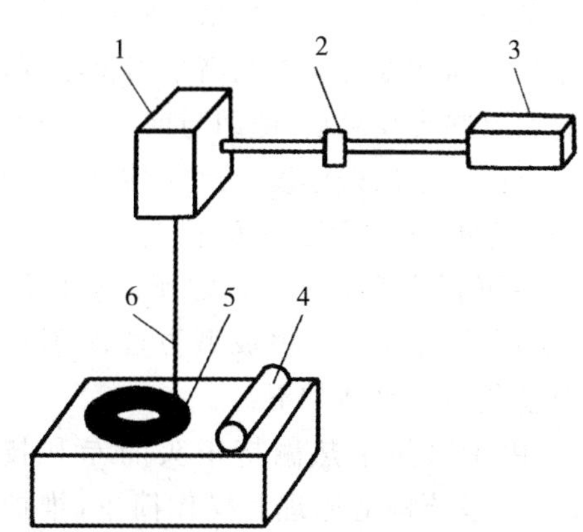

图 7-4 选择性激光烧结法
1—扫描镜；2—透镜；3—激光器；
4—压平辊子；5—零件原形；6—激光束

① 可采用多种材料。从原理上说，这种方法可采用加热时粘度降低的任何粉末材料，通过材料或各类含粘结剂的涂层颗粒制造出任何造型，适应不同的需要。

② 制造工艺比较简单。由于可用多种材料，选择性激光烧结工艺按采用的原料不同，可以直接生产复杂形状的原型、型腔模三维构件或部件及工具。例如，制造概念原型，可安装为最终产品模型的概念原型，蜡模铸造模型及其他少量母模生产，直接制造金属注塑模等。

③ 高精度。

④ 无须支撑结构。和 LOM 工艺一样，SLS 工艺也无须设计支撑结构，叠层过程中出现的悬空层面可直接由未烧结的粉末来实现支撑。

⑤ 材料利用率高。由于 SLS 工艺过程不需要支撑结构，也不像 LOM 工艺那样出现许多工艺废料，也不需要制作基底支撑，所以该工艺方法在常见的几种快速成型工艺中，材料

利用率是最高的,可以认为是100%。SLS工艺中的多数粉末的价格较便宜,所以SLS模型的成本相比较来看也是较低的。

但是,选择性激光烧结工艺的缺点也比较突出,具体如下:

① 表面粗糙。由于SLS工艺的原材料是粉状的,原型钢建造是由材料粉层经过加热熔化而实现逐层粘接的,因此,严格讲原型表面是粉粒状的,因而表面质量不高。

② 烧结过程挥发异味。SLS工艺中的粉层粘接是需要激光能源使其加热而达到熔化状态,高分子材料或者粉粒在激光烧结熔化时,一般要挥发异味气体。

③ 有时需要比较复杂的辅助工艺。SLS技术视所用的材料而异,有时需要比较复杂的辅助工艺过程。

4. 熔融沉积快速成型工艺

熔融沉积快速成型(Fused Deposition Modeling,FDM)是继光固化快速成型和叠层实体快速成型工艺后的另一种应用比较广泛的快速成型工艺方法。该工艺方法以美国Stratasys公司开发的FDM制造系统应用最为广泛。

熔融沉积快速成型工艺比较适合家用电器、办公用品、模具行业新产品开发,以及用于假肢、医学、医疗、大地测量、考古等基于数字成像技术的三维实体模型制造。该技术无须激光系统,因而价格低廉,运行费用低且可靠性高。

(1)熔融沉积成型工艺的基本原理

熔融沉积又叫熔丝沉积,如图7-5所示,它是将丝状的热熔性材料加热熔化,通过带有一个微细喷嘴的喷头挤喷出来。喷头可沿x轴方向移动,而工作台则沿y轴方向移动。如果热熔性材料的温度始终稍高于固化温度,而成型部分的温度稍低于固化温度,就能保证热熔性材料挤喷出喷嘴后,随即与前一层面熔结在一起。一个层面沉积完成后,工作台按预定的增量下降一个层的厚度,再继续熔喷沉积,直至完成整个实体模型。

(2)熔融沉积成型工艺的特点

熔融沉积快速成型工艺之所以被广泛应用,是因为它具有其他成型方法所不具有的许多优点。具体如下:

① 由于采用了热融挤压头的专利技术,使整个系统构造原理和操作简单,维护成本低,系统运行安全;

② 可以使用无毒的原材料,设备系统可在办公环境中安装使用;

③ 用蜡成型的零件原型,可以直接用于失蜡铸造;

④ 可以成型任意复杂程度的零件,常用于成型具有很复杂的内腔、孔等零件;

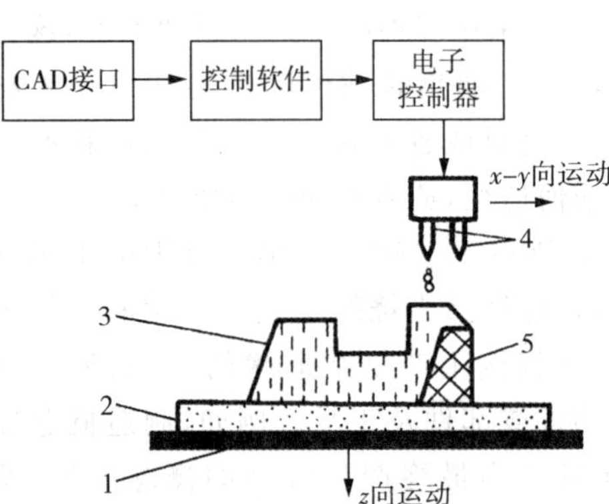

图7-5 熔融沉积工艺原理图

1—工作台;2—基层材料;3—零件 4—喷射器;5—支承体

⑤ 原材料在成型过程中无化学变化,制件的翘曲变形小;

⑥ 原材料利用率高,且材料寿命长;

⑦ 支撑去除简单,无须化学清洗,分离容易;

⑧ 可直接制作彩色原型。

当然，FDM工艺与其他快速成型制造工艺相比，也存在着许多缺点，主要如下。

① 原型的表面有较明显的条纹，成型精度相对国外先进的SLA工艺较低，最高精度0.127mm；

② 沿着成型轴垂直方向的强度比较强；

③ 需要设计和制作支撑结构；

④ 需要对整个截面进行扫描涂覆，成型时间较长，成型速度相对SLA慢7%左右；

⑤ 原材料价格昂贵。

5. 三维印刷工艺(3DP)

三维印刷(3DP)工艺是美国麻省理工学院Emanual Sachs等人研制的。E. M. Sachs于1989年申请了3DP(Three - Dimensional Printing)专利，该专利是非成形材料微滴喷射成形范畴的核心专利之一。

(1)三维印刷工艺基本原理

3DP工艺(如图7-6)与SLS工艺类似，采用粉末材料成形，如陶瓷粉末，金属粉末。所不同的是材料粉末不是通过烧结连接起来的，而是通过喷头用粘接剂(如硅胶)将零件的截面"印刷"在材料粉末上面。用粘接剂粘接的零件强度较低，还须后处理。具体工艺过程如下：上一层粘结完毕后，成型缸下降一个距离(等于层厚：0.013～0.1mm)，供粉缸上升一高度，推出若干粉末，并被铺粉辊推到成型缸，铺平并被压实。喷头在计算机控制下，按下一建造截面的成形数据有选择地喷射粘结剂建造层面。铺粉辊铺粉时多余的粉末被集粉装置收集。如此周而复始地送粉、铺粉和喷射粘结剂，最终完成一个三维粉体的粘结。未被喷射粘结剂的地方为干粉，在成形过程中起支撑作用，且成形结束后，比较容易去除。

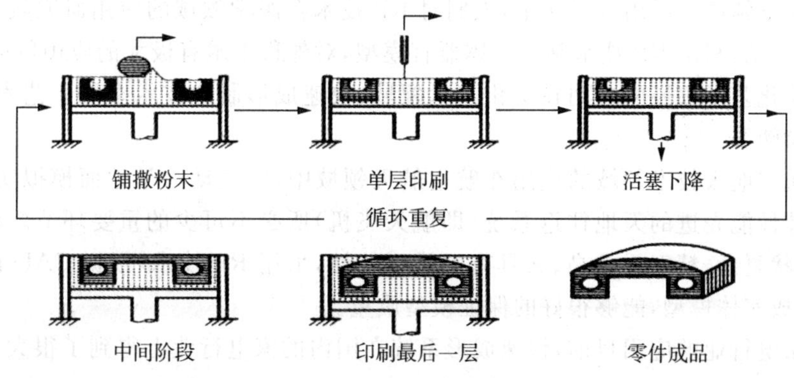

图7-6　三维印刷工艺原理图

(2)三维印刷工艺的特点

三维打印(3DP)优点：

① 成型速度快，成型材料价格低，适合做桌面型的快速成型设备。

② 在粘结剂中添加颜料，可以制作彩色原型，这是该工艺最具竞争力的特点之一。

③ 成型过程不需要支撑，多余粉末的去除比较方便，特别适合于做内腔复杂的原型。

3DP的缺点：强度较低，只能做概念型模型，而不能做功能性试验。

7.3 快速成形技术的应用

快速成型技术的应用是不断提高 RP 技术发展的重要因素，目前 RP 技术已在工业造型、文化艺术、机械制造(汽车、摩托车)、航空航天、军事、建筑、影视、家电、轻工、医学、考古、文化艺术、雕刻、首饰等领域都得到了广泛的应用。并且随着这一技术本身的发展，其应用将不断拓展。

(1)新产品开发过程中的设计验证与功能验证。在新产品造型设计过程中应用 RP 技术可以为设计开发人员建立一种崭新的产品开发模式，运用该技术能够快速、直接、精确地将设计思想模型转化为具有一定功能的实体模型(样件)，可以方便验证设计人员的设计思想和产品结构的合理性、可装配性、美观性，及时发现设计中的问题并修改完善产品设计。这样不仅大大缩短了开发周期，降低了开发成本，使企业在激烈的市场竞争中占有了先机。

(2)单件、小批量和特殊复杂零件的直接生产。在机械制造领域里有些特殊复杂制件只需单件或少于 50 件的小批量生产，这样的产品通过制模再生产，成本高，周期长。RP 技术以自身独有的特点可以直接成型生产，成本低，周期短。

(3)快速模具制造传统的模具生产时间长，成本高。将快速成型技术与传统的模具制造技术相结合，可以大大缩短模具制造的开发周期，提高生产率，是解决模具设计与制造薄弱环节的有效途径。快速成形技术在模具制造方面的应用可分为直接制模和间接制模两种，直接制模是指采用 RP 技术直接堆积制造出模具，间接制模是先制出快速成型零件，再由零件复制得到所需要的模具。

(4)在医学领域的应用近几年来，人们对 RP 技术在医学领域的应用研究较多。以医学影像数据为基础，利用 RP 技术制作人体器官模型，对外科手术有极大的应用价值。

(5)在文化艺术领域的应用在文化艺术领域，快速成形制造技术多用于艺术创作、文物复制、数字雕塑等。

(6)在航空航天技术领域的应用在航空航天领域中，空气动力学地面模拟实验(即风洞实验)是设计性能先进的天地往返系统(即航天飞机)所必不可少的重要环节。该实验中所用的模型形状复杂、精度要求高、又具有流线型特性，采用 RP 技术，根据 CAD 模型，由 RP 设备自动完成实体模型，能够很好的保证模型质量。

(7)在家电行业的应用目前，快速成形系统在国内的家电行业上得到了很大程度的普及与应用，使许多家电企业走在了国内前列。

快速成形技术的应用很广泛，可以相信，随着快速成形制造技术的不断成熟和完善，它将会在越来越多的领域得到推广和应用。

习　题

1. 快速成形技术的基本原理是什么？

2. 简述光固化成形工艺的原理和特点。
3. 简述选择性激光烧结的原理和特点。
4. 简述熔融沉积工艺的原理和特点。
5. 简述三维印刷工艺的原理和特点。
6. 快速成形技术应用在哪些方面?

第 8 章　材料成形工艺的选择

实际生产中，大部分零件的毛坯都是通过铸造成形、锻压成形、焊接成形或其他非金属的成形方法获得，然后再经过切削加工等其他工序制得。零件的材料、形状、结构、尺寸、性能及生产批量对毛坯成形方法的选择都会有一定的影响，任何成形方法都包括一系列的工艺过程。毛坯成形方法的正确选择对后续的切削加工有着很重要的影响，甚至会对零件及机械产品的质量、使用性能、生产周期和成本都有影响。因此，正确选择合适的材料成形方法对于机械制造有着重要的意义。

8.1　材料成形工艺选择的原则和依据

8.1.1　材料成形工艺选择的原则

合理选择材料成形方法不仅可以保证产品的质量，而且可以简化成形工艺、提高经济效益。因此，通常选择时必须考虑以下原则。

1. 满足使用性能的要求

零件的使用性能要求包括零件类别、用途、形状、尺寸、精度、表面质量以及材料的化学成分、金属组织、力学性能、物理性能和化学性能等方面的使用要求。不同的零件，其功能不同，使用要求也有所不同，而同类零件也因材料不同其成形方法有所不同。例如，杆类零件中机床的主轴和手柄，其中主轴是机床的关键零件，尺寸、形状和加工精度要求很高，且受力复杂，在长期使用中不允许发生过大的变形，通常选择 45 钢或 40Cr 钢这类具有良好综合力学性能的材料，可经过锻造成形及严格切削加工和热处理制成；而机床手柄则通常采用普通灰铸铁件或低碳钢圆棒料为毛坯，经简单的切削加工制成。

零件形状、尺寸和精度也会影响到成形方法的选择。通常轴杆类、盘套类零件的形状较为简单，可采用压力加工成形、焊接成形；机架箱体类零件往往具有复杂内腔，一般选择铸造成形。比如，机床床身是机床的主体，主要的功能是支承和连接机床的各个部件，以承受压力和弯曲应力为主，同时为了保证工作的稳定性，应有较好的刚度和减震性，机床床身一般又都是形状复杂并带有内腔的零件，故在大多数情况下，机床床身选用灰铸铁件为毛坯，一般采用砂型铸造。一般尺寸精度要求不高的铸件可采用普通砂型铸造，尺寸精度要求较高的铸件采用熔模铸造、压力铸造及低压铸造等方法；对于锻件，尺寸精度低的采用自由锻造，尺寸精度要求高的可选用模型锻造。

2. 适应成形工艺性要求

成形工艺性的好坏对零件加工的难易程度、生产效率、生产成本等起着十分重要的作用。选择成形方法必须注意零件结构与材料所能适应的成形加工工艺性。当零件形状比较复杂、尺寸较大时，用锻造成形往往难以实现，如果采用铸造或焊接，则其材料必须具有良好的铸造性能或焊接性能，在零件结构上也要适应铸造或焊接的要求。需要注意的是灰口铸铁零件通常不能采用锻压成形的方法和避免采用焊接成形的方法来制造；避免采用铸造成形的方法制造流动性较差的薄壁毛坯；不能用埋弧自动焊焊接仰焊位置的焊缝；不能采用电阻焊方法焊接铜合金构件；不能采用电渣焊焊接薄壁构件等等。

3. 经济性原则

经济性原则是指零件的制造材料费、能耗费、人工费用等成本最低。选择成形方法时，在保证零件使用要求的前提下，从材料价格、零件成品率、整个制造过程加工费、材料利用率、零件寿命等方面对可供选择的方案从经济上进行综合分析比较，选择成本低廉的成形方法。例如，以前通常选用调质钢（如 40、45、40Cr 等）模锻成形方法加工发动机曲轴，但是现在逐渐采用疲劳强度与耐磨性较高的球墨铸铁（如 QT600 - 3、QT700 - 2 等）替代，并利用砂型铸造成形，这样不仅可满足使用要求，而且成本降低 50%～80%，提高了耐磨性。

另外，还应考虑零件的生产批量，即单件小批量生产时，选用通用设备和工具以及低精度、低生产率的成形方法，这样，毛坯生产周期短，能节省生产准备时间和工艺装备的设计制造费用，虽然单件产品消耗的材料及工时多，但总成本较低；大批量生产时，应选用专用设备和工具，以及高精度、高生产率的成形方法，这样，毛坯生产率高，精度高，虽然专用工艺装置增加了费用，但材料的总消耗量和切削加工工时会大幅降低，总的成本也降低。例如，采用手工造型铸造和自由锻造方法，毛坯的制造费用一般较低，但原材料消耗和切削加工费用都比机器造型铸造和模型锻造高，因此生产批量较大时，零件的整体制造成本较高。

同时，在选择成形方法时，必须考虑企业的实际生产条件，如设备条件、技术水平、管理水平等。一般情况下，应在满足零件使用要求的前提下，充分利用现有生产条件。当采用现有条件不能满足产品生产要求时，也可考虑调整毛坯种类、成形方法，对设备进行适当的技术改造。

4. 利用新工艺、新技术、新材料

随着科技的不断发展，市场需求的不断增加，用户要求多变的、个性化的精制产品。这使产品的生产由大批量转变成小批量，多品种转变成少品种；产品的类型更新加快，生产周期缩短，产品的质量高且成本低。因此，选择成形方法应扩大对新工艺、新技术、新材料的应用，如精密铸造、精密锻造、精密冲载、冷挤压、液态模锻、特种轧制、超塑性成形、粉末冶金、注塑成形、等静压成形、复合材料成形以及快速成形等，采用少、无余量成形方法，以显著提高产品质量、经济效益与生产效率。

为了更好合理选用成形工艺，必选全面了解各类成形工艺的特点、适用范围、成形工艺成本、产品质量等各种因素。

8.1.2　材料成形工艺选择的依据

(1)选用材料与成形方法

一般根据零件的类别、用途、功能、使用性能要求、结构形状与复杂程度、尺寸大小、技术要求等，确定零件应选用的材料与成形方法。有时也可根据材料来选择成形方法。比如，机床床身，它的功能是支承和连接机床的各个部件，以承受压力和弯曲应力为主，同时为了保证工作的稳定性，需要有较好的刚度和减振性，并且机床床身一般形状复杂、并带有内腔，在大多数情况下，机床床身选用灰铸铁件为毛坯，其成形工艺一般采用砂型铸造。

另外，在不影响零件使用要求的前提下，可通过优化零件的结构设计，以简化零件制造工艺，提高生产率，降低成本。如图 8-1 所示的仪表座冲压件，原设计采用冲焊工艺(如图 8-1a)，本体、支架与耳块均分别采用冲压工艺成形，然后再用定位焊工艺将支架与耳块焊接到本体上，生产工序多，所需模具多，为了定位焊时定位准确，还需专用夹具，因而成本高，工艺准备时间长。如果采用冲口工艺(如图 8-1b)，本体、支架与耳块一次冲压成形，不需焊接，可以减少工序与模具、夹具数量，并缩短工艺准备时间，从而大大降低成本。

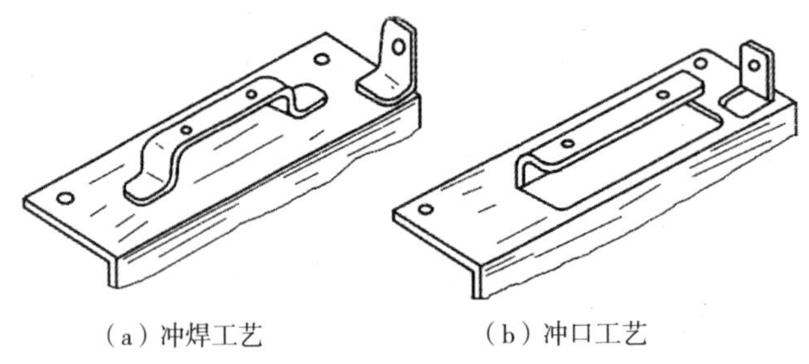

(a) 冲焊工艺　　(b) 冲口工艺

图 8-1　仪表座冲压件的两种成形工艺

(2)零件的生产批量

单件小批量生产时，选用通用设备和工具，低精度、低生产率的成形方法，这样，毛坯生产周期短，能节省生产准备时间和工艺装备的设计制造费用，虽然单件产品消耗的材料及工时多，但总成本较低，如铸件选用手工砂型铸造方法，锻件采用自由锻或胎模锻方法，焊接件以手工焊接为主，薄板零件则采用钣金钳工成形方法等；大批量生产时，应选用专用设备和工具，以及高精度、高生产率的成形方法，这样，毛坯生产率高、精度高，虽然专用工艺装置增加了费用，但材料的总消耗量和切削加工工时会大幅降低，总成本也会降低。比如齿轮，在生产批量较小时，直接从圆棒料切削制造的总成本可能是合算的，但当生产批量较大时，使用锻造齿坯可以获得较好的经济效益。对于大批量生产，材料成本占有比例较大的制品时，采用高精度、近净成形新工艺生产的优越性就显得尤为显著。

(3)现有生产条件

在选择成形方法时，必须考虑企业的实际生产条件，如设备条件、技术水平、管理水平等。一般情况下，应在满足零件使用要求的前提下，充分利用现有生产条件。当采用现有条件不能满足产品生产要求时，也可考虑调整毛坯种类、成形方法，对设备进行适当的技术改造；或扩建厂房，更新设备，提高技术水平；或通过厂间协作解决。

如单件生产大、重型零件时，一般工厂往往不具备重型设备与专用设备，此时可采用板、型材焊接，或将大件分成几小块铸造、锻造或冲压，再采用铸-焊、锻-焊、冲-焊联合成形工艺拼成大件，这样不仅成本较低，而且一般工厂也可以生产。如图 8-2 所示的大型水轮机空心轴，工件净重 4.73t，可有以下三种成形工艺。

方案 1：整轴在水压机上自由锻造，两端法兰锻不出，采用敷料，加工余量大，材料利用率只有 22.6%，切削加工需 1400 台时(图 8-2a)。

方案 2：两端法兰用砂型铸造成形的铸钢件，轴筒采用水压机自由锻造成形，然后将轴筒与

两个法兰焊接成形为一体，材料利用率提高到 35.8%，切削加工需用台时数下降为 1200（图 8－2b）。

方案 3：两端法兰用铸钢件，轴筒用厚钢板弯成两个半筒形，再焊成整个筒体，然后与法兰焊成一体，材料利用率可高达 47%，切削加工只需 1000 台时，且无须大型熔炼与锻压设备（图 8－2c）。

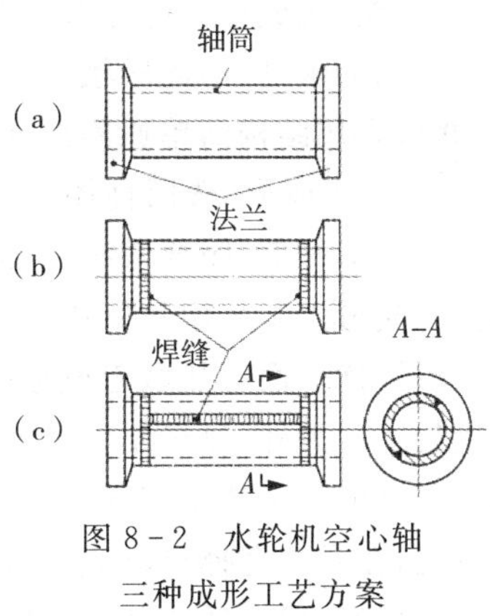

图 8－2　水轮机空心轴三种成形工艺方案

三种成形工艺的相对直接成本（即材料成本与工时成本之和）之比为 2.2∶1.4∶1.0，若再计算重型与专用设备的维修、管理、折旧费，方案 1 的生产总成本将超出方案 3 的 3 倍以上。又如机床油盘零件，通常采用薄钢板冲压成形，但如果现场条件不够，也可采用铸造成形或旋压成形来代替冲压成形。

另外，要根据用户的要求不断提高产品质量，改进成形方法。如图 8－3 所示的炒菜铸铁锅的铸造成形，传统工艺是采用砂型铸造成形（图 8－3a），因锅底部残存浇口疤痕，既不美观，又影响使用，甚至产生渗漏，且铸锅的壁厚不能太薄，故较粗笨。而改用挤压铸造（图 8－3b）新工艺生产，定量浇入铁水，不用浇口，直接由上型向下挤压铸造成形，铸出的铁锅外形美观、壁薄、精致轻便、不渗漏、质量好、使用寿命长，并可节约铁液，便于组织机械化流水线生产。

当几种成形工艺都可用于制品生产时，应根据生产批量与条件，尽可能采用先进的成形工艺取代落后的旧工艺。如图 8－4 所示的发动机上的排气门，材料为耐热钢，它有下列几种成形工艺方案供选择。

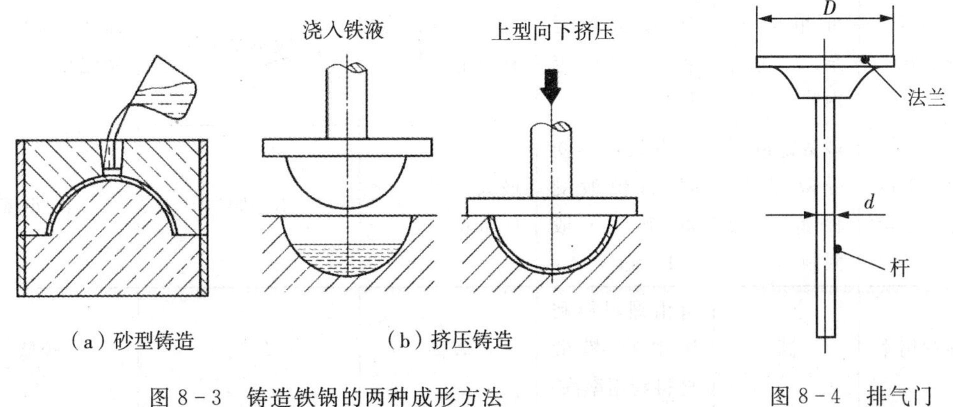

（a）砂型铸造　（b）挤压铸造

图 8－3　铸造铁锅的两种成形方法　　图 8－4　排气门

① 胎模锻造成形，选用直径比气门杆粗的棒坯，加热后采用自由锻拔长杆部，再用胎模墩粗头部法兰。该工艺劳动强度大，生产率低，适合小批量生产。

② 平锻机模锻成形，用与气门杆部直径相同的棒坯，局部加热后在平锻机锻模模膛内对头部进行五个工步的局部墩粗，形成法兰。平锻机设备和模具费用昂贵，且法兰头部成形效率不高，适用于大批量生产。

③ 电热墩粗成形，按气门杆部直径选择棒坯，对头部进行电热墩粗，再在摩擦压力机上

将法兰终(模)锻成形。电热镦粗时,毛坯加热与镦粗是局部连续进行的,坯料镦粗长度不受长径比规则的限制,因此镦粗可一次完成,效率提高,且加工余量小,材料利用率高,劳动条件好,并可采用结构简单通用性强的工夹具,可用于中小批量生产。

④ 热挤压成形,选用直径比气门杆粗、比法兰头细的棒坯,加热后在两工位热模锻压力机上挤压成形杆部,闭合镦粗头部形成法兰。热挤压成形比电热镦粗成形更具优越性,主要是热挤压成形工艺采用热轧棒坯,在三向压应力状态下成形,因此原材料价格低,制品内在与外表质量优。而电热镦粗成形采用冷拔棒坯,价格高,且镦粗部分表面处于拉应力状态,易产生裂纹。另外,热挤压成形的生产效率也远高于电热镦粗成形。目前,发达国家已普遍采用热挤压成形工艺生产气门锻件。

总之,在具体选择材料成形方法时,应具体问题具体分析,在保证使用要求的前提下力求做到质量好、成本低和制造周期短。

一般常用成形方法的比较见表 8-1。

表 8-1 常用成形方法的比较

成形方法	铸造	锻造	冷冲压	焊接	直接取轧材
成形特点	液态成形	固态塑性变形	固态塑性变形	永久连接	轧材切削
对原材料工艺性能要求	流动性好,收缩率低	塑性好,变形抗力小	塑性好,变形抗力小	强度高,塑性好,液态下化学稳定性好	切削加工性能好
常用材料	铸铁、铸钢、非铁合金	低、中碳钢、合金结构钢	低碳钢薄板、非铁合金薄板	低碳钢、低合金结构钢、不锈钢、非铁合金	碳钢、合金钢、非铁合金
适宜成形的形状	不受限制,可相当复杂,尤其是内腔	自由锻造简单;模锻较复杂,但有一定限制	可较复杂,但有一定限制	一般不受限制	简单、横向尺寸变化小
适宜成形的尺寸与重量	砂型铸造不受限制;特种铸造受限制	自由锻造不受限制;模锻受限制,一般<150kg	最大板厚 8～10 mm	不受限制	中、小型
材料利用率	高	自由锻材料利用率低;模锻材料利用率高	较高	较高	较低
适宜的成产批量	砂型铸造不受限制	自由锻单件小批,模锻成批、大量	大批量	单件、小批、成批	单件、小批、成批
生产周期	砂型铸造较短	自由锻周期短;模锻周期长	长	短	短

（续表）

成形方法	铸造	锻造	冷冲压	焊接	直接取轧材
生产率	砂型铸造效率低	自由锻效率低；模锻效率高	高	中、低	中、低
应用举例	机架、床身、底座、工作台、导轨、变速箱、泵体、阀体、带轮、轴承座、曲轴、凸轮轴、齿轮等形状复杂的零件	机床主轴、传动轴、齿轮、连杆、凸轮、螺栓、弹簧、曲轴、锻模、冲模等对力学性能尤其是强度和韧性，要求较高的零件	汽车车身覆盖件、仪器仪表与电器的外壳及零件、油箱、水箱等用薄板成形的零件	锅炉、压力容器、化工容器、管道、厂房构架、吊车构架、桥梁、车身、船体、飞机构件、重型机械机架、立柱、工作台等各种金属结构件、组小型件合件，还可用于零件修补	光轴、丝杠、螺栓、螺母、销子等形状简单的中、小型件

8.2　典型零件毛坯的成形工艺选择

常用机械零件的毛坯成形方法：铸造、锻造、焊接、冲压、直接取自型材等；零件的形状特征和用途不同，其毛坯成形方法也不同，下面分别描述轴杆类、盘套类、机架箱座类件毛坯成形方法的选择。

1. 轴杆类零件

轴杆类零件的结构特点是其轴向（纵向）尺寸远大于径向（横向）尺寸，如各种传动轴、机床主轴、丝杠、光杠、曲轴、偏心轴、凸轮轴、齿轮轴、连杆、拨叉、锤杆、摇臂以及螺栓、销子等，如图 8－5 所示。在各种机械中，轴杆类零件一般都是重要的受力和传动零件。

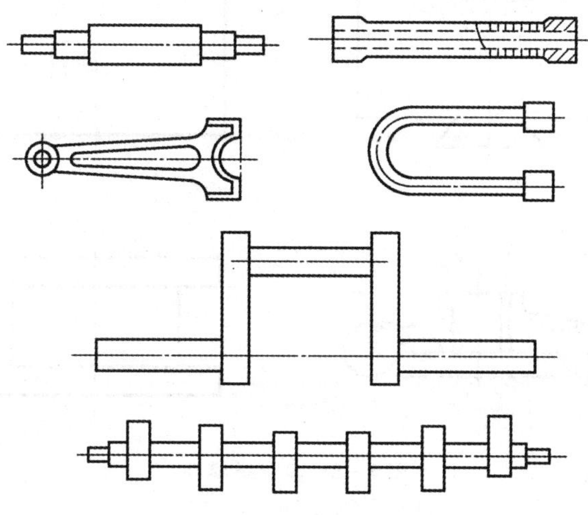

图 8－5　轴杆类零件

轴杆类零件材料大都采用钢。除光轴、直径变化较小的轴、力学性能要求不高的轴，其毛坯一般采用轧制圆钢制造外，其余的几乎都采用锻钢件为毛坯。阶梯轴的各直径相差越大，采用锻件越有利。在有些情况下，还可以采用锻-焊或铸-焊结合的方法来制造轴、杆类零件的毛坯。图 8－6 所示的汽车排气阀，将锻造的耐热合金钢阀帽与轧制的碳素结构钢阀杆焊成一体，节约了合金钢材料。图 8－7 所示为我国 20 世纪 60 年代初期制造的 12000t 水压机立柱，长 18m，净重 80t，采用整体铸造或锻造不易实现，选用 ZG270－500 材料，分成 6 段铸造，粗加工后采用电渣焊焊成整体毛坯。

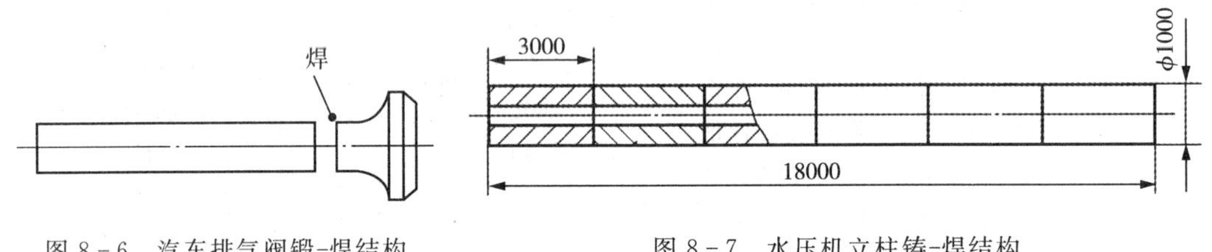

图 8－6　汽车排气阀锻-焊结构

图 8－7　水压机立柱铸-焊结构

2. 盘套类零件

在盘套类零件中，除部分套类零件的轴向尺寸大于径向尺寸外，其余零件的轴向尺寸一般小于径向尺寸、或两个方向尺寸相差不大。属于这一类的零件有齿轮、带轮、飞轮、模具、法兰盘、联轴节、套环、轴承环以及螺母、垫圈等，如图 8－8 所示。

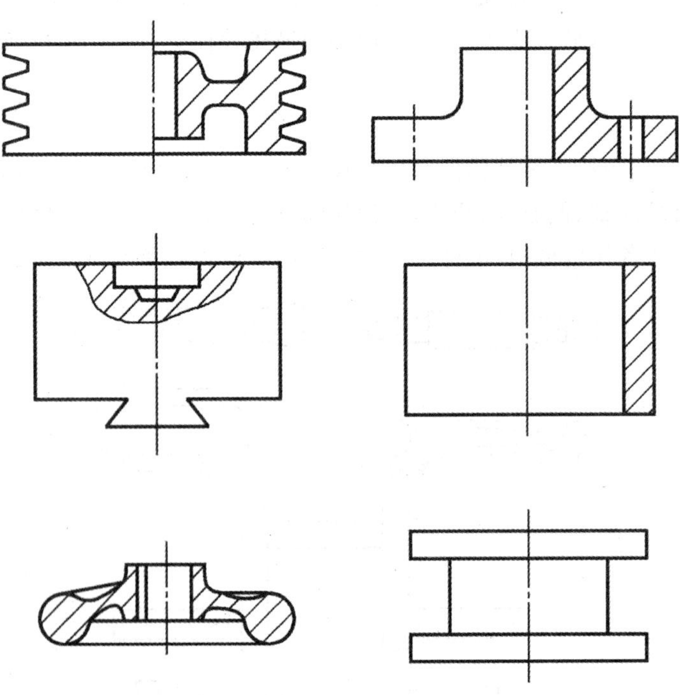

图 8－8　盘套类零件

这类零件的使用要求和工作条件有很大差异，因此所用材料和毛坯各不相同。

(1)齿轮各类机械中的重要传动零件，运转时齿面承受接触应力和摩擦力，齿根承受弯曲应力，有时还要承受冲击力。故要求齿轮具有良好的综合力学性能，一般选用锻钢毛坯，如图 8-9a 所示。大批量生产时还可采用热轧齿轮或精密模锻齿轮，以提高力学性能。在单件或小批量生产的条件下，直径为 100mm 以下的小齿轮也可用圆钢棒为毛坯，如图 8-9b 所示。直径大于 400mm 的大型齿轮，锻造比较困难，可用铸钢或球墨铸铁件为毛坯，铸造齿轮一般以辐条结构代替模锻齿轮的辐板结构，如图 8-9c 所示。在单件生产的条件下，也可采用焊接方法制造大型齿轮的毛坯，如图 8-9d 所示。在低速运转且受力不大或者在多粉尘的环境下开式运转的齿轮，也可用灰铸铁铸造成形。受力小的仪器仪表齿轮在大量生产时，可采用板材冲压或非铁合金压力铸造成形，也可用塑料(如尼龙)注塑成形。

(2)带轮、飞轮、手轮和垫块等零件。这些零件受力不大、以承压为主的零件，通常采用灰铸铁件，单件生产时也可采用低碳钢焊接件。

(3)法兰、垫圈、套环、联轴节等零件。根据受力情况、形状、尺寸等的不同，此类零件可分别采用铸铁件、锻钢件或圆钢棒为毛坯。厚度较小、单件或小批量生产时，也可用钢板为坯料。垫圈一般采用板材冲压成形。

(4)钻套、导向套、滑动轴承、液压缸、螺母等零件。这些套类零件，在工作中承受径向力或轴向力和摩擦力，通常采用钢、铸铁、非铁合金材料的圆棒材、铸件或锻件制造，有的可直接采用无缝管下料。尺寸较小、大批量生产时，还可采用冷挤压和粉末冶金等方法制坯。

(5)模具毛坯一般采用合金钢锻造成形。

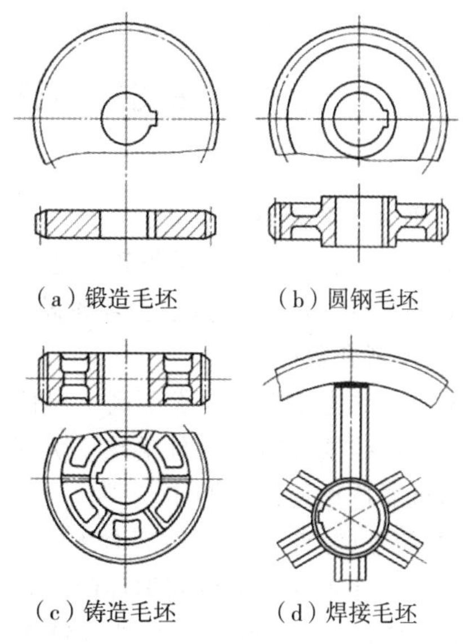

图 8-9　不同类型的齿轮

3. 护架箱座类零件

机架箱座类零件包括各种机械的机身、底座、支架、横梁、工作台，以及齿轮箱、轴承座、缸体、阀体、泵体、导轨等，如图 8-10 所示。其特点是结构通常比较复杂，有不规则的外形和内腔。重量从几千克至数十吨，工作条件也相差很大。其中，如机身、底座等一般的基础零件，主要起支承和连接机械各部件的作用，以承受压力和静弯曲应力为主，为保证工作的稳定性，要求有较好的刚度和减振性；有些机械机身、支架同时承受压、拉和弯曲应力的联合作用，或者受到冲击载荷的作用；工作台和导轨等这些零件，则要求有较好的耐磨性；箱体零件一般受力不大，但要求有良好的刚度和密封性。

根据这类零件的结构特点和使用要求，通常都以铸件为毛坯，且以铸造性良好，价格便宜，并有良好耐压、减摩和减振性能的灰铸铁为主；少数受力复杂或受较大冲击载荷的机架类零件，如轧钢机、大型锻压机等重型机械机架，可选用铸钢件毛坯，不易整体成形的特大型机架可采用连接成形结构；在单件生产或工期要求急迫的情况下，也可采用型钢-焊接结构。航空发动机中的箱体零件，为减轻重量，通常采用铝合金铸件。

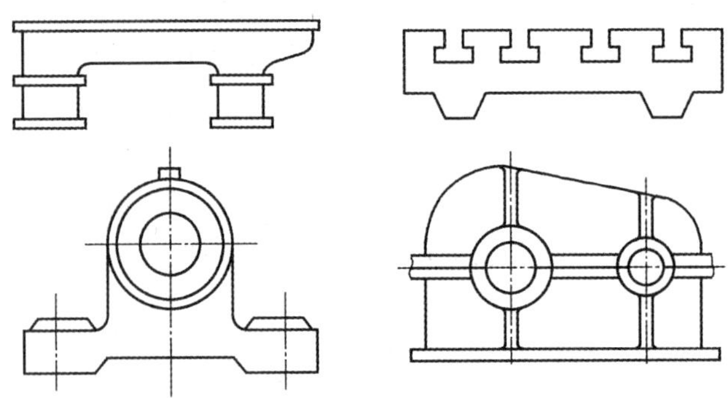

图 8－10　机架箱体座类零件

8.3　毛坯成形方法选择举例

1. 单级齿轮减速器

如图 8－11 所示为单级齿轮减速器，外形尺寸为 430mm×410mm×320mm，传递功率为 5kw，传动比为 3.95，对这台齿轮减速器主要零件的毛坯成形应有不同的要求。

(1)窥视孔盖(零件 1)

零件 1 的力学性能要求不高。单件小批量生产时，采用碳素结构钢(Q235A)钢板下料，或手工造型铸铁(HT150)件毛坯。大批量生产时，采用优质碳素结构钢(08 钢)冲压而成，或采用机器造型铸铁件毛坯。

(2)箱盖(零件 2)、箱体(零件 6)

零件 2 和零件 6 为传动零件的支承件和包容件，结构复杂，其中的箱体承受压力，要求有良好的刚度、减振性和密封性。箱盖、箱体在单件小批量生产时，采用手工造型的铸铁(HT150 或 HT200)件毛坯，若允许也可采用碳素结构钢(Q235A)焊条电弧焊焊接而成。大批量生产时，采用机器造型铸铁件毛坯。

(3)螺栓(零件 3)、螺母(零件 4)

这类零件起固定箱盖和箱体的作用，受纵向(轴向)拉应力和横向切应力。采用碳素结构钢(Q235A)镦、挤而成，为标准件。

(4)弹簧垫圈(零件 5)

零件 5 的作用是为了防止螺栓松动，要求具有良好的弹性和较高的屈服强度。由碳素弹簧钢(65Mn)冲压而成，为标准件。

(5)调整环(零件 7)

零件 7 的作用是调整齿轮轴的轴向位置。单件小批量生产时，采用碳素结构钢(Q235)圆钢下料车削而成。大批量生产采用优质碳素结构钢(08 钢)冲压件。

(6)端盖(零件 8)

零件 8 用于防止滚动轴承窜动，单件、小批生产时，采用手工造型铸铁(HT150)件或采用碳素结构钢(Q235)圆钢下料车削而成。大批量生产时，采用机器造型铸铁件。

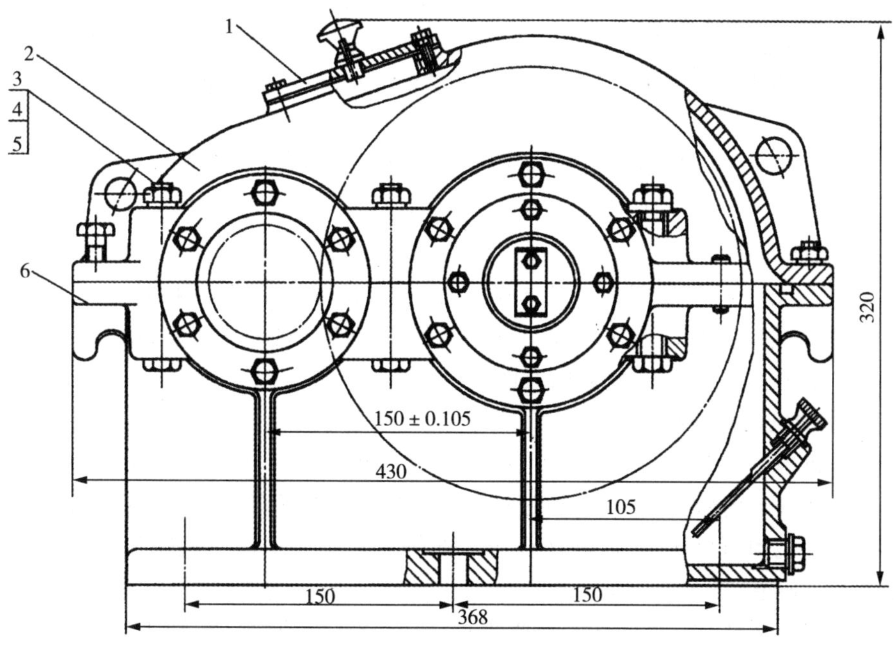

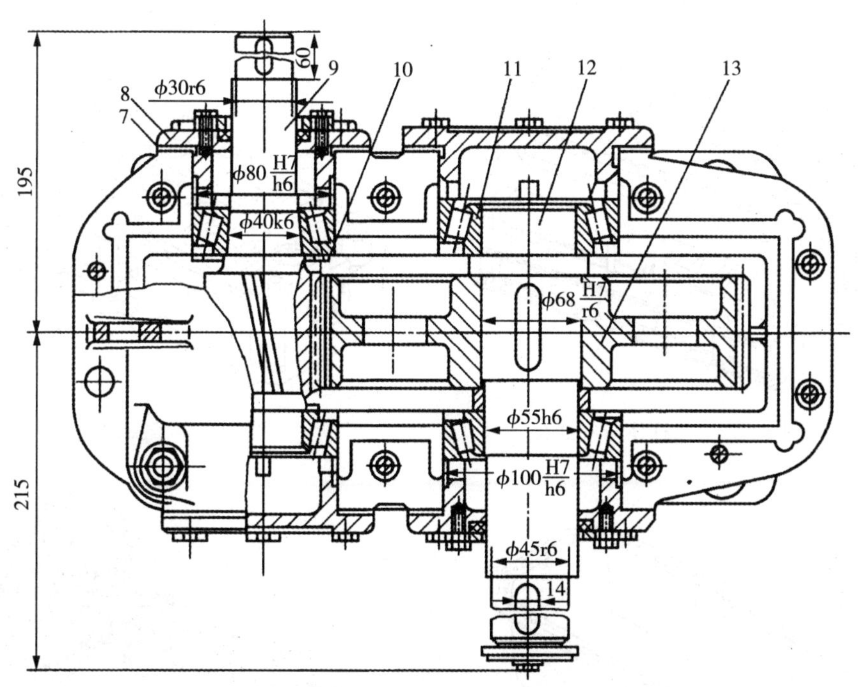

图 8-11　单级齿轮减速器

1—窥视视盖；2—箱盖；3—螺栓；4—螺母；5—弹簧垫圈；6—箱体；7—调整环；
8—端盖；9—齿轮轴；10—挡油盘；11—滚动轴承；12—轴；13—齿轮

(7)齿轮轴(零件 9)、轴(零件 12)和齿轮(零件 13)

这些零件均为重要的传动零件，轴和齿轮轴的轴杆部分受弯矩和转矩的联合作用，要求具有较好的综合力学性能；齿轮轴与齿轮的轮齿部分受较大的接触应力和弯曲应力，应具有良好的耐磨性和较高的强度。单件生产时，采用中碳优质碳素结构钢(45 钢)自由锻件或胎模锻件毛坯，也可采用相应钢的圆钢棒车削而成。大批量生产时，采用相应钢的模锻件毛坯。

(8)挡油盘(零件 10)

零件 10 的用途是防止箱内机油进入轴承。单件生产时，采用碳素结构钢(Q235)圆钢棒下料切削而成。大批量生产时，采用优质碳素结构钢(08 钢)冲压件。

(9)滚动轴承(零件 11)

零件 10 在工作时主要受径向和轴向压应力，要求较高的强度和耐磨性。内外环采用滚动轴承钢(GCr15)扩孔锻造，滚珠采用滚动轴承钢(GCr15)螺旋斜轧，保持架采用优质碳素结构钢(08 钢)冲压件。滚动轴承为标准件。

2. 汽车发动机曲柄连杆机构

曲柄连杆机构是汽车发动机实现工作循环，完成能量转换的主要运动部件。它由活塞承受燃气压力在气缸内做直线运动，通过连杆转换成曲轴的旋转运动，实现向外输出动力的功能。曲柄连杆机构由机体组、活塞连杆组和曲轴飞轮组等组成。机体组包括图 8-12 所示的气缸体与气缸套、图 8-13 所示的气缸盖、图 8-14 所示的油底壳等主要零件；活塞连杆组包括活塞、连杆、活塞环、活塞销等主要零件，如图 8-15 所示；曲轴飞轮组包括曲轴、轴瓦、飞轮等主要零件，如图 8-16 所示。

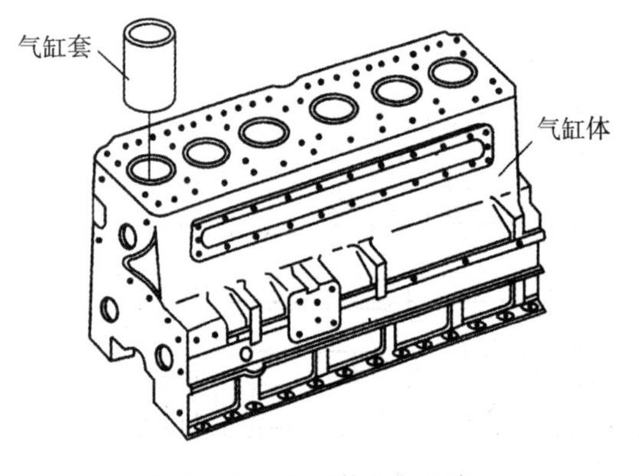

图 8-12　气缸体与气缸套

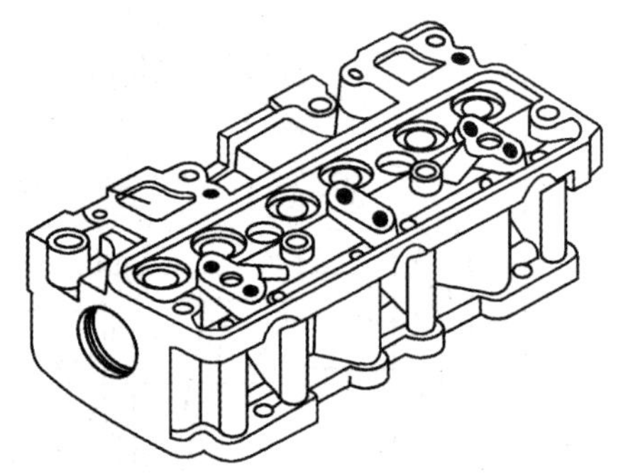

图 8-13　气缸盖

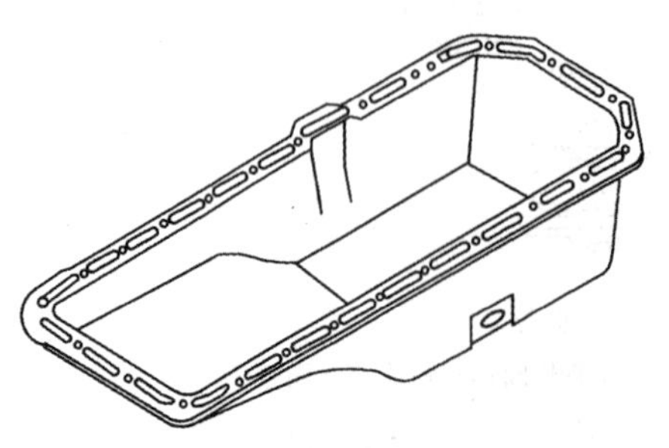

图 8-14　油底壳

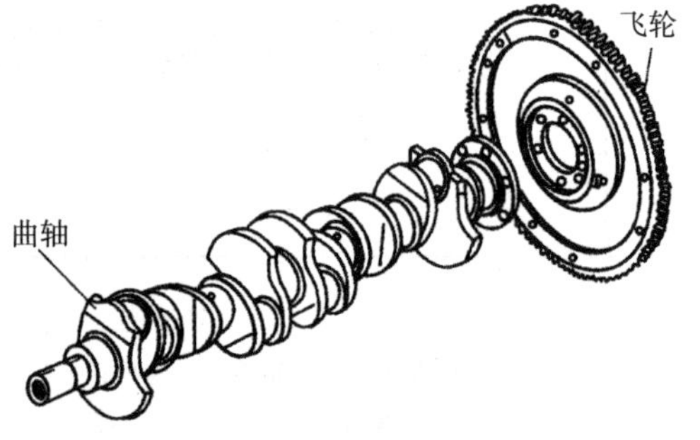

图 8-15　曲轴飞轮组

(1)轴杆类零件

包括曲轴、连杆、连杆螺栓、活塞销等。

曲轴是主要传动轴,其轴线弯曲,工作时承受弯曲、扭转、冲击等载荷,要求有较好的强度和韧性,轴颈部位需耐磨。大多采用珠光体球墨铸铁件毛坯,也可用调质钢模锻成形。

连杆是将活塞所受的力传给曲轴的传力零件,工作时承受较大的交变载荷,要求其具有良好的综合力学性能。通常采用调质钢模锻成形,也可采用粉末锻造新工艺制造。

连杆螺栓用于紧固连杆大端与连杆瓦盖,承受拉、压交变载荷及很大冲击力,要求具有较高的强韧性。一般为调质钢锻造成形。

活塞销通常为空心圆柱体,用于连接活塞和连杆小端,承受较大的冲击载荷,要求有足够的刚度和强度,表面耐磨。采用低碳合金钢棒或管冷挤压成形或直接车削制成。

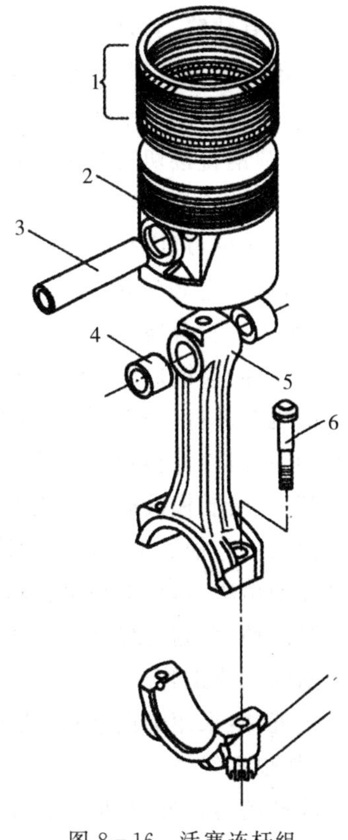

图8-16　活塞连杆组

1—活塞环;2—活塞;3—活塞销;4—衬套;5—连杆;6—连杆螺栓;7—连杆轴瓦;8—连杆螺母

(2)盘套类零件

包括活塞、活塞环、气缸套、衬套、飞轮等。

活塞形状较复杂。工作时其顶部与高温燃气接触,并承受燃气的冲击性高压力;活塞在气缸内做高速往复运动,惯性力大,受力情况复杂。故要求活塞质量轻,导热性好,尺寸稳定性高,并有较高的强度和耐磨性等。通常采用铝硅合金金属型铸造或挤压铸造成形。

活塞环工作时安在活塞的外壁环槽内,随活塞在气缸中高速运动,与气缸壁有较强的摩擦,主要起密封和刮除气缸壁上多余润滑油的作用。采用合金耐磨铸铁铸造成形,单体活塞环多用叠箱铸造,也可用离心铸造出圆筒形铸件后切割成环。

气缸套镶在气缸体的缸孔内是气缸的工作表面,要求耐高温、耐腐蚀和耐磨损。采用孕育铸铁或合金耐磨铸铁铸造成形(常用离心铸造)。

衬套主要要求减摩性和耐磨性好,一般用青铜铸造成形。

飞轮用于贮存能量,保证曲轴转速均匀。它受力简单,故对力学性能要求不高。采用灰铸铁(也有用球墨铸铁或铸钢)铸造成形。

(3)箱体类零件

主要包括气缸体、气缸盖和油底壳等。

气缸体和气缸盖形状复杂,特别是内腔,并铸有冷却水套。应具有足够的刚度和抗压强度,并有耐热和减振性要求。一般采用孕育铸铁(气缸盖也可用蠕墨铸铁或合金铸铁)铸造成形。油底壳主要功用是贮存机油并封闭曲轴箱,其受力很小,采用低碳钢薄板冲压而成。

3. 承压液压缸成形方法选择

图8-17所示为承压液压缸,其年产量为200件,材料为45钢。液压缸的工作压力为

15MPa，要求在 30MPa 压力下进行水压试验。两端法兰接合面及内孔需切削加工，加工表面不允许有缺陷，其余表面不加工。

该液压缸的成形方法大致可有砂型铸造、模锻、胎模锻、用无缝钢管下料后两端焊接法兰、用 ϕ50mm 圆钢直接切削加工等几种。

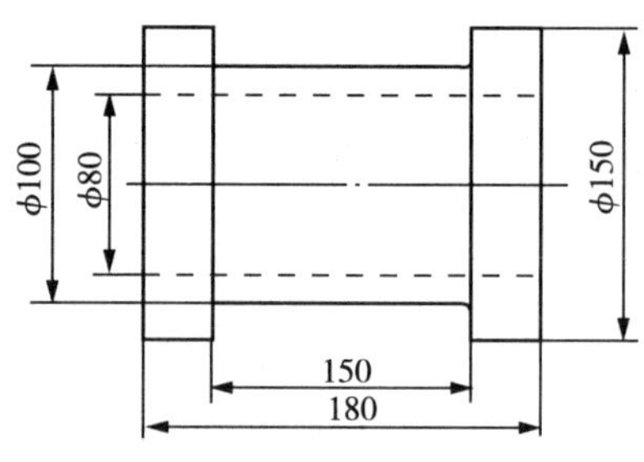

图 8－17　承压液压缸

第一种：砂型铸造。有平浇和立浇两种方案，平浇工艺简单，但内孔质量较差；立浇铸件质量有所提高，但工艺较复杂。由于砂型铸件组织不够致密，水压试验合格率偏低。

第二种：模锻成形。可在模锻锤上进行，也可在平锻机上进行。模锻件质量好，但设备昂贵，模具费用高，锻件材料利用率较低(不能同时锻出内孔和法兰)。

第三种：胎模锻成形。胎模锻时采用自由锻墩粗，冲孔及芯轴拔长完成初步成形，然后在胎模内带芯轴锻出法兰。胎模锻生产率不如模锻，工人的劳动强度也较大；但它既能锻出孔又能锻出法兰，故提高了材料利用率，并且其设备与模具成本不高。

第四种：采用无缝钢管下料焊接法兰的方法，工艺简单，材料利用率也高，但不一定能找到合适的无缝钢管。

第五种：采用圆钢下料，切削加工成形的方法，材料消耗大，切削加工工时多，生产成本高，显然很不经济。

除砂型铸造外，其他方法制出的液压缸均全部通过水压试验。

考虑到零件的生产批量和实际生产条件，采用胎模锻方法最为合理。当然，如果有合适的无缝钢管，那么选用焊接结构毛坯也是可取的方案。

习　题

1. 试述选择材料成形方法的原则与依据。请结合实例分析。

2. 材料选择与成形方法选择之间有何关系？请举例说明。

3. 轴杆类、盘套类、箱体底座类零件中，分别举出 1～2 个零件，试分析如何选择毛坯成形方法。

4. 在什么情况下采用焊接方法制造箱体类零件毛坯？

5. 选择某种熟悉的机械设备，试分析其主要零件材料的成形方法。

6. 大批量生产(3 万件/年)如图 8－18 所示的自来水管阀体，请选择材料成形方法。

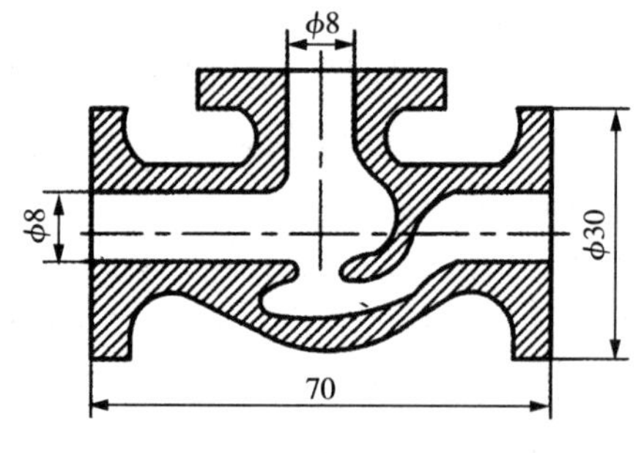

图 8－18　自来水管阀体

7. 零件所要求的材料使用性能是否是决

定其成形方法的唯一因素？简述其理由。

8. 为什么轴杆类零件一般采用锻造成形，而机架类零件多采用铸造成形？

9. 为什么齿轮多用锻件，而带轮、飞轮多用铸件？在什么情况下采用焊接方法制造零件毛坯？

10. 举例说明生产批量对毛坯成形方法选择的影响。

11. 试分别确定下列各零件的成形方法：

机床主轴、连杆、手轮、轴承环、齿轮箱、内燃机缸体。

12. 试为耐酸泵的泵体和叶轮选择材料成形方法。

13. 成批生产（2000 件/年）图 8－19 所示的榨油机螺杆，要求材料具有良好的耐磨性与疲劳强度，请选择材料及成形方法。

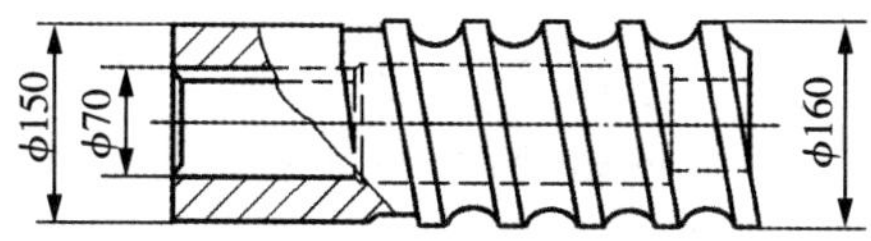

图 8－19　榨油机螺杆

14. 大量生产六角螺栓、螺母、垫圈、木螺钉、铁钉，选用什么材料及成形方法？

15. 试为下列齿轮选择材料成形方法：

(1)承受冲击的高速重载齿轮（ϕ200mm），2 万件。

(2)不承受冲击的低速中载齿轮（ϕ250mm），50 件。

(3)小模数仪表用无润滑小齿轮（ϕ30mm），3000 件。

(4)卷扬机大型人字齿轮（ϕ500mm），5 件。

(5)钟表用小模数传动齿轮（ϕ5mm），10 万件。

参考文献

[1] 沈其文. 材料成形工艺基础[M]. 第3版. 武汉:华中科技大学出版社,2003.
[2] 崔令江,郝海滨. 材料成形技术基础[M]. 北京:机械工业出版社,2003.
[3] 戈晓炭,等. 工程材料及其成形基础[M]. 北京:高等教育出版社,2012.
[4] 于爱兵. 材料成形技术基础[M]. 北京:清华大学出版社,2010.
[5] 邢建东,等. 材料成形技术基础[M]. 第2版. 北京:清华大学出版社,2011.
[6] 施江澜,等. 材料成形技术基础[M]. 第3版. 北京:机械工业出版社,2013.
[7] 孙瑜. 材料成形技术基础[M]. 上海:华东理工大学出版社,2010.
[8] 柳秉毅. 材料成形工艺基础[M]. 第2版. 北京:高等教育出版社,2010.
[9] 崔敏,等. 材料成形工艺基础[M]. 武汉:华中科技大学出版社,2013.
[10] 郑章耕. 工程材料及热加工工艺基础[M]. 重庆:重庆大学出版社,1997.
[11] 邓文英. 金属工艺学(上册)[M]. 第5版. 北京:高等教育出版社,2008.
[12] 杨慧智. 工程材料及成形工艺基础[M]. 北京:机械工业出版社,2000.
[13] 房世荣. 工程材料与金属工艺学[M]. 北京:机械工业出版社,1994.
[14] 朱玉义. 焊工实用技术手册[M]. 南京:江苏科学技术出版社,1999.
[15] 童幸生. 材料成形技术基础[M]. 北京:机械工业出版社,2006.
[16] 周美玲,等. 材料工程基础[M]. 北京:工业大学出版社,2001.
[17] 王爱珍. 工程材料及成形技术[M]. 北京:机械工业出版社,2003.
[18] 申长雨,等. 橡塑模具优化设计技术[M]. 北京:化学工业出版社,1997.
[19] 屈华昌,等. 塑料模设计[M]. 北京:机械工业出版社,1993.
[20] 李德群,等. 塑料成型工艺及模具设计[M]. 北京:机械工业出版社,1994.
[21] 汪啸穆. 陶瓷工艺学[M]. 北京:中国轻工业出版社,1994.
[22] 司乃钧,等. 金属工艺学[M]. 北京:高等教育出版社,1998.
[23] 丁松聚,等. 冷冲模设计[M]. 北京:机械工业出版社,1994.
[24] 陈文明,等. 金属工艺学[M]. 北京:机械工业出版社,1994.
[25] 朱玉义. 焊工实用技术手册[M]. 南京:江苏科学技术出版社,1999.

图书在版编目(CIP)数据

材料成形工艺基础/韩蕾蕾主编．—合肥:合肥工业大学出版社,2018.9(2022.1 重印)
ISBN 978-7-5650-4062-7

Ⅰ.①材…　Ⅱ.①韩…　Ⅲ.①工程材料—成型—工艺　Ⅳ.①TB3

中国版本图书馆 CIP 数据核字(2018)第 148363 号

材料成形工艺基础

韩蕾蕾　主编　　　　责任编辑　马成勋

出　版	合肥工业大学出版社	版　次	2018 年 9 月第 1 版
地　址	合肥市屯溪路 193 号	印　次	2022 年 1 月第 2 次印刷
邮　编	230009	开　本	787 毫米×1092 毫米　1/16
电　话	理工编辑部:0551—62903200	印　张	15.5
	市场营销部:0551—62903198	字　数	384 千字
网　址	www.hfutpress.com.cn	发　行	全国新华书店
E-mail	press@hfutpress.com.cn	印　刷	安徽昶颉包装印务有限责任公司

ISBN 978-7-5650-4062-7　　　　定价:35.00 元